La Matematica per il 3+2

Editor-in-Chief

Alfio Quarteroni, Politecnico di Milano, Milan, Italy; École Polytechnique Fédérale de Lausanne (EPFL), Lausanne, Switzerland

Series Editors

Luigi Ambrosio, Scuola Normale Superiore, Pisa, Italy

Paolo Biscari, Politecnico di Milano, Milan, Italy

Ciro Ciliberto, Università di Roma "Tor Vergata", Rome, Italy

Camillo De Lellis, Institute for Advanced Study, Princeton, NJ, USA

Massimiliano Gubinelli, Hausdorff Center for Mathematics, Rheinische Friedrich-Wilhelms-Universität, Bonn, Germany

Victor Panaretos, Institute of Mathematics, École Polytechnique Fédérale de Lausanne (EPFL), Lausanne, Switzerland

Lorenzo Rosasco, DIBRIS, Università degli Studi di Genova, Genova, Italy; Center for Brains Mind and Machines, Massachusetts Institute of Technology, Cambridge, Massachusetts, USA; Istituto Italiano di Tecnologia, Genova, Italy

The **UNITEXT – La Matematica per il 3+2** series is designed for undergraduate and graduate academic courses, and also includes advanced textbooks at a research level.

Originally released in Italian, the series now publishes textbooks in English addressed to students in mathematics worldwide.

Some of the most successful books in the series have evolved through several editions, adapting to the evolution of teaching curricula.

Submissions must include at least 3 sample chapters, a table of contents, and a preface outlining the aims and scope of the book, how the book fits in with the current literature, and which courses the book is suitable for.

For any further information, please contact the Editor at Springer:

francesca.bonadei@springer.com

THE SERIES IS INDEXED IN SCOPUS

***

UNITEXT is glad to announce a new series of **free webinars and interviews** handled by the Board members, who will rotate in order to interview top experts in their field.

In the first session, going live on June 9, Alfio Quarteroni will interview Luigi Ambrosio. The speakers will dive into the subject of Optimal Transport, and will discuss the most challenging open problems and the future developments in the field.

Click here to subscribe to the event!

https://cassyni.com/events/TPQ2UgkCbJvvz5QbkcWXo3

Giampiero Esposito

Fondamenti Matematici della Teoria Classica dei Campi

 Springer

Giampiero Esposito
Dipartimento di Fisica "Ettore Pancini"
INFN, Sezione di Napoli
Università Federico II
Napoli, Italy

ISSN 2038-5714   ISSN 2532-3318 (versione elettronica)
UNITEXT
ISSN 2038-5722   ISSN 2038-5757 (versione elettronica)
La Matematica per il 3+2
ISBN 978-3-032-23197-0   ISBN 978-3-032-23198-7 (eBook)
https://doi.org/10.1007/978-3-032-23198-7

This Springer imprint is published by the registered company Springer Nature Switzerland AG
The registered company address is: Gewerbestrasse 11, 6330 Cham, Switzerland

If disposing of this product, please recycle the paper.

Ai miei studenti

Prefazione

Questo libro origina dalla mia esperienza didattica per un corso per il dottorato di ricerca a Salerno nel 1993, poi sul corso di Metodi Geometrici della Fisica negli anni accademici 2009–2010 e 2011–2012, e poi sul corso di Teoria Classica dei Campi, a partire dall'anno accademico 2022–2023, per la Laurea Magistrale in Fisica presso il Dipartimento di Fisica "Ettore Pancini" dell'Università Federico II di Napoli.

Per delineare il piano del testo è opportuna una premessa: dopo il primo anno del corso di laurea magistrale in Fisica, gli studenti italiani con un curriculum teorico hanno ormai seguito corsi eccellenti di Elettrodinamica Classica e Relatività Generale e Gravitazione. Dunque, un corso di Teoria Classica dei Campi per il secondo anno tende invece naturalmente, a mio avviso, a offrire una formazione di base sui linguaggi matematici avanzati delle moderne teorie fisiche. Il lettore è quindi supposto conoscere fisica e matematica al livello di uno studente che ha completato gli esami del primo anno della laurea magistrale in fisica. Gli studenti del corso di laurea magistrale in matematica potrebbero invece trovare sin troppo elementari i capitoli 2, 3 e 4, e dunque ometterne alcuni in una prima lettura, a seconda delle loro preferenze per algebra, geometria o analisi. Come caso limite, gli studenti di matematica molto avanzati potrebbero passare dal capitolo 1 al capitolo 25 c poi proseguire senza interruzioni sino al capitolo 34. Tuttavia, per meglio comprendere il piano generale, consiglio al lettore generico di studiare in ogni caso il testo senza tagli.

Il primo capitolo funge da raccordo con i corsi di elettrodinamica classica. Il secondo capitolo introduce alcuni concetti di algebra astratta che non vengono insegnati in corsi obbligatori per gli studenti di fisica. Il terzo capitolo è dedicato alle varietà topologiche e alle varietà differenziabili, mentre il quarto capitolo studia le varietà regolari di $\mathbb{R}^n$, che possono essere applicate per comprendere le varietà vincolari dei capitoli 25 e 26. I capitoli dal 5 al 7 svolgono il calcolo su varietà senza mai far uso di metriche. Il potere di sintesi della notazione moderna a volte blocca gli studenti all'inizio di questi studi, dunque ho cercato di svolgere in dettaglio vari calcoli ed esempi e controesempi. I capitoli da 8 a 12 sono dedicati ai gruppi topologici, i gruppi di Lie e le algebre di Lie, e alle loro applicazioni fisiche.

La geometria riemanniana viene studiata nei capitoli da 13 a 17, mentre la teoria dei fibrati principali e vettoriali viene introdotta nei capitoli da 18 a 20. Il capitolo 21 approfondisce il nastro di Möbius, mentre il capitolo 22 approfondisce la fibrazione di Hopf in modo pedagogico. Principi variazionali e simmetrie sono studiati nei capitoli 23 e 24. Il capitolo 25 è dedicato alla teoria dei sistemi hamiltoniani soggetti a vincoli, poiché in essi rientrano anche tutte le teorie di gauge delle interazioni fondamentali. Infatti il capitolo 26 applica tale teoria all'elettrodinamica nello spaziotempo di Minkowski. Il capitolo 27 studia invece l'elettrodinamica classica in spaziotempo curvo, e confronta in modo pedagogico i linguaggi vettoriale, tensoriale e delle forme differenziali, con applicazione ai potenziali di Hertz. La relatività generale viene studiata nell'impegnativo capitolo 28: il principio di equivalenza, il principio di covarianza generale, il funzionale d'azione. La teoria dei gruppi di Lie a dimensione infinita viene introdotta nel capitolo 29, dimostrando alfine il teorema di Freifeld: esistono diffeomorfismi arbitrariamente prossimi all'identità che non giacciono su sottogruppi ad un parametro.

Le trasformazioni lineari frazionarie usate nel capitolo 11 per studiare il gruppo di Lorentz vengono classificate in ellittiche, paraboliche, iperboliche e lossodromiche nel capitolo 30. Il capitolo 31 studia e dimostra il teorema di Hodge sullo spazio delle forme lisce su una varietà di Riemann. La tematica collegata è lo studio dell'autodualità in geometria riemanniana e nelle teorie di gauge delle interazioni fondamentali. Il capitolo 32 mostra che tutte le teorie di gauge note ricadono nelle famiglie di tipo I, II e III, in base alla forma delle parentesi di Lie dei campi vettoriali che lasciano invariato il funzionale d'azione. Inoltre, esiste una forma di connessione nonlocale per tutte le teorie di gauge. Questo capitolo, assieme al capitolo 34 che, alla fine, studia in modo originale i limiti della teoria classica, prepara gli studenti che poi, studiando la fisica quantistica, vorranno (spero) apprendere l'approccio globale alla teoria quantistica dei campi in corsi successivi. Quando il corso è passato da 32 a 24 lezioni con la riforma della laurea magistrale in Fisica a Napoli, ho capito che si possono ad esempio omettere i capitoli 4, 21, 22, 27, 29, 31 come pure i primi tre paragrafi del capitolo 28, mentre il capitolo 30 si può svolgere assieme al capitolo 11. Resta ancora abbastanza tempo per svolgere i capitoli 32 e 34 nelle ultime due lezioni. Per una introduzione alle equazioni alle derivate parziali della teoria classica dei campi, il lettore può far riferimento alla mia precedente monografia nella collana Springer Unitext (Esposito 2017b).

Ho un profondo debito di gratitudine con gli amici e colleghi Franco Zaccaria, Fedele Lizzi, Giuseppe Marmo e Patrizia Vitale, che hanno insegnato Teoria Classica dei Campi per molti anni prima di me. Nei capitoli 18, 19, 20, 23, 24, 26, la mia fonte principale sono stati gli appunti di Patrizia per l'anno accademico 2020–2021, che ho rielaborato a mia discrezione. Il collega e caro amico Donato Bini ha realizzato la versione finale di 20 delle 22 figure. Ringrazio l'INDAM per l'associazione che ho ottenuto nel corso degli anni, e l'INFN per aver potuto far parte di ET e QGSKY. Sono grato alla Dr. Francesca Bonadei ed alla Dr. Francesca Ferrari per il loro prezioso contributo alla realizzazione di questo libro. Sono poi molto grato agli studenti che hanno stimolato il mio impegno a tenere queste lezioni e a scrivere i capitoli del libro. Infatti il libro è dedicato a loro.

febbraio 2026 Giampiero Esposito

Competing Interests The author has no competing interests to declare that are relevant to the content of this manuscript.

Indice

Capitolo 1
Introduzione

1.1 Fisica moderna e linguaggi matematici

In questo capitolo introduttivo, che potrà utilmente essere riletto alla fine delle lezioni, si intende delineare il cammino concettuale nel quale si inserisce questo corso di teoria classica dei campi.

Dopo l'opera di Galileo e Newton, la fisica scopre nuove prospettive nel diciannovesimo secolo grazie, tra gli altri, a James Clerk Maxwell (1831–1879). Maxwell perviene ad una visione unificata dei fenomeni elettrici e magnetici. Einstein nasce proprio nel 1879, e suo sarà, tra l'altro, il merito di aver compreso che le interazioni radiazione materia non possono essere studiate usando solo la teoria di Maxwell. Einstein va anche al di là del tempo assoluto newtoniano, e comprende che spazio e tempo vanno unificati in un continuo quadridimensionale, la varietà spaziotempo. Einstein vede la fisica di inizio '900 nella sua interezza, e arriva a concepire l'unificazione spaziotemporale, postula l'eguaglianza di concetti distinti quali massa inerziale e massa gravitazionale, e comprende che le leggi della fisica devono essere descritte in linguaggio tensoriale, e dunque devono essere tutte invarianti per diffeomorfismi. Inoltre, col suo punto di vista euristico circa i fenomeni di creazione e conversione della luce, prepara il terreno per comprendere il ruolo di una nuova costante della natura, la costante h di Planck. Sul versante sperimentale, Millikan misura in modo brillante e accurato h, ma per alcuni anni si rifiuta di accettare che dunque non ci può essere una teoria puramente classica delle interazioni tra radiazione e materia.

Gli sviluppi moderni, dopo i tentativi di Einstein e Weyl di unificare gravitazione e elettromagnetismo, hanno condotto, laddove gli effetti gravitazionali sono trascurabili, a teorie unificate delle interazioni elettromagnetiche e deboli (teorie elettrodeboli), e alla unificazione di queste ultime con le interazioni forti. L'unificazione si realizza a livello teorico utilizzando la teoria dei gruppi e, più in generale, i concetti e le tecniche di alcuni dei principali rami della matematica: algebra, analisi, geometria e topologia. È il caso di fare una precisazione importante: non esisto-

© The Author(s), under exclusive license to Springer Nature Switzerland AG 2026

G. Esposito, *Fondamenti Matematici della Teoria Classica dei Campi*, La Matematica per il 3+2, https://doi.org/10.1007/978-3-032-23198-7_1

no compartimenti stagni che separano i vari rami della fisica e della matematica, occorre invece sviluppare una visione globale e interdisciplinare.

Se la visione della fisica moderna è geometrica, e se i fondamenti della geometria sono da ricercarsi nell'algebra e nell'analisi globale, cosa possiamo dire in particolare sulla geometria moderna e le sue diramazioni? Esistono, invero, non meno di 14 tipi di ricerca geometrica (e invero ben di più), ovvero:

G1: Geometria euclidea (Sernesi 2000).
G2: Geometria affine (Sernesi 2000).
G3: Geometria proiettiva (Nacinovich 1996, Sernesi 2000).
G4: Geometria analitica (Castelnuovo 1938, Nacinovich 1996).
G5: Geometria riemanniana (Riemann 1867, Gallot et al. 1987).
G6: Geometria differenziale globale (Nacinovich 2015, D'Andrea 2020).
G7: Geometria spettrale (Gilkey 1975, Gilkey 1995, Esposito 1998).
G8: Geometria complessa (Chern 1979).
G9: Geometria algebrica (Beltrametti et al. 2003, Miranda 2010).
G10: Geometria simplettica (Koszul e Zou 2019).
G11: Geometria noncommutativa (Connes 1994, Lizzi 2008).
G12: Geometria pseudoriemanniana (Hawking e Ellis 1973, Beem e Ehrlich 1981).
G13: Geometria spinoriale (Penrose e Rindler 1984).
G14: Geometria twistoriale (Penrose e Rindler 1986).

Rammenteremo alla fine della seconda lezione che la geometria euclidea è derivata dalla geometria affine, che a sua volta è derivata dalla geometria proiettiva. Inoltre, tale geometria G3 è un tipo particolare di geometria G9. Le forme di geometria da G10 a G14 sono nate addirittura in ambito fisico, mentre le forme da G5 a G7 hanno fondamentali applicazioni in fisica ma sono nate anzitutto in ambito matematico. La teoria classica dei campi ha bisogno in particolare delle forme di geometria qui indicate come G5, G6, G12. Per noi la conoscenza indicherà anzitutto lo sforzo di comprendere la natura profonda dei concetti considerati. Porsi le domande giuste e trovare le definizioni appropriate sono aspetti di fondamentale importanza. Ma, a differenza del matematico puro, saremo poi interessati alle applicazioni fisiche concrete di tali concetti per scoprire leggi descritte da equazioni con le associate soluzioni. Uno dei meriti dei linguaggi moderni è l'aver mostrato che le equazioni che regolano i fenomeni fisici sono ben comprese caratterizzando lo spazio funzionale e l'ambiente geometrico nei quali esistono soluzioni. Questo aspetto sarà il punto di partenza per le prime ricerche degli studenti giunti alla fine del corso.

Quadro riassuntivo

Maxwell (1831–1879): unifica fenomeni elettrici e magnetici nella teoria elettromagnetica della luce (cf. Lorenz 1867).

Einstein (1879–1955): (i)   va al di là di Maxwell nello studio delle interazioni radiazione materia.

(ii) supera il tempo assoluto di Newton.

(iii) unifica spazio e tempo nella varietà spaziotempo.

Einstein apre la finestra sulla fisica quantistica sviluppando il suo punto di vista euristico sui fenomeni di creazione e conversione della luce (Einstein 1905). Nella teoria dello spaziotempo, usa il linguaggio tensoriale creato da Gregorio Ricci-Curbastro e Tullio Levi-Civita, arrivando a comprendere che le leggi della fisica devono essere invarianti sotto diffeomorfismi. Nel capitolo 28 faremo una analisi dei principi fisici che guidarono Einstein: il principio di equivalenza e il principio di covarianza generale.

Successivamente, Einstein e Weyl cercarono di unificare gravitazione e elettromagnetismo (non potevano sapere che sono entrambe teorie di tipo I (cf. capitolo 32)), mentre nella seconda metà del ventesimo secolo sono state formulate prima la teoria elettrodebole e poi la teoria unificata delle interazioni elettrodeboli e forti. Attualmente la fisica sta cercando tracce chiare di una fisica che superi tale modello standard. Il linguaggio matematico della fisica teorica è quello fornito dai rami dell'algebra, analisi, geometria e topologia.

1.2   Richiami sulla teoria di Maxwell

Dai corsi precedenti, il lettore è familiare con le equazioni di Maxwell sia in forma differenziale che integrale per i vettori campo elettrico $\vec{E}$, induzione magnetica $\vec{B}$, campo magnetico $\vec{H}$ e induzione elettrica $\vec{D}$:

$$\nabla \wedge \vec{E} + \frac{\partial \vec{B}}{\partial t} = 0 \implies \int_C \vec{E} \cdot d\vec{s} = -\frac{d}{dt} \int_S \vec{B} \cdot \vec{n} da, \tag{1.2.1}$$

$$\nabla \wedge \vec{H} - \frac{\partial \vec{D}}{\partial t} = \vec{J} \implies \int_C \vec{H} \cdot d\vec{s} = \frac{d}{dt} \int_S \vec{D} \cdot \vec{n} da + \int_S \vec{J} \cdot \vec{n} da, \tag{1.2.2}$$

$$\nabla \cdot \vec{B} = 0 \implies \oint_S \vec{B} \cdot \vec{n} da = 0, \tag{1.2.3}$$

$$\nabla \cdot \vec{D} = \rho \implies \int_S \vec{D} \cdot \vec{n} da = \int_V \rho \, dV = q. \tag{1.2.4}$$

Qui i campi non sono entità astratte, ma possono essere misurati studiando il moto di particelle. Ad esempio, nel classico libro di Northrop (1963) il lettore può trovare la teoria utilizzata per misurare e interpretare i campi magnetici esterni osservando il moto elicoidale delle particelle.

Tali equazioni vanno completate dalle relazioni costitutive, ovvero equazioni funzionali che collegano tali campi:

$$\vec{D} = \vec{D}(\vec{E}), \ \vec{H} = \vec{H}(\vec{B}). \tag{1.2.5}$$

Nel caso lineare, tali equazioni assumono la forma

$$\vec{D} = \varepsilon_0 \vec{E}, \ \vec{H} = \frac{1}{\mu_0} \vec{B}. \tag{1.2.6}$$

Se il caso lineare non viene rispettato, si possono definire i vettori non nulli

$$\vec{P} = \vec{D} - \varepsilon_0 \vec{E}, \ \vec{M} = \frac{1}{\mu_0} \vec{B} - \vec{H}. \tag{1.2.7}$$

Inoltre, dette μ la permeabilità magnetica e ε quella elettrica, il potenziale vettore $\vec{A}$ si può ottenere da un vettore $\vec{\pi}$, il potenziale di Hertz, mediante la relazione (cf. capitolo 27 e Stratton 1952)

$$\vec{A} = \mu\varepsilon \frac{\partial \vec{\pi}}{\partial t}. \tag{1.2.8}$$

Ogni soluzione dell'equazione vettoriale

$$\nabla \wedge \nabla \wedge \vec{\pi} - \nabla\left(\nabla \cdot \vec{\pi}\right) + \mu\varepsilon \frac{\partial^2 \vec{\pi}}{\partial t^2} = 0 \tag{1.2.9}$$

determina un campo elettromagnetico attraverso le relazioni

$$\vec{B} = \mu\varepsilon \, \nabla \wedge \frac{\partial \vec{\pi}}{\partial t}, \tag{1.2.10}$$

$$\vec{E} = \nabla\left(\nabla \cdot \vec{\pi}\right) - \mu\varepsilon \frac{\partial^2 \vec{\pi}}{\partial t^2}, \tag{1.2.11}$$

che si ottengono a partire dalle ben note relazioni

$$\vec{B} = \nabla \wedge \vec{A}, \ \vec{E} = -\nabla\phi - \frac{\partial \vec{A}}{\partial t}. \tag{1.2.12}$$

1.3   Trasformazioni e matrici di Lorentz

Rammentando i primi concetti di relatività, consideriamo una forma possibile delle trasformazioni di Lorentz, ovvero

$$x' = \gamma(x - vt), \ y' = y, \ z' = z, \ t' = \gamma\left(t - \frac{\beta}{c}x\right), \tag{1.3.1}$$

ove $\beta = \frac{v}{c}$, $\gamma = \frac{1}{\sqrt{1-\beta^2}}$. In forma matriciale, possiamo allora scrivere che

$$\begin{pmatrix} ct' \\ x' \\ y' \\ z' \end{pmatrix} = \begin{pmatrix} \gamma & -\beta\gamma & 0 & 0 \\ -\beta\gamma & \gamma & 0 & 0 \\ 0 & 0 & 1 & 0 \\ 0 & 0 & 0 & 1 \end{pmatrix} \begin{pmatrix} ct \\ x \\ y \\ z \end{pmatrix}. \tag{1.3.2}$$

La matrice 4×4 che ivi compare è un caso particolare dell'insieme generale delle matrici 4×4 con elementi Λ^{α}_{β} tali che, dette $\eta_{\lambda\mu}$ le componenti della metrica minkowskiana, si può scrivere

$$\Lambda^T \, \eta \, \Lambda = \eta \implies \sum_{\alpha,\beta=0}^{3} \eta_{\alpha\beta} \Lambda^{\alpha}_{\nu} \, \Lambda^{\beta}_{\mu} = \eta_{\nu\mu}. \tag{1.3.3}$$

Per definizione, ogni Λ che soddisfa l'Eq. (1.3.3) è una matrice di Lorentz. L'insieme di tutte le matrici di Lorentz viene denotato mediante O(3, 1). Col linguaggio del secondo capitolo, O(3, 1) è il gruppo di Lorentz.

Oltre alle trasformazioni di Lorentz $x' = \Lambda x$, la natura consente anche le trasformazioni di Poincaré

$$x' = \Lambda x + \xi, \tag{1.3.4}$$

ove $\Lambda \in O(3, 1)$ e ξ è una matrice reale 4×1 con elementi $\xi^0, \xi^1, \xi^2, \xi^3$. La legge di composizione di due trasformazioni di Poincaré si ottiene dalla (1.3.4) assieme a

$$x'' = \Lambda'x' + \xi' = \Lambda'\Lambda x + \Lambda'\xi + \xi' = \Lambda''x + \xi'', \tag{1.3.5}$$

ove abbiamo posto

$$\Lambda'' = \Lambda'\Lambda, \; \xi'' = \Lambda'\xi + \xi'. \tag{1.3.6}$$

A causa del termine $\xi \neq 0$, le trasformazioni di Poincaré sono anche dette trasformazioni di Lorentz inomogenee. Le equazioni (1.3.6) ci dicono che il gruppo di Poincaré è il prodotto semidiretto del gruppo di Lorentz e delle traslazioni.

Dalla Eq. (1.3.3) che definisce le matrici di Lorentz, si ha

$$(\det\Lambda)^2\det\eta = \det\eta \implies \det\Lambda = \pm 1. \tag{1.3.7}$$

Il sottoinsieme

$$\{\Lambda \in O(3, 1) : \; \det\Lambda = +1\} = L_+ = SO(3, 1) \tag{1.3.8}$$

è detto consistere delle *matrici di Lorentz proprie*, mentre il sottoinsieme

$$\{\Lambda \in O(3, 1) : \; \det\Lambda = -1\} = L_- \tag{1.3.9}$$

è detto consistere delle *matrici di Lorentz improprie*. Notiamo inoltre che dalla (1.3.3) si ricava

$$\left(\Lambda^0_0\right)^2 = 1 + \sum_{i=1}^{3}\left(\Lambda^i_0\right)^2 \implies \Lambda^0_0 \geq 1, \text{ oppure } \Lambda^0_0 \leq -1. \tag{1.3.10}$$

Quest'ultima proprietà suggerisce di definire gli insiemi

$$O^+(3,1) = \{\Lambda \in O(3,1) : \ \Lambda^0_{\ 0} \geq 1\}, \tag{1.3.11}$$

$$O^-(3,1) = \{\Lambda \in O(3,1) : \ \Lambda^0_{\ 0} \leq -1\}, \tag{1.3.12}$$

e quindi anche gli insiemi

$$\begin{aligned} SO^+(3,1) &= O^+(3,1) \cap SO(3,1) \\ &= \{\Lambda \in O(3,1) : \ \Lambda^0_{\ 0} \geq 1, \ \det\Lambda = 1\}, \tag{1.3.13} \\ SO^-(3,1) &= O^-(3,1) \cap SO(3,1) \\ &= \{\Lambda \in O(3,1) : \ \Lambda^0_{\ 0} \leq -1, \ \det\Lambda = 1\}. \tag{1.3.14} \end{aligned}$$

Inoltre, l'insieme L_- delle matrici di Lorentz improprie consiste dell'unione disgiunta delle matrici *improprie ortocrone*:

$$L^\uparrow_- = \{\Lambda \in O(3,1) : \ \det\Lambda = -1, \ \Lambda^0_{\ 0} \geq 1\}, \tag{1.3.15}$$

e delle matrici *improprie anticrone*

$$L^\downarrow_- = \{\Lambda \in O(3,1) : \ \det\Lambda = -1, \ \Lambda^0_{\ 0} \leq -1\}. \tag{1.3.16}$$

Gli insiemi $O(3,1), SO(3,1), O^+(3,1), SO^+(3,1)$ sono gruppi, mentre gli insiemi $SO^-(3,1), L^\uparrow_-, L^\downarrow_-$ non sono gruppi.

Un esempio di matrice di Lorentz impropria ortocrona è

$$\Lambda_1 = \text{diag}(1,-1,-1,-1) \in L^\uparrow_-, \tag{1.3.17}$$

mentre un esempio di matrice di Lorentz in $SO^-(3,1)$ assume la forma

$$\Lambda_2 = \text{diag}(-1,-1,1,1) \in SO^-(3,1). \tag{1.3.18}$$

Il loro prodotto fornisce un esempio di matrice di Lorentz impropria anticrona:

$$\Lambda_1 \, \Lambda_2 = \text{diag}(-1,1,-1,-1) \in L^\downarrow_-. \tag{1.3.19}$$

Calcolando i prodotti di matrici si trova inoltre che

$$\Lambda_1 \times SO^+(3,1) = L^\uparrow_-, \tag{1.3.20}$$

$$\Lambda_1 \, \Lambda_2 \times SO^+(3,1) = L^\downarrow_-, \tag{1.3.21}$$

$$\Lambda_2 \times SO^+(3,1) = SO^-(3,1). \tag{1.3.22}$$

Sulla base di quanto a noi noto, solo $SO^+(3,1)$ corrisponde a osservatori fisicamente realizzabili. È invece difficile immaginare due osservatori A e B collegati dalla matrice Λ_2, poiché il tempo in A scorrerebbe nella direzione opposta a quello in B.

Inoltre, se la matrice Λ_1 collegasse A a B, un guanto destro visto da A apparirebbe sinistro se visto da B, il che vuol dire che Λ_1 opera come la riflessione in uno specchio.

Se poi $\vec{v} = |\vec{v}|\,\vec{n}$ è una generica velocità, β e γ sono quelli usati nella Eq. (1.3.1), $\beta^i = \beta n^i \; \forall i = 1, 2, 3$, si dice boost lungo $\vec{v}$ la matrice Λ data da (Regge 1980)

$$
B(\vec{v}) = \begin{pmatrix}
\gamma & \gamma\beta^1 & \gamma\beta^2 & \gamma\beta^3 \\
\gamma\beta^1 & 1 + (n^1)^2(\gamma - 1) & n^1 n^2(\gamma - 1) & n^1 n^3(\gamma - 1) \\
\gamma\beta^2 & n^1 n^2(\gamma - 1) & 1 + (n^2)^2(\gamma - 1) & n^2 n^3(\gamma - 1) \\
\gamma\beta^3 & n^1 n^3(\gamma - 1) & n^2 n^3(\gamma - 1) & 1 + (n^3)^2(\gamma - 1)
\end{pmatrix}.
$$

$$(1.3.23)$$

In generale, le matrici $B(\vec{v})$ non formano un gruppo. Posto $\vec{u} = \dfrac{\vec{\beta}}{\sqrt{1-\beta^2}}$, si può scrivere la matrice

$$
\Lambda_B(\vec{u}) = \begin{pmatrix}
\gamma & \vec{u}^t \\
\vec{u} & I + \frac{\vec{u}\vec{u}^t}{(\gamma+1)}
\end{pmatrix},
$$

$$(1.3.24)$$

che opera la *spinta* descritta dall'equazione

$$
\Lambda_B(\vec{u}) \begin{pmatrix} mc \\ 0 \end{pmatrix} = mc \begin{pmatrix} \gamma \\ \vec{u} \end{pmatrix}.
$$

$$(1.3.25)$$

Il calcolo diretto fornisce talvolta

$$
\Lambda_B(\vec{u}_1)\Lambda_B(\vec{u}_2) = \Lambda_B(\gamma_1 \vec{u}_2 + \gamma_2 \vec{u}_1),
$$

$$(1.3.26)$$

ovvero il prodotto di due boost è un boost se e solo se è una matrice simmetrica, il che implica che $\Lambda_B(\vec{u}_1)$ e $\Lambda_B(\vec{u}_2)$ commutano, da cui segue che i vettori $\vec{u}_1$ e $\vec{u}_2$ sono paralleli. Ma in generale la (1.3.26) assume invece la forma

$$
\begin{pmatrix}
\gamma_1 & \vec{u}_1^t \\
\vec{u}_1 & I + \frac{\vec{u}_1^t \vec{u}_1}{(\gamma_1+1)}
\end{pmatrix}
\begin{pmatrix}
\gamma_2 & \vec{u}_2^t \\
\vec{u}_2 & I + \frac{\vec{u}_2^t \vec{u}_2}{(\gamma_2+1)}
\end{pmatrix}
=
\begin{pmatrix}
\gamma_3 & \vec{u}_3^t \\
\vec{b}_3 & L_3
\end{pmatrix},
$$

$$(1.3.27)$$

ove si è posto

$$
L_3 = I + \frac{\vec{u}_3 \vec{u}_3^t}{(\gamma_3 + 1)},
$$

$$(1.3.28)$$

e si ha (omettendo il pedice 3)

$$
L^t b = \gamma \vec{u}, \quad L\vec{u} = \gamma \vec{b}.
$$

$$(1.3.29)$$

1.4   Invarianza per dualità delle equazioni di Maxwell

Consideriamo ora le equazioni di Maxwell nel vuoto in assenza di cariche e correnti:

$$\sum_{j,k=1}^{3} \varepsilon^{ij}{}_{k} \frac{\partial}{\partial x^{j}} E^{k} + \frac{1}{c} \frac{\partial B^{i}}{\partial t} = 0, \tag{1.4.1}$$

$$\sum_{j,k=1}^{3} \varepsilon^{ij}{}_{k} \frac{\partial}{\partial x^{j}} B^{k} - \frac{1}{c} \frac{\partial E^{i}}{\partial t} = 0, \tag{1.4.2}$$

$$\sum_{k=1}^{3} \frac{\partial}{\partial x^{k}} B^{k} = 0, \quad \sum_{k=1}^{3} \frac{\partial}{\partial x^{k}} E^{k} = 0. \tag{1.4.3}$$

Queste equazioni sono invarianti sotto dualità, ovvero una applicazione φ che opera la trasformazione

$$\varphi(\vec{E}) = \vec{B}, \ \varphi(\vec{B}) = -\vec{E}. \tag{1.4.4}$$

Se le cariche e le correnti non si annullano, la simmetria per dualità è preservata se vengono aggiunte sia le cariche elettriche che quelle magnetiche. Tuttavia, finora le cariche magnetiche non sono state osservate, il che rovina la dualità. A un livello più profondo, la dualità sembra essere violata quando il campo magnetico è derivato da un potenziale vettore mentre il campo elettrico è derivato da un potenziale scalare, come avviene in elettrostatica. Il potenziale vettore, tuttavia, non è un ingrediente opzionale, poiché (Witten 1997):

(i)   Serve a scrivere l'equazione di Schrödinger per un elettrone in campo magnetico.
(ii)   Serve a derivare le equazioni di Maxwell da una lagrangiana.
(iii) Serve a costruire una teoria unificata di elettromagnetismo, interazioni deboli e forti nello spaziotempo di Minkowski.

Nelle moderne teorie, cariche elettriche e magnetiche trovano entrambe posto. Nel caso di accoppiamento debole, tali cariche si comportano in modo completamente diverso. Per l'elettrodinamica, l'accoppiamento debole significa che la costante di struttura fine

$$\alpha = \frac{(q_e)^2}{4\pi\hbar c} \tag{1.4.5}$$

è piccola. In generale, per accoppiamento piccolo, le cariche elettriche appaiono come quanti elementari. La carica elettrica Q_e di una qualsivoglia particella è un multiplo intero di q_e, ovvero $Q_e = nq_e$.

D'altro lato, i monopoli magnetici originano, per accoppiamento debole, come eccitazioni collettive di particelle elementari. Tali eccitazioni collettive si presentano, nel limite di accoppiamento debole, come soluzioni estese di equazioni differenziali non lineari. La carica magnetica q_m di una qualsivoglia particella è (N essendo un intero)

$$q_m = N \frac{2\pi\hbar c}{q_e}. \tag{1.4.6}$$

La teoria quantistica rende dunque possibile scoprire nuove simmetrie fondamentali che la teoria classica non arriva a prevedere. Intanto noi andremo a comprendere meglio le proprietà della teoria classica.

Per approfondimenti di elettrodinamica classica, suggeriamo il ricco e formativo materiale in Maxwell (1881), Fermi (1925), Stratton (1952), Sommerfeld (1964), Landau e Lifshitz (1975), Solimeno et al. (1986), Schwinger (1998), Jackson (2001), Stroffolini (2001), Panofsky e Phillips (2005), Zangwill (2012), Scheck (2018), Romano (2019), e gli articoli di Ercoli Finzi e Morosi (1975a, b), Kupriyanov et al. (2023).

Capitolo 2
Concetti di algebra e geometria

2.1 Gruppi e monoidi

In una visione algebrica, la struttura fondamentale sono i monoidi, e quei particolari monoidi in cui ogni elemento ammette un inverso sono detti gruppi. Noi posporremo questo passo iniziale, e diremo che un gruppo G è un insieme S tale che, per due qualsivoglia dei suoi elementi $g_1, g_2 \in S$, una legge di composizione interna è definita. Assumeremo che la legge di composizione sia la moltiplicazione, denotata tramite un puntino inserito tra gli elementi del gruppo che vengono moltiplicati tra loro. Per essa valgono le seguenti proprietà:

$$g_1, g_2 \in G \implies g_1 \cdot g_2 \in G. \tag{2.1.1}$$

Il prodotto è associativo:

$$g_1 \cdot (g_2 \cdot g_3) = (g_1 \cdot g_2) \cdot g_3. \tag{2.1.2}$$

Il gruppo G contiene l'elemento identico (o neutro) e, ovvero

$$g \cdot u = u \cdot g = g, \ \forall g \in G, \implies u = e. \tag{2.1.3}$$

Ne segue che l'elemento identico è unico. Infatti se e' fosse un altro elemento identico, si avrebbero entrambe le relazioni

$$e \cdot e' = e, \ e \cdot e' = e',$$

da cui $e = e'$. Se la legge di composizione interna fosse invece l'addizione, l'elemento identico sarebbe allora indicato con lo zero, ovvero

$$g + u = u + g = g, \forall g \in G, \implies u = 0. \tag{2.1.4}$$

Alfine, per ogni $g \in G$, l'inverso esiste ed è unico. Infatti, se esistessero due diversi inversi, γ e Γ, di g, si avrebbe

$$e = \gamma \cdot g = \Gamma \cdot g, \tag{2.1.5}$$

da cui, moltiplicando alla destra per γ, troveremmo $\gamma = \Gamma$.

G. Esposito, *Fondamenti Matematici della Teoria Classica dei Campi*, La Matematica per il 3+2, https://doi.org/10.1007/978-3-032-23198-7_2

L'ordine di un gruppo è il numero dei suoi elementi. Esso può essere finito, numerabilmente infinito, o innumerabilmente infinito. A stretto rigor di termini, per gruppo G deve intendersi la coppia (S, τ), ove S è l'insieme di cui sopra, detto *sostegno* del gruppo, e τ è la legge di composizione interna, ovvero la moltiplicazione o l'addizione.

Nel caso dei monoidi menzionati poc'anzi, valgono solo le proprietà di chiusura rispetto all'azione di τ, associatività ed esistenza dell'elemento neutro e, ovvero (Chevalley 1956):

$$m_1 \, \tau \, m_2 \in M, \quad \forall m_1, m_2 \in M, \tag{2.1.6}$$

$$(m_1 \, \tau \, m_2) \tau \, m_3 = m_1 \, \tau (m_2 \, \tau \, m_3), \quad \forall \, m_1, m_2, m_3 \in M, \tag{2.1.7}$$

$$m_1 \, \tau \, e = e \, \tau \, m_1 = m_1, \quad \forall m_1 \in M. \tag{2.1.8}$$

Il monoide è la coppia (M, τ). Si noti che la legge di composizione interna non è necessariamente la moltiplicazione o l'addizione. Ad esempio, dato l'insieme M delle applicazioni f da uno spazio X in se stesso, si ottiene un monoide scegliendo τ come la legge che definisce il concetto di funzione composta, ovvero

$$f(x) \, \tau \, g(x) \equiv f(g(x)), \quad \forall f, g \in M. \tag{2.1.9}$$

Ad un livello più profondo, si può definire un gruppo a partire da un insieme J e da una funzione φ avente, per dominio, l'insieme delle disposizioni binarie, con eventuali ripetizioni, degli elementi di J e, per codominio, un insieme contenuto in J; di modo tale che, se x ed y sono elementi di J, anche $\varphi(x, y)$, la loro immagine tramite φ, è un elemento di J. Inoltre si suppone che per J e φ valgano le seguenti proprietà (Scorza 1942):

Qualunque siano $x, y, z \in J$, si ha

$$\varphi(\varphi(x, y), z) = \varphi(x, \varphi(y, z)), \tag{2.1.10}$$

esiste in J un elemento u per il quale

$$\varphi(x, u) = x, \tag{2.1.11}$$

qualunque sia x in J. Inoltre, comunque scelto un elemento x di J, si può determinare in J un elemento x' tale che risulti

$$\varphi(x, x') = u. \tag{2.1.12}$$

Indicata allora con G la coppia di enti J e φ, si dice che G è il *gruppo* formato dagli elementi di J rispetto all'operazione φ. Gli *elementi* di G sono quelli di J, e φ è detta l'operazione di *moltiplicazione* in G. Un gruppo si dice *finito* (*infinito*) se tale è l'insieme dei suoi elementi. In particolare, un gruppo a moltiplicazione commutativa si dice *abeliano*. L'elemento u viene detto l'elemento identico o *identità* di G. Un gruppo che, all'infuori dell'identità, non contenga altri elementi, viene detto *gruppo identico*. Un elemento di un gruppo che coincida col suo inverso si dice *bilatero*. Dunque, per ciascun gruppo, l'dentità è un elemento bilatero.

Quadro riassuntivo Monoidi e gruppi sorgono quando si considerano insiemi M muniti di una applicazione Φ che è una legge di composizione interna. Data la coppia (M, Φ), siamo dunque interessati alle seguenti proprietà:

(i) Φ è una legge di composizione interna:

$$\Phi(m_1, m_2) \in M \; \forall \, m_1, m_2 \in M \implies \Phi : M \times M \to M. \tag{2.1.13}$$

(ii) Φ ha la proprietà associativa:

$$\Phi(\Phi(m_1, m_2), m_3) = \Phi(m_1, \Phi(m_2, m_3)) \; \forall \, m_1, m_2, m_3 \in M. \tag{2.1.14}$$

(iii) Esiste l'elemento neutro e di M:

$$\Phi(m, u) = \Phi(u, m) = m, \; \forall m \in M \implies u = e. \tag{2.1.15}$$

(iv) Ogni elemento di M ha un inverso γ:

$$\Phi(m, \gamma) = \Phi(\gamma, m) = e, \; \forall m \in M \implies \gamma = m^{-1} = \gamma_m. \tag{2.1.16}$$

Se valgono solo le proprietà (i) e (ii), la coppia (M, Φ) è un *semigruppo*. Se, in aggiunta, vale anche la proprietà (iii), (M, Φ) è un monoide. Inoltre, se vale anche la proprietà (iv), (M, Φ) è un gruppo.

Nel capitolo 8 tratteremo in dettaglio il concetto di *realizzazione* di un gruppo astratto G. Questa consiste nell'associare ad ogni $a \in G$ una applicazione $T(a)$ in modo tale che, alla composizione di elementi del gruppo G, corrisponda la composizione φ delle associate trasformazioni, ovvero:

$$T(\Phi(a, b)) = \varphi(T(a), T(b)). \tag{2.1.17}$$

2.2 Anelli, corpi e campi

D1 L'insieme A, dotato di due operazioni binarie $+$ e $\cdot$ è un *anello* se valgono le seguenti proprietà:

$(A, +)$ è un gruppo abeliano con elemento neutro 0, ovvero:

P1. Proprietà associativa dell'addizione:

$$(a + b) + c = a + (b + c), \tag{2.2.1}$$

P2. Proprietà commutativa dell'addizione:

$$a + b = b + a, \tag{2.2.2}$$

P3. Esiste un elemento $\omega \in A$, elemento neutro rispetto all'addizione, tale che

$$\omega + a = a + \omega = a. \tag{2.2.3}$$

Tale ω è detto lo zero di A: $\omega = 0$.

P4. Esistenza dell'inverso rispetto all'addizione: $\forall a \in A$, esiste un elemento $b \in A$ tale che

$$a + b = b + a = 0 \Longrightarrow b = -a. \tag{2.2.4}$$

P5. $(A, \cdot)$ è un semigruppo (cf. Eq. (2.1.14)):

$$(a \cdot b) \cdot c = a \cdot (b \cdot c). \tag{2.2.5}$$

P6. La moltiplicazione è distributiva rispetto alla somma:

$$a \cdot (b + c) = a \cdot b + a \cdot c, \tag{2.2.6}$$
$$(a + b) \cdot c = a \cdot c + b \cdot c. \tag{2.2.7}$$

Tutte le relazioni di cui sopra devono valere $\forall a, b, c \in A$. Se la moltiplicazione è commutativa, A è detto *anello commutativo*. Se ammette un elemento neutro, generalmente indicato con 1, l'anello è *unitario*.

D2 Dicesi *corpo* un anello con unità i cui elementi non nulli hanno inverso moltiplicativo, ovvero

$$\forall a \neq 0, \ \exists \gamma : a\gamma = \gamma a = e \Longrightarrow \gamma = a^{-1} = \gamma_a. \tag{2.2.8}$$

D3 Un *campo* è un anello commutativo con unità i cui elementi non nulli hanno inverso moltiplicativo, ossia un corpo commutativo.

Esempi I quaternioni (capitoli 8 e 22) formano un corpo non commutativo. Invece, i numeri razionali **Q**, i numeri reali **R** e i numeri complessi **C** formano i campi razionale, reale e complesso, rispettivamente.

Controesempio: Sia $(G, +)$ un gruppo abeliano, e si ponga

$$xy = 0 \ \forall x, y \in G. \tag{2.2.9}$$

In tal caso, $(G, +, \cdot)$ è un anello commutativo, ma non è unitario se G non è ridotto al solo 0. Se n è un intero ≥ 2, l'insieme $M_n(Q)$ $(M_n(\mathbb{R}), M_n(\mathbb{C}))$ delle matrici $n \times n$ su Q (rispettivamente su $\mathbb{R}$, su $\mathbb{C}$), con l'usuale somma, e il prodotto righe per colonne, è un *anello unitario non commutativo*.

2.3 Divisori dello zero

L'equazione (2.2.9) ci spinge a definire il concetto di divisori dello zero, e lo faremo tramite esempi. Consideriamo dapprima le matrici 2×2

$$u_1 = \begin{pmatrix} 1 & 0 \\ 0 & 0 \end{pmatrix}, \ u_2 = \begin{pmatrix} 0 & 0 \\ 0 & 1 \end{pmatrix}. \tag{2.3.1}$$

Le matrici della forma

$$\alpha = xu_1 + yu_2 = \begin{pmatrix} x & 0 \\ 0 & y \end{pmatrix} \tag{2.3.2}$$

sono dette *numeri bireali* (Spampinato 1949). Dunque

$$\det\alpha = xy = 0 \Longrightarrow x = 0 \text{ oppure } y = 0. \tag{2.3.3}$$

Siano ora xu_1 e yu_2 con $x \neq 0$ e $y \neq 0$. In tal caso troviamo

$$xu_1 \ yu_2 = xy \ u_1 u_2 = 0 \tag{2.3.4}$$

poiché

$$u_1 u_2 = \begin{pmatrix} 0 & 0 \\ 0 & 0 \end{pmatrix}.$$

Esistono dunque due sistemi di numeri bireali che fungono da divisori dello zero:

$$xu_1, \ x \in \mathbb{R} - \{0\}, \ yu_2, \ y \in \mathbb{R} - \{0\}. \tag{2.3.5}$$

Al fine di fornire un secondo esempio, consideriamo le matrici

$$u = \begin{pmatrix} 1 & 0 \\ 0 & 1 \end{pmatrix}, \ \varepsilon = \begin{pmatrix} 0 & 1 \\ 0 & 0 \end{pmatrix}, \tag{2.3.6}$$

e la loro combinazione lineare

$$\gamma = xu + y\varepsilon = \begin{pmatrix} x & y \\ 0 & x \end{pmatrix}. \tag{2.3.7}$$

Pertanto

$$\det\gamma = x^2 = 0 \Longrightarrow x = 0 \Longrightarrow \gamma = y\varepsilon = \begin{pmatrix} 0 & y \\ 0 & 0 \end{pmatrix}, \ y \neq 0, \tag{2.3.8}$$

e notiamo che

$$y\varepsilon y'\varepsilon = yy'\varepsilon^2 = 0, \qquad (2.3.9)$$

poiché

$$\varepsilon^2 = \begin{pmatrix} 0 & 0 \\ 0 & 0 \end{pmatrix}.$$

Ne concludiamo che nell'algebra dei *numeri duali* $\gamma = xu + \gamma\varepsilon$ esiste un solo sistema di divisori dello zero: $y\varepsilon,\ y \in \mathbb{R} - \{0\}$.

2.4 Moduli

In matematica, un modulo è una struttura algebrica che generalizza il concetto di spazio vettoriale richiedendo che gli scalari non costituiscano un campo ma un anello. Un *modulo su un anello A* è quindi un gruppo abeliano M su cui è definita un'operazione che associa ad ogni elemento di A e ad ogni elemento di M un nuovo elemento di M. Nonostante la definizione molto simile, i moduli possono avere proprietà radicalmente diverse da quelle degli spazi vettoriali. A tal proposito, si noti che non tutti i moduli possiedono una base, e quindi non è possibile definire una dimensione che li caratterizzi. Un esempio è l'insieme Q dei numeri razionali, visti come Z modulo, perché non è possibile trovare un sottoinsieme di Q che sia linearmente indipendente e generi tutti i razionali.

D4 Sia A un anello. Un *A-modulo sinistro M* è un gruppo abeliano $(M, +)$ su cui è definita un'operazione $\Phi_L : A \times M \to M$ tale che

$$\Phi_L(a, v + w) = \Phi_L(a, v) + \Phi_L(a, w), \ \forall a \in A, \ \forall v, w \in M, \qquad (2.4.1)$$

$$\Phi_L(a + b, v) = \Phi_L(a, v) + \Phi_L(b, v), \ \forall a, b \in A, \ \forall v \in M, \qquad (2.4.2)$$

$$\Phi_L(ab, v) = \Phi_L(a, \Phi_L(b, v)), \ \forall a, b \in A, \ \forall v \in M. \qquad (2.4.3)$$

Analogamente, *A-modulo destro* è un M su cui è definita un'operazione $\Phi_R : M \times A \to M$ su cui valgono analoghi assiomi, ma in cui a e b sono scritti a destra degli elementi di M. Per i moduli destri, la controparte delle condizioni (2.4.1)–(2.4.3) si scrive dunque come segue:

$$\Phi_R(v + w, a) = \Phi_R(v, a) + \Phi_R(w, a), \ \forall a \in A, \ \forall v, w \in M, \qquad (2.4.4)$$

$$\Phi_R(v, a + b) = \Phi_R(v, a) + \Phi_R(v, b), \ \forall a, b \in A, \ \forall v \in M, \qquad (2.4.5)$$

$$\Phi_R(v, ab) = \Phi_R(\Phi_R(v, a), b), \ \forall a, b \in A, \ \forall v \in M. \qquad (2.4.6)$$

Mentre stando soltanto alle prime due proprietà le due strutture differiscono solo per una diversa convenzione di scrittura (ovvero l'ordine dei fattori nell'operazione), nella terza si mostra una differenza sostanziale fra loro, in quanto $ab \neq ba$ in generale. Se l'anello A è commutativo, allora i concetti di modulo destro e sinistro coincidono, nel senso che sono una variante di scrittura l'uno dell'altro, e pertanto sono isomorfi. Se M è contemporaneamente un A-modulo destro e sinistro, e se le due moltiplicazioni sono compatibili, ovvero se vale

$$\Phi_R(\Phi_L(a,v),b) = \Phi_L(a,\Phi_R(v,b)), \quad \forall a,b \in A, \ \forall v \in M, \tag{2.4.7}$$

allora M è detto *bimodulo*, o modulo bilatero. Ad esempio, l'anello Z degli interi relativi è un modulo su se stesso sia a sinistra che a destra.

2.5   Proiettività fra due iperspazi S_r

Nei capitoli 11 e 30 faremo uso delle trasformazioni lineari frazionarie, che discendono dall'applicazione di concetti di geometria proiettiva. Pertanto definiamo alcuni concetti di base da qui in poi nel presente capitolo.

Siano dati due iperspazi S_r e S'_r con $r \geq 1$, e siano $(x_1, x_2, x_3, \ldots, x_{r+1})$ le coordinate omogenee del punto corrente in S_r, e $(x'_1, x'_2, \ldots, x'_{r+1})$ le coordinate omogenee del punto corrente in S'_r. Consideriamo la relazione lineare

$$x'_i = \sum_{j=1}^{r+1} a_{ij} \, x_j, \quad \forall i = 1, \ldots, r+1 \tag{2.5.1}$$

che trasforma la $(r+1)$-pla $(x_1, \ldots, x_{r+1})$ nella $(r+1)$-pla $(x'_1, \ldots, x'_{r+1})$. Mediante la (2.5.1) resta quindi fissata una corrispondenza fra i punti di S_r ed i punti di S'_r. Ad un punto (x_j) di S_r corrisponde un punto (x'_j) di S'_r, le cui coordinate sono date dalle formule (2.5.1). Questa corrispondenza si dice una *proiettività* tra S_r e S'_r (Spampinato 1950). In particolare, se S_r e S'_r sono riferiti ad uno stesso sistema di coordinate, la proiettività si dice una proiettività in S_r.

Data la proiettività ω di equazioni (2.5.1), e la proiettività π di equazioni

$$x''_j = \sum_{t=1}^{r+1} b_{jt} \, x'_t, \quad \forall j = 1, \ldots, r+1 \tag{2.5.2}$$

che porta un punto di S'_r in un punto di un iperspazio S''_r, resta determinata la proiettività che porta un punto di S_r in un punto di S''_r avente le equazioni che si ottengono dalle (2.5.2) sostituendo alle x' i valori dati dalle (2.5.1), ossia avente l'equazione

$$x''_j = \sum_{t=1}^{r+1} b_{jt} \sum_{q=1}^{r+1} a_{tq} \, x_q, \tag{2.5.3}$$

ovvero

$$x_j'' = \sum_{q,t=1}^{r+1} b_{jt}\, a_{tq}\, x_q, \tag{2.5.4}$$

che si può scrivere pure nella forma

$$x_j'' = \sum_{q=1}^{r+1} \left(\sum_{t=1}^{r+1} b_{jt}\, a_{tq} \right) x_q. \tag{2.5.5}$$

Ciò posto, indichiamo con (C_{rs}) la matrice prodotto della matrice (b_{rs}) per la matrice (a_{rs}), ovvero poniamo

$$C_{iq} = \sum_{t=1}^{r+1} b_{it}\, a_{tq}. \tag{2.5.6}$$

In virtù delle (2.5.6), le (2.5.4) si possono scrivere nella forma

$$x_j'' = \sum_{q=1}^{r+1} C_{jq}\, x_q, \ \ j = 1,\ldots,r+1. \tag{2.5.7}$$

La proiettività di Eq. (2.5.3) (oppure (2.5.4), (2.5.5), (2.5.7)) si dice la proiettività prodotto delle proiettività ω e π, e si indica con $\pi\omega$.

2.6 Trasformazioni fra gli elementi di un insieme

Consideriamo un insieme I di elementi e supponiamo che sia data una legge L la quale faccia corrispondere ad ogni elemento a di I un elemento a' di I:

$$L : a \in I \rightarrow L(a) = a' \in I, \ \forall a \in I, \tag{2.6.1}$$

e che esista la legge L^{-1}, che si dice inversa di L, che faccia corrispondere all'elemento a' l'elemento a:

$$L^{-1} : a' \in I \rightarrow L^{-1}(a') = a \in I. \tag{2.6.2}$$

Si dice allora che L è una *trasformazione* fra gli elementi di I.

2.7 Gruppi di trasformazioni

Consideriamo un insieme G di trasformazioni applicate tutte ad un insieme di punti (o varietà, cf. capitolo 3). Se ogni trasformazione dell'insieme è dotata di inversa, la quale appartiene all'insieme stesso, e se inoltre il prodotto di due trasformazioni di G è ancora una trasformazione di questo insieme, si dice che G costituisce un *gruppo di trasformazioni*.

Ad esempio, se consideriamo nel piano reale euclideo una traslazione

$$x' = x + a, \ y' = y + b, \tag{2.7.1}$$

l'insieme di tutte le traslazioni che si ottengono facendo variare a e b nel corpo dei numeri reali costituisce un gruppo. Le proiettività (2.5.1) pure costituiscono un gruppo di trasformazioni.

2.8 Concetto generale di geometria

Una proprietà dicesi invariante rispetto ad un gruppo G di trasformazioni quando essa non si altera per una qualunque trasformazione di G. Ad esempio, sulla retta il **birapporto** di quattro punti P_1, P_2, P_3, P_4:

$$b(P_1, P_2, P_3, P_4) \equiv \frac{(P_1 - P_3)(P_2 - P_4)}{(P_1 - P_4)(P_2 - P_3)}, \tag{2.8.1}$$

ove $(P_i - P_j)$ denota la lunghezza del segmento orientato da P_i a P_j, è invariante rispetto al gruppo delle proiettività della retta.

Definizione Costruire una geometria significa assegnare un insieme di elementi ed un gruppo di trasformazioni operanti su questi elementi, e studiare le proprietà dell'insieme invarianti per le trasformazioni del gruppo.

2.9 Alcuni esempi di geometria

In un piano reale o complesso proiettivo, consideriamo tutte le proiettività non degeneri, ciascuna di equazioni

$$x' = a_{11}x + a_{12}y + a_{13}t, \tag{2.9.1}$$

$$y' = a_{21}x + a_{22}y + a_{23}t, \tag{2.9.2}$$

$$t' = a_{31}x + a_{32}y + a_{33}t, \tag{2.9.3}$$

con $\det(a_{ij}) \neq 0$ e con le a_{ij} reali o complesse.

Fra le proiettività del piano, consideriamo le *affinità*, ossia le proiettività nelle quali la retta impropria corrisponde a se stessa. Le equazioni di una affinità si ottengono dunque dalle (2.9.1)–(2.9.3) ponendo $a_{31} = a_{32} = 0$.

Poiché una affinità fa corrispondere punti propri a punti propri, possiamo considerare un'affinità come una corrispondenza fra i punti di un piano reale o complesso euclideo, e le sue equazioni si possono scrivere (dividendo le (2.9.1)–(2.9.3) per a_{33} e passando a coordinate non omogenee)

$$X = \frac{x}{t}, \ Y = \frac{y}{t}, \tag{2.9.4}$$

$$X' = \frac{x'}{t'} = \frac{a_{11}}{a_{33}}\frac{x}{t} + \frac{a_{12}}{a_{33}}\frac{y}{t} + \frac{a_{13}}{a_{33}} = aX + bY + m, \tag{2.9.5}$$

$$Y' = \frac{y'}{t'} = \frac{a_{21}}{a_{33}}\frac{x}{t} + \frac{a_{22}}{a_{33}}\frac{y}{t} + \frac{a_{23}}{a_{33}} = cX + dY + n. \tag{2.9.6}$$

Le affinità formano anch'esse un gruppo, denotato con A_f, che è un sottogruppo delle proiettività P. Infatti evidentemente l'inversa di una affinità è una affinità. Se poi consideriamo due affinità, la prima di esse fa corrispondere alla retta impropria se stessa ed anche la seconda fa corrispondere alla retta impropria se stessa, sicché la retta impropria è preservata anche per il prodotto delle due affinità, che quindi risulta una affinità.

Fra le affinità di un piano reale euclideo consideriamo le *similitudini*, ovvero quelle particolari affinità che mantengono costante il rapporto tra due segmenti omologhi. Vogliamo dimostrare che anche le similitudini costituiscono un gruppo, S, sottogruppo di A_f e quindi anche di P. Infatti, che l'inverso di una similitudine sia una similitudine, è evidente. Se poi s_1 e s_2 sono due similitudini, siano A', B' gli omologhi di due punti A e B rispetto a s_1, ed A'', B'' gli omologhi di A' e B' rispetto a s_2. La similitudine prodotto $s_2 s_1$ fa corrispondere ad A, B rispettivamente A'', B''. Si ha

$$\frac{A'B'}{AB} = \sigma_1, \ \frac{A''B''}{A'B'} = \sigma_2 \tag{2.9.7}$$

con σ_1, σ_2 costanti, e quindi, essendo

$$\frac{A''B''}{AB} = \frac{A''B''}{A'B'}\frac{A'B'}{AB}, \tag{2.9.8}$$

si trova

$$\frac{A''B''}{AB} = \sigma_2\,\sigma_1 = \text{costante}. \tag{2.9.9}$$

Quindi il prodotto $s_1 s_2$ delle due similitudini, mantenendo costante il rapporto $\frac{A''B''}{AB}$ tra due segmenti omologhi, è una similitudine.

Si hanno dunque tre gruppi P, A_f, S, e in corrispondenza a questi tre gruppi si hanno tre geometrie:

(a) **Geometria proiettiva** del piano proiettivo reale o complesso (Enriques 1895, Enriques 1898, Del Pezzo 1920, Severi 1926a, Castelnuovo 1938, Spampinato 1946, Nacinovich 1996, Sernesi 2000), che studia le proprietà invarianti rispetto alle proiettività (2.5.1).

(b) **Geometria affine** del piano euclideo reale o complesso che studia le proprietà invarianti rispetto alle affinità.

(c) **Geometria euclidea** del piano reale euclideo, che studia le proprietà invarianti rispetto alle similitudini.

Per costruzione, tutte le proprietà della Geometria (a) sono pure proprietà della (b) ma non viceversa, così pure le proprietà della (b) sono proprietà della (c), ma non viceversa. Ovvero, il numero delle proprietà va aumentando quando si passa dalla Geometria proiettiva alla Geometria affine, e da questa alla Geometria euclidea.

Si dice dunque che la geometria euclidea è derivata dalla geometria affine, che a sua volta è derivata dalla geometria proiettiva.

Per studi ulteriori di algebra astratta, consigliamo di cominciare dal trattato di Curzio et al. (2014), mentre per una trattazione orientata verso la fisica teorica consigliamo l'opera di Balachandran et al. (2010). La ricerca moderna in fisica teorica sta anche applicando un altro concetto astratto, quello di *gruppoide*, per il quale rimandiamo al lavoro in Ciaglia et al. (2019a, b), Ciaglia et al. (2022).

2.10 Descrizione proiettiva di una retta

Siano (x_0, x_1) coordinate proiettive omogenee su una retta. Due casi possono presentarsi:

(i) Se $x_1 \neq 0$, è definita la divisione per x_1, e possiamo passare alle coordinate proiettive non omogenee

$$\left(\frac{x_0}{x_1}, \frac{x_1}{x_1} \right) = \left(\frac{x_0}{x_1}, 1 \right) = (a, 1). \tag{2.10.1}$$

(ii) Se $x_1 = 0$, non è definita la divisione per x_1, e possiamo passare invece alle coordinate proiettive non omogenee

$$\left(\frac{x_0}{x_0}, \frac{x_1}{x_0} \right) = (1, 0). \tag{2.10.2}$$

Il punto $(1, 0)$ è il *punto all'infinito* nel linguaggio della geometria proiettiva, che appare dunque particolarmente adatta a trasportare al finito gli insidiosi punti all'infinito della matematica. Questa proprietà è stata sfruttata ad esempio in un calcolo originale di Bini e Esposito (2025).

Un ramo fondamentale della geometria che non abbiamo il tempo di trattare, ma che i lettori dovrebbero conoscere, consiste della geometria algebrica, per lo studio della quale consigliamo i trattati di Bertini (1907), Severi (1908), Enriques e Chisini (1915), Severi (1926b), Severi (1927), Severi (1948), Enriques (1949), Spampinato (1950), Severi (1959), Andreotti (1978), Manetti (1998), Beltrametti et al. (2003), Miranda (2010), Ciliberto (2021), e l'articolo di taglio storico e pedagogico di Esposito (2026).

2.11   Algebre C^* e loro importanza

Dagli anni novanta in poi la fisica teorica ha dedicato crescente attenzione alle algebre C^* a causa della loro rilevanza per sviluppare la geometria noncommutativa (Connes 1994, Lizzi 2008). Un'algebra C^* è un'algebra $\mathcal{A}$ associativa sui numeri complessi $\mathbb{C}$, che ha la struttura di algebra di Banach con norma N e involuzione Φ tali che valgano le seguenti proprietà (usiamo lettere latine minuscole per gli elementi di $\mathcal{A}$, e lettere greche minuscole per i numeri complessi):

$$N(a) \geq 0, \ N(a) = 0 \iff a = 0, \tag{2.11.1}$$

$$N(\alpha a) = |\alpha| N(a), \tag{2.11.2}$$

$$N(a + b) \leq N(a) + N(b), \tag{2.11.3}$$

$$N(ab) \leq N(a)N(b), \tag{2.11.4}$$

$$\Phi(\Phi(a)) = a, \tag{2.11.5}$$

$$\Phi(ab) = \Phi(b)\Phi(a), \tag{2.11.6}$$

$$\Phi(\alpha a + \beta b) = \overline{\alpha}\Phi(a) + \overline{\beta}\Phi(b), \tag{2.11.7}$$

$$N(\Phi(a)) = N(a), \tag{2.11.8}$$

$$N(\Phi(a)a) = N^2(a) = (N(a))^2, \tag{2.11.9}$$

$$\mathcal{A} \text{ risulta completa rispetto alla norma.} \tag{2.11.10}$$

In virtù del teorema di Gelfand e Naimark (1943), esiste una corrispondenza uno ad uno fra spazi topologici di Hausdorff da un lato, e algebre commutative C^* dall'altro. Ci si può dunque concentrare sull'algebra delle funzioni continue a valori complessi su uno spazio di Hausdorff, se si è interessati ad algebre C^* commutative. Questa proprietà fa parte dei risultati matematici sui quali si fonda la geometria noncommutativa (Connes 1994, Lizzi 2008), che non può essere riassunta in questo capitolo elementare.

Capitolo 3
Varietà topologiche e varietà differenziabili

3.1 Spazi topologici

I concetti di insieme aperto e intorno di un punto trovano compiuta espressione nella teoria degli spazi topologici, che sono di fondamentale importanza in analisi e in geometria.

Dato un insieme astratto S e un suo sottoinsieme proprio A: $A \subset S$, la frontiera topologica di A, denotata mediante $\mathcal{F}A$, è l'insieme dei punti che non sono né interni né esterni ad A (vedasi il paragrafo 3.8). L'insieme A è aperto (un *campo* in analisi) se

$$\mathcal{F}A \subset (S - A). \tag{3.1.1}$$

Negli spazi metrici M (vedasi paragrafo 3.2) esiste una nozione naturale di intorno di un punto: dicesi intorno di $x \in M$ ogni insieme che contiene propriamente una palla centrata in x. Ma se lo spazio non fosse metrico, cosa potremmo dire? Originariamente si ragionava come segue (Miranda 1949).

Uno *spazio topologico* consiste della coppia $(S, \{\mathcal{I}(x)\})$, ove $\{\mathcal{I}(x)\}$ denota una famiglia di *intorni* di x, $\forall x \in S$, che deve avere le seguenti proprietà:

(1) Ogni $x \in S$ ammette almeno un intorno, ed è contenuto in ogni suo intorno, ovvero:

$$\forall x \in S, \ \exists \, \mathcal{I}(x), e \, x \in J, \ \forall \, J \in \{\mathcal{I}(x)\}. \tag{3.1.2}$$

(2) Possono sempre trovarsi intorni $\mathcal{I}(x), J(x), K(x) \in \{\mathcal{I}(x)\}$ tali che

$$K(x) \subset \mathcal{I}(x) \times J(x). \tag{3.1.3}$$

© The Author(s), under exclusive license to Springer Nature Switzerland AG 2026
G. Esposito, *Fondamenti Matematici della Teoria Classica dei Campi*, La Matematica per il 3+2, https://doi.org/10.1007/978-3-032-23198-7_3

(3) Se y appartiene ad un intorno di x, esiste un intorno di y contenuto propriamente in un intorno di x:

$$y \in \mathcal{I}(x) \implies \exists\, \mathcal{I}(y) \subset \mathcal{I}(x). \tag{3.1.4}$$

(4) Se x e y sono punti di S tra loro distinti, esistono sempre intorni di tali punti che sono disgiunti. In simboli, si scrive che

$$x \text{ e } y \in S, \ x \neq y \implies \exists\, \mathcal{I}(x), \mathcal{I}(y) : \mathcal{I}(x) \cap \mathcal{I}(y) = \emptyset. \tag{3.1.5}$$

Quest'ultima condizione esprime il postulato di Hausdorff.

Nella letteratura moderna, uno spazio topologico è definito nel modo seguente:

D1 Siano X un insieme qualsivoglia, e τ una collezione di sottoinsiemi di X. La coppia ordinata (X, τ) si dice *spazio topologico* se sono soddisfatte le seguenti tre condizioni:

(i)   Sia X che l'insieme vuoto $\emptyset$ appartengono a τ.
(ii) Una qualunque collezione $\{G_\alpha\}$, finita o infinita, di elementi di τ possiede la proprietà

$$\bigcup_\alpha G_\alpha \in \tau, \text{ se } G_\alpha \in \tau \ \forall \alpha. \tag{3.1.6}$$

Ovvero τ è chiusa rispetto all'unione numerabile dei G_α.
(iii) Una qualunque collezione finita $\{G_1, \ldots, G_n\}$ soddisfa la condizione

$$\bigcap_{\alpha=1}^{n} G_\alpha \in \tau. \tag{3.1.7}$$

Ovvero τ è chiusa rispetto all'intersezione finita dei G_α.

Se (X, τ) è uno spazio topologico, gli elementi di τ si chiamano *insiemi aperti* o, semplicemente, gli aperti di X. Un sottoinsieme U di X è *chiuso* se il complemento di U in X, che viene indicato come $X - U$, è un insieme aperto. Poiché il complemento del complemento di U è U stesso, si dice anche che un insieme è aperto quando il suo complemento è chiuso. La nozione di spazio topologico permette, quindi, di introdurre gli insiemi aperti e quelli chiusi, e gli intorni $\mathcal{I}(x)$ di un qualsivoglia punto x di (X, τ) sono insiemi tali che esiste un aperto W di X contenente x e contenuto propriamente in $\mathcal{I}(x)$.

È importante osservare che, pur avendo definito uno spazio topologico come coppia ordinata (X, τ) dove τ è una topologia nell'insieme X, si parla spesso dello spazio topologico X, ovvero omettendo la scrittura di τ. Due proprietà frequentemente incontrate dagli spazi topologici di interesse sono la connessione e la compattezza.

D2 Uno spazio topologico X si dice *sconnesso* se esistono due sottoinsiemi di X non vuoti e aperti A e B tali che

$$A \cap B = \emptyset, \ A \cup B = X. \tag{3.1.8}$$

Uno spazio topologico X si dice *connesso* se non è sconnesso. Un esempio di insieme connesso è l'insieme $\mathbb{R}$ dei numeri reali; esempi di insiemi sconnessi sono l'insieme Q dei numeri razionali e l'insieme $[0, 1] \cup [2, 3]$.

Per introdurre la compattezza abbiamo bisogno di una definizione preliminare: quella di ricoprimento aperto di un insieme $K \subset X$ dove X è uno spazio topologico.

D3a Una collezione di insiemi $\{F_\alpha\}$ è detta essere un ricoprimento di $K \subset X$ se l'unione di tutti gli F_α eguaglia K:

$$K = \bigcup_\alpha F_\alpha. \tag{3.1.9}$$

Se tutti gli insiemi F_α sono aperti, il ricoprimento è detto ricoprimento aperto.

D3b Un insieme $K \subset X$ è *compatto* se ogni ricoprimento aperto di K contiene un sottoricoprimento finito. Ovvero, se $\{F_\alpha\}$ è una collezione di insiemi aperti la cui unione contiene K, anche l'unione di un'opportuna famiglia finita di $\{F_\alpha\}$ contiene K. In particolare, se lo stesso X è compatto, X è detto essere uno spazio compatto. Invero, è anche possibile definire la compattezza di X richiedendo che *ogni successione di punti di X ammetta almeno un punto di accumulazione*. Qui ci limitiamo ad anticipare che uno spazio metrico (paragrafo 3.2) è *sequenzialmente compatto* se da ogni successione $\{x_n\}$ in esso si può estrarre una sottosuccessione convergente verso un punto dello spazio metrico. Per il confronto delle varie definizioni di compattezza, si rimanda ai corsi di analisi funzionale (e.g. Carbone e De Arcangelis 2022).

Per quanto riguarda le funzioni definite su uno spazio topologico ed a valori in un altro spazio topologico, nel seguito lavoreremo con funzioni continue e con omeomorfismi, che quindi passiamo a definire.

D4 Se X e Y sono due spazi topologici, e se f è una applicazione di X in Y, si dice che f è continua in $x_0 \in X$ se, per ogni intorno U di $f(x_0)$ in Y, esiste un intorno V di x_0 in X tale che $f(V) \subseteq U$. Si dimostra poi che, se f è continua in ogni $x \in X$, questo equivale ad affermare che $f^{-1}(A)$ è aperto in X per ogni aperto A di Y (Ambrosio et al. 2023).

D5 Dati due spazi topologici X ed Y, un'applicazione biunivoca $f : X \to Y$ [tale dunque che punti distinti abbiano immagini distinte (f iniettiva), e per la quale $f(X) = Y$ (f surgettiva)] che sia continua assieme alla sua inversa, si dice *omeomorfismo* di X su Y. Se esiste un omeomorfismo di X su Y, gli spazi X ed Y si dicono omeomorfi.

3.2 Spazi metrici

Una classe di spazi topologici spesso incontrata in fisica consiste negli spazi metrici.

D6 Uno *spazio metrico* è una coppia ordinata (X, d) ove X è un insieme e d una funzione distanza definita su $X \times X$ e avente le seguenti proprietà:

$$0 \leq d(x, y) < \infty, \tag{3.2.1}$$

$$d(x, y) = 0 \iff x = y, \tag{3.2.2}$$

$$d(x, y) = d(y, x), \tag{3.2.3}$$

$$d(x, y) \leq d(x, z) + d(z, y). \tag{3.2.4}$$

La (3.2.4) è detta *diseguaglianza triangolare*. Può essere formativo osservare che la proprietà di simmetria (3.2.3) può esser fatta discendere dalle altre. All'uopo, si fa uso della (3.2.2) e si scrive la (3.2.4) nella forma (Cafiero 1959)

$$d(x, z) \leq d(y, x) + d(y, z),$$

ponendo ivi $z = x$ una volta, $z = y$ una seconda volta. Nel primo caso si trova $0 \leq 2d(y, z)$, ovvero $d(x, y) \geq 0$. Nel secondo caso si trova $d(x, y) \leq d(y, x)$. Si sfrutta alfine l'arbitrarietà in x e y per scambiarli tra loro, da cui anche $d(y, x) \leq d(x, y)$. Entrambe le maggiorazioni valgono $\forall \, x, y \, \in X$, da cui la desiderata simmetria (3.2.3) della funzione distanza. Questa tecnica viene usata di sovente in matematica: due funzioni f e g sono eguali se si riesce a dimostrare la validità di ambo le relazioni $f \leq g$ e $f \geq g$.

Se $x \in X$ e $r \geq 0$, la *palla aperta* con centro x e raggio $r \geq 0$ è l'insieme

$$B(x, r) \equiv \{y \in X : \, d(x, y) < r\}. \tag{3.2.5}$$

Se τ è la collezione di tutti gli insiemi $E \subset X$ che sono unioni arbitrarie di palle aperte, τ è una topologia in X. Quindi uno spazio metrico è uno spazio topologico la cui topologia è generata dalla sua metrica, e scriviamo

$$\tau \equiv \left\{ E \in X : \, E = \bigcup_{\alpha} B^{(\alpha)}(x, r) \right\}. \tag{3.2.6}$$

Un esempio immediato di spazio metrico è lo spazio euclideo $\mathbb{R}^n$, dato da tutte le n-ple ordinate di numeri reali $(x^1, \ldots, x^n)$ con $x^i \in \mathbb{R}$, $\forall i = 1, \ldots, n$. L'usuale distanza euclidea tra i punti $x = (x^1, \ldots, x^n)$ e $y = (y^1, \ldots, y^n)$, data da

$$d(x, y) \equiv \left(\sum_{i=1}^{n} (x^i - y^i)^2 \right)^{\frac{1}{2}}, \tag{3.2.7}$$

definisce infatti una metrica su $\mathbb{R}^n$.

3.3   Varietà topologiche

Una volta introdotti gli spazi topologici, e presentati gli spazi metrici come un particolare tipo di spazio topologico, passiamo a definire il concetto di varietà.

D7   Una *varietà topologica* è uno spazio topologico M paracompatto (ovvero vale l'assioma di separazione di Hausdorff e ogni suo ricoprimento aperto ammette un raffinamento aperto (Nacinovich 2015) localmente finito[1]) con la seguente proprietà che ne esprime la natura localmente euclidea: se $x \in M$, esiste un intorno U di x e un intero $n \geq 0$ tali che U è omeomorfo a $\mathbb{R}^n$. Con i noti simboli, scriviamo che

$$\forall x \in M, \ \exists \, U \ \in \{\mathcal{I}(x)\}, \ \exists \, n \geq 0 : \ U \text{ omeomorfo a (aperto di) } \mathbb{R}^n. \quad (3.3.1)$$

Il numero intero n che compare in questa definizione è detto la *dimensione* di M.

Poiché ogni punto di $\mathbb{R}^n$ ha un sistema fondamentale di intorni aperti che sono omeomorfi a $\mathbb{R}^n$, dire che un punto x di M ammette un intorno omeomorfo a $\mathbb{R}^n$ equivale a dire che esso ammette un intorno omeomorfo ad un qualsiasi aperto di $\mathbb{R}^n$. Ogni sottoinsieme aperto di $\mathbb{R}^n$ (ad esempio, le palle aperte) è una varietà topologica di dimensione n. Per numerosi esempi, rimandiamo al paragrafo 1.3 di Nacinovich (2015).

3.4   Varietà differenziabili

Abbiamo appena visto che una varietà topologica è essenzialmente uno spazio topologico che è localmente omeomorfo allo spazio euclideo $\mathbb{R}^n$ per un certo n. Per costruire le varietà differenziabili, che racchiudono come caso particolare le curve e superfici della geometria differenziale classica, avremo bisogno di considerare applicazioni più lisce degli omeomorfismi. A tal fine premettiamo dunque la definizione di applicazione di classe C^r, r essendo un intero ≥ 0.

D8   Una applicazione ϕ da un insieme aperto $\mathcal{O}$ di $\mathbb{R}^n$ in un insieme aperto $\mathcal{O}'$ di $\mathbb{R}^n$ si dice di classe C^r se le coordinate $(x'^1, \ldots, x'^n)$ del punto immagine $\phi(p)$ in $\mathcal{O}'$ sono funzioni delle coordinate $(x^1, \ldots, x^n)$ di p in $\mathcal{O}$ tali che le loro derivate fino a quella di ordine r esistono e sono continue. Se una applicazione è di classe C^r per ogni intero r comunque elevato, essa è detta infinitamente differenziabile. Per applicazione di classe C^0 si intende una applicazione continua.

---

[1] Se V_α sono gli elementi di un ricoprimento $\mathcal{V}$ di uno spazio topologico (X, τ) e U_i sono gli elementi di un ricoprimento $\mathcal{U}$ di (X, τ), $\mathcal{V}$ è un *raffinamento* di $\mathcal{U}$ se, $\forall i$, esiste un indice α_i tale che $V_{\alpha_i} \subset U_i$. Una famiglia $\{A_i\}$ di sottoinsiemi di X è localmente finita se, $\forall x \in X$, esiste un intorno U_x di x in X tale che l'insieme degli indici i per i quali l'intersezione $A_i \cap U_x$ è non vuota è finito.

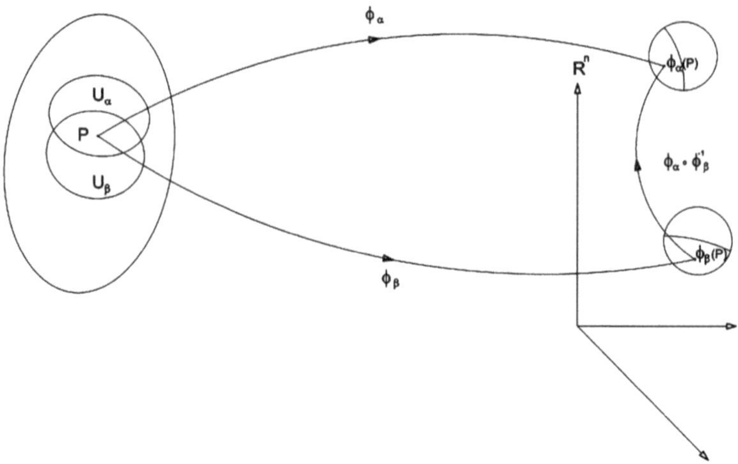

Figura 3.1 Corrispondenza tra i punti di una varietà differenziabile e i punti dello spazio euclideo a n dimensioni

Fatta questa premessa, introduciamo la definizione di varietà differenziabile:

D9   Una *varietà differenziabile M*, n-dimensionale, di classe C^r, è uno spazio topologico M con un *atlante* $\{(U_\alpha, \phi_\alpha)\}$ di classe C^r, ossia una collezione di carte (U_α, ϕ_α) dove gli U_α sono sottoinsiemi aperti di M e le ϕ_α sono omeomorfismi dei corrispondenti U_α in insiemi aperti di $\mathbb{R}^n$ tali che:

(i)   Gli U_α ricoprono M, ovvero

$$M = \bigcup_\alpha U_\alpha, \tag{3.4.1}$$

(ii)   Se $U_\alpha \bigcap U_\beta \neq \emptyset$, l'applicazione

$$\phi_\alpha \odot \phi_\beta^{-1} : \phi_\beta(U_\alpha \cap U_\beta) \to \phi_\alpha(U_\alpha \cap U_\beta) \tag{3.4.2}$$

è una applicazione di classe C^r di un sottoinsieme aperto di $\mathbb{R}^n$ in un sottoinsieme aperto di $\mathbb{R}^n$ (Fig. 3.1).

Ciascun sottoinsieme U_α di M è un intorno di coordinate locali con le coordinate locali x^a $(a = 1, \ldots, n)$ definite dall'applicazione ϕ_α. Ovvero, se $p \in U_\alpha \subset M$, *le coordinate di p sono le coordinate di $\phi_\alpha(p)$ in* $\mathbb{R}^n$. La condizione (ii) nella definizione **D9** garantisce che, nella regione di intersezione di due intorni di coordinate locali, le coordinate in un intorno sono funzioni di classe C^r delle coordinate nell'altro intorno, e viceversa.

Un atlante di classe C^r si dice *compatibile* con un dato atlante di classe C^r se la loro unione è un atlante di classe C^r per M. La compatibilità di atlanti è una relazione di equivalenza, la cui classe di equivalenza è detta *struttura differenziabile*.

Se $\mathcal{A}$ è un atlante di classe C^r su M, l'unione di tutti gli atlanti C^r compatibili con $\mathcal{A}$ è ancora un atlante C^r compatibile con $\mathcal{A}$. Esso è massimale nel senso che non è propriamente contenuto in nessun atlante di classe C^r con esso compatibile.

Sulla varietà differenziabile M è possibile definire una topologia assumendo che gli insiemi aperti di M siano costituiti da unioni di insiemi U_α appartenenti all'atlante completo. Tali U_α dell'atlante completo si dicono intorni aperti di coordinate. Questa topologia rende ciascuna applicazione ϕ_α un omeomorfismo da U_α in un sottoinsieme aperto di $\mathbb{R}^n$, e ritroviamo in tal modo la definizione **D7** di varietà topologica. Nell'ambito delle varietà differenziabili, possiamo assumere che le $\phi_\alpha \odot \phi_\beta^{-1}$ siano di classe C^∞, oppure di classe C^r con r finito, a seconda dei casi.

3.5   Carte per la 1-sfera

La 1-sfera, definita come

$$S^1 \equiv \{(x, y) \in \mathbb{R}^2 : x^2 + y^2 = 1\}, \tag{3.5.1}$$

è una varietà di classe C^∞, ed è una sottovarietà unidimensionale di $\mathbb{R}^2$. Un insieme di carte per essa è il seguente:

$$U_1 \equiv \{(x, y) \in S^1 : x > 0\}, \ \phi_1(x, y) \equiv y, \tag{3.5.2}$$

$$U_2 \equiv \{(x, y) \in S^1 : x < 0\}, \ \phi_2(x, y) \equiv y, \tag{3.5.3}$$

$$U_3 \equiv \{(x, y) \in S^1 : y > 0\}, \ \phi_3(x, y) \equiv x, \tag{3.5.4}$$

$$U_4 \equiv \{(x, y) \in S^1 : y < 0\}, \ \phi_4(x, y) \equiv x. \tag{3.5.5}$$

Osserviamo che, sebbene le funzioni ϕ_i siano state scritte come funzioni di entrambe le coordinate x e y, in realtà si sottintende che x e y soddisfano la condizione $x^2 + y^2 = 1$, e dunque la 1-sfera è uno spazio unidimensionale.

Allo scopo di dimostrare che le funzioni di transizione sono infinitamente differenziabili, consideriamo come esempio l'intersezione di U_1 e U_3:

$$U_1 \cap U_3 = \{(x, y) \in S^1 : x > 0, \ y > 0\}. \tag{3.5.6}$$

Dalla relazione $x^2 + y^2 = 1$ considerata per valori positivi di y si ottiene $y = \sqrt{1 - x^2}$. Quindi, in $U_1 \cap U_3$ si ha

$$y = \sqrt{1 - x^2}, \ x \in \,]0, 1[, \ y \in \,]0, 1[, \tag{3.5.7}$$

da cui segue che

$$\phi_3^{-1}(x) = \left(x, \sqrt{1 - x^2}\right) = (x, y), \tag{3.5.8}$$

e infine

$$\phi_1 \odot \phi_3^{-1}(x) = y = \sqrt{1 - x^2}, \qquad (3.5.9)$$

che è infinitamente differenziabile sull'intervallo $x \in {]}0, 1{[} \cup y \in {]}0, 1{[}$.

3.6 Carte per la 2-sfera

La 2-sfera S^2 è definita come la varietà bidimensionale

$$S^2 \equiv \left\{ (x_1, x_2, x_3) \in \mathbb{R}^3 : \sum_{k=1}^{3} (x_k)^2 = 1 \right\}. \qquad (3.6.1)$$

Per ricoprire S^2 occorrono sei intorni di coordinate, ovvero

$$U_1 \equiv \{(x_1, x_2, x_3) : x_1 > 0, \ x_2 \in {]}-1, 1{[}, \ x_3 \in {]}-1, 1{[}\}, \qquad (3.6.2)$$
$$U_2 \equiv \{(x_1, x_2, x_3) : x_1 < 0, \ x_2 \in {]}-1, 1{[}, \ x_3 \in {]}-1, 1{[}\}, \qquad (3.6.3)$$
$$U_3 \equiv \{(x_1, x_2, x_3) : x_2 > 0, \ x_1 \in {]}-1, 1{[}, \ x_3 \in {]}-1, 1{[}\}, \qquad (3.6.4)$$
$$U_4 \equiv \{(x_1, x_2, x_3) : x_2 < 0, \ x_1 \in {]}-1, 1{[}, \ x_3 \in {]}-1, 1{[}\}, \qquad (3.6.5)$$
$$U_5 \equiv \{(x_1, x_2, x_3) : x_3 > 0, \ x_1 \in {]}-1, 1{[}, \ x_2 \in {]}-1, 1{[}\}, \qquad (3.6.6)$$
$$U_6 \equiv \{(x_1, x_2, x_3) : x_3 < 0, \ x_1 \in {]}-1, 1{[}, \ x_2 \in {]}-1, 1{[}\}. \qquad (3.6.7)$$

3.7 Proiezione stereografica per la n-sfera

La n-sfera S^n è definita come un insieme immerso nello spazio euclideo $(n + 1)$-dimensionale mediante la condizione

$$S^n \equiv \{x \in \mathbb{R}^{n+1} : x \cdot x = 1\}, \qquad (3.7.1)$$

dove

$$x \cdot x = \sum_{k=1}^{n+1} (x_k)^2. \qquad (3.7.2)$$

Dimostriamo ora che S^n è una varietà differenziabile e che quindi è una sottovarietà di $\mathbb{R}^{n+1}$ mediante le proiezioni stereografiche dai poli nord e sud di S^n.

Denotiamo con $\mathcal{N}$ e S rispettivamente il polo nord ed il polo sud di S^n, ossia i punti

$$\begin{aligned} \mathcal{N} &= (N_1, N_2, \dots, N_{n+1}) = (0, 0, \dots, 1), \\ S &= (S_1, S_2, \dots, S_{n+1}) = (0, 0, \dots, -1). \end{aligned} \qquad (3.7.3)$$

Consideriamo inoltre i due seguenti insiemi:

$$U_1 \equiv S^n - \mathcal{N}, \ U_2 \equiv S^n - S, \tag{3.7.4}$$

ed osserviamo che U_1 ed U_2 ricoprono S^n, ossia $S^n = U_1 \bigcup U_2$. Calcoliamo ora le proiezioni stereografiche ϕ_1 e ϕ_2 dai poli nord e sud rispettivamente, e facciamo vedere che l'insieme delle due carte (U_1, ϕ_1) e (U_2, ϕ_2) costituisce un atlante di classe C^∞ per la n-sfera S^n. Siccome U_1 ed U_2, come abbiamo già visto, ricoprono S^n, si tratta di dimostrare che, nella regione di sovrapposizione $U_1 \bigcap U_2$, la funzione $\phi_2 \odot \phi_1^{-1}$ è una applicazione infinitamente differenziabile.

Iniziamo a determinare la proiezione stereografica ϕ_1 dal polo nord. A tal fine, preso un punto $x \in U_1$, *tracciamo la retta passante per il punto $\mathcal{N}$ nella direzione che va da $\mathcal{N}$ verso x, e determiniamo l'intersezione di questa retta con l'iperpiano* $\mathbb{R}^n$ *di* $\mathbb{R}^{n+1}$. Prima di eseguire questo calcolo esplicitamente ricordiamo che, per ogni coppia di punti $p \equiv (p_1, \ldots, p_n)$ e $q \equiv (q_1, \ldots, q_n)$ in $\mathbb{R}^n$, si definisce segmento orientato da p a q il vettore

$$v = \overrightarrow{pq} = (q_1 - p_1, \ldots, q_n - p_n). \tag{3.7.5}$$

Ricordiamo inoltre che la retta in $\mathbb{R}^n$, passante per un punto $p \equiv (p_1, \ldots, p_n)$ e avente la direzione di un vettore $v = (v_1, \ldots, v_n)$ consiste dei punti $x \equiv (x_1, \ldots, x_n)$ le cui coordinate sono date da

$$x_k = p_k + v_k t, \forall k = 1, \ldots, n, \ t \in \mathbb{R}, \tag{3.7.6}$$

o, in forma ancora più concisa, $x = p + vt$. La variabile t è detta parametro e la (3.7.6) si dice rappresentazione parametrica della retta.

Fatte queste premesse, scriviamo *l'equazione parametrica della retta in* $\mathbb{R}^{n+1}$ *passante per il polo nord* $\mathcal{N}$ *ed avente la direzione del vettore* $u = x - \mathcal{N} = (x_1, x_2, \ldots, x_{n+1} - 1)$, essendo x un generico punto appartenente a $U_1 = S^n - \mathcal{N}$. In virtù della (3.7.6), tale equazione parametrica è data da

$$x_k' = tx_k, \ \forall k = 1, \ldots, n; \ x_{n+1}' = 1 + t(x_{n+1} - 1). \tag{3.7.7}$$

Le coordinate del punto di intersezione di questa retta con l'iperpiano di equazione $x_{n+1}' = 0$, ossia l'iperpiano passante per l'origine $(0, 0, \ldots, 0)$ e perpendicolare all'asse x_{n+1}, si ottengono risolvendo il seguente sistema:

$$x_k' = tx_k, \ \forall k = 1, \ldots, n; \ x_{n+1}' = 1 + t(x_{n+1} - 1), x_{n+1}' = 0. \tag{3.7.8}$$

Dalle ultime due equazioni di questo sistema si può ricavare il parametro t:

$$t = \frac{1}{(1 - x_{n+1})}. \tag{3.7.9}$$

Quindi la proiezione stereografica dal polo nord è l'applicazione

$$\phi_1 : U_1 = S^n - \mathcal{N} \to \mathbb{R}^n$$

definita tramite la relazione

$$\phi_1(x_1,\ldots,x_n,x_{n+1}) \equiv \left(\frac{x_1}{(1-x_{n+1})},\ldots,\frac{x_n}{(1-x_{n+1})}\right) \in \mathbb{R}^n. \qquad (3.7.10)$$

Analogamente calcoliamo ϕ_2. Preso un generico punto x appartenente a $U_2 = S^n - S$, l'equazione parametrica della retta passante per il polo sud ed avente la direzione di $x - S = (x_1,\ldots,x_{n+1}+1)$ è

$$x'_k = tx_k, \ \forall k = 1,\ldots,n; \ x'_{n+1} = -1 + t(x_{n+1}+1). \qquad (3.7.11)$$

Per determinare le coordinate del punto di intersezione di questa retta con l'iperpiano di equazione $x'_{n+1} = 0$, bisogna risolvere il sistema

$$x'_k = tx_k, \ \forall k = 1,\ldots,n; \ x'_{n+1} = -1 + t(x_{n+1}+1), \ x'_{n+1} = 0. \qquad (3.7.12)$$

Le ultime due equazioni di questo sistema implicano che

$$t = \frac{1}{(1+x_{n+1})}, \qquad (3.7.13)$$

e sostituendo questo valore di t nelle prime n equazioni del sistema (3.7.12) si trova

$$x'_k = \frac{x_k}{(1+x_{n+1})}, \ \forall k = 1,\ldots,n. \qquad (3.7.14)$$

La proiezione stereografica dal polo sud è quindi l'applicazione

$$\phi_2 : \ U_2 = S^n - S \to \mathbb{R}^n$$

definita tramite la relazione

$$\phi_2(x_1,\ldots,x_{n+1}) = \left(\frac{x_1}{(1+x_{n+1})},\ldots,\frac{x_n}{(1+x_{n+1})}\right) \in \mathbb{R}^n. \qquad (3.7.15)$$

Le applicazioni ϕ_1 e ϕ_2 sono omeomorfismi da U_i su $\mathbb{R}^n$.

Determiniamo ora l'applicazione inversa

$$\phi_1^{-1} : \ \mathbb{R}^n \to U_1 = S^n - \mathcal{N}.$$

Preso un generico punto $y \equiv (y_1,\ldots,y_n) \in \mathbb{R}^n$ denotiamo con

$$x = (x_1,\ldots,x_{n+1}) \in U_1 = S^n - \mathcal{N}$$

il punto di intersezione della retta, passante per $\mathcal{N}$ ed intersecante in y l'iperpiano $\mathbb{R}^n$ di equazione $x_{n+1} = 0$, con la sfera S^n. Per definizione di proiezione stereografica dal polo nord, le coordinate di $y \in \mathbb{R}^n$ sono legate a quelle del punto $x \in U_1$ dalle relazioni (vedasi la (3.7.10))

$$x_k = (1 - x_{n+1})y_k, \quad \forall k = 1, \ldots, n. \tag{3.7.16}$$

Poiché il punto x giace sulla n-sfera, le sue coordinate devono soddisfare l'equazione

$$\sum_{k=1}^{n+1} (x_k)^2 = 1. \tag{3.7.17}$$

Inserendo la (3.7.16) in tale formula, e ponendo

$$\sigma_n \equiv \sum_{i=1}^{n} (y_i)^2, \tag{3.7.18}$$

troviamo per x_{n+1} l'equazione di secondo grado

$$(1 + \sigma_n)(x_{n+1})^2 - 2\sigma_n x_{n+1} + (\sigma_n - 1) = 0, \tag{3.7.19}$$

che viene risolta da

$$x_{n+1} = \frac{\sigma_n \pm 1}{(\sigma_n + 1)}. \tag{3.7.20}$$

In tale formula, possiamo solo accettare il segno $-$ al numeratore, poiché per ipotesi x appartiene a $U_1 = S^n - \mathcal{N}$, e dunque x_{n+1} non può essere eguale ad 1. Quindi la $(n + 1)$-ma coordinata del punto immagine $\phi_1^{-1}(y) = x$ è

$$x_{n+1} = \frac{(\sigma_n - 1)}{(\sigma_n + 1)}. \tag{3.7.21}$$

In virtù delle (3.7.16), questa relazione permette di esprimere le prime n coordinate di $x = \phi_1^{-1}(y)$ nella forma

$$x_k = \frac{2y_k}{(\sigma_n + 1)}, \quad \forall k = 1, \ldots, n. \tag{3.7.22}$$

Concludiamo pertanto che l'applicazione $\phi_1^{-1} : \mathbb{R}^n \to U_1 = S^n - \mathcal{N}$ associa ad un generico punto y di $\mathbb{R}^n$ il punto in U_1 dato da

$$\phi_1^{-1}(y_1, \ldots, y_n) = \left(\frac{2y_1}{(\sigma_n + 1)}, \ldots, \frac{2y_n}{(\sigma_n + 1)}, \frac{(\sigma_n - 1)}{(\sigma_n + 1)} \right). \tag{3.7.23}$$

Consideriamo ora l'intersezione $U_1 \cap U_2 = S^n - (\mathcal{N}, S)$. Dalle relazioni (3.7.15) e (3.7.23), che definiscono l'azione di ϕ_2 e $(\phi_1)^{-1}$ rispettivamente, si deduce che l'applicazione $\phi_2 \odot (\phi_1)^{-1}$ associa ad ogni punto

$$y = (y_1, \ldots, y_n) \in \phi_1(U_1 \cap U_2) \subset \mathbb{R}^n$$

il punto di coordinate

$$\frac{\frac{2y_k}{(\sigma_n+1)}}{1 + \frac{(\sigma_n-1)}{(\sigma_n+1)}}, \quad \forall k = 1, \ldots, n,$$

ovvero il punto

$$\frac{y}{\|y\|^2} \in \phi_2(U_1 \cap U_2) \subset \mathbb{R}^n.$$

L'applicazione $\phi_2 \odot \phi_1^{-1}$ è quindi un omeomorfismo liscio. Possiamo allora concludere che la n-sfera ha un atlante che consiste di due carte definite dalle proiezioni stereografiche dai poli nord e sud.

Il materiale in questo paragrafo origina da una tesina che Stefania Marra, dottoranda di ricerca dell'Università di Salerno, scrisse nel 1993 dopo aver seguito un mio corso di geometria differenziale.

3.8 Appendice: richiami di topologia

Al costo di lievi ripetizioni, troviamo utile offrire il quadro riassuntivo che ora si presenta al lettore. In uno spazio topologico (X, τ), sappiamo che gli elementi A di τ sono gli insiemi aperti, mentre un insieme $Y \subset X$ è chiuso se il suo complemento $CY = (X - Y)$ è aperto. Rammentiamo ancora quanto segue.

3.8.1 Se $M \subset X$, e se esiste un insieme aperto A tale che $M \subset A \subset U$, allora U è un intorno di M.

3.8.2 Dato $A \subset X$, l'insieme A è aperto se e solo se esso è un intorno di ogni suo punto.

3.8.3 Dato $x \in X$, x è *aderente* ad $A \subset X$ se, $\forall U \in \mathcal{I}(x)$, si ha $U \cap A \neq \emptyset$.

3.8.4 La *chiusura* $\overline{A}$ dell'insieme A è l'intersezione di tutti i chiusi che contengono A. Si dimostra poi che essa consiste di tutti gli elementi $x \in X$ che sono aderenti ad A.

3.8.5 Dato l'insieme $A \subset X$, il punto $x \in X$ è di *accumulazione* per l'insieme A se ogni intorno di x contiene almeno un punto di A che sia diverso da x, ovvero

$$\forall U \in \mathcal{I}(x), \ U \cap A - \{x\} \neq \emptyset. \tag{3.8.1}$$

3.8.6 Il punto $x \in A$ è *isolato* in A se

$$\exists U \in \mathcal{I}(x) : \ U \cap A - \{x\} = \emptyset. \tag{3.8.2}$$

3.8.7 L'insieme di tutti i punti di accumulazione per l'insieme A prende il nome di *derivato* di A, e viene denotato mediante la scrittura $D(A)$.

3.8.8 Chiusura e derivato di A sono insiemi collegati dalla relazione

$$\overline{A} = A \cup D(A). \tag{3.8.3}$$

La chiusura viene anche detta *involucro* nei testi della prima metà del ventesimo secolo.

3.8.9 Insiemi *perfetti* sono sottoinsiemi chiusi e privi di punti isolati. Essi vengono a coincidere col loro derivato:

$$A = D(A). \tag{3.8.4}$$

Ad esempio, sono insiemi perfetti l'intervallo chiuso $[a, b]$ in $\mathbb{R}$, il cerchio chiuso in $\mathbb{R}^2$, l'insieme di Cantor. Per ottenere quest'ultimo, si comincia col dividere in tre parti uguali l'intervallo chiuso $[0, 1]$:

$$[0, 1] = \left[0, \frac{1}{3}\right] \cup \left]\frac{1}{3}, \frac{2}{3}\right[\cup \left[\frac{2}{3}, 1\right]. \tag{3.8.5}$$

Poi si rimuove l'intervallo centrale aperto della (3.8.5), e restano i due intervalli chiusi della (3.8.5). Ogni intervallo rimanente viene diviso a sua volta in tre parti, ad esempio

$$\left[0, \frac{1}{3}\right] = \left[0, \frac{1}{9}\right] \cup \left]\frac{1}{9}, \frac{2}{9}\right[\cup \left[\frac{2}{9}, \frac{1}{3}\right]. \tag{3.8.6}$$

Si rimuove poi l'intervallo aperto nella (3.8.6), e si procede in maniera analoga per l'intervallo chiuso $\left[\frac{2}{3}, 1\right]$ della (3.8.5). Si perviene pertanto a costruire una famiglia di insiemi

$$C_k = \bigcup_{j=1}^{2^k} I_j^{(k)}, \tag{3.8.7}$$

con associato insieme di Cantor

$$C = \lim_{n \to \infty} \bigcap_{k=0}^{n} C_k,$$ (3.8.8)

che contiene i punti che non vengono rimossi, e ha la cardinalità (Ambrosio et al. 2023) del continuo.

3.8.10 Dato un insieme A, si indica con $\mathring{A}$ l'unione di tutti gli aperti contenuti in A. Essa viene detta *parte interna* di A. L'insieme A è aperto se e solo se $\mathring{A} = A$.

3.8.11 Il punto x è di frontiera per A se x aderisce sia ad A che al complemento $CA = (X - A)$. Ma allora, poiché la *frontiera topologica* $FA = \partial A$ consiste, per definizione, di tutti i punti x che sono di frontiera per A, il teorema menzionato nella **3.8.4** porta a concludere che

$$F(A) = \partial A = \overline{A} \cap \overline{CA}.$$ (3.8.9)

I punti della frontiera di A non sono dunque né interni ad A né esterni ad A.

3.8.12 Gli insiemi chiusi contengono propriamente il loro derivato:

$$D(A) \subset A,$$ (3.8.10)

mentre negli insiemi aperti la frontiera topologica è contenuta propriamente nel complemento (vedasi la (3.1.1)).

3.8.13 L'insieme A è un *dominio* se

$$A = D(A - F(A)).$$ (3.8.11)

3.8.14 L'insieme B è *denso* su A se

$$A \subset B \cup D(B).$$ (3.8.12)

3.8.15 Derivato e frontiera sono insiemi chiusi, ovvero

$$D(D(A)) \subset D(A), \ D(F(A)) \subset F(A).$$ (3.8.13)

3.8.16 Valgono anche le proprietà seguenti:

$$D(A \cup B) = D(A) \cup D(B), \ D(A \times B) = D(A) \times D(B),$$ (3.8.14)
$$A \subset B \implies D(A) \subset D(B).$$ (3.8.15)

Capitolo 4
Varietà regolari di $\mathbb{R}^n$

4.1 Varietà m-dimensionali di $\mathbb{R}^n$. I

Questo capitolo, che si basa sul lavoro in Prodi (1974), è dedicato al concetto di varietà m-dimensionale di $\mathbb{R}^n$, che trova applicazione, ad esempio, alle varietà di interesse per i capitoli 25 e 26. Presenteremo le varietà in due modi complementari, ovvero come immagine e come immagine inversa.

Un insieme $\Gamma \subset \mathbb{R}^n$ prende il nome di varietà differenziabile m-dimensionale se è dotato della seguente struttura: per ogni punto $p \in \Gamma$ si possono trovare un intorno W di p in $\mathbb{R}^n$, un insieme aperto $U \subset \mathbb{R}^m$ ed una applicazione

$$\Phi : U \to \Gamma \cap W$$

che sia un omeomorfismo. Inoltre, si richiede che l'applicazione Φ sia di classe C^1, ed abbia matrice derivata di rango m in ogni punto.

Con l'ausilio di una scrittura più esplicita, rappresentando l'applicazione Φ mediante le equazioni

$$x_1 = \varphi_1(u_1, u_2, \ldots, u_m), \tag{4.1.1}$$

$$x_2 = \varphi_2(u_1, u_2, \ldots, u_m), \tag{4.1.2}$$

$$\vdots$$

$$x_n = \varphi_n(u_1, u_2, \ldots, u_m), \tag{4.1.3}$$

si richiede che le φ_j abbiano derivate prime continue e che la matrice

$$\begin{pmatrix}
\frac{\partial \varphi_1}{\partial u_1} & \frac{\partial \varphi_1}{\partial u_2} & \cdots & \frac{\partial \varphi_1}{\partial u_m} \\
\frac{\partial \varphi_2}{\partial u_1} & \frac{\partial \varphi_2}{\partial u_2} & \cdots & \frac{\partial \varphi_2}{\partial u_m} \\
\cdots & \cdots & \cdots & \cdots \\
\frac{\partial \varphi_n}{\partial u_1} & \frac{\partial \varphi_n}{\partial u_2} & \cdots & \frac{\partial \varphi_n}{\partial u_m}
\end{pmatrix} \tag{4.1.4}$$

abbia in ogni punto un minore di ordine m non nullo.

© The Author(s), under exclusive license to Springer Nature Switzerland AG 2026
G. Esposito, *Fondamenti Matematici della Teoria Classica dei Campi*, La Matematica per il 3+2, https://doi.org/10.1007/978-3-032-23198-7_4

L'omeomorfismo Φ consente dunque di introdurre le coordinate locali $u_1, u_2, \ldots, u_m$ per rappresentare i punti di Γ appartenenti all'intorno W. Le funzioni φ_j possono eventualmente avere ulteriori proprietà di regolarità, ad esempio possedere derivate continue fino all'ordine k. In tal caso si parla di varietà regolare di classe C^k.

La condizione testè imposta alla matrice (4.1.4) è particolarmente espressiva. Per interpretarla, consideriamo per semplicità il caso $n = 3$, $m = 2$, nel qual caso la varietà può essere chiamata una *superficie* in $\mathbb{R}^3$. Indicando come di consueto con (x, y, z) le coordinate del punto di $\mathbb{R}^3$ e con (u, v) i parametri, scriviamo le (4.1.1)–(4.1.3) nella forma

$$x = \varphi(u, v), \quad y = \chi(u, v), \quad z = \psi(u, v). \tag{4.1.5}$$

L'imporre alla matrice derivata di avere caratteristica 2 equivale ad affermare che i due vettori

$$\begin{pmatrix} \frac{\partial \varphi}{\partial u} \\ \frac{\partial \chi}{\partial u} \\ \frac{\partial \psi}{\partial u} \end{pmatrix}$$

e

$$\begin{pmatrix} \frac{\partial \varphi}{\partial v} \\ \frac{\partial \chi}{\partial v} \\ \frac{\partial \psi}{\partial v} \end{pmatrix}$$

sono indipendenti. Questo significa che sulla superficie le linee coordinate u=costante e v=costante sono dotate di tangente in ogni punto, e che le due tangenti spiccate per uno stesso punto alle due linee coordinate passanti per esso si intersecano sotto un angolo che è diverso da 0 e da π.

La condizione posta sulla matrice derivata ha un'ulteriore importante conseguenza. Ritornando al caso generale, supponiamo ad esempio che, in un certo punto $\overline{u} = (\overline{u}_1, \overline{u}_2, \ldots, \overline{u}_m) \in U$ sia non nullo il determinante formato dalle prime m righe della matrice (4.1.4). Allora, per il teorema d'inversione locale, è possibile ricavare $u_1, u_2, \ldots, u_m$ in funzione di $x_1, x_2, \ldots, x_m$. Sostituendo nelle rimanenti $n - m$ equazioni, si riesce a rappresentare Γ, almeno in un intorno abbastanza piccolo del punto $\overline{x} = \Phi(\overline{u})$, nel seguente modo:

$$x_{m+1} = h_1(x_1, x_2, \ldots, x_m), \tag{4.1.6}$$

$$x_{m+2} = h_2(x_1, x_2, \ldots, x_m), \tag{4.1.7}$$

$$\vdots$$

$$x_n = h_{n-m}(x_1, x_2, \ldots, x_m). \tag{4.1.8}$$

Pertanto, una varietà m-dimensionale è, localmente, un grafico cartesiano con base in un aperto di uno spazio lineare m-dimensionale di $\mathbb{R}^n$ generato da un sottoinsieme della base canonica di $\mathbb{R}^n$. Tale spazio lineare che serve da base per il grafico può cambiare da punto a punto: lo si comprende subito pensando alla 2-sfera in $\mathbb{R}^3$.

In generale, non si può rappresentare tutta la varietà Γ con un unico omeomorfismo Φ (ossia con un unico sistema di coordinate locali). Ad esempio, nel precedente capitolo abbiamo esibito le carte per la 2-sfera in $\mathbb{R}^3$, ma essa non può essere rappresentata mediante un unico sistema di coordinate. Se infatti così fosse, si avrebbe un omeomorfismo tra la 2-sfera, che è uno spazio compatto, ed un aperto di $\mathbb{R}^2$, che non può essere uno spazio compatto. Osserviamo poi che, come la proiezione stereografica del capitolo 3 ci fa vedere, togliendo alla 2-sfera un solo punto, ovvero il polo della proiezione, si ottiene uno spazio omeomorfo a $\mathbb{R}^2$.

È spesso possibile rappresentare una varietà come immagine di un'unica applicazione, qualora si rinunci alla natura iniettiva di questa. Consideriamo ad esempio la 2-sfera centrata nell'origine e avente raggio r. Essa può essere rappresentata parametricamente mediante le ben note equazioni

$$x = r \, \sin(\theta) \, \cos(\varphi), \tag{4.1.9}$$

$$y = r \, \sin(\theta) \, \sin(\varphi), \tag{4.1.10}$$

$$z = r \, \cos(\theta), \tag{4.1.11}$$

ove la colatitudine θ varia in $[0, \pi]$ e la longitudine φ varia in $[0, 2\pi]$. È immediato riconoscere che, per ogni valore di θ, i due punti $(0, \theta)$ e $(2\pi, \theta)$ vengono portati in uno stesso punto; inoltre, ciascuno degli insiemi $\{(\varphi, 0)\}$ e $\{(\varphi, \pi)\}$ viene portato in un unico punto (questi due punti sono i poli della 2-sfera).

4.2 Varietà m-dimensionali di $\mathbb{R}^n$. II

Studiamo ora il secondo modo di presentare le varietà regolari m-dimensionali. All'uopo, definiamo $r \equiv n - m$ e sia Γ un insieme non vuoto costituito dalle soluzioni del sistema di equazioni

$$g_1(x_1, x_2, \ldots, x_n) = 0, \tag{4.2.1}$$

$$g_2(x_1, x_2, \ldots, x_n) = 0, \tag{4.2.2}$$

$$\vdots$$

$$g_r(x_1, x_2, \ldots, x_n) = 0, \tag{4.2.3}$$

ove le funzioni g_j definite in $\mathbb{R}^n$ sono per ipotesi di classe C^1 e tali che la matrice

$$
\begin{pmatrix}
\dfrac{\partial g_1}{\partial x_1} & \dfrac{\partial g_1}{\partial x_2} & \cdots & \cdots & \dfrac{\partial g_1}{\partial x_n} \\[2ex]
\dfrac{\partial g_2}{\partial x_1} & \dfrac{\partial g_2}{\partial x_2} & \cdots & \cdots & \dfrac{\partial g_2}{\partial x_n} \\[2ex]
\cdots & \cdots & \cdots & \cdots & \cdots \\[1ex]
\dfrac{\partial g_r}{\partial x_1} & \dfrac{\partial g_r}{\partial x_2} & \cdots & \cdots & \dfrac{\partial g_r}{\partial x_n}
\end{pmatrix}
\tag{4.2.4}
$$

abbia in ogni punto rango r (ossia il massimo rango che può avere, essendo $r \leq n$). Allora l'insieme Γ si può ancora dire varietà m-dimensionale di classe C^1. In tal modo Γ è riguardato come immagine inversa dell'origine, nell'applicazione

$$
G : \ \mathbb{R}^n \to R^r
$$

definita dai primi membri delle (4.2.1)–(4.2.3).

Esempio 4.1 In $\mathbb{R}^3$, la 2-sfera di equazione

$$
x^2 + y^2 + z^2 - 1 = 0
\tag{4.2.5}
$$

è una varietà, poiché

$$
\operatorname{grad}(x^2 + y^2 + z^2 - 1) \neq 0 \ \text{su} \ S^2.
\tag{4.2.6}
$$

Esempio 4.2 In $\mathbb{R}^4$, riferito alle coordinate x, y, v, t, l'insieme

$$
\Gamma \equiv \left\{ (x, y, v, t) : \ x^2 + y^2 = 1, \ v^2 + t^2 = 1 \right\}
\tag{4.2.7}
$$

è una varietà bidimensionale. Si noti inoltre che la varietà (4.2.7) è omeomorfa al prodotto di due circonferenze, e dunque è omeomorfa ad un toro.

Più in generale, si chiama ancora varietà m-dimensionale di classe C^1 un insieme Γ che sia rappresentabile localmente, ovvero in un intorno di ogni suo punto, mediante un sistema del tipo (4.2.1)–(4.2.3), con le proprietà enunciate sopra. In altri termini, non richiediamo più che le funzioni g_j siano definite in tutto $\mathbb{R}^n$, e ci accontentiamo di poterle prendere, in modo opportuno, in un intorno sufficientemente piccolo di ciascun punto di Γ.

In virtù di questa interpretazione più ampia, il concetto ora introdotto è del tutto equivalente a quello definito nel paragrafo precedente. Per dimostrarlo, facciamo vedere che anche le varietà definite localmente da un sistema del tipo (4.2.1)–(4.2.3) sono, in un intorno abbastanza piccolo di ciascun loro punto, varietà cartesiane. A tal fine supponiamo che, fissato un punto $p \in \Gamma$, la matrice (4.2.4), calcolata in tale punto, abbia non nullo il determinante formato dalle ultime r colonne. Sotto tale ipotesi possiamo, in virtù del teorema del Dini, risolvere univocamente il sistema (4.2.1)–(4.2.3) rispetto alle ultime r variabili. Quindi, localmente, per i punti di Γ vale ancora una rappresentazione del tipo (4.1.6)–(4.1.8), tenendo sempre presente che abbiamo posto $r = n - m$.

Capitolo 5
Calcolo su varietà. I

5.1 Applicazioni differenziabili tra varietà

Le varietà differenziabili vengono considerate per poter sfruttare la teoria familiare di funzioni di più variabili reali, ma in modo che il *calcolo* sviluppato non venga a dipendere dalle coordinate scelte. Il merito di aver compreso tale necessità va ascritto a Gregorio Ricci Curbastro (Ricci-Curbastro 1893), ma egli vi pervenne sviluppando una teoria tensoriale delle superfici, mentre noi, seguendo in parte Nakahara (2003), studieremo dapprima una geometria intrinseca che non dipende dall'introduzione di metriche, per poi sviluppare la geometria riemanniana nei capitoli dal 13 al 17.

Sia $f : M \to N$ una funzione dalla varietà m-dimensionale M alla varietà n-dimensionale N. Al punto $p \in M$ corrisponde dunque il punto $f(p) \in N$, ovvero

$$f : p \in M \to f(p) \in N.$$

Se (U, φ) è una carta su M e (V, ψ) è una carta su N, ove $p \in U$ e $f(p) \in V$, f ha la seguente descrizione in coordinate:

$$\psi \odot f \odot \varphi^{-1} : \mathbb{R}^m \to \mathbb{R}^n, \tag{5.1.1}$$

per la quale facciamo riferimento alla Fig. 5.1.

Se scriviamo $\varphi(p) = \{x^\mu\}$ e $\psi(f(p)) = \{y^\alpha\}$, allora $y = \psi \odot f \odot \varphi^{-1}$ è l'usuale funzione a valori vettoriali di m variabili. Questa relazione viene talvolta scritta in modo conciso ma impreciso come $y = f(x)$ oppure $y^\alpha = f^\alpha(x^\mu)$.

D1 Se la funzione $y = \psi \odot f \odot \varphi^{-1}$ è di classe C^∞ rispetto ad ogni x^μ, diciamo che la f è *differenziabile* in p, oppure in $x = \varphi(p)$. Le applicazioni differenziabili sono anche dette lisce. Si richiede la classe C^∞ per essere in accordo con la natura liscia delle funzioni di transizione.

La differenziabilità di f è indipendente dal sistema di coordinate. Infatti, prese due carte (U_1, φ_1) e (U_2, φ_2) che hanno intersezione non vuota, sia $p \in U_1 \cap U_2$

© The Author(s), under exclusive license to Springer Nature Switzerland AG 2026 41
G. Esposito, *Fondamenti Matematici della Teoria Classica dei Campi*, La Matematica per il 3+2, https://doi.org/10.1007/978-3-032-23198-7_5

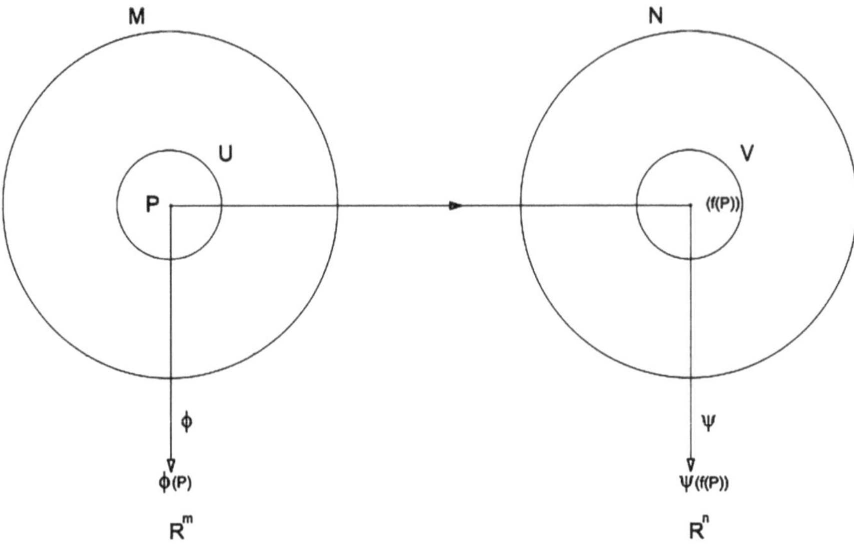

Figura 5.1 Applicazioni tra varietà

e avente coordinate $\{x_1^\mu\}$ secondo φ_1 e coordinate $\{x_2^\nu\}$ secondo φ_2. Quando è espressa in termini di $\{x_1^\mu\}$, f assume la forma

$$\psi \odot f \odot (\varphi_1)^{-1},$$

mentre nelle coordinate $\{x_2^\nu\}$ si ha

$$\psi \odot f \odot (\varphi_2)^{-1} = \psi \odot f \odot (\varphi_1)^{-1}\left(\varphi_1 \odot \varphi_2^{-1}\right). \tag{5.1.2}$$

Poiché, per ipotesi, $\psi_{12} = \varphi_1 \odot \varphi_2^{-1}$ è di classe C^∞, resta provato che la differenziabilità di f non dipende dal sistema di coordinate.

D2 Se $f : M \to N$ è un omeomorfismo e ψ, φ sono funzioni coordinate come prima; se inoltre $y = \psi \odot f \odot \varphi^{-1}$ è invertibile, e sia y che $x = \varphi \odot f^{-1} \odot \psi^{-1}(y)$ sono di classe C^∞, f è detta un *diffeomorfismo* e M è detta diffeomorfa a N, e viceversa, e si scrive $M \equiv N$.

I diffeomorfismi classificano gli spazi in classi di equivalenza, a seconda che sia possibile o meno deformare uno spazio in un altro in modo liscio. L'insieme dei diffeomorfismi $f : M \to M$ è il gruppo Diff(M) (capitolo 29). Due punti di vista sono di interesse a riguardo:

Punto di vista attivo: Assegnata una varietà differenziabile M, un *diffeomorfismo attivo f* è una funzione di classe C^∞ (nel senso di cui sopra) da M a M. Un campo scalare S su M è una funzione $S : M \to \mathbb{R}$. Assegnato un diffeomorfismo attivo f, si definisce il nuovo campo scalare $\widetilde{S}$ trasformato da f come (Rovelli 2004)

$$\widetilde{S}(p) = S(f(p)).$$

Le coordinate non svolgono alcun ruolo in questo schema.

Punto di vista passivo: Se (U, φ) e (V, ψ) sono carte a intersezione non vuota:

$$(U, \varphi) \cap (V, \psi) \neq \emptyset,$$

abbiamo due valori di coordinate: $x^\mu = \varphi(p)$, $y^\mu = \psi(p)$ per il punto $p \in U \cap V$. L'applicazione $x \to y$ è differenziabile poiché per ipotesi la varietà è di classe C^∞ e prende il nome di *diffeomorfismo passivo*. Questa riparametrizzazione è un punto di vista passivo della trasformazione di coordinate. Tale gruppo di riparametrizzazioni è anch'esso indicato con Diff(M).

5.2 Curve

Una *curva aperta* su una varietà M: $\dim(M) = m$ è una applicazione $\gamma :]a, b[\to M$, ove l'intervallo aperto $]a, b[$ ha 0 come punto interno. Per ipotesi, la curva non deve avere autointersezioni. Eventualmente, può aversi $a = -\infty$, $b = +\infty$. Una *curva chiusa* è (invece) una applicazione $\rho : S^1 \to M$. In una carta (U, φ), una curva γ ha la descrizione coordinata

$$x = \varphi \odot \gamma : \mathbb{R} \to \mathbb{R}^m.$$

La maggioranza degli autori moderni chiama curva l'applicazione γ, ma alcuni autori eminenti chiamano curva l'immagine $\gamma(t)$, per porre l'enfasi sulla visualizzazione del concetto.

5.3 Funzioni lisce su una varietà

Una *funzione liscia* su M è una applicazione liscia $f : M \to \mathbb{R}$. Su una carta (U, φ), scriviamo

$$f \odot \varphi^{-1} : \mathbb{R}^m \to \mathbb{R},$$

che è una funzione a valori reali di m variabili reali. Lo spazio delle funzioni lisce su M si denota con $\mathcal{F}(M) = C^\infty(M)$.

5.4   Vettori tangenti come classe d'equivalenza di curve tangenti

Andiamo ora a introdurre un altro concetto che è alla base di tutta la geometria differenziale moderna. I vettori tangenti generalizzano il concetto di retta tangente a una curva differenziabile:

$$y - y(x_0) = a(x - x_0), \ a = \left.\frac{dy}{dx}\right|_{x=x_0}.$$

Consideriamo allora una curva $\gamma :]a, b[\to M$, e una funzione $f : M \to \mathbb{R}$.

D3   Il *vettore tangente* in $\gamma(0)$ è una derivata direzionale di una funzione $f(\gamma(t))$ lungo γ in $t = 0$. Il *tasso di variazione* di $f(\gamma(t))$ in $t = 0$ lungo la curva è

$$\left.\frac{d}{dt} f(\gamma(t))\right|_{t=0} = \sum_{\mu=1}^{m} \frac{\partial}{\partial x^\mu}\left(f \odot \varphi^{-1}(x)\right) \left.\frac{dx^\mu(\gamma(t))}{dt}\right|_{t=0}. \tag{5.4.1}$$

Posto allora

$$X^\mu \equiv \left.\frac{dx^\mu(\gamma(t))}{dt}\right|_{t=0}, \ X \equiv \sum_{\mu=1}^{m} X^\mu \frac{\partial}{\partial x^\mu}, \tag{5.4.2}$$

si può scrivere

$$\left.\frac{d}{dt} f(\gamma(t))\right|_{t=0} = \sum_{\mu=1}^{m} X^\mu \frac{\partial f}{\partial x^\mu} = X[f]. \tag{5.4.3}$$

D'ora in poi, scriveremo $X|_p$ o X_p per indicare il vettore tangente a M in $p = \gamma(0)$ lungo la direzione data dalla curva avente immagine $\gamma(t)$. In particolare, applicando X_p alle funzioni coordinate, troviamo

$$X_p[x^\mu] = \sum_{\nu=1}^{m} \frac{\partial x^\mu}{\partial x^\nu} \left.\frac{dx^\nu(\gamma(t))}{dt}\right|_{t=0} = \left.\frac{dx^\mu(\gamma(t))}{dt}\right|_{t=0}. \tag{5.4.4}$$

Notiamo ora che la condizione di tangenza non individua una singola curva ma una classe d'equivalenza di curve tangenti in un punto. Ovvero, se due curve γ_1 e γ_2 soddisfano le condizioni

(i) $\gamma_1(0) = \gamma_2(0) = p$,

(ii) $\left.\frac{dx^\mu(\gamma_1(t))}{dt}\right|_{t=0} = \left.\frac{dx^\mu(\gamma_2(t))}{dt}\right|_{t=0}$,

allora $\gamma_1(t)$ e $\gamma_2(t)$ forniscono lo stesso operatore differenziale X_p, e scriviamo

$$\gamma_1(t) \sim \gamma_2(t)$$

per indicarlo (in analisi, $\sim$ è invece il simbolo di sviluppo asintotico, un concetto del tutto diverso!).

D4 Un *vettore tangente* è una classe d'equivalenza di curve tangenti in un punto, ovvero:

$$[\gamma(t)] = \left\{ \lambda(t) : \ \lambda(0) = \gamma(0) \ \text{e} \ \left.\frac{dx^\mu(\lambda(t))}{dt}\right|_{t=0} = \left.\frac{dx^\mu(\gamma(t))}{dt}\right|_{t=0} \right\}. \qquad (5.4.5)$$

D5 Lo spazio tangente $T_p(M)$ è l'insieme di tutti i vettori tangenti a M in p, ovvero l'insieme di tutte le classi d'equivalenza di curve tangenti a M in p.

5.5 Campi vettoriali

D6 L'assegnazione di classe C^∞ di un vettore tangente X_p al variare di p in M è detta *campo vettoriale*. Dunque X (senza pedice!) è un campo vettoriale se, $\forall f \in C^\infty(M)$, si ha $X[f] \in C^\infty(M)$, e scriviamo

$$X \in \chi(M) \implies X[f] \in C^\infty(M), \qquad (5.5.1)$$

$\chi(M)$ essendo lo spazio di tutti i campi vettoriali su M.

I vettori $e_\mu = \frac{\partial}{\partial x^\mu}$, $\mu = 1, \ldots, m$, sono i vettori di base di $T_p(M)$, e sono detti la base coordinata. Una volta scritto $V \in T_p(M)$ come

$$V = \sum_{\mu=1}^{m} V^\mu e_\mu,$$

le V^μ sono le *componenti* di V rispetto a $\{e_\mu\}$.

Per costruzione, un vettore esiste indipendentemente dalla specificazione di coordinate:

$$\left.\frac{df(\gamma(t))}{dt}\right|_{t=0} = X[f].$$

Le coordinate sono assegnate *solo per esigenze di calcolo*. L'indipendenza dalle coordinate consente di determinare come si trasformano le componenti. Se

$$p \in U_i \cap U_j, \ x = \varphi_i(p), \ y = \varphi_j(p),$$

si ha

$$X_p = \sum_{\mu=1}^{m} X^\mu \frac{\partial}{\partial x^\mu} = \sum_{\nu=1}^{m} \widetilde{X}^\nu \frac{\partial}{\partial y^\nu}, \qquad (5.5.2)$$

da cui segue

$$\widetilde{X}^\mu = X[y^\mu] = \sum_{\nu=1}^{m} X^\nu \frac{\partial y^\mu}{\partial x^\nu}. \qquad (5.5.3)$$

Data una matrice A nel gruppo $\mathrm{GL}(m, \mathbb{R})$ delle matrici reali $m \times m$ e invertibili, con componenti $A_i{}^{\mu}$, si potrebbe formare una nuova base

$$\widehat{e}_i = \sum_{\mu=1}^{m} A_i{}^{\mu}\, e_{\mu}, \qquad (5.5.4)$$

detta base non coordinata.

5.6   Spazio cotangente

Poiché lo spazio tangente $T_p(M)$ è uno spazio vettoriale, esiste il suo spazio duale, che consiste di applicazioni lineari nel punto p:

$$\omega_p : \ T_p(M) \to \mathbb{R}. \qquad (5.6.1)$$

Si dice allora che ω_p appartiene allo spazio cotangente in p, denotato mediante $T_p^*(M)$. La ω_p è variamente detta: vettore duale, vettore cotangente, covettore, applicazione lineare in un punto, 1-forma.

L'esempio più semplice di 1-forma lo fornisce il differenziale df di una funzione $f \in C^{\infty}(M)$. L'azione di df su $V \in T_p(M)$ è definita da

$$\langle df, V \rangle = V[f] = \sum_{\mu=1}^{m} V^{\mu} \frac{\partial f}{\partial x^{\mu}} \in \mathbb{R}. \qquad (5.6.2)$$

Poiché, nelle coordinate $x = \varphi(p)$, df è espresso mediante (poniamo $E^{\mu} = dx^{\mu}$)

$$df = \sum_{\mu=1}^{m} \frac{\partial f}{\partial x^{\mu}} E^{\mu},$$

siamo indotti a riguardare E^{μ} come una base di $T_p^*(M)$. Per consistenza con la condizione (5.6.2), deve aversi la relazione di *pairing*

$$\langle E^{\nu}, e_{\mu} \rangle = \frac{\partial x^{\nu}}{\partial x^{\mu}} = \delta_{\mu}^{\nu}. \qquad (5.6.3)$$

Una 1-forma arbitraria ω, con componenti ω_{μ} in base duale alla base coordinata e_{μ}, si esprime come

$$\omega = \sum_{\mu=1}^{m} \omega_{\mu} E^{\mu}. \qquad (5.6.4)$$

Poiché la 1-forma ω è indipendente dal sistema di coordinate, dato un punto $p \in U_i \cap U_j$ si può scrivere, posto $x = \varphi_i(p)$, $y = \varphi_j(p)$:

$$\omega = \sum_{\mu=1}^{m} \omega_\mu E^\mu = \sum_{\nu=1}^{m} \widetilde{\omega}_\nu dy^\nu. \tag{5.6.5}$$

Ma allora

$$E^\mu = \sum_{\nu=1}^{m} \frac{\partial x^\mu}{\partial y^\nu} dy^\nu \implies \widetilde{\omega}_\nu = \sum_{\mu=1}^{m} \omega_\mu \frac{\partial x^\mu}{\partial y^\nu}. \tag{5.6.6}$$

5.7 Prodotto interno

Il *prodotto interno* è una applicazione definita sul prodotto degli spazi tangente e cotangente in p e a valori in $\mathbb{R}$, ovvero

$$\langle \, , \, \rangle : \; T_p^*(M) \times T_p(M) \to \mathbb{R}, \tag{5.7.1}$$

che agisce secondo la regola

$$\langle \omega, V \rangle = \sum_{\mu,\nu=1}^{m} \omega_\mu V^\nu \langle E^\mu, e_\nu \rangle = \sum_{\mu,\nu=1}^{m} \omega_\mu V^\nu \delta_\nu^\mu = \sum_{\mu=1}^{m} \omega_\mu V^\mu. \tag{5.7.2}$$

Tale operazione è definita sempre e solo tra vettori e i loro duali.

5.8 Campi di 1-forma e campi tensoriali

D7 In completa analogia alla definizione di campo vettoriale, un *campo di 1-forma* è una assegnazione di classe C^∞ di 1-forma ω_p al variare del punto p in M.

D8 Un *tensore* di tipo (q, r) è una applicazione multilineare che associa a r elementi di $T_p(M)$ ed a q elementi di $T_p^*(M)$ un numero reale. Un elemento di $T_{r,p}^q(M)$ viene scritto in termini delle basi come

$$T = \sum_{\{\mu\},\{\nu\}} T^{\mu_1 \dots \mu_q}{}_{\nu_1 \dots \nu_r} e_{\mu_1} \otimes \dots \otimes e_{\mu_q} \otimes E^{\nu_1} \otimes \dots \otimes E^{\nu_r}. \tag{5.8.1}$$

Se i $V_i = \sum_\mu V_i^\mu \frac{\partial}{\partial x^\mu}$ sono una l-pla di campi vettoriali, e $\omega_i = \sum_\mu \omega_{i\mu} dx^\mu$ una s-pla di campi di 1-forma, l'azione di T su di essi fornisce un numero reale

$$T(\omega_1, \dots, \omega_s; V_1, \dots, V_l) = \sum_{\{\mu\},\{\nu\}} T^{\mu_1 \dots \mu_s}{}_{\nu_1 \dots \nu_l} \, \omega_{1\,\mu_1} \dots \omega_{s\,\mu_s} V_1^{\nu_1} \dots V_l^{\nu_l}. \tag{5.8.2}$$

Un *campo tensoriale* è una assegnazione liscia di un elemento di $T^q_{r,p}(M)$ $\forall\, p \in M$. L'insieme dei campi tensoriali di tipo (q, r) su M è indicato con $T^q_r(M)$. Ad esempio

$$T^0_0(M) = C^\infty(M) = \mathcal{F}(M) = \Omega^0(M), \quad T^0_1(M) = \Omega^1(M). \tag{5.8.3}$$

5.9 Pushforward

D9 Una applicazione liscia $f : M \to N$ induce naturalmente l'applicazione dallo spazio tangente a M in p allo spazio tangente a N nel punto immagine di p tramite f, ovvero

$$f_* : \ T_p(M) \to T_{f(p)}(N), \tag{5.9.1}$$

variamente detta *pushforward* (letteralmente: mappa che spinge innanzi) oppure *mappa differenziale*. Ecco lo schema appropriato:

Data $g \in C^\infty(N)$, allora $g \odot f \in C^\infty(M)$. Un vettore $V \in T_p(M)$ agisce su $g \odot f$ a dare un numero reale $V[g \odot f]$. Pertanto si definisce

$$(f_* V)[g] \equiv V[g \odot f]. \tag{5.9.2}$$

Detta (U, φ) una carta su M e (V, ψ) una carta su N, questo implica che

$$(f_* V)\Big[g \odot \psi^{-1}(y)\Big] \equiv V\Big[g \odot f \odot \varphi^{-1}(x)\Big], \tag{5.9.3}$$

ove $x = \varphi(p)$ e $y = \psi(f(p))$. Tenendo presente che

$$V = \sum_{\mu=1}^{m} V^\mu e_\mu, \quad f_* V = \sum_\alpha W^\alpha \frac{\partial}{\partial y^\alpha}, \tag{5.9.4}$$

la (5.9.3) fornisce

$$\sum_\alpha W^\alpha \frac{\partial}{\partial y^\alpha}\Big[g \odot \psi^{-1}(y)\Big] = \sum_{\mu=1}^{m} V^\mu \frac{\partial}{\partial x^\mu}\Big[g \odot f \odot \varphi^{-1}(x)\Big]. \tag{5.9.5}$$

In particolare, scelto $g = y^\alpha$, otteniamo la relazione tra le componenti W^α e le componenti V^μ:

$$W^\alpha = \sum_{\mu=1}^{m} V^\mu \frac{\partial}{\partial x^\mu} y^\alpha(x), \tag{5.9.6}$$

ove la matrice delle derivate parziali $\frac{\partial y^\alpha}{\partial x^\mu}$ è il jacobiano dell'applicazione $f : M \to N$. Similmente, si può definire il pushforward

$$f_* : \ T^q_{0,p}(M) \to T^q_{0,f(p)}(N). \tag{5.9.7}$$

Esempio   Siano (x^1, x^2) coordinate in M, e (y^1, y^2, y^3) coordinate in N. Sia inoltre

$$V = a\frac{\partial}{\partial x^1} + b\frac{\partial}{\partial x^2} \tag{5.9.8}$$

un vettore tangente a M in (x^1, x^2). Sia $f : M \to N$ una applicazione che, in coordinate, si scrive $y = (y^1, y^2, y^3)$, ove

$$y^1 = x^1, \quad y^2 = x^2, \quad y^3 = \sqrt{1 - (x^1)^2 - (x^2)^2}. \tag{5.9.9}$$

Pertanto

$$
\begin{aligned}
f_* V &= \sum_{\mu=1}^{2}\sum_{\alpha=1}^{3} V^\mu \frac{\partial y^\alpha}{\partial x^\mu}\frac{\partial}{\partial y^\alpha} \\
&= V^1 \frac{\partial y^1}{\partial x^1}\frac{\partial}{\partial y^1} + 0 + V^2 \frac{\partial y^2}{\partial x^2}\frac{\partial}{\partial y^2} + \left(V^1 \frac{\partial y^3}{\partial x^1} + V^2 \frac{\partial y^3}{\partial x^2} \right)\frac{\partial}{\partial y^3} \\
&= a\frac{\partial}{\partial y^1} + b\frac{\partial}{\partial y^2} - \left(a\frac{y^1}{y^3} + b\frac{y^2}{y^3} \right)\frac{\partial}{\partial y^3}.
\end{aligned}
\tag{5.9.10}
$$

5.10   Pullback

L'applicazione $f : M \to N$ induce anche il *pullback* (letteralmente: spingere all'indietro), ovvero una applicazione dallo spazio cotangente a N nel punto immagine di p tramite f allo spazio cotangente a M in p:

$$f^* : \ T^*_{f(p)}(N) \to T^*_p(M). \tag{5.10.1}$$

Una volta assegnati $V \in T_p(M)$ e $\omega \in T^*_{f(p)}(N)$, il pullback di ω mediante f^* è definito da

$$\langle f^*\omega, V \rangle \equiv \langle \omega, f_* V \rangle. \tag{5.10.2}$$

Data $\omega = \sum_\alpha \omega_\alpha dy^\alpha \in T^*_{f(p)} N$, si ha

$$f^*\omega = \sum_\alpha \omega_\alpha \sum_{\mu=1}^{m}\frac{\partial y^\alpha}{\partial x^\mu} E^\mu = \sum_{\mu=1}^{m}\left(\sum_\alpha \omega_\alpha \frac{\partial y^\alpha}{\partial x^\mu} \right) E^\mu = \sum_{\mu=1}^{m} \xi_\mu E^\mu. \tag{5.10.3}$$

Pertanto, le componenti della 1-forma ottenuta tramite pullback di ω sono

$$\xi_\mu = \sum_\alpha \omega_\alpha \frac{\partial y^\alpha}{\partial x^\mu}. \tag{5.10.4}$$

Si noti anche che nulla vieta di definire un pullback su tensori di tipo $(0, r)$.

5.11 Pushforward e pullback della composizione di funzioni lisce

Se $f : M \to N$ e $g : N \to P$ sono applicazioni lisce tra varietà, può essere di interesse sapere come si comporta il pushforward o il pullback della loro composizione. A tal fine, tenendo a mente la definizione (5.9.2), cominciamo col porre $f_* V = W$, e osserviamo che

$$(g_* \odot W)[k] = W[k \odot g] = f_* V[k \odot g] = V[k \odot g \odot f] = (g \odot f)_* V[k], \tag{5.11.1}$$

e pertanto

$$(g \odot f)_* = g_* \odot f_*. \tag{5.11.2}$$

Inoltre, dalla definizione (5.10.2), e dalla (5.11.2), deduciamo che

$$\langle (g \odot f)^* \omega, V \rangle = \langle \omega, (g \odot f)_* V \rangle = \langle \omega, (g_* \odot f_*) V \rangle = \langle g^* \omega, f_* V \rangle$$
$$= \langle (f^* \odot g^*) \omega, V \rangle, \tag{5.11.3}$$

ovvero

$$(g \odot f)^* = f^* \odot g^*. \tag{5.11.4}$$

5.12 Pushforward per tensori di tipo misto

Nel caso particolare in cui l'applicazione $f : M \to N$ è un diffeomorfismo, allora (e solo allora) esiste la mappa indotta anche per tensori di tipo misto. Ad esempio, sia

$$T = \sum_{\mu,\nu=1}^{m} T^{\mu}_{\ \nu} e_\mu \otimes E^\nu \tag{5.12.1}$$

un tensore di tipo $(1, 1)$ su M, e sia $f : M \to N$ un diffeomorfismo. Questo induce allora il seguente tensore su N:

$$f_* \left(\sum_{\mu,\nu=1}^{m} T^{\mu}_{\ \nu} e_\mu \otimes E^\nu \right) = \sum_{\mu,\nu=1}^{m} \sum_{\alpha,\beta} T^{\mu}_{\ \nu} \frac{\partial y^\alpha}{\partial x^\mu} \frac{\partial x^\nu}{\partial y^\beta} \frac{\partial}{\partial y^\alpha} \otimes dy^\beta, \tag{5.12.2}$$

ove $\{x^\mu\}$ sono coordinate locali in M, e $\{y^\alpha\}$ sono coordinate locali in N.

5.13 Immersioni e embeddings

D10 Sia $f : M \to N$ una applicazione liscia, con $\dim(M) \leq \dim(N)$. La f è una *immersione* se il suo pushforward $f_* : T_p(M) \to T_{f(p)}N$ è una applicazione iniettiva (ovvero punti distinti di $T_p(M)$ hanno sempre immagini distinte tramite f_*).

D11 L'applicazione $f : M \to N$ è un *embedding* se f è una immersione iniettiva tale che l'applicazione $f : M \to f(M)$ è un omeomorfismo, se su $f(M)$ si considera la topologia indotta dalla topologia di N. L'immagine $f(M)$ è detta *sottovarietà* di N.

La Fig. 5.2 mostra nella prima parte una immersione, e nella seconda parte un embedding. La figura a 8 nella prima parte trasforma un intervallo aperto in un insieme compatto del piano euclideo, quindi non è una applicazione propria (D'Andrea 2020).

Se $f : M \to N$ è un embedding, M è diffeomorfa alla sua immagine $f(M)$. Dunque, parlare dell'embedding di S^n in $\mathbb{R}^{n+1}$ vuol dire che la n-sfera S^n è diffeomorfa alla sua immagine $f(S^n)$.

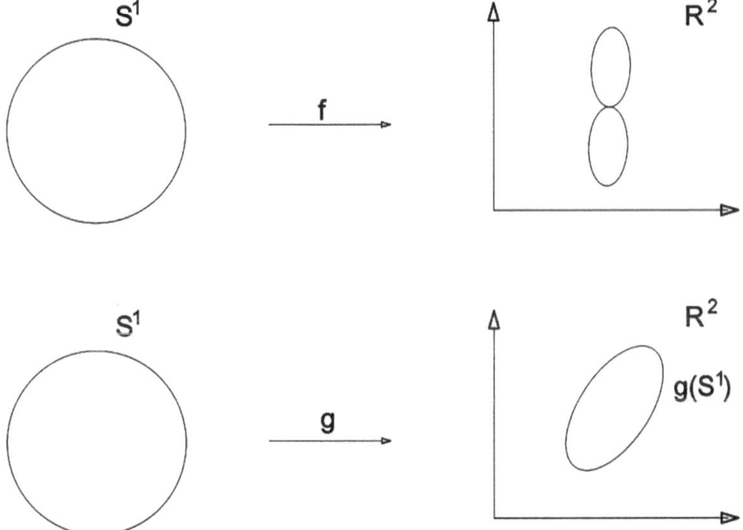

Figura 5.2 La prima parte della figura mostra una immersione che non è un embedding, mentre la seconda parte mostra un embedding

5.14   Teorema di embedding di Whitney

Originariamente, le varietà differenziabili furono definite estrinsecamente, come l'insieme di tutti i possibili valori di alcune variabili soggette a certe condizioni da soddisfare. In linguaggio moderno, le varietà lisce sono definite localmente da equazioni lisce e sono sottovarietà immerse in spazi euclidei. D'altro canto, Weyl aveva poi fornito una definizione intrinseca delle varietà, quella da noi riportata nel capitolo 3. Si pone dunque la questione: qual è la differenza tra definizione estrinseca e definizione intrinseca? Esistono forse varietà astratte che non possono essere immerse in alcuno spazio euclideo? Negli anni trenta, Whitney (1936) e altri autori risolsero questo problema fondamentale: i due modi di definire le varietà lisce conducono allo stesso concetto. Il risultato di Whitney è invero molto più forte. Egli dimostrò che non solo si può immergere una qualsivoglia varietà liscia M in qualche spazio euclideo, ma che la dimensione dello spazio euclideo può esser scelta essere eguale a due volte la dimensione della varietà M. Valgono infatti i seguenti teoremi:

Teorema 5.14.1 (Teorema di embedding di Whitney)   Ogni varietà liscia M di dimensione m ammette un embedding in $\mathbb{R}^{2m+1}$.

Teorema 5.14.2 (Forma forte del teorema di embedding di Whitney)   Ogni varietà liscia M di dimensione $m \geq 2$ ammette un embedding in $\mathbb{R}^{2m}$, e ammette una immersione in $\mathbb{R}^{2m-1}$.

Teorema 5.14.3   Ogni varietà M liscia, compatta, orientabile e avente m dimensioni ammette un embedding in $\mathbb{R}^{2m-1}$.

Teorema 5.14.4   Se $m \neq 2^k$, ogni varietà liscia m-dimensionale ammette un embedding in $\mathbb{R}^{2m-1}$. Se invece $m = 2^k$, lo spazio proiettivo reale $\mathbb{R}P_4$ non ammette un embedding in $\mathbb{R}^{2m-1}$.

Teorema 5.14.5   Ogni varietà liscia m-dimensionale ammette una immersione in $\mathbb{R}^{2m-a(m)}$, ove $a(m)$ è il numero di volte che appare 1 nello sviluppo binario di m.

Nel dimostrare il Teorema 5.14.1, si dimostra dapprima che esiste un K sufficientemeente grande tale che M ammette una immersione iniettiva in $\mathbb{R}^K$, e poi si dimostra che, se $K > (2m + 1)$, si può sempre sostituire $\mathbb{R}^K$ con qualche $\mathbb{R}^{K-1}$.

5.15 Altri esempi sulla notazione tensoriale

È bene abituarsi a scrivere nel linguaggio appena introdotto i tensori di uso più frequente. Ad esempio, si ha

$$T \in T_2^0(M) \Longrightarrow T = \sum_{\mu,\nu=1}^{m} T_{\mu\nu} E^{\mu} \otimes E^{\nu}, \tag{5.15.1}$$

$$T \in T_2^1(M) \Longrightarrow T = \sum_{\lambda,\mu,\nu=1}^{m} T^{\lambda}_{\mu\nu} e_{\lambda} \otimes E^{\mu} \otimes E^{\nu}, \tag{5.15.2}$$

$$T \in T_2^2(M) \Longrightarrow T = \sum_{\lambda,\mu,\nu,\rho=1}^{m} T^{\lambda\mu}_{\nu\rho} e_{\lambda} \otimes e_{\mu} \otimes E^{\nu} \otimes E^{\rho}. \tag{5.15.3}$$

Inoltre, se X, Y sono campi vettoriali, e ω, Ω sono campi di 1-forma, la valutazione di un tensore di tipo $(2, 2)$ su di essi fornisce

$$T(\omega, \Omega; X, Y) = \sum_{\lambda,\mu,\nu,\rho=1}^{m} T^{\lambda\mu}_{\nu\rho} \, \omega_{\lambda} \Omega_{\mu} X^{\nu} Y^{\rho}, \tag{5.15.4}$$

mentre già sappiamo che

$$\langle \omega, X \rangle = \omega(X) = \sum_{\mu=1}^{m} \omega_{\mu} X^{\mu}. \tag{5.15.5}$$

Un tensore non va mai confuso con le sue componenti in una base coordinata o non coordinata. Purtroppo, questo abuso di linguaggio è di uso corrente nella letteratura, e non di rado ingenera confusione. La scrittura esplicita degli indici di sommatoria è utile nei calcoli espliciti, come pure quando si studiano campi tensoriali su varietà di diverse dimensioni, ove sarebbe del tutto arbitrario convenire che certi indici competono alla varietà a dimensione più elevata. Ad esempio, le superfici intrappolate dei buchi neri sono varietà bidimensionali immerse in varietà tridimensionali che fogliettano lo spaziotempo a quattro dimensioni. In geometria differenziale, il problema dell'immersione isometrica locale di superfici bidimensionali nello spazio ambiente tridimensionale ha impegnato per oltre un secolo fior di matematici (Darboux, Bianchi, Weingarten, Ricci-Curbastro ...). Qui portiamo all'attenzione del lettore la rassegna moderna di Lewicka e Han (2023), e l'articolo originale di Bini e Esposito (2018).

Capitolo 6
Calcolo su varietà. II

6.1 Flusso di un campo vettoriale

Assegnato un campo vettoriale X sulla varietà M, una *curva integrale* γ di X è una curva in M il cui vettore tangente in x è proprio X valutato in x. In una carta (U, φ), si scrive dunque

$$\frac{dx^\mu(\gamma(t))}{dt} = X^\mu(\gamma(t)), \tag{6.1.1}$$

ove $x^\mu(\gamma(t))$ è la μ-ma componente di $\varphi(\gamma(t))$, e X^μ è la μ-ma componente del campo vettoriale in x. Ovvero ogni singola componente di X coincide con la corrispondente componente del vettore tangente alla curva. Si può anche dire che trovare la curva integrale di X equivale a risolvere il sistema autonomo di equazioni differenziali ordinarie (6.1.1) con la condizione iniziale $x_0^\mu = x^\mu(\gamma(0))$.

Il teorema di esistenza e unicità delle equazioni differenziali ordinarie garantisce che esiste un'unica soluzione della (6.1.1) almeno localmente, con dato iniziale x_0^μ. In particolare, se la varietà M è compatta, la curva integrale di X esiste $\forall\, t \in \mathbb{R}$. In generale, la curva integrale potrebbe esistere solo per un sottoinsieme di $\mathbb{R}$.

Per enfatizzare che serve informazione sul dato iniziale, denotiamo d'ora innanzi con $\sigma(t, x_0)$ una curva integrale di X passante per x_0 in $t = 0$, e sia $\sigma^\mu(t, x_0)$ l'associata coordinata. Allora la (6.1.1) si scrive

$$\frac{d}{dt}\sigma^\mu(t, x_0) = X^\mu(\sigma(t, x_0)), \tag{6.1.2}$$

con l'associato dato iniziale

$$\sigma^\mu(t = 0, x_0) = x_0^\mu. \tag{6.1.3}$$

Ci occorre dunque una applicazione $\sigma : \mathbb{R} \times M \to M$ detta *flusso generato dal campo vettoriale* $X \in \chi(M)$. Per costruzione, un flusso soddisfa la condizione

$$\sigma(t, \sigma(s, x_0)) = \sigma(t + s, x_0), \ \forall\, s, t \in \mathbb{R}. \tag{6.1.4}$$

© The Author(s), under exclusive license to Springer Nature Switzerland AG 2026
G. Esposito, *Fondamenti Matematici della Teoria Classica dei Campi*, La Matematica per il 3+2, https://doi.org/10.1007/978-3-032-23198-7_6

Infatti

$$\frac{d}{dt}\sigma^{\mu}(t,\sigma^{\nu}(s,x_0)) = X^{\mu}(\sigma(t,\sigma^{\nu}(s,x_0))), \qquad (6.1.5)$$

$$\sigma(0,\sigma(s,x_0)) = \sigma(s,x_0), \qquad (6.1.6)$$

e d'altronde

$$\frac{d}{dt}\sigma^{\mu}(t+s,x_0) = \frac{d}{d(t+s)}\sigma^{\mu}(t+s,x_0) = X^{\mu}(\sigma(t+s,x_0)), \qquad (6.1.7)$$

$$\sigma(0+s,x_0) = \sigma(s,x_0). \qquad (6.1.8)$$

Pertanto, ambo i membri della (6.1.4) soddisfano lo stesso problema di valori iniziali, ovvero la stessa equazione differenziale con la stessa condizione iniziale, e ne concludiamo che la (6.1.4) è dimostrata. Ovvero vale il seguente teorema:

Teorema 6.1　Per ogni x di M, esiste una applicazione differenziabile $\sigma : \mathbb{R} \times M \to M$ tale che

(i)　$\sigma(0,x) = x$,
(ii)　l'applicazione $t \to \sigma(t,x)$ risolve il problema espresso dalle (6.1.2) e (6.1.3),
(iii)　$\sigma(t,\sigma(s,x)) = \sigma(t+s,x)$.

In questo enunciato, x è il punto iniziale, non fissato ma variabile su M.

6.2　Esempi di flusso

Calcoliamo ora il flusso generato da un campo vettoriale liscio in due casi (la ricerca moderna studia invece il flusso di campi vettoriali con bassa regolarità o non lisci, e.g. Colombo 2017).

Esempio 6.1　In $\mathbb{R}^2$, sia dato il campo vettoriale

$$X(x,y) = -y\frac{\partial}{\partial x} + x\frac{\partial}{\partial y}. \qquad (6.2.1)$$

Dall'equazione (6.1.2) si ha allora

$$\left.\frac{d\sigma^1}{dt}\right|_{t=0} = X^1 = -y, \quad \left.\frac{d\sigma^2}{dt}\right|_{t=0} = X^2 = x, \qquad (6.2.2)$$

e dalla (6.1.3) si ottiene

$$\sigma^1(0,(x,y)) = x, \quad \sigma^2(0,(x,y)) = y. \qquad (6.2.3)$$

Dunque troviamo

$$\frac{d\sigma^1}{dt} = -\sigma^2 \text{ in } t = 0, \quad \frac{d\sigma^2}{dt} = \sigma^1 \text{ in } t = 0. \tag{6.2.4}$$

Questo significa che studiamo il sistema accoppiato

$$\frac{d\sigma^1}{dt} = -\sigma^2(t,(x,y)), \quad \frac{d\sigma^2}{dt} = \sigma^1(t,(x,y)), \tag{6.2.5}$$

con le condizioni iniziali (6.2.3). Calcolando le derivate prime di ambo i membri delle (6.2.5), e poi reinserendo le (6.2.5), si trovano le equazioni del secondo ordine a coefficienti costanti

$$\left(\frac{d^2}{dt^2} + 1\right)\sigma^k = 0, \ k = 1,2 \tag{6.2.6}$$

che sono risolte da

$$\sigma^1 = A^1 \cos(t) + B^1 \sin(t), \ \sigma^2 = A^2 \cos(t) + B^2 \sin(t). \tag{6.2.7}$$

Imponendo le condizioni iniziali, troviamo allora

$$\sigma^1(0,(x,y)) = A^1 = x, \ \sigma^2(0,(x,y)) = A^2 = y, \tag{6.2.8}$$

$$\left.\frac{d\sigma^1}{dt}\right|_{t=0} = B^1 = -\sigma^2(0,(x,y)) = -y, \tag{6.2.9}$$

$$\left.\frac{d\sigma^2}{dt}\right|_{t=0} = B^2 = \sigma^1(0,(x,y)) = x, \tag{6.2.10}$$

da cui alfine

$$\sigma(t,(x,y)) - (x\cos(t) - y\sin(t), y\cos(t) + x\sin(t)). \tag{6.2.11}$$

Esempio 6.2   Consideriamo in $\mathbb{R}^2$ il campo vettoriale

$$X = y\frac{\partial}{\partial x} + x\frac{\partial}{\partial y}. \tag{6.2.12}$$

Per il suo flusso abbiamo quindi le condizioni iniziali

$$\sigma^1(0,(x,y)) = x, \ \sigma^2(0,(x,y)) = y, \tag{6.2.13}$$

$$\left.\frac{d\sigma^1}{dt}\right|_{t=0} = X^1 = y = \sigma^2(0,(x,y)), \tag{6.2.14}$$

$$\left.\frac{d\sigma^2}{dt}\right|_{t=0} = X^2 = x = \sigma^1(0,(x,y)), \tag{6.2.15}$$

con le quali studiamo stavolta il sistema accoppiato

$$\frac{d\sigma^1}{dt} = \sigma^2(t, (x, y)), \; \frac{d\sigma^2}{dt} = \sigma^1(t, (x, y)). \qquad (6.2.16)$$

Mediante procedura interamente analoga all'esempio precedente, esso conduce alle equazioni del secondo ordine disaccoppiate

$$\left(\frac{d^2}{dt^2} - 1\right)\sigma^k = 0, \; k = 1, 2 \qquad (6.2.17)$$

che sono risolte da

$$\sigma^k = A^k e^t + B^k e^{-t}, \; k = 1, 2. \qquad (6.2.18)$$

In virtù delle condizioni iniziali (6.2.13)–(6.2.15), troviamo il sistema lineare

$$A^1 + B^1 = x, \; A^2 + B^2 = y, \qquad (6.2.19)$$

$$A^1 - B^1 = y, \; A^2 - B^2 = x, \qquad (6.2.20)$$

che dunque fornisce la seguente espressione per il flusso:

$$\sigma(t, (x, y)) = \left(\frac{(x + y)}{2}e^t + \frac{(x - y)}{2}e^{-t}, \frac{(x + y)}{2}e^t + \frac{(y - x)}{2}e^{-t}\right). \quad (6.2.21)$$

6.3 Gruppo ad un parametro di trasformazioni

Fissato $t \in \mathbb{R}$, un flusso $\sigma(t, x)$ è un diffeomorfismo da M in M. L'insieme dei flussi diventa un gruppo commutativo mediante le regole

(1) $\sigma_t(\sigma_s(x)) = \sigma_{t+s}(x) \implies \sigma_t \odot \sigma_s = \sigma_{t+s}$,

(2) $\sigma_0 = $ mappa identica,

(3) $\sigma_{-t} = (\sigma_t)^{-1}$.

Tale gruppo è detto *gruppo ad un parametro di trasformazioni*. In particolare, se $t = \varepsilon$ infinitesimo, al punto x di coordinate x^μ corrisponde

$$\sigma_\varepsilon^\mu(x) = \sigma^\mu(\varepsilon, x) = x^\mu + \varepsilon X^\mu(x), \qquad (6.3.1)$$

e diciamo che il campo vettoriale X è il *generatore infinitesimo* della trasformazione σ_t.

Assegnato un campo vettoriale X, il flusso che ad esso corrisponde è detto esponenziazione di X, ovvero

$$\sigma^\mu(t, x) = e^{tX} x^\mu. \qquad (6.3.2)$$

Infatti, se consideriamo un punto separato dal punto iniziale $\sigma(0, x)$ di una distanza parametrica t lungo il flusso σ, troviamo

$$\sigma^\mu(t, x) = x^\mu + t\frac{d}{ds}\sigma^\mu(s, x)|_{s=0} + \frac{t^2}{2!}\left(\frac{d}{ds}\right)^2 \sigma^\mu(s, x)|_{s=0} + \dots$$

$$= \left[1 + t\frac{d}{ds} + \frac{t^2}{2!}\left(\frac{d}{ds}\right)^2 + \dots\right]\sigma^\mu(s, x)|_{s=0}$$

$$= e^{t\frac{d}{ds}}\,\sigma^\mu(s, x)|_{s=0} = e^{tX}\,x^\mu. \tag{6.3.3}$$

Il flusso σ soddisfa le tre proprietà riportate qui di seguito:

$$\sigma(0, x) = x, \tag{6.3.4}$$

$$\frac{d}{dt}\sigma(t, x) = Xe^{tX}\,x = \frac{d}{dt}\left[e^{tX}\,x\right], \tag{6.3.5}$$

$$\sigma(t, \sigma(s, x)) = \sigma(t, e^{sX}\,x) = e^{tX}\,e^{sX}\,x = e^{(t+s)X}\,x = \sigma(t+s, x). \tag{6.3.6}$$

6.4   Derivata di Lie

Siano $\sigma(s, x)$ e $\tau(t, x)$ i flussi generati dai campi vettoriali X e Y rispettivamente, per i quali valgono quindi le equazioni differenziali

$$\frac{d\sigma^\mu(s, x)}{ds} = X^\mu(\sigma(s, x)), \quad \frac{d\tau^\mu(t, x)}{dt} = Y^\mu(\tau(t, x)). \tag{6.4.1}$$

Vorremmo ora calcolare come varia il campo vettoriale Y lungo il flusso $\sigma(s, x)$. A tal fine, sarebbe sbagliato calcolare la differenza delle componenti di Y nei punti x e $x' = \sigma_\varepsilon(x)$, poiché x e x' appartengono a spazi tangenti distinti. L'operazione che è definita consiste invece nel considerare dapprima l'applicazione

$$\left(\sigma_{-\varepsilon}\right)_* : T_{\sigma_\varepsilon(x)}(M) \to T_x(M), \tag{6.4.2}$$

dopo di che calcoliamo la differenza tra i seguenti due vettori in $T_x(M)$:

$$\left(\sigma_{-\varepsilon}\right)_* Y\Big|_{\sigma_\varepsilon(x)} \quad \text{e} \quad Y|_x.$$

La *derivata di Lie* di un campo vettoriale Y lungo il flusso di un campo vettoriale X è definita, $\forall\, X, Y \in \chi(M)$, dal limite

$$L_X Y \equiv \lim_{\varepsilon \to 0} \frac{1}{\varepsilon}\left[\left(\sigma_{-\varepsilon}\right)_* Y|_{\sigma_\varepsilon(x)} - Y|_x\right]$$

$$= \lim_{\varepsilon \to 0} \frac{1}{\varepsilon}\left[Y|_x - \left(\sigma_\varepsilon\right)_* Y|_{\sigma_{-\varepsilon}(x)}\right]$$

$$= \lim_{\varepsilon \to 0} \frac{1}{\varepsilon}\left[Y|_{\sigma_\varepsilon(x)} - \left(\sigma_\varepsilon\right)_* Y|_x\right]. \tag{6.4.3}$$

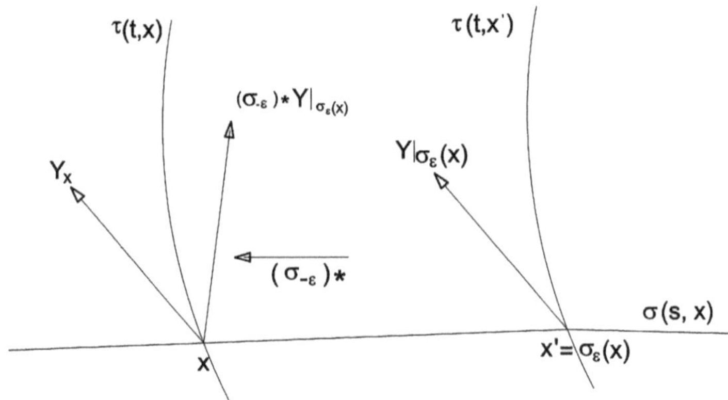

Figura 6.1 Le operazioni geometriche che si effettuano nella definizione di derivata di Lie

La Fig. 6.1 compete alla definizione di derivata di Lie.

Teorema 6.2 Detta $\{e_\mu\} = \{\frac{\partial}{\partial x^\mu}\} = \{\partial_\mu\}$ la base coordinata per lo spazio tangente, si ha

$$L_X Y = \sum_{\mu,\nu=1}^{m} \left(X^\mu \partial_\mu Y^\nu - Y^\mu \partial_\mu X^\nu \right) e_\nu. \tag{6.4.4}$$

Dimostrazione Sia (U, φ) una carta con coordinate x, e siano X^μ e Y^ν le componenti dei campi vettoriali X e Y rispettivamente. Allora $\sigma_\varepsilon(x)$ ha coordinate $x^\mu + \varepsilon X^\mu(x)$, e si trova

$$\begin{aligned}
Y|_{\sigma_\varepsilon(x)} &= \sum_{\mu=1}^{m} Y^\mu \left(x^\nu + \varepsilon X^\nu(x) \right) e_\mu \big|_{x+\varepsilon X} \\
&\cong \sum_{\mu=1}^{m} \left[Y^\mu(x) + \sum_{\nu=1}^{m} \varepsilon X^\nu(x) \partial_\nu Y^\mu \right] e_\mu \big|_{x+\varepsilon X}.
\end{aligned} \tag{6.4.5}$$

Se ora agiamo su tale vettore, definito in $\sigma_\varepsilon(x)$, mediante il pushforward $\left(\sigma_{-\varepsilon}\right)_*$, dobbiamo tener presente che $\sigma_{-\varepsilon}(x)$ ha coordinate $x^\nu - \varepsilon X^\nu(x)$, e che

$$\left(\sigma_{-\varepsilon}\right)_* W = \sum_{\mu=1}^{m} W^\mu \frac{\partial}{\partial x^\mu} \left[\ \odot \ \sigma_{-\varepsilon} \right].$$

Pertanto troviamo

$$(\sigma_{-\varepsilon})_* Y\big|_{\sigma_\varepsilon(x)}$$

$$= \sum_{\mu=1}^{m}\Big[Y^\mu(x) + \varepsilon \sum_{\lambda=1}^{m} X^\lambda(x)\partial_\lambda Y^\mu(x)\Big]\partial_\mu \sum_{\nu=1}^{m}\Big[x^\nu - \varepsilon X^\nu(x)\Big]e_\nu\big|_x$$

$$= \sum_{\mu=1}^{m} Y^\mu(x)\,e_\mu\big|_x + \varepsilon \sum_{\nu=1}^{m}\Big[\sum_{\mu=1}^{m}\Big(X^\mu(x)\partial_\mu Y^\nu(x) - Y^\mu(x)\partial_\mu X^\nu(x)\Big)\Big]e_\nu\big|_x$$

$$+ \, O(\varepsilon^2). \tag{6.4.6}$$

In virtù della definizione (6.4.3) e del calcolo (6.4.6), il teorema è dimostrato. Q.E.D.

6.5 Parentesi di Lie

Un altro concetto di fondamentale importanza è quello di *parentesi di Lie* dei campi vettoriali $X, Y \in \chi(M)$. Essa è definita da

$$[X, Y]f \equiv X[Y[f]] - Y[X[f]], \ \forall \ f \in C^\infty(M). \tag{6.5.1}$$

Il suo calcolo esplicito fornisce

$$[X, Y]f = \sum_{\mu,\nu=1}^{m}\Big[X^\mu\partial_\mu(Y^\nu\partial_\nu f) - Y^\mu\partial_\mu(X^\nu\partial_\nu f)\Big]$$

$$= \sum_{\mu,\nu=1}^{m}\Big\{X^\mu\Big[(\partial_\mu Y^\nu)\partial_\nu f + Y^\nu\partial_\mu\partial_\nu f\Big] - Y^\mu\Big[(\partial_\mu X^\nu)\partial_\nu f + X^\nu\partial_\mu\partial_\nu f\Big]\Big\}$$

$$= \sum_{\mu,\nu=1}^{m}\Big[\Big(X^\mu(\partial_\mu Y^\nu) - Y^\mu(\partial_\mu X^\nu)\Big)\partial_\nu f + X^\mu Y^\nu(\partial_\mu\partial_\nu - \partial_\nu\partial_\mu)f\Big]$$

$$\tag{6.5.2}$$

e dunque, poiché le derivate parziali ∂_μ e ∂_ν commutano quando agiscono su funzioni di classe C^∞, si trova alfine

$$[X, Y] = \sum_{\mu,\nu=1}^{m}\Big(X^\mu\partial_\mu Y^\nu - Y^\mu\partial_\mu X^\nu\Big)e_\nu = L_X Y, \tag{6.5.3}$$

ove abbiamo fatto uso del teorema del paragrafo precedente nell'ultima eguaglianza.

Notiamo ora le seguenti proprietà della parentesi di Lie:

(1) Bilinearità: per ogni valore delle costanti c_1 e c_2, si ha

$$[X, c_1 Y_1 + c_2 Y_2] = c_1[X, Y_1] + c_2[X, Y_2], \tag{6.5.4}$$

$$[c_1 X_1 + c_2 X_2, Y] = c_1[X_1, Y] + c_2[X_2, Y]. \tag{6.5.5}$$

(2) Antisimmetria:

$$[X, Y] = -[Y, X]. \tag{6.5.6}$$

(3) Identità di Jacobi:

$$[[X, Y], Z] + [[Y, Z], X] + [[Z, X], Y] = 0, \tag{6.5.7}$$

anche scrivibile come

$$\sum_{i,j,k=1}^{3} \varepsilon^{ijk}\Big[\big[X_i, X_j\big], X_k\Big] = 0, \tag{6.5.8}$$

avendo posto nella (6.5.8) $X_1 = X$, $X_2 = Y$, $X_3 = Z$. Inoltre si trova

$$L_{fX} Y = [fX, Y] = \sum_{\mu,\nu=1}^{m} \Big(f X^\mu \partial_\mu Y^\nu - Y^\mu \partial_\mu(f X^\nu) \Big) e_\nu$$

$$= f \sum_{\mu,\nu=1}^{m} X^\mu (\partial_\mu Y^\nu) e_\nu - \sum_{\mu,\nu=1}^{m} Y^\mu (\partial_\mu f) X^\nu e_\nu - f \sum_{\mu,\nu=1}^{m} Y^\mu (\partial_\mu X^\nu) e_\nu$$

$$= f[X, Y] - Y[f]X, \tag{6.5.9}$$

assieme all'altra relazione

$$L_X(fY) = \sum_{\mu,\nu=1}^{m} \Big[X^\mu \partial_\mu(f Y^\nu) - f Y^\mu \partial_\mu(X^\nu) \Big] e_\nu$$

$$= \sum_{\mu,\nu=1}^{m} \Big[X^\mu (\partial_\mu f) Y^\nu + f X^\mu \partial_\mu(Y^\nu) - f Y^\mu \partial_\mu(X^\nu) \Big] e_\nu$$

$$= X[f]Y + f[X, Y]. \tag{6.5.10}$$

Si può inoltre dimostrare il seguente risultato sul pushforward della parentesi di Lie dei campi vettoriali X e Y:

$$f_*[X, Y] = [f_* X, f_* Y], \ \forall \ X, Y \in \chi(M), \ \forall \ f \in C^\infty(M). \tag{6.5.11}$$

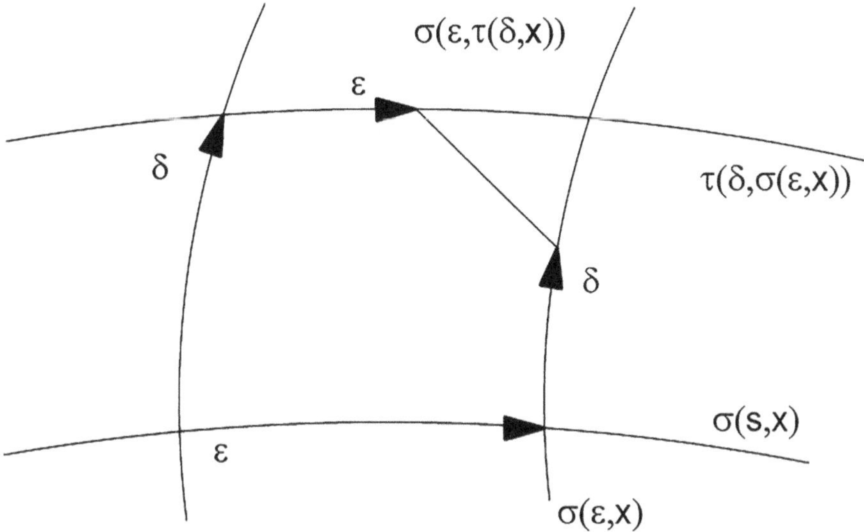

Figura 6.2 La parentesi di Lie $[X, Y]$ misura di quanto il parallelogramma in figura non riesce a chiudersi

La parentesi di Lie mostra la non commutatività di due flussi. Infatti, detti $\sigma(s, x)$ e $\tau(t, x)$ i due flussi di cui prima, supponiamo di spostarci prima di ε lungo σ, e poi di δ lungo τ, da cui (Fig. 6.2)

$$
\begin{aligned}
\tau^\mu(\delta, \sigma(\varepsilon, x)) &\approx \tau^\mu(\delta, x^\nu + \varepsilon X^\nu(x)) \\
&\approx x^\mu + \varepsilon X^\mu(x) + \delta Y^\mu(x^\nu + \varepsilon X^\nu(x)) \\
&\approx x^\mu + \varepsilon X^\mu(x) + \delta Y^\mu(x) + \varepsilon\delta \sum_{\nu=1}^{m} X^\nu(x)\partial_\nu Y^\mu(x).
\end{aligned}
\tag{6.5.12}
$$

Se invece ci spostiamo dapprima di δ lungo τ, e poi di ε lungo σ, approdiamo nel punto (teniamo ancora presente che δY^ν è un prodotto, non una variazione infinitesima):

$$
\begin{aligned}
\sigma^\mu(\varepsilon, \tau(\delta, x)) &\approx \sigma^\mu(\varepsilon, x^\nu + \delta Y^\nu(x)) \\
&\approx x^\mu + \delta Y^\mu(x) + \varepsilon X^\mu(x^\nu + \delta Y^\nu(x)) \\
&= x^\mu + \delta Y^\mu(x) + \varepsilon X^\mu(x) + \varepsilon\delta \sum_{\nu=1}^{m} Y^\nu(x)\partial_\nu X^\mu(x).
\end{aligned}
\tag{6.5.13}
$$

Pertanto si trova

$$
\tau^\mu(\delta, \sigma(\varepsilon, x)) - \sigma^\mu(\varepsilon, \tau(\delta, x)) = \varepsilon\delta[X, Y]^\mu,
\tag{6.5.14}
$$

e quindi vediamo che la parentesi di Lie ci indica di quanto il parallelogramma della Fig. 6.2 non riesce a chiudersi. Altrimenti detto

$$L_X Y = [X, Y] = 0 \iff \sigma(s, \tau(t, x)) = \tau(t, \sigma(s, x)). \tag{6.5.15}$$

Un altro concetto importante è la derivata di Lie di un campo di 1-forma $\omega \in \Omega^1(M)$ lungo un campo vettoriale $X \in \chi(M)$. Essa è data da

$$L_X \omega \equiv \lim_{\varepsilon \to 0} \frac{1}{\varepsilon} \Big[(\sigma_\varepsilon)^* \omega \big|_{\sigma_\varepsilon(x)} - \omega \big|_x \Big]. \tag{6.5.16}$$

Esprimendo ω nella base duale a quella coordinata per lo spazio tangente, si trova

$$(\sigma_\varepsilon)^* \omega \big|_{\sigma_\varepsilon(x)} = \sum_{\mu=1}^{m} \omega_\mu(x) E^\mu$$
$$+ \varepsilon \sum_{\mu,\nu=1}^{m} \Big[X^\nu(x) \partial_\nu \omega_\mu(x) + (\partial_\mu X^\nu(x)) \omega_\nu(x) \Big] E^\mu, \tag{6.5.17}$$

da cui

$$L_X \omega = \sum_{\mu,\nu=1}^{m} \Big[X^\nu \partial_\nu \omega_\mu + (\partial_\mu X^\nu) \omega_\nu(x) \Big] E^\mu, \tag{6.5.18}$$

che è un altro campo di 1-forma.

Se invece consideriamo l'azione della derivata di Lie su funzioni lisce, troviamo

$$L_X f = \lim_{\varepsilon \to 0} \frac{1}{\varepsilon} \Big[f(\sigma_\varepsilon(x)) - f(x) \Big] = \lim_{\varepsilon \to 0} \frac{1}{\varepsilon} \Big[f(x^\mu + \varepsilon X^\mu(x)) - f(x^\mu) \Big]$$
$$= \sum_{\mu=1}^{m} X^\mu(x) \frac{\partial f}{\partial x^\mu} = X[f]. \tag{6.5.19}$$

Se t_1 e t_2 sono campi tensoriali dello stesso tipo, si ha

$$L_X(t_1 + t_2) = L_X(t_1) + L_X(t_2), \tag{6.5.20}$$

e inoltre

$$L_X(t_1 \otimes t_2) = \Big(L_X t_1 \Big) \otimes t_2 + t_1 \otimes L_X t_2, \tag{6.5.21}$$

ove t_1 e t_2 sono arbitrari campi tensoriali. Quest'ultima relazione si dimostra a partire dalla proprietà secondo cui, dato $Y \in \chi(M)$, e data $\omega \in \Omega^1(M)$, si ha

$$L_X(Y \otimes \omega) = \lim_{\varepsilon \to 0} \frac{1}{\varepsilon} \Big[\big((\sigma_{-\varepsilon})_* Y \otimes (\sigma_\varepsilon)^* \omega \big) \big|_x - (Y \otimes \omega) \big|_x \Big]$$
$$= \lim_{\varepsilon \to 0} \frac{1}{\varepsilon} \Big[(\sigma_{-\varepsilon})_* Y \otimes \big((\sigma_\varepsilon)^* \omega - \omega \big) + \big((\sigma_{-\varepsilon})_* Y - Y \big) \otimes \omega \Big]$$
$$= Y \otimes (L_X \omega) + (L_X Y) \otimes \omega, \tag{6.5.22}$$

da cui seguono le desiderate estensioni come la (6.5.21).

In particolare, se T è un campo tensoriale di tipo $(1,1)$ su M, si ha la sua espressione in base coordinata

$$T = \sum_{\mu,\nu=1}^{m} T_{\mu}^{\ \nu} E^{\mu} \otimes e_{\nu}, \tag{6.5.23}$$

e pertanto

$$L_X T = \sum_{\mu,\nu=1}^{m} X[T_{\mu}^{\ \nu}] E^{\mu} \otimes e_{\nu}$$
$$+ \sum_{\mu,\nu=1}^{m} \left[T_{\mu}^{\ \nu} \left(L_X E^{\mu} \right) \otimes e_{\nu} + T_{\mu}^{\ \nu} E^{\mu} \otimes \left(L_X e_{\nu} \right) \right]. \tag{6.5.24}$$

Nei calcoli torna anche utile l'identità

$$L_{[X,Y]} T = L_X L_Y T - L_Y L_X T. \tag{6.5.25}$$

6.6 Le r-forme

Se definiamo ricorsivamente il *prodotto wedge* di r 1-forme a partire dalle relazioni

$$P(E^{\mu}, E^{\nu}) = E^{\mu} \wedge E^{\nu} = E^{\mu} \otimes E^{\nu} - E^{\nu} \otimes E^{\mu} = -E^{\nu} \wedge E^{\mu}, \tag{6.6.1}$$

$$E^{\lambda} \wedge E^{\mu} \wedge E^{\nu} = E^{\lambda} \otimes \left(E^{\mu} \otimes E^{\nu} - E^{\nu} \otimes E^{\mu} \right)$$
$$+ E^{\mu} \otimes \left(E^{\nu} \otimes E^{\lambda} - E^{\lambda} \otimes E^{\nu} \right)$$
$$+ E^{\nu} \otimes \left(E^{\lambda} \otimes E^{\mu} - E^{\mu} \otimes E^{\lambda} \right)$$
$$= E^{\lambda} \otimes E^{\mu} \wedge E^{\nu} + E^{\mu} \otimes E^{\nu} \wedge E^{\lambda}$$
$$+ E^{\nu} \otimes E^{\lambda} \wedge E^{\mu}, \tag{6.6.2}$$

possiamo, a partire dalle componenti di tensori totalmente antisimmetrici, definire forme differenziali di ordine r, ad esempio

$$\sum_{\mu,\nu=1}^{m} \frac{1}{2!} F_{[\mu\nu]} E^{\mu} \wedge E^{\nu},$$

$$\sum_{\alpha,\beta,\gamma=1}^{m} \frac{1}{3!} G_{[\alpha\beta\gamma]} E^{\alpha} \wedge E^{\beta} \wedge E^{\gamma}.$$

Una generica r-forma $\omega \in \Omega^r(M)\big|_p$ si scrive allora come segue:

$$\omega = \sum_{\{\mu\}} \frac{1}{r!} \omega_{\mu_1\mu_2\dots\mu_r} E^{\mu_1} \wedge E^{\mu_2} \wedge \dots \wedge E^{\mu_r}, \tag{6.6.3}$$

ove si tiene conto di tutte le possibili permutazioni degli indici.

6.7 Derivata esterna

La *derivata esterna* è una applicazione dallo spazio delle r-forme nello spazio delle $(r+1)$-forme:

$$d : \ \Omega^r(M) \to \Omega^{r+1}(M), \tag{6.7.1}$$

la cui azione su una r-forma ω viene definita come segue:

$$d\omega = \frac{1}{r!} \sum_{\nu=1}^{m} \sum_{\{\mu\}} \left(\frac{\partial}{\partial x^\nu} \omega_{\mu_1\dots\mu_r} \right) E^\nu \wedge E^{\mu_1} \wedge \dots \wedge E^{\mu_r}. \tag{6.7.2}$$

Qui a seguire riportiamo tre esempi di uso frequente.

Esempio 6.3   Siano α e β le 1-forme

$$\alpha = \sum_{\mu=1}^{m} \alpha_\mu E^\mu, \ \beta = \sum_{\nu=1}^{m} \beta_\nu E^\nu. \tag{6.7.3}$$

Per il loro prodotto esterno si ottiene allora

$$\alpha \wedge \beta = \sum_{\mu,\nu=1}^{m} \alpha_\mu \beta_\nu E^\mu \wedge E^\nu = - \sum_{\mu,\nu=1}^{m} \alpha_\mu \beta_\nu E^\nu \wedge E^\mu$$

$$= - \sum_{\mu,\nu=1}^{m} \beta_\mu \alpha_\nu E^\mu \wedge E^\nu = -\beta \wedge \alpha. \tag{6.7.4}$$

Esempio 6.4   Siano α una 1-forma come nell'esempio 6.3, e γ una 2-forma. Pertanto il loro prodotto esterno trova l'espressione

$$\alpha \wedge \gamma = \sum_{\mu,\nu,\lambda=1}^{m} \alpha_\mu \frac{1}{2} \gamma_{\nu\lambda} E^\mu \wedge E^\nu \wedge E^\lambda$$

$$= \sum_{\mu,\nu,\lambda=1}^{m} \frac{1}{2} \gamma_{\nu\lambda} E^\nu \wedge E^\lambda \wedge \alpha_\mu E^\mu (-1)^2$$

$$= \gamma \wedge \alpha. \tag{6.7.5}$$

Esempio 6.5   Derivata esterna di un prodotto esterno di forme differenziali. Siano α e β le 1-forme dell'esempio 6.3. Si ha allora

$$
\begin{aligned}
d(\alpha \wedge \beta) &= d\left(\sum_{\mu,\nu=1}^{m} \alpha_\mu \beta_\nu E^\mu \wedge E^\nu \right) \\
&= \sum_{\mu,\nu,\rho=1}^{m} (\alpha_\mu \beta_\nu)_{,\rho} E^\rho \wedge E^\mu \wedge E^\nu \\
&= \sum_{\mu,\nu,\rho=1}^{m} \alpha_{\mu,\rho} E^\rho \wedge E^\mu \wedge \beta_\nu E^\nu + \sum_{\mu,\nu,\rho=1}^{m} \alpha_\mu \beta_{\nu,\rho} E^\rho (-1) \wedge E^\nu \wedge E^\mu \\
&= (d\alpha) \wedge \beta - (d\beta) \wedge \alpha = (d\alpha) \wedge \beta - \alpha \wedge (d\beta),
\end{aligned}
\tag{6.7.6}
$$

comunque scelte α, β in $\Omega^1(M)$, lo spazio delle 1-forme per M.

Per le definizioni e calcoli in questo capitolo, il lettore può confrontare con Landi e Marmo (1990).

Capitolo 7
Calcolo su varietà. III

7.1 Campi vettoriali come derivazioni

Cominciamo questo capitolo approfondendo la nostra comprensione di concetti già introdotti. In primo luogo, possiamo osservare che un campo vettoriale liscio può essere visto come una applicazione

$$X : C^\infty(M) \to C^\infty(M) \tag{7.1.1}$$

tale che

$$X[f + h] = X[f] + X[h], \ \forall \ f, h \in C^\infty(M), \tag{7.1.2}$$

$$X[\lambda f] = \lambda X[f], \ \forall \ f \in C^\infty(M), \ \forall \ \lambda \in \mathbb{R}, \tag{7.1.3}$$

$$X[fh] = hX[f] + fX[h], \ \forall \ f, h \in C^\infty(M). \tag{7.1.4}$$

Le (7.1.2) e (7.1.3) ci dicono che X è una applicazione lineare da $C^\infty(M)$ in $C^\infty(M)$, e la (7.1.4) ci mostra che X è una *derivazione*. Infatti, le derivazioni sono applicazioni $V : C^\infty(M) \to \mathbb{R}$ tali che

$$v[f + h] = v[f] + v[h], \ \forall \ f, h \in C^\infty(M), \tag{7.1.5}$$

$$v[\lambda f] = \lambda v[f], \ \forall \ f \in C^\infty(M), \ \forall \ \lambda \in \mathbb{R}, \tag{7.1.6}$$

$$v[fh] = h(p)v[f] + f(p)v[h], \ \forall \ f, h \in C^\infty(M). \tag{7.1.7}$$

L'insieme di tutte le derivazioni in $p \in M$ viene denotato mediante $D_p(M)$.

© The Author(s), under exclusive license to Springer Nature Switzerland AG 2026
G. Esposito, *Fondamenti Matematici della Teoria Classica dei Campi*, La Matematica per il 3+2, https://doi.org/10.1007/978-3-032-23198-7_7

7.2   Tensori antisimmetrici e forme differenziali

In notazione indiciale, un tensore di tipo $(0, 2)$ antisimmetrico ha componenti

$$F_{\mu\nu} = \frac{1}{2}(F_{\mu\nu} + F_{\nu\mu}) + \frac{1}{2}(F_{\mu\nu} - F_{\nu\mu}) = F_{(\mu\nu)} + F_{[\mu\nu]} = F_{[\mu\nu]} = -F_{\nu\mu},$$

$$(7.2.1)$$

da cui $F(X, Y) = -F(Y, X)$, e inoltre

$$\begin{aligned}
F &= \sum_{\mu,\nu=1}^{m} F_{\mu\nu} E^{\mu} \otimes E^{\nu} = \frac{1}{2} \sum_{\mu,\nu=1}^{m} (F_{\mu\nu} - F_{\nu\mu}) E^{\mu} \otimes E^{\nu} \\
&= \frac{1}{2} \sum_{\mu,\nu=1}^{m} F_{\mu\nu} E^{\mu} \otimes E^{\nu} - \frac{1}{2} \sum_{\mu,\nu=1}^{m} F_{\mu\nu} E^{\nu} \otimes E^{\mu} \\
&= \sum_{\mu,\nu=1}^{m} \frac{1}{2} F_{\mu\nu} (E^{\mu} \otimes E^{\nu} - E^{\nu} \otimes E^{\mu}) \\
&= \sum_{\mu,\nu=1}^{m} \frac{1}{2} F_{\mu\nu} E^{\mu} \wedge E^{\nu}.
\end{aligned}$$

$$(7.2.2)$$

Se indichiamo con A_μ le componenti covarianti del quadripotenziale dell'elettrodinamica classica, possiamo costruire la 1-forma

$$A = \sum_{\mu=1}^{m} A_\mu E^\mu,$$

$$(7.2.3)$$

da cui

$$\begin{aligned}
dA &= \sum_{\mu,\nu=1}^{m} A_{\mu,\nu} E^{\nu} \wedge E^{\mu} \\
&= \frac{1}{2} \sum_{\mu,\nu=1}^{m} A_{\mu,\nu} E^{\nu} \wedge E^{\mu} + \frac{1}{2} \sum_{\mu,\nu=1}^{m} A_{\mu,\nu} E^{\nu} \wedge E^{\mu} \\
&= \frac{1}{2} \sum_{\mu,\nu=1}^{m} A_{\nu,\mu} E^{\mu} \wedge E^{\nu} - \frac{1}{2} \sum_{\mu,\nu=1}^{m} A_{\mu,\nu} E^{\mu} \wedge E^{\nu} \\
&= \sum_{\mu,\nu=1}^{m} \frac{1}{2} (A_{\nu,\mu} - A_{\mu,\nu}) E^{\mu} \wedge E^{\nu} \\
&= F = \sum_{\mu,\nu=1}^{m} \frac{1}{2} F_{\mu\nu} E^{\mu} \wedge E^{\nu},
\end{aligned}$$

$$(7.2.4)$$

da cui ricaviamo le componenti del tensore di campo elettromagnetico

$$F_{\mu\nu} = \frac{\partial}{\partial x^\mu} A_\nu - \frac{\partial}{\partial x^\nu} A_\mu. \tag{7.2.5}$$

In coordinate cartesiane, si ottiene dunque nel vuoto la matrice antisimmetrica 4×4 ancora denotata con $F_{\mu\nu}$

$$F_{\mu\nu} = \begin{pmatrix} 0 & -E_x & -E_y & -E_z \\ E_x & 0 & B_z & -B_y \\ E_y & -B_z & 0 & B_x \\ E_z & B_y & -B_x & 0 \end{pmatrix}. \tag{7.2.6}$$

7.3 Forme differenziali per gradiente, rotore e divergenza

Se $f : \mathbb{R}^3 \to \mathbb{R}$ è una funzione liscia, possiamo riguardarla come una 0-forma $\omega_0 = f(x, y, z)$, da cui otteniamo una 1-forma mediante derivata esterna:

$$d\omega_0 = \frac{\partial f}{\partial x} dx + \frac{\partial f}{\partial y} dy + \frac{\partial f}{\partial z} dz. \tag{7.3.1}$$

Questa è la *1-forma gradiente*.

Assegnata in $\mathbb{R}^3$ la 1-forma liscia

$$\omega_1 = \omega_x(x, y, z) dx + \omega_y(x, y, z) dy + \omega_z(x, y, z) dz, \tag{7.3.2}$$

se ne calcoliamo la derivata esterna, tenendo presente che

$$dx \wedge dx = dy \wedge dy = dz \wedge dz = 0,$$

troviamo

$$\begin{aligned} d\omega_1 &= \frac{\partial \omega_x}{\partial y} dy \wedge dx + \frac{\partial \omega_x}{\partial z} dz \wedge dx \\ &+ \frac{\partial \omega_y}{\partial x} dx \wedge dy + \frac{\partial \omega_y}{\partial z} dz \wedge dy \\ &+ \frac{\partial \omega_z}{\partial x} dx \wedge dz + \frac{\partial \omega_z}{\partial y} dy \wedge dz \\ &= \left(\frac{\partial \omega_y}{\partial x} - \frac{\partial \omega_x}{\partial y} \right) dx \wedge dy + \left(\frac{\partial \omega_z}{\partial y} - \frac{\partial \omega_y}{\partial z} \right) dy \wedge dz \\ &+ \left(\frac{\partial \omega_x}{\partial z} - \frac{\partial \omega_z}{\partial x} \right) dz \wedge dx. \end{aligned} \tag{7.3.3}$$

Questa è la *2-forma rotore*.

Infine, assegnata la 2-forma liscia

$$\omega_2 = \omega_{xy}(x, y, z)dx \wedge dy + \omega_{yz}(x, y, z)dy \wedge dz + \omega_{zx}(x, y, z)dz \wedge dx, \quad (7.3.4)$$

la sua derivata esterna fornisce (omettiamo la scrittura dei 6 termini manifestamente nulli a causa dell'antisimmetria del prodotto esterno)

$$\begin{aligned}
\omega_3 = d\omega_2 &= \frac{\partial \omega_{xy}}{\partial z}dz \wedge dx \wedge dy \\
&\quad + \frac{\partial \omega_{yz}}{\partial x}dx \wedge dy \wedge dz + \frac{\partial \omega_{zx}}{\partial y}dy \wedge dz \wedge dx \\
&= \left(\frac{\partial \omega_{yz}}{\partial x} + \frac{\partial \omega_{zx}}{\partial y} + \frac{\partial \omega_{xy}}{\partial z} \right)dx \wedge dy \wedge dz. \quad (7.3.5)
\end{aligned}$$

Questa è la *3-forma divergenza*. Essa è un esempio di *forma chiusa*, poiché

$$d\omega_3 = 0. \quad (7.3.6)$$

Si noti che, per una generica r-forma liscia, si ha

$$d^2\omega = \frac{1}{r!} \sum_{\lambda,\nu=1}^{m} \sum_{\{\mu\}} \frac{\partial^2 \omega_{\mu_1 \ldots \mu_r}}{\partial x^\lambda \partial x^\nu} E^\lambda \wedge E^\nu \wedge E^{\mu_1} \wedge \ldots \wedge E^{\mu_r}. \quad (7.3.7)$$

Pertanto, poiché

$$\frac{\partial^2}{\partial x^\lambda \partial x^\nu} = \frac{\partial^2}{\partial x^\nu \partial x^\lambda},$$

mentre $E^\lambda \wedge E^\nu = -E^\nu \wedge E^\lambda$, si trova $d^2\omega = 0$, ovvero la derivata esterna è nilpotente di ordine 2 *quando agisce su forme lisce*.

7.4   Il prodotto interno i_X

Se X è un campo vettoriale sulla varietà M, il prodotto interno i_X è una applicazione che associa ad un campo ω di r-forma un campo di $(r-1)$-forma:

$$i_X : \Omega^r(M) \to \Omega^{r-1}(M), \quad (7.4.1)$$

mediante la definizione

$$i_X\omega \equiv \frac{1}{(r-1)!} \sum_{\nu=1}^{m} \sum_{\{\mu\}} X^\nu \omega_{\nu\mu_2 \ldots \mu_r} E^{\mu_2} \wedge \ldots \wedge E^{\mu_r}. \quad (7.4.2)$$

In particolare, se ω è una 1-forma con componenti ω_μ, tale definizione fornisce

$$i_X \omega = \sum_{\mu=1}^{m} X^\mu \omega_\mu, \tag{7.4.3}$$

$$i_X d\omega = \sum_{\mu,\nu=1}^{m} X^\mu (\partial_\mu \omega_\nu - \partial_\nu \omega_\mu) E^\nu. \tag{7.4.4}$$

Valgono inoltre le relazioni

$$i_{e_x} dx \wedge dy = dy, \; i_{e_x} dy \wedge dz = 0, \; i_{e_x} dz \wedge dx = -i_{e_x}(dx \wedge dz) = -dz. \tag{7.4.5}$$

Sempre nel caso di ω intesa come 1-forma, si trova inoltre la relazione notevole

$$\begin{aligned}
\left(d\,i_X + i_X d\right)\omega &= d\Big(\sum_{\mu=1}^{m} X^\mu \omega_\mu\Big) + i_X \sum_{\mu,\nu=1}^{m} \frac{1}{2}(\partial_\mu \omega_\nu - \partial_\nu \omega_\mu) E^\mu \wedge E^\nu \\
&= \sum_{\mu,\nu=1}^{m} \Big[\big(\partial_\nu X^\mu\big)\omega_\mu + X^\mu(\partial_\nu \omega_\mu)\Big] E^\nu \\
&\quad + \sum_{\mu,\nu=1}^{m} X^\mu(\partial_\mu \omega_\nu - \partial_\nu \omega_\mu) E^\nu \\
&= \sum_{\mu,\nu=1}^{m} \Big[\omega_\mu\big(\partial_\nu X^\mu\big) + X^\mu \partial_\mu \omega_\nu\Big] E^\nu \\
&= L_X \omega. \tag{7.4.6}
\end{aligned}$$

Questa equazione è un caso particolare di un risultato generale per tutte le r-forme lisce η, in base al quale

$$L_X \eta = (i_X d + d\,i_X)\eta. \tag{7.4.7}$$

Notiamo anche che, dalla nilpotenza di ordine 2 del prodotto interno: $(i_X)^2 = 0$, discende la proprietà di commutazione

$$L_X i_X \eta = i_X L_X \eta. \tag{7.4.8}$$

7.5 Varietà orientabili

Data la varietà M, siano x^μ coordinate locali in un aperto U_i, e y^α coordinate locali in un aperto U_j. Se il punto p di M appartiene all'intersezione di U_i e U_j, lo spazio tangente a M in p può essere spazzato dai vettori $e_\mu = \frac{\partial}{\partial x^\mu}$, oppure dai vettori

$e_\alpha = \frac{\partial}{\partial y^\alpha}$. Essi sono collegati dalla relazione

$$e_\alpha = \sum_{\mu=1}^{m} \frac{\partial x^\mu}{\partial y^\alpha} e_\mu. \tag{7.5.1}$$

Se $J = \det\left(\frac{\partial x^\mu}{\partial y^\alpha}\right)$ è positivo su $U_i \cap U_j$, le basi $\{e_\mu\}$ e $\{e_\alpha\}$ sono dette definire la stessa orientazione.

La varietà M è orientabile se, $\forall\, U_i, U_j : U_i \cap U_j \neq \emptyset$, esistono coordinate locali nelle quali $J > 0$. Quando la varietà M, m-dimensionale, è orientabile, esiste allora una m-forma ω, detta *forma di volume*. Per definizione, se esiste una funzione liscia h tale che

$$h > 0, \quad \omega = h\omega', \tag{7.5.2}$$

allora le forme di volume ω e ω' sono equivalenti.

Data $h(p) > 0$ nella carta (U, φ), e la forma di volume espressa come

$$\omega = h(p) E^1 \wedge \ldots \wedge E^m, \tag{7.5.3}$$

allora se $p \in U_i \cap U_j$ possiamo scrivere

$$\omega = h(p) \frac{\partial x^1}{\partial y^{\mu_1}} dy^{\mu_1} \wedge \ldots \wedge \frac{\partial x^m}{\partial y^{\mu_m}} dy^{\mu_m} = h(p) J dy^1 \wedge \ldots \wedge dy^m, \tag{7.5.4}$$

ove $J > 0$ poiché la varietà M è orientabile per ipotesi.

7.6 Integrazione su varietà

Se f è una funzione definita sulla varietà M e a valori in $\mathbb{R}$, e ω è la forma di volume (7.5.3), si definisce l'integrale

$$\int_{U_i} f\omega \equiv \int_{\varphi(U_i)} f(\varphi_i^{-1}(x)) h(\varphi_i^{-1}(x)) E^1 \ldots E^m. \tag{7.6.1}$$

La varietà M è *paracompatta* se è sempre possibile ricoprire ogni parte di M con un numero finito di insiemi U_i di un ricoprimento aperto $\{U_i\}$ di M. Se esiste una famiglia $\{\varepsilon_i\}$ di funzioni differenziabili e tali che:

$$0 \leq \varepsilon_i(p) \leq 1, \ \forall\, i, \tag{7.6.2}$$

$$\varepsilon_i(p) = 0 \text{ se } p \notin U_i, \tag{7.6.3}$$

$$\sum_k \varepsilon_k(p) = 1, \ \forall\, p \in M, \tag{7.6.4}$$

si dice che le $\{\varepsilon_i\}$ sono una *partizione dell'unità* subordinata al ricoprimento $\{U_i\}$ di M. Si scrive allora che

$$f(p) = \sum_i f(p)\varepsilon_i(p) = \sum_i f_i(p), \tag{7.6.5}$$

e in virtù delle (7.6.1) e (7.6.5) si trova che

$$\int_M f\omega = \sum_i \int_{U_i} f_i\omega$$
$$= \sum_i \int_{\varphi(U_i)} f_i(\varphi_i^{-1}(x))h(\varphi_i^{-1}(x))E^1 \wedge \ldots \wedge E^m. \tag{7.6.6}$$

Nel caso semplice della 1-sfera, tali formule diventano

$$\int_{S^1} \cos^2\theta \, d\theta = \int_0^{2\pi} \cos^2\theta \, \sin^2\frac{\theta}{2} \, d\theta + \int_{-\pi}^{\pi} \cos^2\theta \, \cos^2\frac{\theta}{2} \, d\theta$$
$$= \frac{\pi}{2} + \frac{\pi}{2} = \pi. \tag{7.6.7}$$

7.7   Una forma differenziale esatta ma non chiusa

Non tutte le forme differenziali di interesse sono di classe C^∞. Per rendercene conto, andiamo ora a costruire una forma differenziale di classe C^0. A tal fine, cominciamo col considerare in $\mathbb{R}^2$ la funzione $F : x, y \to F(x, y)$ definita come segue (Bongiorno 1992):

$$F(x, y) = \frac{xy(x^2 - y^2)}{(x^2 + y^2)} \text{ se } (x, y) \neq (0, 0), \tag{7.7.1}$$

$$F(x, y) = 0 \text{ se } (x, y) = (0, 0). \tag{7.7.2}$$

Notiamo che $F(x, 0) = F(0, y) = 0$, $\forall x \in \mathbb{R}$, $\forall y \in \mathbb{R}$. Dunque esistono le derivate parziali F_x e F_y nell'origine, poiché ad esempio

$$F_x(0, 0) = \lim_{x \to 0} \frac{F(x, 0) - F(0, 0)}{x - 0} = 0. \tag{7.7.3}$$

Fuori dell'origine, si ha

$$F_x(x, y) = y(x^2 - y^2)(x^2 + y^2)^{-1}$$
$$+ xy2x(x^2 + y^2)^{-1} - xy(x^2 - y^2)(x^2 + y^2)^{-2}2x$$
$$= \frac{y(x^4 + 4x^2y^2 - y^4)}{(x^2 + y^2)^2}. \tag{7.7.4}$$

Tale derivata risulta continua, poiché, come si può vedere passando a coordinate polari $x = \rho \cos(\varphi)$, $y = \rho \sin(\varphi)$, si ha

$$\lim_{(x,y)\to(0,0)} F_x(x, y) = \lim_{\rho\to 0} \rho \sin(\varphi)(\cos(\varphi) \sin^2(2\varphi)) = 0. \tag{7.7.5}$$

Tale limite è uniforme rispetto a φ (ovvero vale indipendentemente dal particolare valore di φ), per la limitatezza dell'espressione in φ. Inoltre, se $(x, y) \neq (0, 0)$, si trova

$$\begin{aligned} F_y(x, y) &= x(x^2 - y^2)(x^2 + y^2)^{-1} \\ &\quad - xy2y(x^2 + y^2)^{-1} - xy(x^2 - y^2)(x^2 + y^2)^{-2}2y \\ &= \frac{x(x^4 - 4x^2y^2 - y^4)}{(x^2 + y^2)^2}, \end{aligned} \tag{7.7.6}$$

mentre

$$F_y(0, 0) = 0. \tag{7.7.7}$$

Consideriamo ora nel piano euclideo la 1-forma avente per componenti le derivate parziali F_x e F_y, ovvero

$$\omega = A(x, y)dx + B(x, y)dy, \ \ A(x, y) = F_x(x, y), \ \ B(x, y) = F_y(x, y). \tag{7.7.8}$$

Tale 1-forma è definita su $\mathbb{R}^2$ con coefficienti continui, e per costruzione è esatta, avendo per primitiva la famiglia ad un parametro di 0-forme appartenenti a $C^1(\mathbb{R}^2)$

$$F(x, y) + \text{costante}.$$

Tuttavia, nell'espressione di $d\omega$ si trova

$$d\omega = \frac{\partial A}{\partial y}dy \wedge dx + \frac{\partial B}{\partial x}dx \wedge dy = \left(\frac{\partial B}{\partial x} - \frac{\partial A}{\partial y}\right)dx \wedge dy. \tag{7.7.9}$$

La condizione necessaria e sufficiente per la chiusura di ω:

$$\frac{\partial B}{\partial x} = \frac{\partial A}{\partial y} \tag{7.7.10}$$

è però disattesa nel caso in esame, in quanto

$$\begin{aligned} A_y(0, 0) = F_{xy}(0, 0) &= \lim_{y\to 0} \frac{F_x(0, y) - F_x(0, 0)}{y - 0} \\ &= \lim_{y\to 0} \frac{-y^5}{y^5} = -1, \end{aligned} \tag{7.7.11}$$

mentre

$$B_x(0,0) = F_{yx}(0,0) = \lim_{x \to 0} \frac{F_y(x,0) - F_y(0,0)}{x - 0}$$

$$= \lim_{x \to 0} \frac{x^5}{x^5} = 1. \tag{7.7.12}$$

L'origine $(0,0)$ è l'unico punto di $\mathbb{R}^2$ dove le derivate A_y e B_x differiscono, ma tanto basta a dimostrare che la nostra 1-forma, pur se esatta, non è chiusa.

7.8   Una forma differenziale chiusa ma non esatta

Consideriamo in $\mathbb{R}^2 - (0,0)$ la 1-forma

$$\Omega = \frac{(y+x)dx + (y-x)dy}{(x^2 + y^2)} = E(x,y)dx + H(x,y)dy. \tag{7.8.1}$$

Pertanto

$$E_y = (x^2 + y^2)^{-1} - (y+x)(x^2 + y^2)^{-1}2y$$

$$= \frac{(x^2 - 2xy - y^2)}{(x^2 + y^2)^2}, \tag{7.8.2}$$

$$H_x = -(x^2 + y^2)^{-1} - (y-x)(x^2 + y^2)^{-2}2x$$

$$= \frac{(x^2 - 2xy - y^2)}{(x^2 + y^2)^2} = E_y. \tag{7.8.3}$$

Troviamo dunque che Ω ha coefficienti continui in $\mathbb{R}^2 - (0,0)$, e dotati di derivate E_y e H_x continue e eguali, da cui segue che Ω è chiusa nel campo $\mathbb{R}^2 - (0,0)$. Ma, detta γ la circonferenza centrata nell'origine e di raggio 1, si trova

$$\int_\gamma \Omega \neq 0. \tag{7.8.4}$$

Infatti, posto $x = \cos(t)$, $y = \sin(t)$, $t \in [0, 2\pi]$, si ottiene

$$\int_\gamma (E(x,y)dx + H(x,y)dy)$$

$$= \int_0^{2\pi} (\sin(t) + \cos(t))(-\sin(t))dt + \int_0^{2\pi} (\sin(t) - \cos(t))\cos(t)dt$$

$$= -\int_0^{2\pi} dt = -2\pi. \tag{7.8.5}$$

Capitolo 8
Gruppi astratti; topologici; di Lie. I

8.1 Concetto di gruppo

Desideriamo qui seguire la catena logica impiegata da Hermann Weyl (1950) per definire il concetto di gruppo, peraltro da noi già definito nel secondo capitolo. Il concetto di gruppo, uno dei più antichi e profondi concetti matematici, fu ottenuto per astrazione dal concetto di gruppo di trasformazioni. Un campo di punti, un insieme di elementi che noi chiamiamo punti, sui quali le trasformazioni operano, è alla base delle trasformazioni. Questo insieme di punti può essere o la totalità di un numero finito di elementi esibiti individualmente, o un insieme infinito, in particolare un continuo quale lo spazio o il tempo. Una applicazione o corrispondenza S dell'insieme di punti su se stesso è determinata da una legge che associa ad ogni punto p dell'insieme un punto p' quale immagine: $p \to p' = Sp$. Due corrispondenze Sp e Tp sono identiche se, per tutti i punti p, i due punti immagine Sp e Tp coincidono. Se il loro insieme di punti contiene un numero finito di elementi, la corrispondenza S può essere definita assegnando esplicitamente il punto immagine per ogni punto p. Per insiemi infiniti, tuttavia, l'associazione è solo possibile assegnando la legge della funzionc S.

Fra tali corrispondenze, ve ne è una particolare che associa ad ogni punto p il punto p stesso: $p \to p$. Questa è detta l'identità I. Due corrispondenze possono essere applicate successivamente: se la prima trasforma il punto arbitrario p in $p' = Sp$, e la seconda trasforma p' in $p'' = Tp'$, allora la corrispondenza risultante dalla composizione delle due è definita dall'applicazione $p \to p'' = Tp' = T(Sp)$ ed è denotata mediante TS (letta da destra a sinistra, ovvero si effettua prima S e poi T).

Noi restringeremo la nostra attenzione a corrispondenze S che sono biunivoche: i punti immagine $p' = Sp$ associati a p saranno sempre distinti, e ogni dato punto p' apparirà come l'immagine di uno, e solo uno, dei punti p. Ne discende che tale corrispondenza biunivoca $S : p \to p'$ determina una seconda corrispondenza, l'inversa $S^{-1} : p' \to p$ di S, che appunto la cancella:

$$S'(Sp) = p, \quad S(S'p') = p', \tag{8.1.1}$$

G. Esposito, *Fondamenti Matematici della Teoria Classica dei Campi*, La Matematica per il 3+2, https://doi.org/10.1007/978-3-032-23198-7_8

ovvero

$$S^{-1}S = I, \ SS^{-1} = I. \tag{8.1.2}$$

L'inversa di S^{-1} è ancora S: $(S^{-1})^{-1} = S$, e l'identità I è l'inversa di se stessa. La corrispondenza TS che risulta da due corrispondenze biunivoche S e T è essa stessa biunivoca, e la sua inversa è $(TS)^{-1} = S^{-1}T^{-1}$, poiché invertendo le corrispondenze $p \to p' \to p''$ ne risulta $p'' \to p' \to p$. Pertanto considereremo solo quelle corrispondenze, dette anche trasformazioni o sostituzioni, che sono biunivoche. In tale ambito abbiamo le due fondamentali operazioni di inversione e composizione.

Un esempio cinematico di gruppo è offerto dai moti di un corpo rigido. Le posizioni sono in tal caso rappresentate dai punti materiali, e l'insieme dei punti è lo spazio stesso. La corrispondenza biunivoca $p \to p'$ collega lo stato iniziale e quello finale: quel punto materiale che originariamente ricopriva il punto spaziale p viene trasportato nel punto p' dal moto. Corrispondenze congruenti dello spazio su se stesso saranno anche brevemente chiamate *moti* nel senso geometrico del termine.

Siamo ora pronti a formulare il concetto di gruppo di trasformazioni. Con tale termine intendiamo un qualsivoglia sistema τ di trasformazioni di un dato insieme di punti, che è chiuso nel senso espresso dalle seguenti condizioni:

(1) L'identità $I \subset \tau$.
(2) $S \in \tau \implies S^{-1} \in \tau$.
(3) $\forall \ S, T \in \tau, \ TS \in \tau$.

Come esempi menzioniamo il gruppo delle $n!$ permutazioni di n oggetti, le applicazioni congruenti o moti dello spazio euclideo tridimensionale, tutte le trasformazioni lineari omogenee in n variabili con determinante non nullo (corrispondenze affini di uno spazio vettoriale a n dimensioni), e il gruppo delle trasformazioni unitarie in n dimensioni.

Se il punto p va nel punto p' mediante una trasformazione del gruppo τ, allora p' è detto essere equivalente a p rispetto al gruppo τ. Lo stesso concetto viene applicato quando consideriamo invece di un punto p una figura che consiste di punti. Espresse in questi termini, le tre richieste per un gruppo non sono niente altro che i tre assiomi di eguaglianza:

(1) p è equivalente a p.
(2) Se p' è equivalente a p, allora p è equivalente a p'.
(3) Se p' è equivalente a p, e p'' è equivalente a p', allora p'' è equivalente a p.

Come già sappiamo dal secondo capitolo, secondo il programma di Erlangen di Klein, ogni geometria di un insieme di punti è basata su un particolare gruppo τ di trasformazioni dell'insieme; le figure che sono equivalenti rispetto a τ, e che quindi possono essere trasportate in un'altra mediante una trasformazione di τ, devono essere considerate come la stessa figura. In geometria euclidea questo ruolo è svolto dal gruppo delle trasformazioni di congruenza, che consiste dei moti sopra menzionati, e in geometria affine dal gruppo delle trasformazioni affini. Il concetto di gruppo esprime la specifica isotropia o omogeneità dello spazio; esso consiste di tutte le corrispondenze biunivoche dello spazio con se stesso, ovvero quelle trasformazioni che lasciano immutate tutte le relazioni oggettive tra punti dello spazio che possono essere espresse geometricamente. La simmetria di una particolare figura in un tale spazio è descritta da un sottogruppo di τ che consiste di tutte le trasformazioni di τ che trasportano la figura sopra se stessa. L'arte della piastrellatura ornamentale, che fu perfezionata dagli egiziani, contiene implicitamente una considerevole conoscenza di natura gruppale. Troviamo qui, forse, il più antico frammento di matematica nella cultura umana. Ma solo recentemente siamo stati in grado di enunciare chiaramente i principi formali di questa arte; tentativi in questa direzione furono già compiuti da Leonardo da Vinci, che tentò di dare una descrizione sistematica dei vari tipi di simmetria possibili in un edificio. Ma le strutture simmetriche più meravigliose sono esibite nei cristalli, la simmetria dei quali è descritta da quelle trasformazioni di congruenza dello spazio euclideo che portano i reticoli atomici del cristallo a coincidere con se stessi.

8.2 Gruppi astratti e le loro realizzazioni

Un numero arbitrario di trasformazioni di un dato insieme di punti sopra se stesso può essere applicato in successione; ovviamente non dobbiamo considerarne solo due. Ma quando effettuiamo questo processo un passo alla volta, esso viene automaticamente ridotto ad una successione di composizioni di trasformazioni considerate due alla volta:

$$ABC\ldots = A[B(C\ldots)].$$

Questa possibilità di effettuare una composizione estesa in passi che non coinvolgono più di due trasformazioni alla volta dimostra che la legge associativa

$$(AB)C = A(BC)$$

vale per tre qualsivoglia trasformazioni A, B, C. La *struttura* di un gruppo di trasformazioni è ottenuta da esso mediante astrazione quando consentiamo alle trasformazioni stesse di degenerare in elementi di natura immateriale, conservando solo la loro individualità e le regole in accordo con le quali due date trasformazioni vengono composte, in un dato ordine, a formarne una terza. In accordo con quel che dicevamo poc'anzi, tale composizione obbedisce necessariamente alla legge associativa. Forse obbedisce anche ad altre leggi universali, ma poiché non abbiamo al momento nessuna indicazione di questo, tentiamo una formulazione della struttura astratta del gruppo mediante le seguenti definizioni:

Un gruppo astratto è un sistema di elementi entro il quale una legge di composizione è assegnata tale che, mediante di essa, origina da due qualsivoglia (eguali o diversi) elementi a, b del gruppo, presi in questo ordine, un elemento ba. Le seguenti condizioni sono quindi soddisfatte:

(1) La legge associativa

$$c(ba) = (cb)a. \tag{8.2.1}$$

(2) Esiste un elemento I, l'elemento unità, che lascia un elemento arbitrario a inalterato mediante composizione con esso:

$$Ia = aI = a, \ \forall \, a. \tag{8.2.2}$$

(3) Per ogni elemento a esiste un inverso a^{-1} che fornisce, mediante composizione con esso, l'elemento unità I:

$$aa^{-1} = a^{-1}a = I. \tag{8.2.3}$$

Tale gruppo astratto non va confuso con la sua realizzazione mediante trasformazioni, ossia corrispondenze biunivoche di un dato insieme di punti. Una *realizzazione* consiste nell'associare ad ogni elemento a del gruppo astratto una trasformazione $T(a)$ dell'insieme di punti in modo tale che, alla composizione di elementi del gruppo, corrisponda la composizione delle associate trasformazioni:

$$T(ab) = T(a)T(b). \tag{8.2.4}$$

Segue da questo che all'elemento unità I corrisponde l'identità $\mathit{1}$, e agli elementi fra loro inversi, a e a^{-1}, corrispondono le trasformazioni inverse, ovvero

$$T(a^{-1}) = T^{-1}(a). \tag{8.2.5}$$

La prima asserzione segue dal caso particolare

$$T(a)T(I) = T(a) \tag{8.2.6}$$

della (8.2.4) mediante composizione a sinistra col reciproco della trasformazione $T(a)$:

$$T^{-1}(a)T(a)T(I) = T(I) = T^{-1}(a)T(a) = \mathit{1}. \tag{8.2.7}$$

La (8.2.5) è allora contenuta nella (8.2.4) come caso particolare con la scelta $b = a^{-1}$:

$$T(aa^{-1}) = T(I) = \mathit{1} = T(a)T(a^{-1})$$
$$\implies T^{-1}(a) = T^{-1}(a)T(a)T(a^{-1}) = \mathit{1}T(a^{-1}) = T(a^{-1}). \tag{8.2.8}$$

La realizzazione è detta *fedele* (o iniettiva) quando a elementi distinti del gruppo corrispondono trasformazioni distinte:

$$a \neq b \implies T(a) \neq T(b). \tag{8.2.9}$$

In accordo con la fondamentale equazione (8.2.4), la condizione necessaria e sufficiente per la fedeltà è che $T(a)$ sia l'identità solo se $a = I =$ elemento unità, poiché, se a, b sono due elementi del gruppo segue allora da $T(a) = T(b)$, ovvero

$$T(a)T^{-1}(b) = T(a)T(b^{-1}) = T(ab^{-1}) = \mathit{1}, \tag{8.2.10}$$

che sotto queste condizioni $ab^{-1} = I \implies a = b$. Se il gruppo astratto G è ottenuto da un gruppo di trasformazioni τ mediante astrazione, allora viceversa τ è una realizzazione fedele di G.

Nello studio dei gruppi di trasformazioni abbiamo sempre a che fare con due varietà:

- L'insieme dei punti privo di struttura.
- La varietà degli elementi del gruppo di trasformazioni, la struttura della quale è espressa dalla legge di composizione.

Il problema originale si scinde dunque in due:

- L'esame delle varie strutture gruppali possibili.
- L'esame della possibilità di ottenere realizzazioni del dato gruppo astratto mediante trasformazioni di un dato insieme di punti.

Questi due problemi sono di carattere fondamentalmente differente, e richiedono un apparato matematico fondamentalmente differente per la loro discussione.

L'astrazione dalla natura degli elementi del gruppo è espressa matematicamente dal concetto di *isomorfismo*. Se abbiamo due gruppi G, G' e, ad ogni $a \in G$ è associato un elemento $a' \in G'$ in modo uno a uno, tale che

$$(ba)' = b'a', \tag{8.2.11}$$

allora i due gruppi sono detti *semplicemente isomorfi*.

Gruppi astratti semplicemente isomorfi non offrono alcun modo di distinguere l'uno dall'altro. Due gruppi di trasformazioni isomorfi posso essere considerati una rappresentazione fedele di uno e lo stesso gruppo astratto. Un gruppo può essere isomorfo a se stesso, ed è allora detto essere *automorfo*. Tale automorfismo ricorre quando G e G' coincidono, ovvero quando una associazione biunivoca $a \to a'$ che soddisfa la (8.2.11) viene a stabilirsi tra gli elementi del gruppo G.

Il problema sorge se o meno ogni gruppo astratto possegga una realizzazione fedele. Se questo non fosse il caso, il concetto di gruppo astratto quale sviluppato sopra sarebbe troppo ampio, ovvero esisterebbero in aggiunta alla legge associativa, altre leggi puramente formali per la composizione di trasformazioni che sono soddisfatte da ogni gruppo di trasformazioni. Viceversa, una dimostrazione della realizzabilità di ogni gruppo astratto ci direbbe che tutto quel che si può dire circa le leggi formali per la composizione di trasformazioni è contenuto nelle nostre condizioni da (1) a (3). Si può infatti costruire una realizzazione fedele di ogni gruppo astratto G assumendo come insieme di punti la varietà gruppale stessa e consentendo che ad ogni elemento $a \in G$ corrisponda la trasformazione $s \to s' = as$ della varietà gruppale su se stessa. Questa traslazione a sinistra sarà oggetto di studio nel capitolo 9, assieme alla associata traslazione a destra.

Dato un gruppo astratto G, l'insieme $G' \subset G$ è detto sottogruppo di G se G' è un insieme di elementi di G che esso stesso soddisfa le condizioni che caratterizzano un gruppo: l'elemento unità $I \in G'$, con a appartiene anche a^{-1}, e con a, b

appartiene anche ba. Queste tre condizioni possono essere ridotte ad una sola:

$$a, b \in G' \Longrightarrow ba^{-1} \in G'. \tag{8.2.12}$$

Ad esempio, nel gruppo dei moti euclidei è contenuto il gruppo delle rotazioni (che lascia un punto, il centro, fisso) e il gruppo delle traslazioni. Le trasformazioni unitarie costituiscono un sottogruppo del gruppo completo di tutte le trasformazioni lineari omogenee; le permutazioni pari sono un sottogruppo del gruppo di tutte le permutazioni.

8.3 Rappresentazioni di gruppi

Nel richiedere che le trasformazioni che devono servire come realizzazione di un dato gruppo astratto G siano *lineari e omogenee*, perveniamo ad un problema che è molto fruttuoso dal punto di vista matematico e che è allo stesso tempo della più grande importanza per la fisica; noi parliamo allora di una *rappresentazione*, anziché di una realizzazione, del gruppo. Una rappresentazione n-dimensionale di G, o una rappresentazione di grado n, consiste nell'associare ad ogni elemento s del gruppo una trasformazione affine $U(s)$ di uno spazio vettoriale n-dimensionale $V = V_n$ in modo tale che queste trasformazioni obbediscano alla legge di composizione

$$U(s)U(t) = U(st). \tag{8.3.1}$$

Diciamo allora che s induce la trasformazione $U(s)$ nello spazio di rappresentazione V. Scegliendo un sistema di coordinate in V, ogni trasformazione $U(s)$ è rappresentata da una matrice quadrata di n righe e n colonne, il cui determinante è non nullo. Sostituendo l'originario sistema di coordinate con un altro, ottenuto da esso mediante la trasformazione A, la corrispondenza che era prima rappresentata dalla matrice $U(s)$ è ora rappresentata dalla matrice $AU(s)A^{-1}$. Pertanto, se l'associazione $s \to U(s)$ è una rappresentazione, l'associazione

$$s \to AU(s)A^{-1}$$

è ovviamente anch'essa una rappresentazione, poiché

$$AU(s)A^{-1} \, AU(t)A^{-1} = AU(s)U(t)A^{-1} = AU(st)A^{-1}. \tag{8.3.2}$$

Quest'ultima rappresentazione è detta essere *equivalente* alla precedente. Esse sono essenzialmente la stessa cosa, poiché differiscono soltanto nella scelta del sistema di coordinate in termini del quale esse sono descritte. In particolare, una rappresentazione in una dimensione consiste nell'assegnare ad ogni elemento s del gruppo un numero non nullo $\chi(s)$ in modo tale che

$$\chi(st) = \chi(s)\chi(t). \tag{8.3.3}$$

8.4 Introduzione alla teoria dei gruppi topologici

Sia G uno spazio topologico sul quale è definita una operazione $\odot$ per cui $(G, \odot)$ è un gruppo. G è detto un *gruppo topologico* se il prodotto

$$G \times G \to G, \ (g, g') \to g \odot g', \tag{8.4.1}$$

e l'inversione

$$G \to G, \ g \to g^{-1}, \ g \in G \to \gamma : \ \gamma \odot g = g \odot \gamma = e = I, \tag{8.4.2}$$

sono applicazioni continue. Pertanto, si richiede che le strutture di gruppo e di spazio topologico si raccordino in modo coerente (Esposito 2017a).

Teorema 8.1 Se $(G, \odot)$ è un gruppo topologico, $\forall \ a \ \in G$ la *moltiplicazione a sinistra* definita da a:

$$L_a : G \to G, \ g \to a \odot g, \tag{8.4.3}$$

come pure la *moltiplicazione a destra*

$$R_a : G \to G, \ g \to g \odot a, \tag{8.4.4}$$

è un omeomorfismo. Inoltre, l'applicazione che ad ogni elemento di G associa l'inverso è un omeomorfismo.

Dimostrazione Dato $a \in G$, notiamo che L_a è continua poiché G è un gruppo topologico, e che l'inversa è data da $L_{a^{-1}}$, anch'essa continua. Pertanto L_a è un omeomorfismo. Analogamente, si dimostra che R_a è un omeomorfismo. Inoltre, l'applicazione inversa

$$G \to G, \ g \to T(g) = g^{-1},$$

per definizione di gruppo topologico, è continua e coincide con la propria inversa, in quanto

$$T(g)T(g^{-1}) = g^{-1} \odot g = e \implies T^{-1}(g)T(g)T(g^{-1}) = T^{-1}(g),$$

da cui $T(g^{-1}) = T^{-1}(g)$. Q.E.D.

Uno spazio topologico X si dice *omogeneo* se, $\forall \ x, y \in X$, esiste un omeomorfismo $f : X \to X$ tale che

$$f(x) = y. \tag{8.4.5}$$

La proprietà di omogeneità significa che ogni porzione dello spazio topologico è indistinguibile da un'altra dal punto di vista topologico.

I gruppi topologici sono spazi omogenei: infatti, se $(G, \odot)$ è un gruppo topologico e $g, g' \in G$, allora

$$f = L_{g^{-1}} \odot R_{g'} \tag{8.4.6}$$

è un omeomorfismo (questo segue dal teorema precedente, considerando la composizione di omeomorfismi) tale che

$$f(g) = g^{-1} \odot g \odot g' = g'. \tag{8.4.7}$$

Tuttavia, non è vero il viceversa: ad esempio, la retta reale $\mathbb{R}$ munita della topologia di Sorgefrey (che ha come base di aperti gli intervalli semichiusi $[a, b[$) è uno spazio topologico omogeneo che non ammette struttura di gruppo topologico. Un altro esempio di spazio topologico che non ammette struttura di gruppo è la 2-sfera S^2.

8.5 Struttura di gruppo topologico sulle sfere S^0, S^1, S^3

Cominciamo col ricordare che la n-sfera S^n è il seguente insieme di punti di $\mathbb{R}^{n+1}$:

$$S^n \equiv \left\{ (x_1, \ldots, x_{n+1}) \in \mathbb{R}^{n+1} : \sum_{j=1}^{n+1} (x_j)^2 = 1 \right\}. \tag{8.5.1}$$

Ogni n-sfera S^n immersa in $\mathbb{R}^{n+1}$ ammette una struttura di spazio topologico, quella di sottospazio indotta da $\mathbb{R}^{n+1}$. Discutiamo ora i seguenti casi:

(1) $n = 0$. In tal caso studiamo la 0-sfera

$$S^0 = \{+1, -1\}, \tag{8.5.2}$$

i cui elementi sono le radici dell'equazione $x^2 = 1$. Detto Z l'insieme dei numeri interi relativi, si può anche scrivere che $S^0 = Z/2$.

(2) $n = 1$. In tal caso studiamo la circonferenza nel piano euclideo, e si può ricorrere all'identificazione $\mathbb{R}^2 \equiv C$, e dunque esprimere la 1-sfera nella forma

$$S^1 = \{z \in \mathbb{C} : |z| = 1\}. \tag{8.5.3}$$

Possiamo pertanto considerare su S^1 l'operazione

$$\Phi : S^1 \times S^1 \to S^1$$

così definita $\forall z_1, z_2 \in S^1$:

$$\Phi(z_1, z_2) = z_1 \, z_2. \tag{8.5.4}$$

Stiamo pertanto cosiderando il prodotto di numeri complessi di modulo 1, che risulta ancora essere un numero complesso di modulo 1 poiché

$$|z_1 \, z_2| = |z_1| \, |z_2| = 1 \cdot 1 = 1. \tag{8.5.5}$$

Vale naturalmente la proprietà associativa dell'operazione Φ in quanto essa vale in $\mathbb{C}$. Inoltre, se $z \in S^1$, allora

$$z^{-1} = \frac{1}{(x+iy)} = \frac{(x-iy)}{(x+iy)(x-iy)} = \frac{(x-iy)}{(x^2+y^2)} = \frac{\bar{z}}{1} = \bar{z}, \tag{8.5.6}$$

mentre l'elemento neutro è, chiaramente, 1; pertanto (S^1, Φ) è un gruppo abeliano.

(3) $n = 3$. Anche per la 3-sfera S^3 immersa nello spazio euclideo $\mathbb{R}^4$ è possibile un'utile identificazione dello spazio ambiente. A tal fine, consideriamo $\{1, i, j, k\}$, la base canonica di $\mathbb{R}^4$, e definiamo un'operazione bilineare φ, avente 1 come elemento neutro e tale che, sulla base, valga

$$\varphi(i, j) = k = -\varphi(j, i), \tag{8.5.7}$$
$$\varphi(j, k) = i = -\varphi(k, j), \tag{8.5.8}$$
$$\varphi(k, i) = j = -\varphi(i, k), \tag{8.5.9}$$
$$\varphi(i, i) = \varphi(j, j) = \varphi(k, k) = -1. \tag{8.5.10}$$

Con la somma $+$ componente per componente e l'operazione di prodotto φ ora definita, lo spazio $H = (\mathbb{R}^4, +, \varphi)$ risulta essere un corpo (cf. capitolo 2), noto come il corpo dei *quaternioni*. Tale corpo fu introdotto nel 1843 da Sir William Hamilton, che voleva estendere al caso tridimensionale il profondo legame che esiste, nel caso bidimensionale, tra numeri complessi e geometria nel piano euclideo (legame di cui ci siamo avvalsi nello studio della 1-sfera).
Se $q \in H$, esistono, unici, quattro numeri reali $q_1, q_2, q_3, q_4 \in \mathbb{R}$ tali che

$$q = q_1 + q_2 i + q_3 j + q_4 k, \tag{8.5.11}$$

e il coniugato $\bar{q}$ di q è definito come il quaternione

$$\bar{q} = q_1 - q_2 i - q_3 j - q_4 k. \tag{8.5.12}$$

Il calcolo diretto mostra allora che, $\forall p, q \in H$, $\forall \, \alpha \in \mathbb{R}$, si ha

$$\overline{p+q} = \bar{p} + \bar{q}, \quad \overline{pq} = \bar{q} \, \bar{p}, \quad \bar{\bar{q}} = q, \quad \bar{\alpha} = \alpha. \tag{8.5.13}$$

Inoltre, la norma di q è il numero reale non negativo

$$N(q) = q\,\overline{q} = \sum_{k=1}^{4}(q_k)^2. \tag{8.5.14}$$

L'inverso di un quaternione è il quaternione

$$q^{-1} = \frac{1}{N(q)}\overline{q}. \tag{8.5.15}$$

Infatti allora

$$q\,q^{-1} = \frac{q\,\overline{q}}{N(q)} = \frac{N(q)}{N(q)} = 1. \tag{8.5.16}$$

A questo stadio, si può definire la 3-sfera come l'insieme dei quaternioni di norma 1, ovvero

$$S^3 \equiv \{q \in H : \ N(q) = 1\}. \tag{8.5.17}$$

Consideriamo su S^3 la restrizione del prodotto definito su H; questa operazione è definita poiché, se $p, q \in S^3$, allora

$$N(pq) = pq\,\overline{pq} = pq\,\overline{q}\,\overline{p} = p\,\overline{p} = 1 \implies pq \in S^3. \tag{8.5.18}$$

Inoltre, se $q \in S^3$, si trova

$$N(q^{-1}) = \frac{\overline{q}}{N(q)}\,\frac{\overline{\overline{q}}}{N(q)} = \overline{q}\,q = N(q) = 1 \ \forall\, q \in S^3. \tag{8.5.19}$$

Pertanto, anche l'inverso di ogni elemento di S^3 appartiene a S^3, e possiamo dire che (S^3, φ) è un gruppo, ma non si tratta di un gruppo abeliano, poiché ad esempio $\varphi(i, j) = k = -\varphi(j, i)$.

(4) $n = 7$. In completa analogia al caso della 3-sfera, anche su $\mathbb{R}^8$ si può definire una applicazione bilineare che conferisce allo spazio un'operazione interna. Infatti, se $\{1, e_1, \dots, e_7\}$ è la base canonica di $\mathbb{R}^8$, si può definire un'applicazione bilineare Γ avente 1 come unità e tale che la valutazione di Γ sulle coppie dei vettori di base fornisce i valori mostrati nella tabella seguente:

Γ	e_1	e_2	e_3	e_4	e_5	e_6	e_7
e_1	-1	e_4	e_7	$-e_2$	e_6	$-e_5$	$-e_3$
e_2	$-e_4$	-1	e_5	e_1	$-e_3$	e_7	$-e_6$
e_3	$-e_7$	$-e_5$	-1	e_6	e_2	$-e_4$	e_1
e_4	e_2	$-e_1$	$-e_6$	-1	e_7	e_3	$-e_5$
e_5	$-e_6$	e_3	$-e_2$	$-e_7$	-1	e_1	e_4
e_6	e_5	$-e_7$	e_4	$-e_3$	$-e_1$	-1	e_2
e_7	e_3	e_6	$-e_1$	e_5	$-e_4$	$-e_2$	-1

Lo spazio $\mathcal{O} = (\mathbb{R}^8, +, \Gamma)$ è l'algebra degli *ottonioni*. I concetti di coniugato, norma e inverso sono del tutto analoghi al caso dei quaternioni e dunque, anche per la 7-sfera S^7, si può scrivere che

$$S^7 \equiv \{\omega \in \mathcal{O} : \ N(\omega) = 1\}. \tag{8.5.20}$$

Si noti però che l'applicazione bilineare appena introdotta non definisce un prodotto associativo su S^7. Ad esempio

$$\Gamma(\Gamma(e_1, e_2), e_3) = \Gamma(e_4, e_3) = -e_6, \tag{8.5.21}$$

mentre

$$\Gamma(e_1, \Gamma(e_2, e_3)) = \Gamma(e_1, e_5) = e_6. \tag{8.5.22}$$

Questo non dimostra che su S^7 non si possano definire strutture di gruppo, ma indica che, data un'algebra di dimensione n, se se ne costruisce un'altra di dimensione doppia $2n$, come insegna la costruzione di Cayley-Dickson, si riesce a dotare di struttura di gruppo solo S^0, S^1 e S^3.

Vale la pena studiare la continuità dei prodotti definiti su S^0, S^1 e S^3. Nel caso di S^0, la topologia considerata su $S^0 \times S^0$ è quella discreta, e dunque il prodotto è continuo. Nel caso di S^1, abbiamo considerato la restrizione su S^1 del prodotto fra numeri complessi, che risulta essere continuo. Infatti, considerando $\mathbb{C} = \mathbb{R} \times \mathbb{R}$, il prodotto tra i numeri complessi $z_1 = (x_1, y_1)$ e $z_2 = (x_2, y_2)$ è dato dal numero complesso

$$z_1 \, z_2 = (x_1 x_2 - y_1 y_2, x_1 y_2 + x_2 y_1). \tag{8.5.23}$$

Se indichiamo con

$$p : \ \mathbb{C} \times \mathbb{C} \to \mathbb{C} = \mathbb{R} \times \mathbb{R}$$

il prodotto tra numeri complessi, e con π_1, π_2 le proiezioni continue su prima e seconda componente nell'identificazione $\mathbb{C} = \mathbb{R} \times \mathbb{R}$, otteniamo che

$$p(z_1, z_2) = \Big(\pi_1(z_1)\pi_1(z_2) - \pi_2(z_1)\pi_2(z_2), \, \pi_1(z_1)\pi_2(z_2) + \pi_1(z_2)\pi_2(z_1)\Big). \tag{8.5.24}$$

Dunque, poiché una funzione a valori nel prodotto di due spazi è continua se e solo se le sue componenti sono continue, e poiché somme e prodotti di funzioni reali continue sono continue, si ottiene la tesi.

Se G è un gruppo e X è uno spazio topologico si dice che G agisce su X se esiste un omomorfismo

$$\psi : \ G \to \mathrm{Hom}(X), \tag{8.5.25}$$

ove $\mathrm{Hom}(X)$ è il gruppo degli omeomorfismi di X. Tale omomorfismo è detto *azione del gruppo G su X*, e $\forall \, g \, \in G$ scriviamo $\psi(g) = \psi_g$. Inoltre, se $\forall \, g \in G - \{e\}$ risulta che ψ_g non ammette punti fissi, l'azione è detta *libera*.

8.6 Gruppi di Lie a dimensione finita

Se, nella definizione di gruppo topologico, sostituiamo allo spazio topologico una
varietà differenziabile, e richiediamo che le operazioni di prodotto e inverso siano
applicazioni differenziabili anziché solo continue, otteniamo quel che prende il nome di *gruppo di Lie*. La dimensione di un gruppo di Lie è dunque la sua dimensione
come varietà differenziabile (capitolo 3).

I gruppi di Lie sono dunque gruppi muniti anche della struttura di varietà differenziabile, e tali che le operazioni di

(i) prodotto:

$$G \times G \to G, \ (g_1, g_2) \to g_1 \odot g_2 \ \forall \ g_1, g_2 \in G, \tag{8.6.1}$$

(ii) inversione:

$$G \to G, \ g \to \gamma_g : \ \forall g \in G, \ \exists! \gamma \in G : \ g \odot \gamma = \gamma \odot g = e$$
$$\Longrightarrow \gamma = g^{-1} = \gamma_g, \tag{8.6.2}$$

sono differenziabili. Si può dimostrare che G ha un'unica struttura analitica mediante la quale le operazioni di moltiplicazione e inversione sono scrivibili come
serie di potenze convergenti. Nei libri fino a metà degli anni '70 si insisteva sulla
richiesta di analiticità, anziché sulla natura C^∞ di moltiplicazione e inversione.

Di particolare interesse nelle applicazioni fisiche sono i gruppi di matrici che
sono sottogruppi dei gruppi lineari generali $GL(n, \mathbb{R})$ (matrici reali invertibili $n \times$
n) o $GL(n, \mathbb{C})$ (matrici complesse invertibili $n \times n$). Il prodotto di elementi è, in
tal caso, il prodotto righe per colonne fra matrici, e l'inverso è l'inverso di una
matrice. Le coordinate di $GL(n, \mathbb{R})$ sono n^2 numeri reali. $GL(n, \mathbb{R})$ è una varietà
non compatta, e ha dimensione n^2.

Sottogruppi di interesse di $GL(n, \mathbb{R})$ sono il gruppo ortogonale $O(n)$, il gruppo lineare speciale $SL(n, \mathbb{R})$ e il gruppo ortogonale speciale $SO(n)$, definiti come
segue (denotando con M^t la trasposta di una matrice M):

$$O(n) \equiv \left\{ M \in GL(n, \mathbb{R}) : \ MM^t = M^t M = I_n \right\}, \tag{8.6.3}$$
$$SL(n, \mathbb{R}) \equiv \{ M \in GL(n, \mathbb{R}) : \ \det(M) = 1 \}, \tag{8.6.4}$$
$$SO(n) \equiv O(n) \cap SL(n, \mathbb{R}). \tag{8.6.5}$$

In relatività speciale, incontriamo il gruppo di Lorentz del capitolo 1:

$$O(3, 1) \equiv \left\{ M \in GL(4, \mathbb{R}) : \ M \eta M^t = \eta \right\}, \tag{8.6.6}$$

ove η è la metrica di Minkowski.

Il gruppo $GL(n, \mathbb{C})$ è l'insieme di trasformazioni lineari non singolari in $\mathbb{C}^n$, che
sono rappresentate da matrici non singolari $n \times n$ ad elementi complessi. Il gruppo unitario $U(n)$, il gruppo lineare speciale $SL(n, C)$ e il gruppo unitario speciale

$SU(n)$ sono definiti come segue (denotando con $M^\dagger$ la matrice hermitiana coniugata di M):

$$U(n) \equiv \{M \in GL(n, \mathbb{C}) : \ MM^\dagger = M^\dagger M = I\}, \qquad (8.6.7)$$

$$SL(n, \mathbb{C}) \equiv \{M \in GL(n, \mathbb{C}) : \ \det(M) = 1\}, \qquad (8.6.8)$$

$$SU(n) \equiv U(n) \cap SL(n, \mathbb{C}). \qquad (8.6.9)$$

Un teorema importante garantisce che ogni sottogruppo chiuso H di un gruppo di Lie G è un sottogruppo di Lie (Nakahara 2003). Dunque, ad esempio, $O(n)$, $SL(n, \mathbb{R})$ e $SO(n)$ sono sottogruppi di Lie di $GL(n, \mathbb{R})$. Per capire perché $SL(n, \mathbb{R})$ è un sottogruppo chiuso, consideriamo l'applicazione $f : GL(n, \mathbb{R}) \to \mathbb{R}$ definita da $A \to \det(A)$. Chiaramente f è una applicazione continua, e $f^{-1}(1) = SL(n, \mathbb{R})$. Un punto $\{1\}$ è un sottoinsieme chiuso di $\mathbb{R}$, quindi $f^{-1}(1)$ è chiuso in $GL(n, \mathbb{R})$. Ma allora il teorema appena menzionato ci garantisce che $SL(n, \mathbb{R})$ è un sottogruppo di Lie.

Di particolare interesse è la versione proiettiva di $SL(2, \mathbb{R})$, ovvero (Katok 1992):

$$PSL(2, \mathbb{R}) \equiv \left\{z \to \frac{(az+b)}{(cz+d)}, \ ad - bc = 1\right\} = SL(2, \mathbb{R})/\delta, \qquad (8.6.10)$$

ove l'omeomorfismo δ agisce secondo la regola

$$\delta(a, b, c, d) = (-a, -b, -c, -d). \qquad (8.6.11)$$

8.7 Algebra di Lie di un gruppo di Lie

Siano a, g elementi di un gruppo di Lie G con legge di composizione interna $\odot$. La traslazione a destra $R_a : G \to G$ e la traslazione a sinistra $L_a : G \to G$ di g mediante a sono diffeomorfismi da G a G definiti dalle leggi

$$R_a(g) = g \odot a, \ L_a(g) = a \odot g. \qquad (8.7.1)$$

Pertanto, le applicazioni L_a e R_a inducono le applicazioni

$$L_{a*} : T_g(G) \to T_{a \odot g}(G) = T_{L_a(g)}(G), \qquad (8.7.2)$$

$$R_{a*} : T_g(G) \to T_{g \odot a}(G) = T_{R_a(g)}(G). \qquad (8.7.3)$$

Queste traslazioni danno luogo a teorie equivalenti, e quindi possiamo scegliere quale delle due usare. D'ora in poi ci baseremo sulle traslazioni a sinistra.

Sia X un campo vettoriale su un gruppo di Lie G, ovvero sia $X \in \chi(G)$. Tale campo X è detto invariante a sinistra se

$$L_{a*} X|_g = X|_{L_a(g)} = X|_{a \odot g} = X(L_a(g)). \qquad (8.7.4)$$

Nel prossimo capitolo faremo uno studio di tutti i campi vettoriali invarianti a sinistra, che formano *l'algebra di Lie* $\mathcal{L}(G)$ del gruppo G, dopo aver definito alcuni concetti importanti. Qui possiamo anche dire che, detta ω una p-forma su un gruppo di Lie G, essa viene detta *invariante a sinistra* se

$$(L_a)^*\omega = \omega. \tag{8.7.5}$$

Se indichiamo con $X_i(g)$ gli elementi dello spazio tangente $T_g(G)$, dalla definizione di pull-back troviamo

$$((L_a)^*\omega)_g(X_1(g),\ldots,X_p(g)) = \omega_{L_a(g)}(L_{a*}X_1(g),\ldots,L_{a*}X_p(g)). \tag{8.7.6}$$

Pertanto, la condizione di invarianza a sinistra di ω significa che deve aversi

$$\omega_{L_a(g)}(L_{a*}X_1(g),\ldots,L_{a*}X_p(g)) = \omega_g(X_1(g),\ldots,X_p(g)). \tag{8.7.7}$$

In particolare, se gli $X_i(g)$ sono invarianti a sinistra, tale equazione diventa

$$\omega_{L_a(g)}(X_1(L_a(g)),\ldots,X_p(L_a(g))) = \omega_g(X_1(g),\ldots,X_p(g)), \tag{8.7.8}$$

ovvero la costanza di $\omega(X_1,\ldots,X_p)$ per ogni scelta di p campi vettoriali invarianti a sinistra sul gruppo di Lie G.

Capitolo 9
Gruppi astratti; topologici; di Lie. II

9.1 Altre proprietà delle traslazioni a destra e a sinistra

Sia $((G, \tau); \Phi)$ un gruppo topologico con topologia τ e legge di composizione interna Φ denotata come segue:

$$\forall\, h, g \in (G, \tau): \quad \Phi(h, g) = h \odot g \in (G, \tau), \tag{9.1.1}$$

ove $\odot$ è un opportuno prodotto (righe $\times$ colonne fra matrici, o prodotto di funzioni di variabile reale, ad esempio). Le applicazioni L_a e R_a del capitolo precedente possiamo dunque riesprimerle mediante la notazione

$$L_a(g) = \Phi(a, g) = a \odot g, \tag{9.1.2}$$

$$R_a(g) = \Phi(g, a) = g \odot a. \tag{9.1.3}$$

Già quando si definisce l'inverso di $g \in (G, \tau)$ si incontrano, a ben vedere, L_a e R_a. Infatti si richiede allora che

$$\forall\, g \in (G, \tau)\; \exists!\gamma \in (G, \tau): \quad \gamma \odot g = g \odot \gamma = e = I, \tag{9.1.4}$$

il che implica la semplice ma notevole relazione

$$L_\gamma(g) = R_\gamma(g) = e. \tag{9.1.5}$$

Ovvero, mediante l'inverso γ di g, le azioni delle traslazioni a sinistra e a destra vengono a coincidere, e solo in quel caso.

Notiamo ora che le composizioni di traslazioni agiscono secondo le regole

$$L_{a \odot b}(g) = L_a(L_b(g)), \tag{9.1.6}$$

$$R_{b \odot a}(g) = R_a(R_b(g)). \tag{9.1.7}$$

© The Author(s), under exclusive license to Springer Nature Switzerland AG 2026   93
G. Esposito, *Fondamenti Matematici della Teoria Classica dei Campi*, La Matematica per il 3+2, https://doi.org/10.1007/978-3-032-23198-7_9

Infatti si ha

$$L_{a\odot b}(g) = a \odot b \odot g = \Phi(a \odot b, g), \tag{9.1.8}$$

$$L_a(L_b(g)) = a \odot b \odot g = L_{a\odot b}(g), \tag{9.1.9}$$

mentre per le traslazioni a destra si ha

$$R_{b\odot a}(g) = g \odot b \odot a, \tag{9.1.10}$$

$$R_a(R_b(g)) = R_a(g \odot b) = g \odot b \odot a = R_{b\odot a}(g). \tag{9.1.11}$$

Le (9.1.6) e (9.1.7) si possono anche scrivere nella forma

$$L_{a\odot b}(g) = L_a(L_b(g)) = a \odot b \odot g \implies \Phi(a \odot b, g) = \Phi(a, \Phi(b, g)), \tag{9.1.12}$$

$$R_{a\odot b}(g) = R_b(R_a(g)) = g \odot a \odot b \implies \Phi(g, a \odot b) = \Phi(\Phi(g, a), b). \tag{9.1.13}$$

9.2　Classi laterali e sottogruppi normali

Sia H un sottogruppo di un gruppo G e, $\forall x, y \in G$, sia

$$x \; R'_H \; y \iff x^{-1}y \in H. \tag{9.2.1}$$

Tale R'_H è una relazione d'equivalenza in G. Infatti valgono le proprietà riflessiva, simmetrica e transitiva, espresse rispettivamente da

$$x^{-1}x = 1 \in H, \tag{9.2.2}$$

$$x^{-1}y \in H \implies y^{-1}x = (x^{-1}y)^{-1} \in H, \tag{9.2.3}$$

$$x^{-1}y \in H, \; y^{-1}z \in H \implies x^{-1}z = (x^{-1}y)(y^{-1}z) \in H. \tag{9.2.4}$$

La classe mod R'_H di $x \in G$ è l'insieme

$$xH \equiv \{xh \,|\, h \in H\}, \tag{9.2.5}$$

che prende il nome di *laterale sinistro* di H in G. Notiamo la catena logica

$$x \; R'_H \; y \implies x^{-1}y = h \in H \implies y = xh \in xH,$$

e viceversa

$$y = xh \; (h \in H) \implies x^{-1}y = h \in H \implies x \; R'_H \; y.$$

Analogamente, la relazione R''_H:

$$x \; R''_H \; y \iff xy^{-1} \in H \tag{9.2.6}$$

è una relazione di equivalenza nel gruppo G, e l'insieme

$$Hx \equiv \{hx \mid h \in H\} \tag{9.2.7}$$

viene detto il *laterale destro* di H in G. Esso è la classe d'equivalenza mod R_H'' di $x \in G$.

Notiamo dunque che

$$xH = yH \iff x^{-1}y \in H, \ Hx = Hy \iff xy^{-1} \in H,$$
$$xH = H \iff x \in H, Hx = H \iff x \in H.$$

Ogni $x \in G$ sta in un solo laterale sinistro (o destro) di H. Un sottogruppo H di G si dice *normale* se $R_H' = R_H''$, e le seguenti proposizioni sono equivalenti:

(1) $R_H' = R_H''$.

(2) $xH = Hx \ \forall x \in G$

(3) $x^{-1}Hx \subseteq H \ \forall x \in G$

(4) $x^{-1}Hx = H \ \forall x \in G$.

9.3 Campi vettoriali invarianti a sinistra su un gruppo di Lie

Sia X un campo vettoriale sul gruppo di Lie G: $X \in \chi(G)$. Dalla fine del capitolo 8, sappiamo che X si dice invariante a sinistra se vale la condizione (8.7.4). In coordinate locali su G, all'elemento g di G corrisponde la n-pla $g^1, \ldots, g^n$, e la condizione di invarianza a sinistra di X significa che le sue componenti si trasformano come segue:

$$X^\nu(L_a(g)) = \sum_{\mu=1}^n X^\mu(g) \left[\frac{\partial}{\partial y^\mu}(I_a(y))^\nu \right]_{y=g}. \tag{9.3.1}$$

Per ottenere questa formula abbiamo fatto agire il push forward della traslazione a sinistra sul campo X. La differenza rispetto alla (5.5.3) è sostanziale, in quanto su una varietà che non è un gruppo di Lie non abbiamo invece a disposizione la traslazione a sinistra (o a destra) per classificare i campi vettoriali.

Andiamo ora a dimostrare che esiste una semplice e profonda relazione tra lo spazio di tutti i campi vettoriali invarianti a sinistra su un gruppo di Lie e lo spazio tangente al gruppo nell'elemento unità.

(1) Sia dato $V \in T_e(G)$, allora si può definire

$$W|_g \equiv \left(L_g \right)_* V, \tag{9.3.2}$$

e questo campo vettoriale è invariante a sinistra poiché

$$W|_{a\odot g} = \left(L_{a\odot g}\right)_* V = \left(L_a L_g\right)_* V = (L_a)_* \left((L_g)_* V\right)$$
$$= (L_a)_* W|_g, \tag{9.3.3}$$

ove abbiamo fatto uso, nell'ordine, della legge di composizione delle traslazioni a sinistra, dell'azione del push forward su una composizione di applicazioni, e della definizione (9.3.2). Dunque, per costruzione, W è un campo vettoriale invariante a sinistra.

(2) Viceversa, una volta assegnato il campo vettoriale W invariante a sinistra, si trova dalla (8.7.4) che

$$L_{g^{-1}*} W|_g = W(L_{g^{-1}}(g)) = W|_e \in T_e(G). \tag{9.3.4}$$

Pertanto, introdotto lo spazio vettoriale

$$\mathcal{L}(G) \equiv \left\{ X \in \chi(G) : (L_a)_* \left[X|_g\right] = X_{a\odot g} \right\}, \tag{9.3.5}$$

concludiamo che vale l'isomorfismo

$$\mathcal{L}(G) \cong T_e(G). \tag{9.3.6}$$

Tale isomorfismo è non banale e ci dice che, per ogni gruppo di Lie a dimensione finita, l'algebra di Lie può essere identificata con lo spazio tangente a G in e, che ha dimensione finita. Non occorre studiare tutto lo spazio $\chi(G)$, che invece ha dimensione infinita.

Notiamo che $\mathcal{L}(G)$ è un'algebra di Lie (vedasi appena dopo), poiché comunque presi $X, Y \in \mathcal{L}(G)$, anche la loro parentesi di Lie è un campo vettoriale invariante a sinistra:

$$(L_a)_* [X, Y]|_g = \left[(L_a)_* X|_g, (L_a)_* Y|_g\right]$$
$$= \left[X|_{a\odot g}, Y|_{a\odot g}\right] = [X, Y]|_{a\odot g}. \tag{9.3.7}$$

Scriviamo dunque che

$$[\, , \,] : \mathcal{L}(G) \times \mathcal{L}(G) \to \mathcal{L}(G).$$

Rammentiamo, per il lettore generico, che un'algebra di Lie è uno spazio vettoriale a dimensione finita V, munito di un'operazione bilineare $[\, , \,]$ e antisimmetrica:

$$\left[c_1 X_1 + c_2 X_2, Y\right] = c_1 \left[X_1, Y\right] + c_2 \left[X_2, Y\right], \tag{9.3.8}$$
$$\left[X, c_1 Y_1 + c_2 Y_2\right] = c_1 \left[X, Y_1\right] + c_2 \left[X, Y_2\right], \tag{9.3.9}$$
$$[X, Y] = -[Y, X], \; \forall X, Y \in V, \tag{9.3.10}$$

e che soddisfa l'identità di Jacobi

$$[[X, Y], Z] + [[Y, Z], X] + [[Z, X], Y] = 0, \ \forall X, Y, Z \ \in V. \qquad (9.3.11)$$

Incidentalmente, notiamo che l'identità di Jacobi può anche essere espressa nella forma

$$\sum_{i,j,k} \varepsilon^{ijk} \left[\left[X_i, X_j \right], X_k \right] = 0, \ \forall X_i, X_j, X_k \ \in V. \qquad (9.3.12)$$

Sia $G = \mathrm{GL}(n, \mathbb{R})$, $e = I_n = \mathrm{diag}(1, \ldots, 1)$. In coordinate, abbiamo le corrispondenze

$$g \to \{x^{ij}(g)\}, \ a \to \{x^{ij}(a)\},$$

e scriviamo

$$(L_a g) = a \odot g = \sum_k x^{ik}(a) x^{kj}(g), \qquad (9.3.13)$$

$$V = \sum_{i,j} V^{ij} \left. \frac{\partial}{\partial x^{ij}} \right|_e \in T_e(G). \qquad (9.3.14)$$

Il campo vettoriale invariante a sinistra e generato da V è pertanto

$$
\begin{aligned}
W|_g = (L_g)_* V &= \sum_{i,j} V^{ij} (L_g)_* \frac{\partial}{\partial x^{ij}}(e) = \sum_{i,j,l,m} V^{ij} \frac{\partial x^{lm}}{\partial x^{ij}}(ge) \left. \frac{\partial}{\partial x^{lm}} \right|_g \\
&= \sum_{i,j,l,m,k} V^{ij} \frac{\partial}{\partial x^{ij}(e)} \left[x^{lk}(g) \, x^{km}(e) \right] \left. \frac{\partial}{\partial x^{lm}} \right|_g \\
&= \sum_{i,j,k,l,m} V^{ij} x^{lk}(g) \delta_i^k \delta_j^m \left. \frac{\partial}{\partial x^{lm}} \right|_g = \sum_{i,j,l} V^{ij} x^{li}(g) \left. \frac{\partial}{\partial x^{lj}} \right|_g \\
&= \sum_{l,j} (gV)^{lj} \left. \frac{\partial}{\partial x^{lj}} \right|_g, \qquad (9.3.15)
\end{aligned}
$$

ove si è posto

$$(gV)^{lj} = \sum_i x^{li} V^{ij}, \qquad (9.3.16)$$

che denota la moltiplicazione matriciale di g per V.

9.4 Esempi di algebre di Lie di gruppi di Lie a dimensione finita

Vari esempi istruttivi sono qui di seguito riportati.

(1) Sia $G = \mathbb{R}$. Se definiamo la traslazione a sinistra L_a mediante $x \to x + a$, il campo vettoriale invariante a sinistra è

$$X = \frac{\partial}{\partial x}. \tag{9.4.1}$$

Infatti

$$(L_a)_* X|_x = \frac{\partial(a + x)}{\partial x} \frac{\partial}{\partial(a + x)} = \frac{\partial}{\partial(x + a)} = X|_{x+a}, \tag{9.4.2}$$

e questo è, per costruzione, l'unico campo vettoriale invariante a sinistra sulla retta reale. Troviamo anche che $X = \frac{\partial}{\partial\theta}$ è l'unico campo vettoriale invariante a sinistra su $G = \mathrm{SO}(2)$. Dunque i gruppi di Lie $\mathbb{R}$ e $\mathrm{SO}(2)$ condividono la stessa algebra di Lie.

(2) Sia $\mathcal{L}(\mathrm{GL}(n, \mathbb{R}))$ l'algebra di Lie del gruppo lineare generale, e sia

$$\gamma : \ (-\varepsilon, \varepsilon) \to \mathrm{GL}(n, \mathbb{R})$$

una curva per la quale $\gamma(0) = I_n$. La curva γ è approssimata da

$$\gamma(s) = I_n + sA + \mathrm{O}(s^2) \tag{9.4.3}$$

nell'intorno di $s = 0$, A essendo una matrice $n \times n$ ad elementi reali. Si noti che, per s sufficientemente piccolo, $\det\gamma(s) \neq 0$, e $\gamma(s)$ appartiene invero a $\mathrm{GL}(n, \mathbb{R})$. Il vettore tangente a $\gamma(s)$ in I_n è $\gamma'(s)|_{s=0} = A$. Dunque $\mathcal{L}(\mathrm{GL}(n, \mathbb{R}))$ è l'insieme di matrici $n \times n$. Chiaramente

$$\dim\mathcal{L}(\mathrm{GL}(n, \mathbb{R})) = n^2 = \dim\mathrm{GL}(n, \mathbb{R}).$$

I sottogruppi di $\mathrm{GL}(n, \mathbb{R})$ sono di maggior interesse, e qui di seguito li discutiamo.

(3) Troviamo l'algebra di Lie $\mathcal{L}(\mathrm{SL}(n, \mathbb{R}))$. Seguendo il metodo appena introdotto, approssimiamo una curva passante per I_n mediante la formula (9.4.3), da cui segue che il vettore tangente a $\gamma(s)$ in I_n è $\gamma'(s)|_{s=0} = A$. Ora, affinché la curva $\gamma(s)$ appartenga a $\mathrm{SL}(n, \mathbb{R})$, essa deve soddisfare la condizione

$$\det\gamma(s) = 1 + s\,\mathrm{tr}(A) = 1 \implies \mathrm{tr}(A) = 0. \tag{9.4.4}$$

Pertanto l'algebra di Lie $\mathcal{L}(\mathrm{SL}(n, \mathbb{R}))$ è l'insieme delle matrici $n \times n$ a traccia nulla, e

$$\dim\mathcal{L}(\mathrm{SL}(n, \mathbb{R})) = n^2 - 1.$$

(4) Sia la (9.4.3) una curva in SO(n) passante attraverso I_n. Poiché $\gamma(s)$ è una curva in SO(n), essa soddisfa la condizione

$$\gamma^t(s)\gamma(s) = I_n \implies \left(\frac{d}{ds}\gamma^t(s)\right)\gamma(s) + \gamma^t(s)\frac{d}{ds}\gamma(s) = 0. \qquad (9.4.5)$$

In $s = 0$, tale equazione fornisce $A^t + A = 0$, e pertanto l'algebra di Lie $\mathcal{L}(\mathrm{SO}(n))$ è l'insieme delle matrici antisimmetriche. Poiché siamo interessati solamente ad un piccolo intorno dell'elemento unità, troviamo che

$$\mathcal{L}(\mathrm{O}(n)) = \mathcal{L}(\mathrm{SO}(n)).$$

Inoltre,

$$\dim\mathcal{L}(\mathrm{O}(n)) = \dim\mathcal{L}(\mathrm{SO}(n)) = \frac{n(n-1)}{2}.$$

(5) Una analisi simile si può svolgere a partire da GL($n, \mathbb{C}$). L'algebra di Lie $\mathcal{L}(\mathrm{GL}(n, \mathbb{C}))$ consiste delle matrici complesse $n \times n$, e ha dimensione reale $2n^2$.

L'algebra di Lie $\mathcal{L}(\mathrm{SL}(n, \mathbb{C}))$ è l'insieme di matrici a traccia nulla con dimensione reale $2(n^2 - 1)$.

Per trovare l'algebra di Lie $\mathcal{L}(\mathrm{U}(n))$, consideriamo ancora l'equazione (9.4.3). Derivando una volta la condizione

$$\gamma^\dagger(s)\gamma(s) = I_n, \qquad (9.4.6)$$

troviamo che

$$\left(\frac{d}{ds}\gamma^\dagger(s)\right)\gamma(s) + \gamma^\dagger(s)\frac{d}{ds}\gamma(s) = 0, \qquad (9.4.7)$$

il cui calcolo in $s = 0$ fornisce

$$A^\dagger + A = 0. \qquad (9.4.8)$$

Pertanto l'algebra di Lie $\mathcal{L}(\mathrm{U}(n))$ consiste delle matrici antihermitiane $n \times n$, mentre l'algebra di Lie

$$\mathcal{L}(\mathrm{SU}(n)) = \mathcal{L}(\mathrm{U}(n)) \bigcap \mathcal{L}(\mathrm{SL}(n, \mathbb{C})),$$

e consiste dunque delle matrici $n \times n$ antihermitiane e a traccia nulla, e ha dimensione $n^2 - 1$.

Esercizio   La seguente matrice 3×3 è una curva in SO(3):

$$\gamma(s) = \begin{pmatrix} \cos(s) & -\sin(s) & 0 \\ \sin(s) & \cos(s) & 0 \\ 0 & 0 & 1 \end{pmatrix}. \qquad (9.4.9)$$

Si calcoli il vettore tangente a tale curva in I_3.

9.5　Il sottogruppo ad un parametro

Sappiamo che un campo vettoriale $X \in \chi(M)$ genera un flusso in M. Qui siamo interessati al flusso generato da un campo vettoriale invariante a sinistra.

Una curva $\phi : \mathbb{R} \to G$ è detta un *sottogruppo ad un parametro* di G se essa soddisfa la condizione

$$\phi(t)\phi(s) = \phi(t + s). \tag{9.5.1}$$

È immediato riconoscere che $\phi(0) = e$ e che $\phi^{-1}(t) = \phi(-t)$. Sebbene G non sia abeliano in generale, un sottogruppo ad un parametro è un sottogruppo abeliano, poiché

$$\phi(t)\phi(s) = \phi(t + s) = \phi(s + t) = \phi(s)\phi(t). \tag{9.5.2}$$

Dal sottogruppo ad un parametro al campo vettoriale invariante a sinistra
Assegnato un sottogruppo ad un parametro ϕ, esiste un campo vettoriale X tale che

$$\frac{d}{dt}\phi^{\mu}(t) = X^{\mu}(\phi(t)). \tag{9.5.3}$$

Tale campo vettoriale è invariante a sinistra. Per dimostrarlo, notiamo in primo luogo che il campo vettoriale $\frac{d}{dt}$ è invariante a sinistra sulla retta reale, come sappiamo dall'esempio (1) del paragrafo 9.4. Pertanto

$$(L_t)_* \left.\frac{d}{dt}\right|_0 = \left.\frac{d}{dt}\right|_t. \tag{9.5.4}$$

In secondo luogo, applichiamo la mappa indotta

$$\phi_* : T_t(\mathbb{R}) \to T_{\phi(t)}(G)$$

ai vettori $\left.\frac{d}{dt}\right|_0$ e $\left.\frac{d}{dt}\right|_t$, ovvero

$$\phi_* \left.\frac{d}{dt}\right|_0 = \sum_{\mu=1}^{m} \left.\frac{d\phi^{\mu}(t)}{dt}\right|_0 \left.\frac{\partial}{\partial g^{\mu}}\right|_e = X|_e, \tag{9.5.5}$$

$$\phi_* \left.\frac{d}{dt}\right|_t = \sum_{\mu=1}^{m} \left.\frac{d\phi^{\mu}(t)}{dt}\right|_t \left.\frac{\partial}{\partial g^{\mu}}\right|_g = X|_g, \tag{9.5.6}$$

ove poniamo $\phi(t) = g \implies \phi^{\mu} = g^{\mu}$. Ma allora

$$(\phi L_t)_* \left.\frac{d}{dt}\right|_0 = \phi_* (L_t)_* \left.\frac{d}{dt}\right|_0 = \phi_* \left.\frac{d}{dt}\right|_t = X|_g. \tag{9.5.7}$$

Inoltre, segue dalla relazione $\phi L_t = L_g \phi$ che

$$\phi_* \, (L_t)_* = (L_g)_* \, \phi_* \implies \phi_* \, (L_t)_* \left. \frac{d}{dt} \right|_0 = (L_g)_* \, \phi_* \left. \frac{d}{dt} \right|_0 = (L_g)_* \, X|_e . \tag{9.5.8}$$

Dalle (9.5.7) e (9.5.8) si trova pertanto che

$$(L_g)_* \, X|_e = X|_g . \tag{9.5.9}$$

Dunque, dato un flusso $\phi(t)$, esiste un associato campo vettoriale invariante a sinistra: $X \in \mathcal{L}(G)$.

Dal campo vettoriale invariante a sinistra al sottogruppo ad un parametro
Viceversa, un campo vettoriale X invariante a sinistra definisce un gruppo ad un parametro di trasformazioni $\sigma(t, g)$ tale che

$$\frac{d}{dt}\sigma(t, g) = X, \ \sigma(0, g) = g. \tag{9.5.10}$$

Se definiamo $\phi : \mathbb{R} \to G$ mediante $\phi(t) \equiv \sigma(t, e)$, la curva $\phi(t)$ diventa un sottogruppo ad un parametro di G. Per dimostrarlo, dobbiamo far vedere che $\phi(s + t) = \phi(s)\phi(t)$. Per definizione, σ soddisfa

$$\frac{d}{dt}\sigma(t, \sigma(s, e)) = X(\sigma(t, \sigma(s, e))). \tag{9.5.11}$$

Se il parametro s viene fissato, allora $\rho(t, \phi(s)) \equiv \phi(s)\phi(t)$ è una curva da $\mathbb{R}$ in G tale che $\phi(s)\phi(0) = \phi(s)$. Chiaramente, σ e ρ soddisfano la stessa condizione iniziale

$$\sigma(0, \sigma(s, e)) = \rho(0, \phi(s)) = \phi(s). \tag{9.5.12}$$

La ρ soddisfa anche la stessa equazione differenziale di σ:

$$\begin{aligned}
\frac{d}{dt}\rho(t, \phi(t)) &= \frac{d}{dt}\phi(s)\phi(t) = \left(L_{\phi(s)}\right)_* \frac{d}{dt}\phi(t) \\
&= \left(L_{\phi(s)}\right)_* X(\phi(t)) = X(\phi(s)\phi(t)) \\
&= X(\rho(t, \phi(s))).
\end{aligned} \tag{9.5.13}$$

Dal teorema di unicità per le equazioni differenziali ordinarie, concludiamo che

$$\phi(s + t) = \phi(s)\phi(t). \tag{9.5.14}$$

Pertanto abbiamo dimostrato che esiste una corrispondenza biunivoca fra un sottogruppo ad un parametro di un gruppo di Lie G e un campo vettoriale invariante a sinistra. Questa corrispondenza diventa manifesta se si definisce la mappa esponenziale, con la quale inizia il capitolo 10.

Capitolo 10
Gruppi astratti; topologici; di Lie. III

10.1 La mappa esponenziale

Se G è un gruppo di Lie a dimensione finita, se V denota un elemento dello spazio tangente $T_e(G)$, e se $\phi_V : \mathbb{R} \to G$ è un sottogruppo ad un parametro generato dal campo vettoriale invariante a sinistra $(L_g)_* V$, allora la *mappa esponenziale* è una applicazione

$$\exp : T_e(G) \to G, \quad \exp(V) \equiv \phi_V(1). \tag{10.1.1}$$

Teorema 10.1 Assegnato $V \in T_e(G)$ e $t \in \mathbb{R}$, si ha

$$\exp(tV) = \phi_V(t). \tag{10.1.2}$$

Dimostrazione Cominciamo con l'osservare che, detta a una costante non nulla, si ha

$$\left. \frac{d}{dt}\phi_V(at) \right|_{t=0} = a \left. \frac{d}{dt}\phi_V(t) \right|_{t=0} = aV. \tag{10.1.3}$$

Dunque $\phi_V(at)$ è un sottogruppo ad un parametro generato da $(L_g)_* aV$, che genera anche $\phi_{aV}(t)$. L'unicità della soluzione ci permette di scrivere che

$$\phi_V(at) = \phi_{aV}(t), \tag{10.1.4}$$

e pertanto dalla (10.1.1) troviamo che

$$\exp(aV) = \phi_{aV}(1) = \phi_V(a). \tag{10.1.5}$$

In $a = t$ la (10.1.5) fornisce la (10.1.2), dunque l'asserto è dimostrato.

Esempio Se G è il gruppo lineare generale $\mathrm{GL}(n, \mathbb{R})$ e A un elemento della sua algebra di Lie, il sottogruppo ad un parametro $\phi_A : \mathbb{R} \to \mathrm{GL}(n, \mathbb{R})$, valutato in t, fornisce

$$\phi_A(t) = e^{tA} = I_n + tA + \sum_{k=2}^{\infty} \frac{t^k}{k!} A^k, \tag{10.1.6}$$

G. Esposito, *Fondamenti Matematici della Teoria Classica dei Campi*, La Matematica per il 3+2, https://doi.org/10.1007/978-3-032-23198-7_10

Notiamo che $[\phi_A(t)]^{-1} = \phi_A(-t)$, e che

$$\phi_A(t)\phi_A(s) = \phi_A(t + s). \tag{10.1.7}$$

Il flusso passante attraverso $g \in G$ è ge^{tA}, e si ha

$$\frac{d}{dt}ge^{tA}\bigg|_{t=0} = \left(L_g\right)_* A = \widetilde{A}\big|_g = gA, \tag{10.1.8}$$

ove $\widetilde{A}$ è il campo vettoriale invariante a sinistra generato da A.

In generale, la mappa esponenziale non è surgettiva, ma se il gruppo di Lie G è compatto e connesso, allora un teorema garantisce che tale mappa è surgettiva (Nacinovich 2015).

10.2   Geometria dell'algebra di Lie di un gruppo di Lie

Sia $\{V_1, V_2, \ldots, V_n\}$ una base dello spazio tangente $T_e(G)$, G essendo un gruppo di Lie n-dimensionale. Poniamo (si noti che, in questo ambito, gli indici in basso svolgono solo il ruolo di enumerare i campi vettoriali) in ogni $g \in G$

$$\left(L_g\right)_* V_\mu = X_\mu\big|_g. \tag{10.2.1}$$

Gli $\left\{X_\mu\big|_g\right\}$ sono n campi vettoriali invarianti a sinistra e linearmente indipendenti. Poiché la parentesi di Lie dei campi X_μ e X_ν, valutata in g, appartiene ancora all'algebra di Lie $\mathcal{L}(G)$, abbiamo che

$$\left[X_\mu, X_\nu\right] = \sum_{\lambda=1}^{n} C_{\mu\nu}{}^\lambda X_\lambda, \tag{10.2.2}$$

ove le $C_{\mu\nu}{}^\lambda$ prendono il nome di *costanti di struttura* del gruppo G. Infatti, applicando il pushforward di L_g a tale parentesi di Lie, si trova che

$$\left[X_\mu, X_\nu\right]\Big|_g = \sum_{\lambda=1}^{n} C_{\mu\nu}{}^\lambda(e)\, X_\lambda\big|_g, \tag{10.2.3}$$

ovvero le costanti di struttura non dipendono da g.

Dall'antisimmetria della parentesi di Lie di X_μ e X_ν segue subito l'antisimmetria delle costanti di struttura:

$$C_{\mu\nu}{}^\lambda = -C_{\nu\mu}{}^\lambda. \tag{10.2.4}$$

Inoltre, facendo uso dell'identità di Jacobi

$$\left[\left[X_\mu, X_\nu\right], X_\rho\right] + \left[\left[X_\nu, X_\rho\right], X_\mu\right] + \left[\left[X_\rho, X_\mu\right], X_\nu\right] = 0, \tag{10.2.5}$$

e ivi inserendo, due volte in ognuno dei tre termini, la (10.2.2), si trova

$$\sum_{\lambda=1}^{n}\Big[C_{\mu\nu}{}^{\lambda}C_{\lambda\rho}{}^{\tau}+C_{\nu\rho}{}^{\lambda}C_{\lambda\mu}{}^{\tau}+C_{\rho\mu}{}^{\lambda}C_{\lambda\nu}{}^{\tau}\Big]=0. \tag{10.2.6}$$

Sia ora $\{\theta^{\mu}\}$ la base duale a $\{X_{\nu}\}$, per la quale

$$\langle\theta^{\mu},X_{\nu}\rangle=\delta^{\mu}_{\nu}. \tag{10.2.7}$$

A questo stadio, dobbiamo aprire una parentesi per dimostrare la seguente formula:

$$d\omega(X,Y)=X[\omega(Y)]-Y[\omega(X)]-\omega([X,Y]). \tag{10.2.8}$$

Invero, il calcolo paziente ci mostra che

$$X[\omega(Y)]=\sum_{\mu,\nu=1}^{n}X^{\mu}\partial_{\mu}(\omega_{\nu}Y^{\nu})$$

$$=\sum_{\mu,\nu=1}^{n}X^{\mu}\Big[(\partial_{\mu}\omega_{\nu})Y^{\nu}+\omega_{\nu}\partial_{\mu}Y^{\nu}\Big], \tag{10.2.9}$$

$$Y[\omega(X)]=\sum_{\mu,\nu=1}^{n}Y^{\mu}\partial_{\mu}(\omega_{\nu}X^{\nu})$$

$$=\sum_{\mu,\nu=1}^{n}Y^{\mu}\Big[(\partial_{\mu}\omega_{\nu})X^{\nu}+\omega_{\nu}\partial_{\mu}X^{\nu}\Big], \tag{10.2.10}$$

$$\omega([X,Y])=\sum_{\mu,\nu=1}^{n}\Big[\omega_{\nu}\Big(X^{\mu}\partial_{\mu}Y^{\nu}-Y^{\mu}\partial_{\mu}X^{\nu}\Big)\Big]$$

$$=\sum_{\mu,\nu=1}^{n}\Big[\omega_{\nu}X^{\mu}\Big(\partial_{\mu}Y^{\nu}\Big)-\omega_{\nu}Y^{\mu}\Big(\partial_{\mu}X^{\nu}\Big)\Big]. \tag{10.2.11}$$

Dalle (10.2.9)–(10.2.11) troviamo alfine

$$X[\omega(Y)]-Y[\omega(X)]-\omega([X,Y])$$

$$=\sum_{\mu,\nu=1}^{n}\Big[X^{\mu}(\partial_{\mu}\omega_{\nu})Y^{\nu}+X^{\mu}\omega_{\nu}(\partial_{\mu}Y^{\nu})-Y^{\mu}(\partial_{\mu}\omega_{\nu})X^{\nu}$$

$$-Y^{\mu}\omega_{\nu}(\partial_{\mu}X^{\nu})-\omega_{\nu}X^{\mu}(\partial_{\mu}Y^{\nu})+\omega_{\nu}Y^{\mu}(\partial_{\mu}X^{\nu})\Big]$$

$$=\sum_{\mu,\nu=1}^{n}(\partial_{\mu}\omega_{\nu})\Big(X^{\mu}Y^{\nu}-Y^{\mu}X^{\nu}\Big)$$

$$=d\omega(X,Y), \tag{10.2.12}$$

ovvero la (10.2.8) è dimostrata.

Torniamo ora a studiare la geometria dell'algebra di Lie $\mathcal{L}(G) \cong T_e(G)$ e osserviamo che, in virtù della (10.2.8), si ha (da qui alla (10.2.20), gli indici greci riprendono a enumerare i vettori e le 1-forme)

$$
\begin{aligned}
d\theta^\mu(X_\nu, X_\lambda) &= X_\nu\big[\theta^\mu(X_\lambda)\big] - X_\lambda\big[\theta^\mu(X_\nu)\big] - \theta^\mu\big([X_\nu, X_\lambda]\big) \\
&= X_\nu[\delta^\mu_\lambda] - X_\lambda[\delta^\mu_\nu] - \sum_{\tau=1}^{n} \theta^\mu\big(C_{\nu\lambda}{}^\tau X_\tau\big) \\
&= -\sum_{\tau=1}^{n} C_{\nu\lambda}{}^\tau \theta^\mu(X_\tau) = -\sum_{\tau=1}^{n} C_{\nu\lambda}{}^\tau \, \delta^\mu_\tau \\
&= -C_{\nu\lambda}{}^\mu.
\end{aligned}
\tag{10.2.13}
$$

Questa formula ci dice che vale l'equazione di struttura di Maurer-Cartan

$$
d\theta^\mu = -\frac{1}{2} \sum_{\alpha,\beta=1}^{n} C_{\alpha\beta}{}^\mu \, \theta^\alpha \wedge \theta^\beta.
\tag{10.2.14}
$$

Infatti, dalla (10.2.14) riotteniamo la (10.2.13), poiché

$$
\begin{aligned}
d\theta^\mu(X_\nu, X_\lambda) &= -\frac{1}{2} \sum_{\alpha,\beta=1}^{n} C_{\alpha\beta}{}^\mu \, \theta^\alpha \wedge \theta^\beta (X_\nu, X_\lambda) \\
&= -\frac{1}{2} \sum_{\alpha,\beta=1}^{n} C_{\alpha\beta}{}^\mu \big(\theta^\alpha \otimes \theta^\beta - \theta^\beta \otimes \theta^\alpha\big)(X_\nu, X_\lambda) \\
&= -\frac{1}{2} \sum_{\alpha,\beta=1}^{n} C_{\alpha\beta}{}^\mu \big(\theta^\alpha(X_\nu)\theta^\beta(X_\lambda) - \theta^\beta(X_\nu)\theta^\alpha(X_\lambda)\big) \\
&= -\frac{1}{2} \sum_{\alpha,\beta=1}^{n} C_{\alpha\beta}{}^\mu \, \delta^\alpha_\nu \delta^\beta_\lambda + \frac{1}{2} \sum_{\alpha,\beta=1}^{n} C_{\alpha\beta}{}^\mu \, \delta^\beta_\nu \delta^\alpha_\lambda \\
&= -\frac{1}{2} C_{\nu\lambda}{}^\mu + \frac{1}{2} \sum_{\alpha,\beta=1}^{n} C_{\beta\alpha}{}^\mu \, \delta^\alpha_\nu \delta^\beta_\lambda \\
&= -\frac{1}{2} C_{\nu\lambda}{}^\mu - \frac{1}{2} \sum_{\alpha,\beta=1}^{n} C_{\alpha\beta}{}^\mu \, \delta^\alpha_\nu \delta^\beta_\lambda \\
&= -\frac{1}{2} C_{\nu\lambda}{}^\mu - \frac{1}{2} C_{\nu\lambda}{}^\mu = -C_{\nu\lambda}{}^\mu.
\end{aligned}
\tag{10.2.15}
$$

Definiamo ora una 1-forma θ a valori nell'algebra di Lie:

$$
\theta : \; T_g(G) \to T_e(G),
\tag{10.2.16}
$$

la quale, assegnato $X \in T_g(G)$, agisce come segue:

$$\theta : X \to \left(L_{g^{-1}}\right)_* X = \left(L_g\right)_*^{-1} X. \tag{10.2.17}$$

Tale 1-forma prende il nome di *forma di Maurer-Cartan su G*. Denotando con $\{V_\mu\}$ la base di $T_e(G)$, e con $\{\theta^\mu\}$ la base di $T_e^*(G)$, la forma di Maurer-Cartan soddisfa l'equazione di struttura

$$d\theta + \frac{1}{2}\theta \wedge \theta = 0, \tag{10.2.18}$$

ove

$$d\theta = \sum_{\mu=1}^{n} V_\mu \otimes d\theta^\mu, \tag{10.2.19}$$

$$\theta \wedge \theta = \sum_{\mu,\nu=1}^{n} \left[V_\mu \otimes \theta^\mu, V_\nu \otimes \theta^\nu\right] = \sum_{\mu,\nu=1}^{n} \left[V_\mu, V_\nu\right] \otimes \theta^\mu \wedge \theta^\nu. \tag{10.2.20}$$

Infatti, per un dato $Y \in T_g(G)$, sviluppato nella base di $T_g(G)$ secondo la ben nota relazione

$$Y = \sum_{\mu=1}^{n} Y^\mu X_\mu, \tag{10.2.21}$$

troviamo per un verso che

$$\theta(Y) = \sum_{\mu=1}^{n} Y^\mu \theta(X_\mu) = \sum_{\mu=1}^{n} Y^\mu \left(L_g\right)_*^{-1}\left[(L_g)_* V_\mu\right]$$

$$= \sum_{\mu=1}^{n} Y^\mu V_\mu, \tag{10.2.22}$$

ove ci siamo avvalsi della proprietà

$$X_\mu\big|_g = (L_g)_* V_\mu,$$

mentre per altra via troviamo che

$$\sum_{\mu=1}^{n}(V_\mu \otimes \theta^\mu)(Y) = \sum_{\mu,\nu=1}^{n} (V_\mu \otimes \theta^\mu)(Y^\nu X_\nu)$$

$$= \sum_{\mu,\nu=1}^{n} Y^\nu V_\mu \theta^\mu(X_\nu) = \sum_{\mu,\nu=1}^{n} Y^\nu V_\mu \delta^\mu_\nu$$

$$= \sum_{\mu=1}^{n} Y^\mu V_\mu. \tag{10.2.23}$$

Dovendo tali formule valere per ogni Y, ne concludiamo che deve valere lo sviluppo

$$\theta = \sum_{\mu=1}^{n} V_\mu \otimes \theta^\mu. \tag{10.2.24}$$

Quindi, dalle (10.2.14) e (10.2.24) otteniamo

$$d\theta = \sum_{\mu=1}^{n} V_\mu \otimes d\theta^\mu = -\frac{1}{2} \sum_{\mu,\nu,\lambda=1}^{n} V_\mu \otimes C_{\nu\lambda}{}^\mu \theta^\nu \wedge \theta^\lambda, \tag{10.2.25}$$

mentre dalla sola (10.2.24) abbiamo

$$\frac{1}{2}\theta \wedge \theta = \frac{1}{2} \sum_{\nu,\lambda=1}^{n} \left[V_\nu, V_\lambda \right] \otimes \theta^\nu \wedge \theta^\lambda$$

$$= \frac{1}{2} \sum_{\mu,\nu,\lambda=1}^{n} C_{\nu\lambda}{}^\mu V_\mu \otimes \theta^\nu \wedge \theta^\lambda. \tag{10.2.26}$$

In virtù delle (10.2.25) e (10.2.26), l'equazione di struttura (10.2.18) è alfine verificata.

10.3   Azione di un gruppo su una varietà

L'azione di un gruppo G su una varietà M è una applicazione $\sigma : G \times M \to M$ tale che (cf. (8.5.25))

$$\sigma(e, p) = p, \ \forall p \in M, \tag{10.3.1}$$

$$\sigma(g_1, \sigma(g_2, p)) = \sigma(g_1 g_2, p). \tag{10.3.2}$$

Ad esempio, per l'azione del gruppo lineare generale sullo spazio euclideo a n dimensioni, scriviamo

$$\sigma(M, x) = M \cdot x \implies \sigma^i = \sum_{j=1}^{n} M^i{}_j x^j, \tag{10.3.3}$$

ove la matrice $M \in \mathrm{GL}(n, \mathbb{R})$.

Dato un gruppo di Lie G che agisce su una varietà M, la sua azione è detta

(1) *Transitiva* se, $\forall \ p_1, p_2 \in M, \ \exists \ g \in G : \sigma(g, p_1) = p_2$.
(2) *Libera* se $\exists \ p \in M : \ \sigma(g, p) = p \implies g = e$.
(3) *Effettiva* se $\sigma(g, p) = p \ \forall \ p \in M \implies g = e$. Questo vuol dire che l'elemento unitario $e \in G$ è l'unico elemento che definisce l'azione banale.

Capitolo 11
Gruppi astratti; topologici; di Lie. IV

11.1 Azione di SL(2, $\mathbb{C}$) sullo spaziotempo di Minkowski

(I) Come primo passo di questa analisi, costruiamo dapprima un isomorfismo fra lo spaziotempo di Minkowski e l'insieme delle matrici hermitiane 2×2.

(1) Dato un punto x dello spaziotempo di Minkowski, avente coordinate (x^0, x^1, x^2, x^3), ad esso possiamo associare la matrice hermitiana $H(x)$ mediante la posizione

$$
\begin{aligned}
H(x) &= \sum_{\mu=0}^{3} x^\mu \tau_\mu = x^0 I_2 + \sum_{j=1}^{3} x^j \sigma_j \\
&= x^0 \begin{pmatrix} 1 & 0 \\ 0 & 1 \end{pmatrix} + x^1 \begin{pmatrix} 0 & 1 \\ 1 & 0 \end{pmatrix} + x^2 \begin{pmatrix} 0 & -i \\ i & 0 \end{pmatrix} + x^3 \begin{pmatrix} 1 & 0 \\ 0 & -1 \end{pmatrix} \\
&= \begin{pmatrix} x^0 + x^3 & x^1 - i x^2 \\ x^1 + i x^2 & x^0 - x^3 \end{pmatrix},
\end{aligned}
\tag{11.1.1}
$$

ove abbiamo chiamato I_2 la matrice unità 2×2, mentre le σ_j sono le tre matrici di Pauli.

(2) Viceversa, data la matrice hermitiana $H(x)$, otteniamo le coordinate del punto dello spaziotempo di Minkowski tramite la formula

$$
x^\mu = \frac{1}{2} \mathrm{tr}(\tau_\mu H(x)).
\tag{11.1.2}
$$

Ad esempio, $\tau_0 H(x) = I_2 H(x) = H(x)$, e quindi

$$
\frac{1}{2} \mathrm{tr}(\tau_0 H(x)) = \frac{1}{2} 2 x^0 = x^0.
$$

G. Esposito, *Fondamenti Matematici della Teoria Classica dei Campi*, La Matematica per il 3+2, https://doi.org/10.1007/978-3-032-23198-7_11

(II) Come secondo passo, definiamo l'azione di $\mathrm{SL}(2,\mathbb{C})$ sullo spaziotempo di Minkowski come segue: data $A \in \mathrm{SL}(2,\mathbb{C})$, consideriamo

$$\sigma(A,x) \equiv AH(x)A^\dagger = A \odot x. \tag{11.1.3}$$

Tale azione rappresenta una trasformazione di Lorentz, e preserva la pseudonorma minkowskiana in quanto

$$\det[\sigma(A,x)] = (\det A)\det(H(x)A^\dagger) = (\det H(x))(\det A^\dagger) = \det H(x)$$
$$= (x^0)^2 - (x^1)^2 - (x^2)^2 - (x^3)^2 = -\eta(x,x). \tag{11.1.4}$$

Dette A, B due matrici di $\mathrm{SL}(2,\mathbb{C})$, costruiamo ora un omomorfismo due ad uno, indicato con φ, tra $\mathrm{SL}(2,\mathbb{C})$ e $\mathrm{O}(3,1)$ (tale natura due ad uno concorda con l'essere $\sigma(A,x) = \sigma(-A,x)$ nella (11.1.3)), considerando

$$A(BH(x)B^\dagger)A^\dagger = ABH(x)B^\dagger A^\dagger = ABH(x)(AB)^\dagger. \tag{11.1.5}$$

Avvalendoci della notazione per l'azione di un gruppo su una varietà, possiamo rileggere l'equazione (11.1.5) a livelli crescenti di astrazione come mostrato in tabella:

$A(BH(x)B^\dagger)A^\dagger$	$(AB)H(x)(AB)^\dagger$
$\sigma(A,\sigma(B,x))$	$\sigma(AB,x)$
$\sigma(A,B \odot x)$	$AB \odot x$
$A \odot B \odot x$	$AB \odot x$
$f(A)f(B)$	$f(AB)$

In particolare, A può essere la matrice di rotazione di un angolo θ attorno al vettore unitario $\hat{n}$:

$$A = \exp\left[-i\frac{\theta}{2}(\hat{n}\cdot\vec{\sigma})\right] = \cos\frac{\theta}{2}\,I_2 - i\hat{n}\cdot\vec{\sigma}\,\sin\frac{\theta}{2}, \tag{11.1.6}$$

ove

$$\hat{n} = (\cos(\phi)\sin(\beta), \sin(\phi)\sin(\beta), \cos(\beta)), \tag{11.1.7}$$

mentre $\vec{\sigma}$ è una notazione concisa per la terna delle tre matrici di Pauli. Tale matrice A è antiperiodica: $A(2\pi + \theta) = -A(\theta)$.

Nel caso di un boost lungo la direzione $\hat{n}$ con velocità $v = \tanh(\alpha)$, si ha invece la matrice

$$A = \exp\left[\frac{\alpha}{2}\hat{n}\cdot\vec{\sigma}\right] = \cosh\frac{\alpha}{2}\,I_2 + \hat{n}\cdot\vec{\sigma}\sinh\frac{\alpha}{2}. \tag{11.1.8}$$

Andiamo ora a dimostrare che l'omomorfismo φ mappa SL(2, $\mathbb{C}$) sul gruppo di Lorentz proprio ortocrono $\text{SO}^+(3,1)$ definito nella (1.3.13). Per prima cosa, sia

$$A = \begin{pmatrix} a & b \\ c & d \end{pmatrix} \qquad (11.1.9)$$

una matrice di SL(2, $\mathbb{C}$), e poniamo

$$\varphi(A) = \Lambda, \ x'^{\mu} = \sum_{\nu=0}^{3} \Lambda^{\mu}{}_{\nu} x^{\nu}. \qquad (11.1.10)$$

Per semplicità, sia $(x^0, x^1, x^2, x^3) = (1, 0, 0, 0)$. Pertanto, dalla seconda delle (11.1.10) troviamo

$$x'^0 = \Lambda^0{}_0, \qquad (11.1.11)$$

e d'altro canto si può anche esprimere x'^0 nella forma

$$\begin{aligned} x'^0 &= \frac{1}{2}\text{tr}[\sigma(A, x)] = \frac{1}{2}\text{tr}\left[AH(x)A^\dagger\right] \\ &= \frac{1}{2}\text{tr}\left[\begin{pmatrix} a & b \\ c & d \end{pmatrix}\begin{pmatrix} 1 & 0 \\ 0 & 1 \end{pmatrix}\begin{pmatrix} \overline{a} & \overline{c} \\ \overline{b} & \overline{d} \end{pmatrix}\right] \\ &= \frac{1}{2}\left(|a|^2 + |b|^2 + |c|^2 + |d|^2\right). \end{aligned} \qquad (11.1.12)$$

Dal confronto delle (11.1.11) e (11.1.12) troviamo che

$$\Lambda^0{}_0 = \frac{1}{2}\left(|a|^2 + |b|^2 + |c|^2 + |d|^2\right). \qquad (11.1.13)$$

Adesso possiamo sfruttare un teorema, che dimostreremo nel capitolo 30, secondo il quale le matrici di SL(2, $\mathbb{C}$) possono solo essere dei seguenti quattro tipi (a tal fine si studiano i punti fissi delle mappe di Möbius $f(z) = \frac{(az+b)}{(cz+d)}$ ottenute dai coefficienti della matrice $A \in$ SL(2, $\mathbb{C}$)):

(i)   Tipo parabolico (P), ovvero un solo punto fisso di $f(z)$, e $\text{tr}^2(A) = 4$:

$$A = A_P = \begin{pmatrix} \pm 1 & \beta \\ 0 & \pm 1 \end{pmatrix}. \qquad (11.1.14)$$

(ii)   Tipo ellittico (E), ovvero due punti fissi di $f(z)$, e $\text{tr}^2(A) < 4$:

$$A = A_E = \begin{pmatrix} e^{i\frac{\varphi}{2}} & 0 \\ 0 & e^{-i\frac{\varphi}{2}} \end{pmatrix}. \qquad (11.1.15)$$

(iii) Tipo iperbolico (H), ovvero due punti fissi di $f(z)$, e $\mathrm{tr}^2(A) > 4$:

$$A = A_H = \begin{pmatrix} \sqrt{|\kappa|} & 0 \\ 0 & \frac{1}{\sqrt{|\kappa|}} \end{pmatrix}. \tag{11.1.16}$$

(iv) Tipo lossodromico (L), ovvero due punti fissi di $f(z)$, e $\mathrm{tr}^2(A) \in \mathbb{C}$:

$$A = A_L = \begin{pmatrix} \sqrt{\rho}\,e^{i\frac{\sigma}{2}} & 0 \\ 0 & \frac{1}{\sqrt{\rho}}e^{-i\frac{\sigma}{2}} \end{pmatrix}. \tag{11.1.17}$$

In virtù delle (11.1.13)–(11.1.17) troviamo che, nei quattro casi possibili, $\Lambda^0_{\ 0}$ assume i seguenti valori:

$$\left(\Lambda^0_{\ 0}\right)_P = 1 + \frac{1}{2}|\beta|^2 \geq 1, \tag{11.1.18}$$

$$\left(\Lambda^0_{\ 0}\right)_E = 1, \tag{11.1.19}$$

$$\left(\Lambda^0_{\ 0}\right)_H = \frac{1}{2}\left(|\kappa| + \frac{1}{|\kappa|}\right) \geq 1, \tag{11.1.20}$$

$$\left(\Lambda^0_{\ 0}\right)_L = \frac{1}{2}\left(|\rho| + \frac{1}{|\rho|}\right) \geq 1. \tag{11.1.21}$$

Il limite inferiore nelle (11.1.20) e (11.1.21) assume quel valore poiché la funzione

$$h : x \in \mathbb{R}_+ \to x + \frac{1}{x} \tag{11.1.22}$$

ha un minimo assoluto in $x = 1$, e tale minimo vale 2. Pertanto, in tutti i casi possibili, abbiamo $\Lambda^0_{\ 0} \geq 1$, ovvero è provato che φ è una mappa due ad uno tra $\mathrm{SL}(2, \mathbb{C})$ e $\mathrm{SO}^+(3, 1)$.

Adesso studiamo la relazione tra $\varphi(\mathrm{SL}(2, \mathbb{C}))$ e $\mathrm{SO}^+(3, 1)$. A tal fine osserviamo che, detta $B = B_0^2$ una matrice definita positiva, ogni matrice A di $\mathrm{SL}(2, \mathbb{C})$ può essere scritta nella forma

$$A = \begin{pmatrix} e^{i\frac{\alpha}{2}} & 0 \\ 0 & e^{-i\frac{\alpha}{2}} \end{pmatrix}^2 \begin{pmatrix} \cos\frac{\beta}{2} & \sin\frac{\beta}{2}e^{i\gamma} \\ -\sin\frac{\beta}{2}e^{-i\gamma} & \cos\frac{\beta}{2} \end{pmatrix}^2 B$$
$$= M^2 N^2 B_0^2. \tag{11.1.23}$$

Questo implica che

$$\det\varphi(A) = (\det\varphi(M))^2(\det\varphi(N))^2(\det\varphi(B_0))^2 > 0, \tag{11.1.24}$$

e pertanto, stando solo a questa formula, l'immagine di $\mathrm{SL}(2, \mathbb{C})$ tramite φ non coincide ancora con $\mathrm{SO}^+(3, 1)$. Ma le formule esponenziali (11.1.6) e (11.1.8) per rotazioni e boost ci mostrano che, *per ogni* elemento di $\mathrm{SO}^+(3,1)$, esiste una corrispondente matrice di $\mathrm{SL}(2,\mathbb{C})$, così che

$$\varphi(\mathrm{SL}(2,\mathbb{C})) = \mathrm{SO}^+(3,1), \tag{11.1.25}$$

ovvero φ è una applicazione surgettiva.

11.2 Campi vettoriali indotti

Se G è un gruppo di Lie che agisce su una varietà M, un campo vettoriale invariante a sinistra $(L_g)_* V$ generato da $V \in T_e(G)$ induce naturalmente un campo vettoriale su M. Definiamo un flusso in M mediante

$$\sigma(t, p) = e^{tV}\, p, \quad V \in T_e(G). \tag{11.2.1}$$

Tale $\sigma(t, p)$ è un gruppo ad un parametro di trasformazioni, e possiamo allora definire un campo vettoriale detto *il campo vettoriale indotto* e qui denotato mediante

$$V^\diamond\Big|_p = \frac{d}{dt}e^{tV}p\,\Big|_{t=0}. \tag{11.2.2}$$

Abbiamo dunque una applicazione

$$\diamond : \; T_e(G) \to \chi(M).$$

Ad esempio, se $M = \mathbb{R}^2$, sia $V = \begin{pmatrix} 0 & -1 \\ 1 & 0 \end{pmatrix}$ un elemento dell'algebra di Lie di $\mathrm{SO}(2)$. L'esponenziazione di tV fornisce

$$e^{tV} = \begin{pmatrix} \cos(t) & -\sin(t) \\ \sin(t) & \cos(t) \end{pmatrix}, \tag{11.2.3}$$

e alfine, rendendo esplicita la notazione concisa nella (11.2.2), con x e y coordinate di p,

$$V^\diamond\Big|_p = \begin{pmatrix} 0 & -1 \\ 1 & 0 \end{pmatrix}\begin{pmatrix} x \\ y \end{pmatrix}\left(\frac{\partial}{\partial x}, \frac{\partial}{\partial y}\right) = -y\frac{\partial}{\partial x} + x\frac{\partial}{\partial y}. \tag{11.2.4}$$

Per gruppi di matrici con relativa algebra di Lie, il campo vettoriale indotto è dunque calcolabile da una formula del tipo

$$X^\diamond = \sum_{i,j} A^i{}_j x^j \frac{\partial}{\partial x^i} = \sum_i B^i \frac{\partial}{\partial x^i}. \tag{11.2.5}$$

Un altro esempio si ottiene considerando il gruppo $G = \mathrm{SO}(3)$ e la varietà $M = \mathbb{R}^3$. In tal caso, le rotazioni attorno agli assi x, y, z sono descrivibili a partire dalle tre matrici

$$\mathcal{R}_x = \begin{pmatrix} 0 & 0 & 0 \\ 0 & 0 & -1 \\ 0 & 1 & 0 \end{pmatrix}, \tag{11.2.6}$$

$$\mathcal{R}_y = \begin{pmatrix} 0 & 0 & 1 \\ 0 & 0 & 0 \\ -1 & 0 & 0 \end{pmatrix}, \tag{11.2.7}$$

$$\mathcal{R}_z = \begin{pmatrix} 0 & -1 & 0 \\ 1 & 0 & 0 \\ 0 & 0 & 0 \end{pmatrix}, \tag{11.2.8}$$

con associati campi vettoriali ottenibili dalla (11.2.5):

$$R_x = y\frac{\partial}{\partial z} - z\frac{\partial}{\partial y}, \tag{11.2.9}$$

$$R_y = z\frac{\partial}{\partial x} - x\frac{\partial}{\partial z}, \tag{11.2.10}$$

$$R_z = x\frac{\partial}{\partial y} - y\frac{\partial}{\partial x}. \tag{11.2.11}$$

11.3 La mappa aggiunta

Se G è un gruppo di Lie a dimensione finita, la *mappa aggiunta* ad_a è una applicazione da G in G definita come segue:

$$\begin{aligned} \mathrm{ad}_a : \ g \to a \odot g \odot a^{-1} &= L_a(g) \odot a^{-1} = L_a(R_{a^{-1}}(g)) \\ &= R_{a^{-1}}(L_a(g)), \ \forall a \in G. \end{aligned} \tag{11.3.1}$$

Dopo aver introdotto la notazione

$$\varphi_a(g) = a \odot g \odot a^{-1}, \ \forall a \in G, \tag{11.3.2}$$

si riconosce che

$$\begin{aligned} \varphi_{ab}(g) = (a \odot b) \odot g \odot (a \odot b)^{-1} &= a \odot b \odot g \odot b^{-1} \odot a^{-1} \\ &= a \odot \varphi_b(g) \odot a^{-1} = \varphi_a(\varphi_b(g)). \end{aligned} \tag{11.3.3}$$

Notiamo ora che

$$\mathrm{ad}_a(e) = a \odot e \odot a^{-1} = a \odot a^{-1} = e. \tag{11.3.4}$$

Pertanto, poiché il pushforward della mappa aggiunta è una applicazione

$$(\mathrm{ad}_a)_* \,:\, T_g(G) \to T_{\mathrm{ad}_a(g)}(G), \tag{11.3.5}$$

scopriamo che, posto $g = e$, si può definire la mappa aggiunta per l'algebra di Lie, ovvero l'applicazione (teniamo presente la (11.3.4))

$$\mathrm{Ad}_a \,:\, T_e(G) \to T_{\mathrm{ad}_a(e)}(G) = T_e(G). \tag{11.3.6}$$

In altri termini, la mappa Ad_a è definita come

$$\mathrm{Ad}_a \equiv (\mathrm{ad}_a)_*|_{T_e(G)}. \tag{11.3.7}$$

Riconosciamo inoltre che vale l'omomorfismo

$$\Big(\mathrm{ad}_a\Big)_* \Big(\mathrm{ad}_b\Big)_* = \Big(\mathrm{ad}_{ab}\Big)_* \implies \Big(\mathrm{Ad}\Big)_a \Big(\mathrm{Ad}\Big)_b = \Big(\mathrm{Ad}\Big)_{ab}, \tag{11.3.8}$$

e la relazione

$$\Big(\mathrm{ad}_{a^{-1}}\Big)_* \Big(\mathrm{ad}_a\Big)_*\Big|_{T_e(G)} = \mathrm{id}|_{T_e(G)} \implies \mathrm{Ad}_{a^{-1}} = (\mathrm{Ad}_a)^{-1}. \tag{11.3.9}$$

Se G è un gruppo di matrici, g un elemento di G, V un elemento di $T_e(G)$, e^{tV} il sottogruppo ad un parametro generato da V, allora ad_g agisce su e^{tV} come segue:

$$g\, e^{tV}\, g^{-1} = e^{t g V g^{-1}}, \tag{11.3.10}$$

da cui a sua volta

$$\mathrm{Ad}_g V = \frac{d}{dt}\Big[\mathrm{ad}_g e^{tV}\Big]\Big|_{t=0} = \frac{d}{dt} e^{(t g V g^{-1})}\Big|_{t=0} = g V g^{-1}. \tag{11.3.11}$$

Capitolo 12
Gruppi astratti; topologici; di Lie. V

12.1 Rappresentazioni riducibili e irriducibili

Sappiamo che una rappresentazione di un gruppo G (capitolo 8) studia G mediante trasformazioni lineari di spazi vettoriali; essa si dice *unitaria* se le matrici U della rappresentazione sono unitarie, ovvero

$$U U^{\dagger} = U^{\dagger} U = I. \tag{12.1.1}$$

Tali rappresentazioni conservano il prodotto scalare tra i vettori di uno spazio vettoriale complesso. Ogni rappresentazione di un gruppo compatto di Lie o di un gruppo finito è equivalente ad una rappresentazione unitaria, ovvero esiste una trasformazione che la rende unitaria.

Dato $g \in G$, se D è una rappresentazione di G e $D(g)$ denota l'immagine di g tramite D, allora $D^*(g)$ denota la complessa coniugata di $D(g)$. Ad esempio, se in corrispondenza ai generatori $\{T_l\}$ abbiamo una rappresentazione D tale che

$$D(g) = \exp\left[i \sum_l \alpha_l T_l \right], \tag{12.1.2}$$

la rappresentazione complessa coniugata ha immagine

$$D^*(g) = \exp\left[-i \sum_l \alpha_l T_l^* \right]. \tag{12.1.3}$$

I generatori della rappresentazione complessa coniugata sono quindi $\tau_l = -T_l^*$. Se non esiste una S invertibile tale che

$$S T_l S^{-1} = -T_l^*, \tag{12.1.4}$$

allora le immagini $D(g)$ e $D^*(g)$ hanno autovalori distinti.

G. Esposito, *Fondamenti Matematici della Teoria Classica dei Campi*, La Matematica per il 3+2, https://doi.org/10.1007/978-3-032-23198-7_12

Date due rappresentazioni D e E del gruppo G, il loro prodotto diretto è la rappresentazione che agisce sullo spazio vettoriale ottenuto dal prodotto tensoriale tra i vettori di base di D e E, ovvero

$$[D(g)u_i] \otimes [E(g)v_k] = [D(g) \otimes E(g)](u_i \otimes v_k). \qquad (12.1.5)$$

Una rappresentazione è detta *riducibile* se la matrice ad essa associata si può trasformare, attraverso similitudini, in una matrice a blocchi, ad esempio se si ha

$$D = \begin{pmatrix} A & 0 & 0 \\ 0 & B & 0 \\ 0 & 0 & C \end{pmatrix}, \qquad (12.1.6)$$

ove A, B, C hanno dimensioni in generale diverse. Si dice allora che D è riducibile, poiché è costruita da rappresentazioni più piccole. Ad esempio, se A è una matrice 2×2, B è una matrice 3×3 e C è una matrice 2×2, scriveremo che

$$D = \begin{pmatrix} a_{11} & a_{12} & 0 & 0 & 0 & 0 & 0 \\ a_{21} & a_{22} & 0 & 0 & 0 & 0 & 0 \\ 0 & 0 & b_{11} & b_{12} & b_{13} & 0 & 0 \\ 0 & 0 & b_{21} & b_{22} & b_{23} & 0 & 0 \\ 0 & 0 & b_{31} & b_{32} & b_{33} & 0 & 0 \\ 0 & 0 & 0 & 0 & 0 & c_{11} & c_{12} \\ 0 & 0 & 0 & 0 & 0 & c_{21} & c_{22} \end{pmatrix}. \qquad (12.1.7)$$

Le matrici A e C operano su vettori bidimensionali, mentre B opera su vettori tridimensionali. Lo spazio vettoriale sul quale opera D si decompone quindi in sottospazi invarianti, grazie alla forma a blocchi. Può esistere una trasformazione S_A che diagonalizza A, ma non diagonalizza né B né C, e lo stesso si può dire se esiste S_B o S_C. Un generico vettore dello spazio su cui opera D si può esprimere come $\vec{d} = \left\{ \vec{a}, \vec{b}, \vec{c} \right\}$, ove $\vec{a}$ appartiene al sottospazio sul quale opera A, $\vec{b}$ al sottospazio sul quale opera B, e $\vec{c}$ al sottospazio sul quale opera C.

Le rappresentazioni che invece non possono essere scritte in una forma a blocchi, ovvero che non hanno matrici di dimensione ≥ 2 lungo la diagonale, sono dette *irriducibili*. Una rappresentazione riducibile si può descrivere completamente attraverso le rappresentazioni irriducibili che ne formano i blocchi. In particolare, per la D prima introdotta, diciamo che essa è la somma diretta delle rappresentazioni irriducibili A, B e C, e scriviamo

$$D = A \oplus B \oplus C. \qquad (12.1.8)$$

Per i gruppi di Lie compatti, ogni rappresentazione unitaria è riducibile, e ogni rappresentazione irriducibile ha dimensione finita.

12.2   Generatori di Lorentz e Poincaré

Nei capitoli 1 e 11 abbiamo studiato il gruppo di Lorentz, e qui ci soffermiamo su $SO^+(3, 1)$, nel quale le matrici $\Lambda^\alpha_{\ \beta}$ hanno determinante $= 1$ e $\Lambda^0_{\ 0} \geq 1$. Le associate trasformazioni di Lorentz

$$x'^\alpha = \sum_{\beta=0}^{3} \Lambda^\alpha_{\ \beta} x^\beta$$

sono dette proprie ortocrone. Questo è un gruppo di Lie non compatto caratterizzato da sei parametri. La non compattezza è dovuta al fatto che tre parametri possono variare nell'intervallo $[-\infty, \infty]$. Nello spaziotempo di Minkowski possiamo trasformare solo le componenti spaziali di x^μ, lasciando invariata la componente temporale:

$$x'^i = \sum_{\beta=0}^{3} \Lambda^i_{\ \beta} x^\beta, \quad x'^0 = x^0.$$

Allora otteniamo le rotazioni proprie tridimensionali, che formano un gruppo compatto a tre parametri, con i generatori L^j: $L^1 = L_x$, $L^2 = L_y$, $L^3 = L_z$. Se si fa trasformare anche la componente x^0, si ottengono i boost. Queste trasformazioni dipendono dalla velocità di un sistema di riferimento rispetto all'altro, e quindi dipendono da tre parametri. Quando si scrivono i boost in forma esponenziale, si ottiene una forma che ricorda quella delle rotazioni, ma con le funzioni iperboliche cosh e sinh al posto di coseno e seno. Questo rende possibile l'ottenere i tre parametri α_i che ricorrono nell'esponenziale in funzione delle componenti di $\vec{\beta} = \frac{\vec{v}}{c}$, secondo

$$\tanh(\alpha_i) = \beta_i. \tag{12.2.1}$$

Poiché $\beta_i \in [-1, 1]$, ne segue che $\alpha_i \in [-\infty, \infty]$. I generatori dei boost sono indicati con K^i, $i = 1, 2, 3$. Gli elementi di $SO^+(3, 1)$ si possono scrivere nella forma

$$\Lambda(\vec{\phi}, \vec{\alpha}) = \exp\left[-i\vec{\phi} \cdot \vec{L} - i\vec{\alpha} \cdot \vec{K} \right]. \tag{12.2.2}$$

I sei generatori di $SO^+(3, 1)$, che si ottengono dallo sviluppo delle Λ, soddisfano le seguenti regole di commutazione:

$$[K^j, K^l] = -i \sum_{s=1}^{3} \varepsilon^{jl}_{\ \ s} L^s, \tag{12.2.3}$$

$$[L^j, K^l] = i \sum_{s=1}^{3} \varepsilon^{jl}_{\ \ s} K^s, \tag{12.2.4}$$

$$[L^j, L^l] = -[K^j, K^l]. \tag{12.2.5}$$

I generatori $\vec{L}$ e $\vec{K}$ possono essere conglobati in un generatore tensoriale antisimmetrico $M^{\alpha\gamma}$ con sei componenti indipendenti, ovvero

$$M^{0i} = K^i = -M^{i0}, \quad M^{ij} = \sum_{k=1}^{3} \varepsilon^{ij}{}_k L^k. \tag{12.2.6}$$

Anche i parametri possono essere conglobati in un tensore antisimmetrico $\omega^{\alpha\beta}$, così che

$$\vec{\phi} \cdot \vec{L} + \vec{\alpha} \cdot \vec{K} = \frac{1}{2} \sum_{\alpha,\beta=0}^{3} \omega^{\alpha\beta} M_{\alpha\beta}. \tag{12.2.7}$$

Dal capitolo 1 sappiamo che il gruppo di Poincaré è il prodotto semidiretto del gruppo di Lorentz $O(3,1)$ e delle traslazioni $T(a)$:

$$\mathcal{P} = O(3,1) \otimes T(a). \tag{12.2.8}$$

Il gruppo proprio di Poincaré consiste di infiniti elementi dati dal prodotto $t(a)\Lambda(\vec{\phi},\vec{\alpha})$, ove $t(a) \in T(a)$ e $\Lambda(\vec{\phi},\vec{\alpha}) \in SO^+(3,1)$. Gli elementi di $T(a)$ sono

$$t(a) = \exp(-i\vec{a} \cdot \vec{P}), \tag{12.2.9}$$

ove P^μ sono i generatori delle traslazioni. Un elemento del gruppo proprio di Poincaré trasforma il vettore x^μ in

$$x'^\mu = \sum_{\nu=0}^{3} \Lambda^\mu{}_\nu(\vec{\phi},\vec{\alpha}) x^\nu + a^\mu. \tag{12.2.10}$$

Nel caso di trasformazioni infinitesime, questa formula diventa

$$x'^\mu \cong \sum_{\rho,\nu=0}^{3} \left[I - ia \cdot P\right]^\mu_\rho \left[I + i\omega \cdot M\right]^\rho_\nu x^\nu. \tag{12.2.11}$$

Per i dieci generatori del gruppo proprio di Poincaré, $M^{\mu\nu}$ e P^ν, si trovano dunque i commutatori

$$\left[P^\mu, P^\nu\right] = 0, \tag{12.2.12}$$

$$\left[M^{\mu\nu}, P^\lambda\right] = i\left(\eta^{\nu\lambda} P^\mu - \eta^{\mu\lambda} P^\nu\right), \tag{12.2.13}$$

$$\left[M^{\mu\nu}, M^{\lambda\sigma}\right] = i\left(\eta^{\mu\sigma} M^{\nu\lambda} + \eta^{\nu\lambda} M^{\mu\sigma} - \eta^{\mu\lambda} M^{\nu\sigma} - \eta^{\nu\sigma} M^{\mu\lambda}\right). \tag{12.2.14}$$

I due operatori di Casimir, che permettono di identificare le rappresentazioni irriducibili del gruppo proprio di Poincaré, sono

$$C_1 = P \cdot P = \left[P^0\right]^2 - \vec{P} \cdot \vec{P}, \qquad (12.2.15)$$

$$C_2 = W \cdot W = \left[W^0\right]^2 - \vec{W} \cdot \vec{W}, \qquad (12.2.16)$$

ove W è il quadrivettore di Pauli-Lubanski avente componenti

$$W^\mu = -\frac{1}{2} \sum_{\nu,\sigma,\rho=0}^{3} \varepsilon^{\mu\nu\sigma\rho} P_\nu M_{\sigma\rho}. \qquad (12.2.17)$$

Si noti che $P \cdot W = 0$ in virtù dell'antisimmetria del tensore $\varepsilon^{\mu\nu\sigma\rho}$. Pertanto solo tre componenti di W sono indipendenti. In particolare, si ha (ponendo $\vec{J} = \vec{L} + \vec{S}$)

$$W^0 = \vec{P} \cdot \vec{J}, \quad \vec{W} = P^0 \vec{J} - \vec{P} \wedge \vec{K}. \qquad (12.2.18)$$

La non compattezza del gruppo proprio di Poincaré, che deriva dalla non compattezza sia di $SO^+(3,1)$ che del gruppo delle traslazioni, comporta che le rappresentazioni irriducibili a dimensione finita non sono unitarie (eccezion fatta per il caso unidimensionale).

12.3   Le rappresentazioni unitarie del gruppo di Lorentz

Nel suo articolo del 1932, E. Majorana (1932) fu il primo a studiare le rappresentazioni unitarie del gruppo di Lorentz. Majorana stava studiando un'equazione d'onda lineare del tipo Dirac:

$$(E + \vec{\alpha} \cdot \vec{p} - \beta M)\psi = 0, \qquad (12.3.1)$$

e voleva evitare soluzioni a energia negativa. Pertanto richiese che β fosse un operatore definito positivo, così che la funzione d'onda dovesse trasformarsi secondo una rappresentazione unitaria del gruppo di Lorentz. Il suo argomento si basava su un principio d'azione a partire dal quale derivare l'equazione d'onda (12.3.1) in modo variazionale. A tal fine, l'azione appropriata è

$$\int d^4x \; \psi^\dagger (E + \vec{\alpha} \cdot \vec{p} - \beta M)\psi.$$

Se β è definito positivo, si può ridefinire la funzione d'onda secondo la relazione

$$\widetilde{\psi} = \sqrt{\beta}\, \psi, \qquad (12.3.2)$$

così che, ponendo (Casalbuoni 2006)

$$\Gamma_0 = \beta^{-1}, \ \ \vec{\Gamma} = \frac{1}{\sqrt{\beta}}\vec{\alpha}\frac{1}{\sqrt{\beta}}, \tag{12.3.3}$$

l'azione diventa

$$\int d^4 \, \widetilde{\psi}^{\dagger}\Big(\Gamma_0 E + \vec{\Gamma} \cdot \vec{p} - M\Big)\widetilde{\psi}. \tag{12.3.4}$$

Da questa si ottiene l'equazione d'onda

$$\Big(\sum_{\mu=0}^{3}\Gamma_{\mu}p^{\mu} - M\Big)\widetilde{\psi} = 0, \ \ \Gamma_{\mu} \equiv (\Gamma_0, \vec{\Gamma}), \ \ p^{\mu} \equiv (E, \vec{p}). \tag{12.3.5}$$

Richiedendo la Lorentz invarianza dell'azione (12.3.4), ne segue che lo stesso deve valere per $\widetilde{\psi}^{\dagger}\widetilde{\psi}$. Pertanto, sotto una trasformazione di Lorentz, $\widetilde{\psi}$ deve trasformarsi come una rappresentazione unitaria del gruppo di Lorentz, ovvero

$$\widetilde{\psi}' = S\widetilde{\psi}, \ \ S^{\dagger}S = SS^{\dagger} = I. \tag{12.3.6}$$

Il passo successivo di Majorana fu il calcolo delle relazioni di commutazione dei generatori del gruppo di Lorentz, che abbiamo già scritto nel paragrafo precedente. Gli L^j e K^j sono legati ai generatori covarianti $L^{\mu\nu} = M^{\mu\nu}$ dalle relazioni (d'ora in poi i nostri L sono i J di Casalbuoni (2006))

$$L^k = \frac{1}{2}\sum_{i,j=1}^{3}\varepsilon^k_{\ ij}L^{ij}, \ \ K^i = -L^{i0}. \tag{12.3.7}$$

Poiché i boost sono operatori vettoriali, la loro azione sulla base $|j, m\rangle$ del momento angolare può essere scritta nella forma

$$\begin{aligned}
K_+|j,m\rangle &= \alpha_1(j,m)|j-1,m+1\rangle + \alpha_2(j,m)|j,m+1\rangle \\
&\quad + \alpha_3(j,m)|j+1,m+1\rangle, \tag{12.3.8}
\end{aligned}$$

$$\begin{aligned}
K_-|j,m\rangle &= \alpha_4(j,m)|j-1,m-1\rangle + \alpha_5(j,m)|j,m-1\rangle \\
&\quad + \alpha_6(j,m)|j+1,m-1\rangle, \tag{12.3.9}
\end{aligned}$$

$$\begin{aligned}
K^3|j,m\rangle &= \alpha_7(j,m)|j-1,m\rangle + \alpha_8(j,m)|j,m\rangle \\
&\quad + \alpha_9(j,m)|j+1,m\rangle, \tag{12.3.10}
\end{aligned}$$

ove, avendo posto

$$A_j \equiv \frac{ij_0j_1}{j(j+1)}, \ \ B_j \equiv \frac{1}{j}\sqrt{\frac{(j^2-(j_0)^2)(j^2-(j_1)^2)}{(4j^2-1)}}, \tag{12.3.11}$$

si ha

$$\alpha_1(j,m) \equiv B_j \sqrt{(j-m)(j-m-1)},$$

$$\alpha_2(j,m) \equiv -A_j \sqrt{(j-m)(j+m+1)}, \qquad (12.3.12)$$

$$\alpha_3(j,m) \equiv B_{j+1} \sqrt{(j+m+1)(j+m+2)}, \qquad (12.3.13)$$

$$\alpha_4(j,m) \equiv -B_j \sqrt{(j+m)(j+m-1)}, \qquad (12.3.14)$$

$$\alpha_5(j,m) \equiv -A_j \sqrt{(j+m)(j-m+1)}, \qquad (12.3.15)$$

$$\alpha_6(j,m) \equiv -B_{j+1} \sqrt{(j-m+1)(j-m+2)}, \qquad (12.3.16)$$

$$\alpha_7(j,m) \equiv B_j \sqrt{(j-m)(j+m)}, \quad \alpha_8(j,m) \equiv -m A_j, \qquad (12.3.17)$$

$$\alpha_9(j,m) \equiv -B_{j+1} \sqrt{(j+m+1)(j-m+1)}. \qquad (12.3.18)$$

Questi elementi di matrice dipendono dunque dalla coppia (j_0, j_1). Tali numeri caratterizzano i valori assunti dagli operatori di Casimir del gruppo di Lorentz, ovvero

$$C_1 = \frac{1}{2} \sum_{\mu,\nu=0}^{3} L_{\mu\nu} L^{\mu\nu} = \vec{L}^2 - \vec{K}^2 = (j_0)^2 + (j_1)^2 - 1, \qquad (12.3.19)$$

$$C_2 = \frac{1}{4} \sum_{\mu,\nu,\rho,\sigma=0}^{3} \varepsilon_{\mu\nu\rho\sigma} L^{\mu\nu} L^{\rho\sigma} = 2\vec{L} \cdot \vec{K} = 2i j_0 j_1. \qquad (12.3.20)$$

Dunque (j_0, j_1) e $(-j_0, -j_1)$ forniscono rappresentazioni equivalenti, e possiamo scegliere $j_0 > 0$.

Per rappresentazioni a dimensione finita, si ha $j_1 = j_{max} + 1$. A dimensione infinita, il contenuto di spin della rappresentazione è $j_0, j_0 + 1, \ldots$. Fin qui entra in gioco solo la natura irriducibile della rappresentazione. La richiesta di unitarietà seleziona poi due serie di rappresentazioni:

(i) Serie principale:

$$j_0 = k, \; k = 1, 2, \ldots, \infty \text{ oppure } j_0 = k + \frac{1}{2}, \; k = 0, 1, 2, \ldots$$

$$j_1 = i\alpha, \; \alpha \in \mathbb{R}.$$

(ii) Serie supplementare:

$$j_0 = 0, \; j_1 \in \,]-1, 1[.$$

Majorana considerò le scelte $\left(j_0 = 0, j_1 = \frac{1}{2}\right)$ e $\left(j_0 = \frac{1}{2}, j_1 = 0\right)$, per le quali i Casimir assumono i valori $C_1 = -\frac{3}{4}$, $C_2 = 0$, poi calcolò gli elementi di matrice dell'operatore Γ_μ. Majorana calcolò le relazioni di commutazione

$$\left[L_{\mu\nu}, \Gamma_\rho\right] = i\left(\Gamma_\mu \eta_{\nu\rho} - \Gamma_\nu \eta_{\mu\rho}\right). \qquad (12.3.21)$$

Gli elementi di matrice di Γ_μ si possono ottenere osservando che, una volta che Γ_0 è noto, i Γ_l possono essere calcolati da

$$\Gamma_l = -i\,[K_l, \Gamma_0]. \tag{12.3.22}$$

Notando che

$$\langle j', m'|\Gamma_0|j, m\rangle = \langle j, m|\Gamma_0|j, m\rangle \delta_{jj'}\delta_{mm'}, \tag{12.3.23}$$

e usando

$$\Gamma_0 = [[K_i, \Gamma_0], K_i], \tag{12.3.24}$$

Majorana ottenne (poiché Γ_0 è fissato a meno di una costante)

$$\langle j, m|\Gamma_0|j, m\rangle = j + \frac{1}{2}. \tag{12.3.25}$$

Passando al sistema di riferimento a riposo, Majorana trovò lo spettro di massa

$$M_j = \frac{M}{\left(j + \frac{1}{2}\right)}, \quad j = j_0, j_0 + 1, \ldots, \tag{12.3.26}$$

ove $j_0 = 0$ oppure $\frac{1}{2}$. Le due rappresentazioni considerate da Majorana sono le uniche rappresentazioni irriducibili per le quali si riesce a soddisfare i vincoli di consistenza per ottenere un'equazione d'onda relativistica che coinvolge un operatore quadrivettoriale.

12.4   Struttura metrica dello spaziotempo di Minkowski

Dopo i gruppi di Lorentz e Poincaré, il prossimo gruppo di interesse fisico è il gruppo conforme. A tal fine, presentiamo finalmente in modo accurato il concetto di metrica per lo spaziotempo di Minkowski, che finora era un concetto assunto implicitamente come noto.

La metrica η di Minkowski in un punto p della varietà differenziabile M connessa, di Hausdorff e con funzioni di transizione di classe C^∞ è una applicazione

$$\eta|_p : \; T_p(M) \otimes T_p(M) \to \mathbb{R} \tag{12.4.1}$$

simmetrica:

$$\eta(X, Y) = \eta(Y, X) \;\; \forall X, Y \in T_p(M), \tag{12.4.2}$$

bilineare e non degenere, espressa da un tensore di tipo $(0, 2)$:

$$\eta|_p = \sum_{\mu,\nu=0}^{3} \eta_{\mu\nu}\bigg|_p E^\mu \otimes E^\nu. \tag{12.4.3}$$

La valutazione di tale tensore su una coppia di vettori di base dello spazio tangente fornisce

$$\eta|_p\left(\frac{\partial}{\partial x^\alpha}, \frac{\partial}{\partial x^\beta}\right) = \sum_{\mu,\nu=0}^{3} \eta_{\mu\nu}\langle E^\mu, e_\alpha\rangle\langle E^\nu, e_\beta\rangle$$

$$= \sum_{\mu,\nu=0}^{3} \eta_{\mu\nu}\frac{\partial x^\mu}{\partial x^\alpha}\frac{\partial x^\nu}{\partial x^\beta} = \sum_{\mu,\nu=0}^{3} \eta_{\mu\nu}\delta_\alpha^\mu\delta_\beta^\nu$$

$$= \eta_{\alpha\beta}\big|_p. \tag{12.4.4}$$

La metrica inversa è un tensore di tipo $(2, 0)$:

$$\eta^{-1} = \sum_{\mu,\nu=0}^{3} \left(\eta^{-1}\right)^{\mu\nu} e_\mu \otimes e_\nu, \tag{12.4.5}$$

ove la valutazione di η^{-1} su una coppia di vettori di base dello spazio cotangente fornisce

$$\eta^{-1}(E^\alpha, E^\beta) = \left(\eta^{-1}\right)^{\alpha\beta}. \tag{12.4.6}$$

La matrice di tali componenti controvarianti è la matrice inversa di $\eta_{\mu\nu}$, ovvero

$$\sum_{\nu=0}^{3} \eta_{\mu\nu}\left(\eta^{-1}\right)^{\nu\lambda} = \delta_\mu^{\,\lambda}. \tag{12.4.7}$$

Noi useremo la convenzione secondo cui tali matrici sono entrambe

$$\mathrm{diag}(-1, 1, 1, 1).$$

Dalla (12.4.4) vediamo che, valutando η su una coppia di vettori X e Y si trova

$$\eta(X, Y) = \sum_{\mu,\nu=0}^{3} \eta_{\mu\nu}X^\mu Y^\nu. \tag{12.4.8}$$

Pertanto, un generico vettore $X \in T_p(M)$ ha una pseudonorma quadra

$$\eta(X, X) = \sum_{\mu,\nu=0}^{3} \eta_{\mu\nu}X^\mu X^\nu = \sum_{\mu=0}^{3} \eta_{\mu\mu}(X^\mu)^2, \tag{12.4.9}$$

e viene detto di tipo tempo, luce o spazio a seconda che sia $\eta(X, X) < 0$, $\eta(X, X) = 0$, $\eta(X, X) > 0$, rispettivamente. Dunque i vettori di interesse fisico giacciono all'interno o sulla frontiera topologica di un cono, il cono luce. La struttura di cono luce è la novità della geometria lorentziana rispetto alla geometria riemanniana. All'esterno del cono luce ci sono solo i vettori non fisici, quelli di tipo spazio. Poiché η realizza l'isomorfismo fra $T_p(M)$ e $T_p^*(M)$, si ha

$$\sum_{\mu=0}^{3} X^\mu \eta_{\mu\nu} = X_\nu, \quad \sum_{\mu=0}^{3} X_\mu (\eta^{-1})^{\mu\nu} = X^\nu. \tag{12.4.10}$$

12.5   Trasformazioni conformi in dimensione 4

Sotto una trasformazione di coordinate nello spaziotempo di Minkowski, otteniamo la metrica

$$\eta|_{x'} = \sum_{\rho,\sigma=0}^{3} \eta_{\rho\sigma}(x') dx'^\rho \otimes dx'^\sigma$$

$$= \sum_{\mu,\nu=0}^{3} \left(\sum_{\rho,\sigma=0}^{3} \eta_{\rho\sigma}(x') \frac{\partial x'^\rho}{\partial x^\mu} \frac{\partial x'^\sigma}{\partial x^\nu} \right) E^\mu \otimes E^\nu, \tag{12.5.1}$$

che dunque può venire a trovarsi in una certa relazione con la metrica

$$\eta|_x = \sum_{\mu,\nu=0}^{3} \eta_{\mu\nu}(x) E^\mu \otimes E^\nu.$$

In particolare una *trasformazione conforme*, che dalla teoria generale scriveremmo nella forma

$$\eta|_{f(p)}(f_* X, f_* Y) = \Omega^2 \eta|_p(X, Y), \tag{12.5.2}$$

assume la forma (cf. la (12.5.1) e Ginsparg 1991, Qualls 2015)

$$\sum_{\rho,\sigma=0}^{3} \eta_{\rho\sigma}(x') \frac{\partial x'^\rho}{\partial x^\mu} \frac{\partial x'^\sigma}{\partial x^\nu} = \Lambda(x(x'))\eta_{\mu\nu}(x). \tag{12.5.3}$$

In questa formula, se $\Lambda(x) = 1$ riotteniamo il gruppo di Poincaré, mentre se $\Lambda(x)$ è una costante $\neq 1$ otteniamo delle trasformazioni di scala globali.

Nel caso di trasformazioni infinitesime al primo ordine in ε:

$$x'^\mu = x^\mu + \varepsilon^\mu(x) + \mathrm{O}(\varepsilon^2), \tag{12.5.4}$$

il membro di sinistra della (12.5.3) diventa

$$\sum_{\rho,\sigma=0}^{3} \eta_{\rho\sigma} \left(\delta_\mu^\rho + \frac{\partial \varepsilon^\rho}{\partial x^\mu} + \mathrm{O}(\varepsilon^2) \right) \left(\delta_\nu^\sigma + \frac{\partial \varepsilon^\sigma}{\partial x^\nu} + \mathrm{O}(\varepsilon^2) \right)$$

$$= \eta_{\mu\nu} + \left(\frac{\partial \varepsilon_\mu}{\partial x^\nu} + \frac{\partial \varepsilon_\nu}{\partial x^\mu} \right) + \mathrm{O}(\varepsilon^2). \tag{12.5.5}$$

Affinché tale trasformazione infinitesima sia conforme, vediamo che, al primo ordine in ε, deve aversi

$$\partial_\mu \varepsilon_\nu + \partial_\nu \varepsilon_\mu = f(x) \eta_{\mu\nu}, \tag{12.5.6}$$

ove la funzione f è calcolabile moltiplicando ambo i membri della (12.5.6) per le componenti controvarianti di η e poi sommando su tutti i valori di μ e ν da 0 a 3, da cui

$$f(x) = \frac{1}{2} \sum_{\mu=0}^{3} \partial^\mu \varepsilon_\mu = \frac{1}{2} \mathrm{div}(\varepsilon). \tag{12.5.7}$$

Sostituendo questa nella (12.5.6), troviamo

$$\partial_\mu \varepsilon_\nu + \partial_\nu \varepsilon_\mu = \frac{1}{2} (\mathrm{div}(\varepsilon)) \eta_{\mu\nu}. \tag{12.5.8}$$

Il nostro operatore divergenza è

$$\mathrm{div}(\varepsilon) = \sum_{\mu=0}^{3} \partial^\mu \varepsilon_\mu = \sum_{\mu,\nu=0}^{3} \left(\eta^{-1} \right)^{\mu\nu} \partial_\nu \varepsilon_\mu = \eta^{-1}(\mathrm{grad}, \varepsilon), \tag{12.5.9}$$

ovvero $\mathrm{div} = \eta^{-1}(\mathrm{grad}, \cdot)$, ove $\mathrm{grad} = \left(\frac{\partial}{\partial x^0}, \frac{\partial}{\partial x^1}, \frac{\partial}{\partial x^2}, \frac{\partial}{\partial x^3} \right)$.
  Dalle (12.5.5)–(12.5.8) troviamo che

$$\Lambda(x) = 1 + \frac{1}{2} (\mathrm{div}(\varepsilon)) + \mathrm{O}(\varepsilon^2). \tag{12.5.10}$$

Agendo sulla (12.5.8) con ∂^ν e sommando su ν, otteniamo

$$\partial_\mu (\mathrm{div}(\varepsilon)) + \Box \varepsilon_\mu = \frac{1}{2} \partial_\mu (\mathrm{div}(\varepsilon)), \tag{12.5.11}$$

ove

$$\Box \equiv \sum_{\mu=0}^{3} \partial_\mu \partial^\mu = \sum_{\mu,\nu=0}^{3} \left(\eta^{-1} \right)^{\mu\nu} \partial_\nu \partial_\mu \tag{12.5.12}$$

è l'operatore d'onda in Minkowski (l'operatore di d'Alembert). Agendo sulla (12.5.11) mediante ∂_ν si trova

$$\partial_\mu \partial_\nu (\text{div}(\varepsilon)) + \Box \partial_\nu \varepsilon_\mu = \frac{1}{2} \partial_\mu \partial_\nu (\text{div}(\varepsilon)). \tag{12.5.13}$$

Nella (12.5.13) scambiamo poi μ con ν e sommiamo membro a membro le equazioni risultanti, trovando

$$2\partial_\mu \partial_\nu (\text{div}(\varepsilon)) + \Box(\partial_\mu \varepsilon_\nu + \partial_\nu \varepsilon_\mu) = \partial_\mu \partial_\nu (\text{div}(\varepsilon)), \tag{12.5.14}$$

e ivi inseriamo la (12.5.8), da cui

$$\left(\eta_{\mu\nu} \Box + 2\partial_\mu \partial_\nu \right)(\text{div}(\varepsilon)) = 0. \tag{12.5.15}$$

Da tale equazione troviamo alfine

$$\sum_{\mu,\nu=0}^{3} \left(\eta^{-1} \right)^{\mu\nu} \left(\eta_{\mu\nu} \Box + 2\partial_\mu \partial_\nu \right)(\text{div}(\varepsilon)) = 0 \implies \Box(\text{div}(\varepsilon)) = 0. \tag{12.5.16}$$

Agiamo ora con ∂_ρ sulla (12.5.8) e permutiamo gli indici a ottenere

$$\partial_\rho \partial_\mu \varepsilon_\nu + \partial_\rho \partial_\nu \varepsilon_\mu = \frac{1}{2} \eta_{\mu\nu} \partial_\rho (\text{div}(\varepsilon)), \tag{12.5.17}$$

$$\partial_\nu \partial_\rho \varepsilon_\mu + \partial_\nu \partial_\mu \varepsilon_\rho = \frac{1}{2} \eta_{\rho\mu} \partial_\nu (\text{div}(\varepsilon)), \tag{12.5.18}$$

$$\partial_\mu \partial_\nu \varepsilon_\rho + \partial_\mu \partial_\rho \varepsilon_\nu = \frac{1}{2} \eta_{\nu\rho} \partial_\mu (\text{div}(\varepsilon)). \tag{12.5.19}$$

Se ora sottraiamo la (12.5.17) dalla somma di (12.5.18) e (12.5.19), troviamo

$$\partial_\mu \partial_\nu \varepsilon_\rho = \frac{1}{4} \left(-\eta_{\mu\nu} \partial_\rho + \eta_{\rho\mu} \partial_\nu + \eta_{\nu\rho} \partial_\mu \right)(\text{div}(\varepsilon)). \tag{12.5.20}$$

12.6   Trasformazioni conformi infinitesime in dimensione 4

La (12.5.16) comporta che $\text{div}(\varepsilon)$ può essere al più lineare in x^μ, e pertanto ε_μ può essere al più quadratica in x^ν, ovvero

$$\varepsilon_\mu = a_\mu + \sum_{\nu=0}^{3} b_{\mu\nu} x^\nu + \sum_{\nu,\rho=0}^{3} c_{\mu\nu\rho} x^\nu x^\rho. \tag{12.6.1}$$

Qui i coefficienti $a_\mu, b_{\mu\nu}, c_{\mu\nu\rho}$ sono tutti molto minori di 1, e $c_{\mu\nu\rho} = c_{\mu(\nu\rho)}$. La nostra deve essere una trasformazione conforme indipendentemente dal valore di x^μ, e quindi possiamo studiare individualmente i termini nella (12.6.1).

Per primo, consideriamo a_μ. Questo termine corrisponde a una traslazione infinitesima, e l'associato generatore è l'operatore momento

$$P_\mu \equiv -i\partial_\mu. \tag{12.6.2}$$

Il termine lineare in x è più interessante. Inserendo un termine lineare in x nella (12.5.8) si trova

$$b_{\mu\nu} + b_{\nu\mu} = \frac{1}{2} \sum_{\rho,\sigma=0}^{3} (\eta^{-1})^{\rho\sigma} b_{\rho\sigma}\, \eta_{\mu\nu}. \tag{12.6.3}$$

Quindi $b_{\mu\nu}$ deve avere la forma

$$b_{\mu\nu} = \alpha\eta_{\mu\nu} + m_{\mu\nu}, \tag{12.6.4}$$

ove $m_{\mu\nu} = -m_{\nu\mu}$, e α è un parametro. Il tensore m corrisponde a rotazioni di Lorentz infinitesime

$$x'^\mu = \sum_{\nu=0}^{3} \left(\delta_\nu^\mu + m_\nu^\mu\right)x^\nu. \tag{12.6.5}$$

Il generatore corrispondente a queste rotazioni è l'operatore di momento angolare

$$L_{\mu\nu} \equiv i(x_\mu\partial_\nu - x_\nu\partial_\mu). \tag{12.6.6}$$

La parte simmetrica di questa espressione corrisponde a trasformazioni di scala infinitesime

$$x'^\mu = (1 + \alpha)x^\mu, \tag{12.6.7}$$

con associato generatore

$$D \equiv -i\sum_{\mu=0}^{3} x^\mu\partial_\mu. \tag{12.6.8}$$

Quanto ai termini quadratici in x nella (12.6.1), se li inseriamo nella (12.5.20) troviamo

$$c_{\mu\nu\rho} = \eta_{\mu\rho}b_\nu + \eta_{\mu\nu}b_\rho - \eta_{\nu\rho}b_\mu, \quad b_\mu = \frac{1}{4}\sum_{\nu=0}^{3} c_{\nu\mu}^{\nu}. \tag{12.6.9}$$

Le (12.6.9) danno luogo alle trasformazioni conformi speciali. Dalle (12.5.4), (12.6.1) e (12.6.9) troviamo che queste hanno la forma infinitesima

$$x'^\mu = x^\mu + 2(x \cdot b)x^\mu - (x^2)b^\mu, \qquad (12.6.10)$$

il cui corrispondente generatore è

$$K_\mu \equiv -i\left(2x_\mu \sum_{\nu=0}^{3} x^\nu \partial_\nu - x^2 \partial_\mu\right). \qquad (12.6.11)$$

Mettendo assieme queste nuove espressioni di generatori con i familiari generatori di Poincaré, si trova l'insieme completo dei generatori del gruppo conforme (non numeriamo l'equazione per evitare ripetizione con le precedenti):

$$P_\mu \equiv -i\,\partial_\mu, \; L_{\mu\nu} \equiv i(x_\mu \partial_\nu - x_\nu \partial_\mu), \; D \equiv -i\sum_{\mu=0}^{3} x^\mu \partial_\mu,$$

$$K_\mu \equiv -i\left(2x_\mu \sum_{\nu=0}^{3} x^\nu \partial_\nu - x^2 \partial_\mu\right).$$

12.7   Trasformazioni conformi speciali in forma finita

La forma finita delle trasformazioni conformi speciali è espressa dalla relazione

$$x'^\mu = \frac{x^\mu - (x \cdot x)b^\mu}{1 - 2(b \cdot x) + (b \cdot b)(x \cdot x)}. \qquad (12.7.1)$$

L'associato fattore di scala è il quadrato del denominatore, ossia

$$\Lambda(x) = \Big(1 - 2(b \cdot x) + (b \cdot b)(x \cdot x)\Big)^2. \qquad (12.7.2)$$

Dalla (12.7.1), vediamo che in $x^\mu = \frac{b^\mu}{(b \cdot b)}$ il denominatore si annulla, e da x^μ si passa dunque a un punto all'infinito. Per definire trasformazioni conformi globali finite si deve ricorrere alla cosiddetta compattificazione conforme, che non abbiamo tempo di trattare.

I commutatori dei generatori del gruppo conforme sono

$$[D, P_\mu] = iP_\mu, \qquad (12.7.3)$$

$$[D, K_\mu] = -iK_\mu, \qquad (12.7.4)$$

$$[K_\mu, P_\nu] = 2i(\eta_{\mu\nu} D - L_{\mu\nu}), \qquad (12.7.5)$$

$$[K_\rho, L_{\mu\nu}] = i(\eta_{\rho\mu} K_\nu - \eta_{\rho\nu} K_\mu), \qquad (12.7.6)$$

$$[P_\rho, L_{\mu\nu}] = i(\eta_{\rho\mu} P_\nu - \eta_{\rho\nu} P_\mu), \qquad (12.7.7)$$

$$[L_{\mu\nu}, L_{\rho\sigma}] = i(\eta_{\nu\rho} L_{\mu\sigma} + \eta_{\mu\sigma} L_{\nu\rho} - \eta_{\mu\rho} L_{\nu\sigma} - \eta_{\nu\sigma} L_{\mu\rho}). \qquad (12.7.8)$$

In dimensione $d > 2$, il conteggio dei generatori fornisce

$$1 \text{ dilatazione } + \; d \text{ traslazioni } + \; d \text{ tr. conformi speciali } + \; \frac{d(d-1)}{2} \text{ rotazioni,}$$

ovvero $\frac{(d+1)(d+2)}{2}$ generatori, che sono quindi 15 se $d = 4$. Si possono anche definire i generatori nella forma

$$J_{\mu\nu} \equiv L_{\mu\nu}, \; J_{-1,\mu} \equiv \frac{1}{2}(P_\mu - K_\mu), \; J_{0,\mu} \equiv \frac{1}{2}(P_\mu + K_\mu), \; J_{-1,0} \equiv D, \quad (12.7.9)$$

i cui commutatori soddisfano

$$[J_{mn}, J_{pq}] = i\,(\eta_{mq} J_{np} + \eta_{np} J_{mq} - \eta_{mp} J_{nq} - \eta_{nq} J_{mp}). \quad (12.7.10)$$

Capitolo 13
Geometria riemanniana. I

13.1 Concetto di metrica

Cominciamo ora a studiare quel ramo della geometria che dipende da una peculiare struttura aggiuntiva, ossia l'introduzione di una metrica.

Definizione 13.1 Data una varietà differenziabile M, una metrica riemanniana g su M è un campo tensoriale di tipo $(0, 2)$ su M che soddisfa le seguenti proprietà per ogni $p \in M$ (definiamo $g_p \equiv g|_p$):

$$g_p(U, V) = g_p(V, U) \; \forall \; U, V \in T_p(M), \tag{13.1.1}$$

$$g_p(U, U) \geq 0 \; \forall U \in T_p(M). \tag{13.1.2}$$

Dunque g_p è una forma bilineare, simmetrica, definita positiva.

Le metriche pseudoriemanniane sono di interesse in relatività, e per esse vale la (13.1.1), mentre la (13.1.2) viene rimpiazzata dalla condizione

$$g_p(U, V) = 0 \; \forall \; U \in T_p(M) \implies V = 0, \tag{13.1.3}$$

ovvero (cf. la (13.1.9))

$$\sum_{\mu, \lambda=1}^{m} g_{\mu\lambda} U^\mu V^\lambda = 0 \; \forall \; U \in T_p(M) \implies V = 0. \tag{13.1.4}$$

Tale $g_p(U, V)$ è il prodotto interno naturale di due vettori di $T_p(M)$ se esiste la metrica. Poiché g_p è una applicazione da $T_p(M) \otimes T_p(M)$ a valori in $\mathbb{R}$, si può definire una applicazione lineare

$$g_p(U, \;) : \; T_p(M) \to \mathbb{R}, \tag{13.1.5}$$

© The Author(s), under exclusive license to Springer Nature Switzerland AG 2026
G. Esposito, *Fondamenti Matematici della Teoria Classica dei Campi*, La Matematica per il 3+2, https://doi.org/10.1007/978-3-032-23198-7_13

una volta posto $E^\mu = dx^\mu$, $e_\nu = \frac{\partial}{\partial x^\nu}$, mediante lo sviluppo in termini dei prodotti tensori dei vettori di base di $T_p^*(M)$:

$$g_p = \sum_{\mu,\nu=1}^{m} g_{\mu\nu}(p) E^\mu \otimes E^\nu, \tag{13.1.6}$$

e considerando le valutazioni (ove usiamo ripetutamente la (5.6.3))

$$g_p(U,\ ) = \sum_{\mu,\nu,\alpha=1}^{m} g_{\mu\nu} U^\alpha \langle E^\mu, e_\alpha \rangle E^\nu = \sum_{\mu,\nu=1}^{m} g_{\mu\nu} U^\mu E^\nu$$

$$= \sum_{\nu=1}^{m} U_\nu E^\nu = \sum_{\nu=1}^{m} (\omega_U)_\nu E^\nu, \tag{13.1.7}$$

$$g_p^{-1}(\omega,\ ) = \gamma(\omega,\ ) = \sum_{\mu,\nu,\alpha=1}^{m} \gamma^{\mu\nu} \omega_\alpha \langle e_\mu, E^\alpha \rangle e_\nu$$

$$= \sum_{\nu=1}^{m} \omega^\nu e_\nu = \sum_{\nu=1}^{m} (U_\omega)^\nu e_\nu. \tag{13.1.8}$$

La (13.1.7) esprime compiutamente come generare una 1-forma a partire da un vettore tramite la metrica. La (13.1.8) ci indica poi come la valutazione della metrica inversa su una 1-forma genera un vettore. Nella letteratura fisica, si scrive sovente che sono stati abbassati o alzati gli indici mediante la metrica, che esprime l'isomorfismo non naturale fra $T_p(M)$ e $T_p^*(M)$. Le componenti della metrica g usate nel calcolo si ottengono valutandola su due vettori di base, ovvero

$$g_{\mu\nu}(p) = g_p(e_\mu, e_\nu) = \sum_{\alpha,\beta=1}^{m} g_{\alpha\beta} \langle E^\alpha, e_\mu \rangle \langle E^\beta, e_\nu \rangle. \tag{13.1.9}$$

La $(g_{\mu\nu})$ è la matrice delle componenti di g ottenute dalla (13.1.9). La metrica inversa $\gamma \equiv g^{-1}$ usata nella (13.1.8) è tale che

$$\sum_{\nu=1}^{m} g_{\mu\nu} \gamma^{\nu\lambda} = \delta_\mu^\lambda, \tag{13.1.10}$$

e la si esprime nella forma

$$g^{-1} = \sum_{\mu,\nu=1}^{m} \left(g^{-1}\right)^{\mu\nu} e_\mu \otimes e_\nu. \tag{13.1.11}$$

Nella letteratura fisica, si chiama metrica anche l'elemento di linea al quadrato, senza i prodotti tensori, ovvero

$$ds^2 = \sum_{\mu,\nu=1}^{m} g_{\mu\nu} dx^\mu dx^\nu. \tag{13.1.12}$$

Se una metrica è riemanniana, la matrice $(g_{\mu\nu})$ ha autovalori tutti positivi. Se invece g è pseudoriemanniana, $(g_{\mu\nu})$ ha k autovalori positivi e l autovalori negativi. In particolare, se $l = 1$, la metrica g è detta *lorentziana*. Se la varietà M ha dimensione 4, $(k, l) = (4, 0)$ oppure $(3, 1)$ oppure $(2, 2)$ nei casi riemanniano, lorentziano e ultraiperbolico, rispettivamente.

Una volta che la matrice $(g_{\mu\nu})$ è diagonalizzata mediante un'opportuna matrice ortogonale, è facile ridursi ad avere solo ± 1 sulla diagonale principale. Casi particolari sono la metrica euclidea $\mathrm{diag}(1, 1, 1, 1)$ e la metrica di Minkowski $\mathrm{diag}(-1, 1, 1, 1)$. Se la varietà (M, g) è lorentziana, un vettore U è di tipo tempo se $g(U, U) < 0$, di tipo luce se $g(U, U) = 0$, di tipo spazio se $g(U, U) > 0$. Dunque, come già abbiamo detto discutendo la struttura metrica dello spaziotempo di Minkowski, i vettori fisici giacciono all'interno o sulla frontiera topologica del cono luce.

Una *varietà riemanniana* è una classe di equivalenza di coppie (M, g), dove le metriche riemanniane h e g sono equivalenti se un diffeomorfismo mappa h in g. Un esempio semplice ma importante è $(\mathbb{R}^m, \delta)$, lo spazio euclideo m-dimensionale.

Se M è una sottovarietà della varietà riemanniana (N, g_N) e se $f : M \to N$ è l'embedding che induce la struttura di sottovarietà di M, allora il pullback f^* induce su M la metrica naturale $g_M = f^* g_N$. Le componenti di g_M sono

$$(g_M)_{\mu\nu} = \sum_{\alpha,\beta} (g_N)_{\alpha\beta} \frac{\partial f^\alpha}{\partial x^\mu} \frac{\partial f^\beta}{\partial x^\nu}, \tag{13.1.13}$$

ove f^α sono le coordinate di f.

Esempio 13.1 Dette (θ, ϕ) le coordinate polari di S^2 immersa in $(\mathbb{R}^3, \delta)$, si ha la mappa di inclusione

$$f : (\theta, \phi) \to (\sin(\theta)\cos(\phi), \sin(\theta)\sin(\phi), \cos(\theta)), \tag{13.1.14}$$

da cui otteniamo la metrica indotta su S^2:

$$\sum_{\mu,\nu} g_{\mu\nu} E^\mu \otimes E^\nu = \sum_{\alpha,\beta,\mu,\nu} \delta_{\alpha\beta} \frac{\partial f^\alpha}{\partial x^\mu} \frac{\partial f^\beta}{\partial x^\nu} E^\mu \otimes E^\nu$$

$$= d\theta \otimes d\theta + \sin^2(\theta) d\phi \otimes d\phi. \tag{13.1.15}$$

Esempio 13.2 Sia T^2 il toro immerso in $(\mathbb{R}^3, \delta)$ con mappa di inclusione (sia $R > r$)

$$f : (\theta, \phi) \to \Big((R + r\cos(\theta))\cos(\phi), (R + r\cos(\theta))\sin(\phi), r\sin(\theta) \Big). \tag{13.1.16}$$

Dalla (13.1.13), la metrica indotta su T^2 è quindi

$$g = r^2 d\theta \otimes d\theta + (R + r\cos(\theta))^2 d\phi \otimes d\phi. \tag{13.1.17}$$

Esempio 13.3 Siano y^μ coordinate locali sulla varietà M con metrica g, e x^i coordinate locali sulla varietà Σ immersa in M. La metrica su Σ ha componenti

$$\gamma_{ij} = \sum_{\mu,\nu=1}^{m} g_{\mu\nu}\, y^\mu_{,i}\, y^\nu_{,j}, \tag{13.1.18}$$

ove $y^\mu_{,i} \equiv \frac{\partial y^\mu}{\partial x^i}$. La metrica γ ha una inversa $\Gamma = \gamma^{-1}$ definita dalla condizione

$$\sum_j \gamma_{ij}\, \Gamma^{jk} = \delta_i^{\ k}. \tag{13.1.19}$$

Si definisce allora un campo tensoriale q di tipo $(2,0)$ che prende il nome di metrica indotta su Σ e avente componenti controvarianti

$$q^{\mu\nu} = \sum_{i,j} y^\mu_{,i}\, y^\nu_{,j}\, \Gamma^{ij}. \tag{13.1.20}$$

Il campo tensoriale q è un proiettore su M in quanto, per prima cosa,

$$\sum_{\nu=1}^{m} q^\mu_{\ \nu} q^\nu_{\ \lambda} = q^\mu_{\ \lambda}, \tag{13.1.21}$$

e inoltre, detto n^ν il vettore normale a Σ, si ha

$$\sum_{\nu=1}^{m} q^\mu_{\ \nu} n^\nu = 0. \tag{13.1.22}$$

Le componenti controvarianti della metrica g di M sono allora

$$\left(g^{-1}\right)^{\mu\nu} = q^{\mu\nu} + n^\mu n^\nu, \tag{13.1.23}$$

ovvero, in notazione libera da indici,

$$g = q + n \otimes n. \tag{13.1.24}$$

13.2 Una notazione originale per vettori e 1-forme

Le lettere X e ω non dicono a vista che stiamo studiando campi vettoriali e campi di 1-forma, e inoltre fanno ricorso ad un alfabeto che non è quello usato da cinesi, indiani e iraniani, ad esempio. A tal proposito, noi abbiamo concepito la seguente notazione alternativa (Esposito e Fionda 2024):

(i) Vettori tangenti: anziché scrivere X_p per il vettore tangente a M in p, scriviamo $(\ \ )_{\odot}^{\uparrow}$, ove lo spazio bianco all'interno della parentesi tonda sostituisce la lettera X, il simbolo $\odot$ rappresenta il punto p, e la freccia verso l'alto denota la natura vettoriale. Dunque consideriamo l'applicazione di sostituzione (in queste equazioni non usiamo punteggiatura, per evitare confusione con i nostri simboli)

$$X_p \longrightarrow (\ \ )_{\odot}^{\uparrow} \tag{13.2.1}$$

(ii) Campi vettoriali: poiché l'assegnazione liscia di un vettore tangente al variare del punto p su M produce un campo vettoriale indipendente da p, stavolta scriviamo

$$X \longrightarrow (\ \ )^{\uparrow} \tag{13.2.2}$$

(iii) 1-forme: ci basta cambiare il verso della freccia nella (13.2.1), ovvero

$$\omega_p \longrightarrow (\ \ )_{\odot\downarrow} \tag{13.2.3}$$

(iv) Campi di 1-forma: analogamente alla (13.2.2), sparisce la dipendenza dal punto, e basta invertire il senso della freccia. Pertanto scriviamo

$$\omega \longrightarrow (\ \ )_{\downarrow} \tag{13.2.4}$$

(v) Campi tensoriali: usiamo tante frecce verso l'alto quanto è l'ordine di controvarianza, e tante frecce verso il basso quanto è l'ordine di covarianza. Ad esempio, per un campo tensoriale di tipo $(2, 4)$ scriviamo

$$(\ \ )^{\uparrow\uparrow}_{\downarrow\downarrow\downarrow\downarrow} \tag{13.2.5}$$

(vi) n-ple di campi vettoriali: qui abbiamo bisogno di un simbolo diverso dalle frecce, che rappresenti il nostro contare i campi vettoriali che compongono la n-pla. Dunque noi proponiamo di usare la notazione

$$(\ \ )_{\sim}^{\uparrow} \tag{13.2.6}$$

ove l'ondina $\sim$ sostituisce l'indice α che conta i campi vettoriali della n-pla.

13.3 Forme quadratiche e simboli di Christoffel

Stiamo qui per scoprire l'esistenza dei simboli di Christoffel. A tal fine, premettiamo che, ancora nel Novecento, i tensori simmetrici di tipo $(0, 2)$ erano detti forme differenziali quadratiche. Orbene, due di tali forme

$$f = \sum_{r,s=1}^{n} a_{rs} E^r \otimes E^s, \quad f' = \sum_{r,s=1}^{n} b_{rs} E'^r \otimes E'^s \tag{13.3.1}$$

sono dette essere equivalenti, le a_{rs} essendo funzioni assegnate delle variabili indipendenti $x^1, \ldots, x^n$, e similmente per le b_{rs} e le variabili indipendenti $x'^1, \ldots, x'^n$, se è possibile esprimere le x mediante le variabili x' in modo tale che la forma f si trasformi nella forma f'. Per l'equivalenza delle forme f e f' è quindi necessario e sufficiente che si possano determinare n funzioni incognite

$$x^i = x^i(x'^1, \ldots, x'^n), \quad \forall i = 1, \ldots, n, \tag{13.3.2}$$

in modo tale da soddisfare simultaneamente le $\frac{n(n+1)}{2}$ equazioni alle derivate parziali del primo ordine

$$b_{rs} = \sum_{i,k=1}^{n} a_{ik} \frac{\partial x^i}{\partial x'^r} \frac{\partial x^k}{\partial x'^s}. \tag{13.3.3}$$

Poiché $\frac{n(n+1)}{2} > n$, è chiaro che l'equivalenza delle forme f e f' richiede particolari relazioni tra i coefficienti. Al fine di verificare la compatibilità delle equazioni (13.3.3), conviene studiare le equazioni risultanti dal prendere le derivate delle (13.3.3). Stiamo avviandoci ad ottenere le formule di Christoffel, che implicano che tutte le derivate seconde delle funzioni incognite x sono espresse attraverso le loro derivate prime rispetto alle variabili indipendenti. A tal fine, deriviamo le (13.3.3) rispetto ad una qualsivoglia delle variabili x', sia questa x''^t, e teniamo presente che $b_{rs} = b_{rs}(x')$, mentre per le derivate di a_{rs} bisogna applicare la regola per calcolare derivate di funzioni composte, ovvero

$$\frac{\partial a_{ik}}{\partial x''^t} = \sum_{l=1}^{n} \frac{\partial a_{ik}}{\partial x^l} \frac{\partial x^l}{\partial x''^t}. \tag{13.3.4}$$

Pertanto si trova

$$\begin{aligned}
\frac{\partial b_{rs}}{\partial x''^t} &= \sum_{i,k,l=1}^{n} \frac{\partial a_{ik}}{\partial x^l} \frac{\partial x^i}{\partial x'^r} \frac{\partial x^k}{\partial x'^s} \frac{\partial x^l}{\partial x''^t} \\
&+ \sum_{i,k=1}^{n} a_{ik} \left(\frac{\partial^2 x^i}{\partial x'^r \partial x''^t} \frac{\partial x^k}{\partial x'^s} + \frac{\partial x^i}{\partial x'^r} \frac{\partial^2 x^k}{\partial x'^s \partial x''^t} \right).
\end{aligned} \tag{13.3.5}$$

In questa equazione scambiamo l'indice s con t, e permutiamo nella somma tripla al membro di destra gli indici k, l, ottenendo pertanto

$$\begin{aligned}
\frac{\partial b_{rt}}{\partial x'^s} &= \sum_{i,k,l=1}^{n} \frac{\partial a_{il}}{\partial x^k} \frac{\partial x^i}{\partial x'^r} \frac{\partial x^k}{\partial x'^s} \frac{\partial x^l}{\partial x''^t} \\
&+ \sum_{i,k=1}^{n} a_{ik} \left(\frac{\partial^2 x^i}{\partial x'^r \partial x'^s} \frac{\partial x^k}{\partial x''^t} + \frac{\partial x^i}{\partial x'^r} \frac{\partial^2 x^k}{\partial x'^s \partial x''^t} \right).
\end{aligned} \tag{13.3.6}$$

In quest'ultima equazione scambiamo r con s e, nella somma tripla nel membro di destra, come nel secondo termine della somma doppia, scambiamo i con k. Questo conduce a

$$\frac{\partial b_{st}}{\partial x''^r} = \sum_{i,k,l=1}^{n} \frac{\partial a_{kl}}{\partial x^i} \frac{\partial x^i}{\partial x''^r} \frac{\partial x^k}{\partial x'^s} \frac{\partial x^l}{\partial x'^t}$$
$$+ \sum_{i,k=1}^{n} a_{ik} \left(\frac{\partial^2 x^i}{\partial x''^r \partial x'^s} \frac{\partial x^k}{\partial x'^t} + \frac{\partial x^k}{\partial x'^s} \frac{\partial^2 x^i}{\partial x''^r \partial x'^t} \right). \tag{13.3.7}$$

A questo stadio, si aggiungono le equazioni (13.3.6) e (13.3.7), sottraendo alfine la (13.3.5). In tale combinazione lineare di equazioni, dividiamo allora ambo i membri per 2, trovando

$$\frac{1}{2}\left(\frac{\partial b_{rt}}{\partial x'^s} + \frac{\partial b_{st}}{\partial x''^r} - \frac{\partial b_{rs}}{\partial x'^t} \right)$$
$$= \sum_{l=1}^{n} \frac{\partial x^l}{\partial x'^t} \left\{ \sum_{i,k=1}^{n} \frac{1}{2}\left(\frac{\partial a_{il}}{\partial x^k} + \frac{\partial a_{kl}}{\partial x^i} - \frac{\partial a_{ik}}{\partial x^l} \right) \frac{\partial x^i}{\partial x''^r} \frac{\partial x^k}{\partial x'^s} + \sum_{i=1}^{n} a_{il} \frac{\partial^2 x^i}{\partial x''^r \partial x'^s} \right\}. \tag{13.3.8}$$

Tale formula suggerisce di definire i *simboli di Christoffel di prima specie*, per i quali usiamo qui la notazione

$$\gamma[i,k,l] \equiv \frac{1}{2}\left(\frac{\partial a_{il}}{\partial x^k} + \frac{\partial a_{kl}}{\partial x^i} - \frac{\partial a_{ik}}{\partial x^l} \right). \tag{13.3.9}$$

In modo analogo, definiamo

$$\gamma'[i,k,l] \equiv \frac{1}{2}\left(\frac{\partial b_{il}}{\partial x'^k} + \frac{\partial b_{kl}}{\partial x'^i} - \frac{\partial b_{ik}}{\partial x'^l} \right). \tag{13.3.10}$$

Con questa notazione, la (13.3.8) assume la forma

$$\gamma'[r,s,t] = \sum_{l=1}^{n} \frac{\partial x^l}{\partial x'^t} \left\{ \sum_{i,k=1}^{n} \gamma[i,k,l] \frac{\partial x^i}{\partial x''^r} \frac{\partial x^k}{\partial x'^s} + \sum_{i=1}^{n} a_{il} \frac{\partial^2 x^i}{\partial x''^r \partial x'^s} \right\}. \tag{13.3.11}$$

Desideriamo ora risolvere per le n derivate seconde $\frac{\partial^2 x^i}{\partial x''^r \partial x'^s}$, $\forall i = 1, \ldots, n$, mantenendo fissi r, s.

A tal fine, moltiplichiamo la (13.3.11) per $B^{mt} \frac{\partial x^c}{\partial x'^m}$, sommando rispetto a m, t da 1 a n e tenendo presente che l'inversa A^{ij} di a_{rs} e l'inversa B^{ij} di b_{rs} sono collegate dalla formula

$$A^{rs} = \sum_{i,k=1}^{n} B^{ik} \frac{\partial x^r}{\partial x'^i} \frac{\partial x^s}{\partial x'^k}. \tag{13.3.12}$$

Pertanto si ottiene

$$\sum_{m=1}^{n}\left(\sum_{t=1}^{n} B^{mt}\gamma'[r,s,t]\right)\frac{\partial x^c}{\partial x'^m} = \sum_{i,k=1}^{n}\left(\sum_{l=1}^{n} A^{cl}\gamma[i,k,l]\right)\frac{\partial x^i}{\partial x'^r}\frac{\partial x^k}{\partial x'^s} + \frac{\partial^2 x^c}{\partial x'^r\,\partial x'^s}.$$

$$(13.3.13)$$

La forma della (13.3.13) suggerisce di definire i *simboli di Christoffel di seconda specie*, ovvero

$$\Gamma\{c,[i,k]\} \equiv \sum_{l=1}^{n} A^{cl}\gamma[i,k,l].$$

$$(13.3.14)$$

Questi simboli sono scritti nella letteratura moderna nella forma Γ^c_{ik}, ma questa risulta essere fuorviante, poiché la posizione degli indici suggerisce l'idea di un campo tensoriale di tipo $(1,2)$, ovvero una volta controvariante e due volte covariante, laddove, come vedremo, i simboli di Christoffel non si trasformano in modo omogeneo come fanno i tensori.

13.4   Concetto di connessione affine

Una connessione affine ∇ è una applicazione

$$\nabla:\ \chi(M)\otimes\chi(M)\longrightarrow\chi(M)$$

$$(13.4.1)$$

che fornisce una regola $(X,Y)\to\nabla_X Y$ che soddisfa le quattro condizioni

$$\nabla_X(Y+Z) = \nabla_X Y + \nabla_X Z, \qquad\qquad (13.4.2)$$

$$\nabla_{(X+Y)}Z = \nabla_X Z + \nabla_Y Z, \qquad\qquad (13.4.3)$$

$$\nabla_{fX}Y = f\nabla_X Y, \qquad\qquad (13.4.4)$$

$$\nabla_X(fY) = (\nabla_X f)Y + f\nabla_X Y = X[f]Y + f\nabla_X Y, \qquad\qquad (13.4.5)$$

dove la (13.4.5) vale poiché $\nabla_X f = X[f]$. Nella sua azione su funzioni, quindi, $\nabla_X f$ eguaglia $L_X f$, ma solo in tal caso! Le proprietà devono valere per ogni $X, Y, Z \in \chi(M)$ e per ogni funzione $f \in C^\infty(M)$.

In una carta (U,φ) con coordinate $x = \varphi(p)$ su M, definiamo m^3 funzioni (m essendo la dimensione di M) $\Gamma^\lambda_{\nu\mu}$ dette coefficienti di connessione, per le quali

$$\nabla_\nu e_\mu \equiv \nabla_{e_\nu} e_\mu = \sum_{\lambda=1}^{m} e_\lambda\,\Gamma^\lambda_{\nu\mu},$$

$$(13.4.6)$$

ove $\{e_\mu\} = \{\frac{\partial}{\partial x^\mu}\}$ è la notazione per la base coordinata di $T_p(M)$. Una volta nota l'azione di ∇ sui vettori di base secondo la (13.4.6), si può calcolare ∇V per ogni $V \in \chi(M)$. Infatti dagli sviluppi

$$V = \sum_{\mu=1}^{m} V^\mu e_\mu, \quad W = \sum_{\nu=1}^{m} W^\nu e_\nu \qquad (13.4.7)$$

si ottiene, usando le (13.4.4) e (13.4.5),

$$\nabla_V W = \sum_{\mu,\nu=1}^{m} V^\mu \nabla_{e_\mu}(W^\nu e_\nu) = \sum_{\mu,\nu=1}^{m} V^\mu \left(e_\mu[W^\nu]e_\nu + W^\nu \nabla_{e_\mu} e_\nu \right)$$

$$= \sum_{\mu,\lambda=1}^{m} V^\mu \left(\frac{\partial W^\lambda}{\partial x^\mu} + \sum_{\nu=1}^{m} W^\nu \Gamma^\lambda_{\mu\nu} \right) e_\lambda, \qquad (13.4.8)$$

poiché

$$e_\mu[W^\nu] = \frac{\partial W^\nu}{\partial x^\mu}. \qquad (13.4.9)$$

Diciamo quindi che la componente λ-esima del vettore al membro di destra della (13.4.8) è $\sum_{\mu=1}^{m} V^\mu (\nabla_\mu W)^\lambda$, ove (si faccia attenzione a dove mettiamo le parentesi tonde!)

$$(\nabla_\mu W)^\lambda \equiv \frac{\partial W^\lambda}{\partial x^\mu} + \sum_{\nu=1}^{m} \Gamma^\lambda_{\mu\nu} W^\nu \qquad (13.4.10)$$

è la λ-esima componente del vettore $\nabla_\mu W$, ovvero della derivata covariante di W lungo il vettore di base e_μ. Se invece non si usano le parentesi tonde, si deve intendere

$$\nabla_\mu W^\lambda = \frac{\partial W^\lambda}{\partial x^\mu}, \qquad (13.4.11)$$

che è un caso particolare della formula $\nabla_X f = X[f]$, poiché la componente W^λ è una funzione. Purtroppo nella letteratura moderna la parentesi tonda nel membro di sinistra della (13.4.10) viene spesso omessa, e dunque molte equazioni tensoriali vengono scritte sistematicamente in modo sbagliato.

Si noti anche che $\nabla_V W$ non dipende dalle derivate di V, diversamente dalla derivata di Lie $L_V W = [V, W]$. *La derivata covariante è la appropriata generalizzazione a tensori del concetto di derivata direzionale di funzioni.*

13.5   Trasporto parallelo e geodetiche

Sia $\gamma : (a,b) \longrightarrow M$ una curva in M, avente immagine coperta da una singola carta (U,φ) con coordinate $x = \varphi(p)$. Sia X un campo vettoriale definito lungo γ:

$$X\big|_{\gamma(t)} = \sum_{\mu=1}^{m} X^{\mu}(\gamma(t))\, e_{\mu}\big|_{\gamma(t)}. \tag{13.5.1}$$

Se X soddisfa l'equazione

$$\nabla_V X = 0 \ \forall t \in (a,b), \tag{13.5.2}$$

si dice che X è *trasportato parallelamente* lungo γ, ove

$$V = \frac{d}{dt} = \sum_{\mu=1}^{m} \frac{dx^{\mu}(\gamma(t))}{dt}\, e_{\mu}\big|_{\gamma(t)} \tag{13.5.3}$$

è il vettore tangente a γ. La (13.5.2) si scrive in componenti come

$$\frac{dX^{\mu}}{dt} + \sum_{\nu,\lambda=1}^{m} \Gamma^{\mu}_{\nu\lambda} \frac{dx^{\nu}(\gamma(t))}{dt} X^{\lambda} = 0, \tag{13.5.4}$$

infatti

$$\begin{aligned}
\nabla_V X &= \nabla_{\sum_{\nu=1}^{m} \frac{dx^{\nu}}{dt} e_{\nu}} \sum_{\mu=1}^{m} X^{\mu} e_{\mu} = \sum_{\nu,\mu=1}^{m} \frac{dx^{\nu}}{dt} \nabla_{e_{\nu}}(X^{\mu} e_{\mu}) \\
&= \sum_{\nu,\mu=1}^{m} \frac{dx^{\nu}}{dt}\left(e_{\nu}[X^{\mu}]e_{\mu} + X^{\mu}\nabla_{e_{\nu}} e_{\mu}\right) \\
&= \sum_{\nu,\mu=1}^{m} \frac{dx^{\nu}}{dt}\left(\frac{\partial X^{\mu}}{\partial x^{\nu}} e_{\mu} + X^{\mu} \sum_{\lambda=1}^{m} e_{\lambda} \Gamma^{\lambda}_{\nu\mu}\right),
\end{aligned} \tag{13.5.5}$$

ove

$$\sum_{\nu=1}^{m} \frac{\partial X^{\mu}}{\partial x^{\nu}} \frac{dx^{\nu}}{dt} = \frac{dX^{\mu}}{dt}. \tag{13.5.6}$$

In particolare, se il vettore tangente stesso viene trasportato parallelamente lungo γ, ossia se

$$\nabla_V V = 0, \tag{13.5.7}$$

la curva γ è una *autoparallela*. Alcuni autori riservano a tali curve il nome di geodetiche, anche se le geodetiche risolvono un problema variazionale, mentre la (13.5.7) ha natura non variazionale. Posto $X^\mu = \frac{dx^\mu}{dt}$ nell'equazione (13.5.4), si ottiene l'equazione geodetica per le autoparallele, ovvero

$$\frac{d^2x^\mu}{dt^2} + \sum_{\nu,\lambda=1}^{m} \Gamma^\mu_{\nu\lambda} \frac{dx^\nu}{dt} \frac{dx^\lambda}{dt} = 0. \qquad (13.5.8)$$

L'equazione (13.5.7) per le curve autoparallele potrebbe essere sostituita dalla condizione

$$\nabla_V V = f V, \quad f \in C^\infty(M), \qquad (13.5.9)$$

ma si può sempre considerare una riparametrizzazione $t \longrightarrow t'$ tale che

$$\frac{dx^\mu}{dt} \longrightarrow \frac{dx^\mu}{dt} \frac{dt}{dt'}, \qquad (13.5.10)$$

e pertanto, se t' soddisfa l'equazione differenziale

$$\frac{d^2t'}{dt^2} = f \frac{dt'}{dt}, \qquad (13.5.11)$$

si riottiene l'equazione (13.5.7).

13.6   Derivata covariante di campi tensoriali

Richiediamo ora che la regola (13.4.5) valga per ogni prodotto di tensori, ovvero

$$\nabla_X (T_1 \otimes T_2) = (\nabla_X T_1) \otimes T_2 + T_1 \otimes (\nabla_X T_2). \qquad (13.6.1)$$

È di particolare interesse la derivata covariante di 1-forme. Da un lato, poiché (dette ω una 1-forma e Y un vettore) $\langle \omega, Y \rangle$ è una funzione liscia su M, si ha che

$$X\big[\langle \omega, Y \rangle\big] = \nabla_X \langle \omega, Y \rangle. \qquad (13.6.2)$$

D'altronde, si ha che

$$\nabla_X \langle \omega, Y \rangle = \langle \nabla_X \omega, Y \rangle + \langle \omega, \nabla_X Y \rangle. \qquad (13.6.3)$$

Quindi la valutazione su Y della derivata covariante di ω si ottiene dalla differenza

$$\langle \nabla_X \omega, Y \rangle = X\big[\langle \omega, Y \rangle\big] - \langle \omega, \nabla_X Y \rangle. \qquad (13.6.4)$$

Per i due termini al membro di destra della (13.6.4), notiamo per il primo che

$$X\left[\langle \omega, Y\rangle\right] = \sum_{\mu=1}^{m} X^{\mu}\partial_{\mu}\sum_{\nu=1}^{m}\omega_{\nu}Y^{\nu}$$

$$= \sum_{\mu,\nu=1}^{m} X^{\mu}\left[(\partial_{\mu}\omega_{\nu})Y^{\nu} + \omega_{\nu}\partial_{\mu}Y^{\nu}\right], \tag{13.6.5}$$

mentre per il secondo si ottiene

$$\langle \omega, \nabla_X Y\rangle = \left\langle \sum_{\mu=1}^{m}\omega_{\mu}E^{\mu}, \sum_{\lambda,\rho=1}^{m} X^{\rho}\left(\partial_{\rho}Y^{\lambda} + \sum_{\nu=1}^{m}Y^{\nu}\Gamma_{\rho\nu}^{\lambda}\right)e_{\lambda}\right\rangle$$

$$= \sum_{\mu,\rho,\lambda=1}^{m}\omega_{\mu}X^{\rho}\partial_{\rho}Y^{\lambda}\langle E^{\mu}, e_{\lambda}\rangle + \sum_{\mu,\nu,\lambda,\rho=1}^{m}\omega_{\mu}Y^{\nu}\Gamma_{\rho\nu}^{\lambda}X^{\rho}\langle E^{\mu}, e_{\lambda}\rangle$$

$$= \sum_{\mu,\rho=1}^{m}\omega_{\mu}X^{\rho}\partial_{\rho}Y^{\mu} + \sum_{\mu,\nu,\rho=1}^{m}\omega_{\mu}Y^{\nu}\Gamma_{\rho\nu}^{\mu}X^{\rho}$$

$$= \sum_{\mu=1}^{m}\omega_{\mu}\sum_{\rho=1}^{m}X^{\rho}\partial_{\rho}Y^{\mu} + \sum_{\mu,\nu,\rho=1}^{m}\omega_{\mu}Y^{\nu}X^{\rho}\Gamma_{\rho\nu}^{\mu}$$

$$= \sum_{\nu=1}^{m}\omega_{\nu}\sum_{\mu=1}^{m}X^{\mu}\partial_{\mu}Y^{\nu} + \sum_{\lambda,\nu,\mu=1}^{m}\omega_{\lambda}Y^{\nu}X^{\mu}\Gamma_{\mu\nu}^{\lambda}. \tag{13.6.6}$$

In virtù delle (13.6.4)–(13.6.6), troviamo alfine

$$\langle \nabla_X\omega, Y\rangle = \sum_{\nu,\mu=1}^{m}Y^{\nu}X^{\mu}\left[\partial_{\mu}\omega_{\nu} - \sum_{\lambda=1}^{m}\Gamma_{\mu\nu}^{\lambda}\omega_{\lambda}\right]$$

$$= \sum_{\nu,\mu=1}^{m}Y^{\nu}X^{\mu}(\nabla_{\mu}\omega)_{\nu}, \tag{13.6.7}$$

che fornisce la formula desiderata

$$(\nabla_{\mu}\omega)_{\nu} = \partial_{\mu}\omega_{\nu} - \sum_{\lambda=1}^{m}\Gamma_{\mu\nu}^{\lambda}\omega_{\lambda}. \tag{13.6.8}$$

Dunque in particolare, se ω si riduce a un vettore di base dello spazio cotangente: $\omega = dx^{\nu} = E^{\nu}$, si trova la semplice e fondamentale relazione

$$\nabla_{\mu}E^{\nu} = -\sum_{\lambda=1}^{m}\Gamma_{\mu\lambda}^{\nu}E^{\lambda}. \tag{13.6.9}$$

Per derivate covarianti di tensori di tipo (r, s), ci basterà applicare ripetutamente la (13.6.8), come risulterà chiaro più avanti quando avremo studiato la condizione di Levi-Civita

$$\nabla_\mu g = 0$$

per le connessioni affini.

13.7 Proprietà di trasformazione dei coefficienti di connessione

Se passiamo a una nuova carta (V, ψ) con coordinate $y = \psi(p)$ e base $\{f_\alpha\} = \left\{\frac{\partial}{\partial y^\alpha}\right\}$ e coefficienti di connessione $\widetilde{\Gamma}^\alpha{}_{\beta\gamma}$, abbiamo

$$\nabla_{f_\alpha} f_\beta = \sum_{\lambda=1}^m \widetilde{\Gamma}^\lambda{}_{\alpha\beta} f_\lambda. \tag{13.7.1}$$

In virtù della legge di trasformazione (definiamo $j^\rho_\alpha \equiv \frac{\partial x^\rho}{\partial y^\alpha}$)

$$f_\alpha = \sum_{\mu=1}^m j^\mu_\alpha e_\mu, \tag{13.7.2}$$

le regole (13.4.4) e (13.4.5) per le connessioni affini conducono alla formula

$$\nabla_{f_\alpha} f_\beta = \sum_{\nu=1}^m \left(\frac{\partial j^\nu_\beta}{\partial y^\alpha} + \sum_{\lambda,\mu=1}^m j^\lambda_\alpha j^\mu_\beta \Gamma^\nu{}_{\lambda\mu} \right) e_\nu$$

$$= \sum_{\lambda,\nu=1}^m \widetilde{\Gamma}^\lambda{}_{\alpha\beta} j^\nu_\lambda e_\nu, \tag{13.7.3}$$

da cui, moltiplicando ambo i membri per $J^\lambda_\nu \equiv \frac{\partial y^\lambda}{\partial x^\nu}$, otteniamo alfine

$$\widetilde{\Gamma}^\lambda{}_{\alpha\beta} = \sum_{\rho,\mu,\nu=1}^m j^\rho_\alpha j^\mu_\beta J^\lambda_\nu \Gamma^\nu{}_{\rho\mu} + \sum_{\nu=1}^m \frac{\partial j^\nu_\beta}{\partial y^\alpha} J^\lambda_\nu. \tag{13.7.4}$$

Pertanto i coefficienti di connessione non si trasformano come un tensore, a causa del termine inomogeneo al membro di destra della (13.7.4). In particolare, i $\Gamma^\lambda_{\alpha\beta}$ possono annullarsi in un sistema di coordinate e invece essere non nulli in un altro sistema di coordinate. Si dice allora che i $\Gamma^\lambda_{\alpha\beta}$ sono *affinità tensoriali* (Wald 1984). Questa proprietà assicura d'altronde che $\nabla_X Y$ sia un vettore, e dunque sia indipendente dalle coordinate scelte. Nel seguito, troveremo utile un teorema, in base al quale possiamo affermare che, se $\Gamma^\lambda_{\mu\nu}$ e $G^\lambda_{\mu\nu}$ sono coefficienti di connessione, la differenza $\Gamma^\lambda_{\mu\nu} - G^\lambda_{\mu\nu}$ è la componente di un tensore di tipo $(1, 2)$.

13.8   Connessione metrica

Se due vettori X, Y sono soggetti a trasporto parallelo, potremmo voler richiedere
che il loro prodotto interno (lo diremo scalare solo nel caso di metrica riemanniana)
$\langle X, Y \rangle = g(X, Y)$ resti costante sotto trasporto parallelo. Se allora V è il vettore tangente ad una arbitraria curva lungo la quale X e Y sono trasportati parallelamente,
possiamo scrivere

$$0 = \nabla_V [g(X,Y)] = \sum_{\lambda=1}^{m} V^\lambda \Big[(\nabla_\lambda g)(X,Y) + g(\nabla_\lambda X, Y) + g(X, \nabla_\lambda Y) \Big]$$

$$= \sum_{\lambda,\mu,\nu=1}^{m} V^\lambda X^\mu Y^\nu (\nabla_\lambda g)_{\mu\nu}, \tag{13.8.1}$$

per ogni X, Y e per ogni curva γ, da cui segue che ∇ è una connessione metrica,
ovvero

$$(\nabla_\lambda g)_{\mu\nu} = 0. \tag{13.8.2}$$

Usando le proprietà (13.4.5) e (13.6.9), tale equazione può essere riespressa nella
forma

$$\partial_\lambda g_{\mu\nu} - \sum_{\rho=1}^{m} \Big(\Gamma^\rho_{\lambda\mu} g_{\rho\nu} + \Gamma^\rho_{\lambda\nu} g_{\mu\rho} \Big) = 0. \tag{13.8.3}$$

Se vale la (13.8.3), si dice che la connessione ∇ è compatibile con la metrica. Se in
tale equazione $E_{\lambda\mu\nu} = 0$ facciamo permutazioni cicliche di λ, μ, ν, otteniamo da

$$-E_{\lambda\mu\nu} + E_{\mu\nu\lambda} + E_{\nu\lambda\mu} = 0 \tag{13.8.4}$$

che, posto

$$T^\rho_{\lambda\mu} \equiv \Gamma^\rho_{\lambda\mu} - \Gamma^\rho_{\mu\lambda}, \tag{13.8.5}$$

$$\Gamma^\rho_{(\mu\nu)} \equiv \frac{1}{2} \Big(\Gamma^\rho_{\mu\nu} + \Gamma^\rho_{\nu\mu} \Big), \tag{13.8.6}$$

si ha

$$-\partial_\lambda g_{\mu\nu} + \partial_\mu g_{\nu\lambda} + \partial_\nu g_{\lambda\mu} + \sum_{\rho=1}^{m} \Big(T^\rho_{\lambda\mu} g_{\rho\nu} + T^\rho_{\lambda\nu} g_{\rho\mu} \Big) - 2 \sum_{\rho=1}^{m} \Gamma^\rho_{(\mu\nu)} g_{\rho\lambda} = 0. \tag{13.8.7}$$

Il tensore T è detto *tensore di torsione*, e si trova dunque

$$\Gamma^\rho_{\mu\nu} = \left\{ \begin{matrix} \rho \\ \mu\nu \end{matrix} \right\} + \frac{1}{2} \Big(T^\rho_{\mu\nu} + T_\mu{}^\rho{}_\nu + T_\nu{}^\rho{}_\mu \Big), \tag{13.8.8}$$

ove

$$\left\{ \begin{matrix} \rho \\ \mu\nu \end{matrix} \right\} \equiv \frac{1}{2} \sum_{\lambda=1}^{m} (g^{-1})^{\rho\lambda} \left(\frac{\partial g_{\lambda\nu}}{\partial x^{\mu}} + \frac{\partial g_{\mu\lambda}}{\partial x^{\nu}} - \frac{\partial g_{\mu\nu}}{\partial x^{\lambda}} \right) \qquad (13.8.9)$$

sono i *simboli di Christoffel di seconda specie*. La differenza

$$\Gamma^{\rho}_{\mu\nu} - \left\{ \begin{matrix} \rho \\ \mu\nu \end{matrix} \right\} \equiv C^{\rho}_{\mu\nu} \qquad (13.8.10)$$

esprime le componenti del tensore di *contorsione*. Nel capitolo 28 acquisiremo una visione più profonda della torsione: essa è definibile in tutte le teorie relativistiche della gravitazione.

Capitolo 14
Geometria riemanniana. II

14.1 Tensori di torsione e di curvatura

Introduciamo ora in linguaggio libero da componenti e coordinate il *tensore di torsione*

$$T : \; \chi(M) \otimes \chi(M) \longrightarrow \chi(M) \tag{14.1.1}$$

e il *tensore di curvatura di Riemann*

$$R : \; \chi(M) \otimes \chi(M) \otimes \chi(M) \longrightarrow \chi(M) \tag{14.1.2}$$

mediante le relazioni

$$T(X, Y) \equiv \nabla_X Y - \nabla_Y X - [X, Y] = -T(Y, X), \tag{14.1.3}$$
$$R(X, Y, Z) \equiv \nabla_X \nabla_Y Z - \nabla_Y \nabla_X Z - \nabla_{[X,Y]} Z = R(X, Y)Z, \tag{14.1.4}$$

ove

$$R(X, Y) \equiv \nabla_X \nabla_Y - \nabla_Y \nabla_X - \nabla_{[X,Y]} = -R(Y, X) \tag{14.1.5}$$

è *l'operatore di curvatura*.

Dimostriamo ora la natura tensoriale di $R(X, Y, Z)$. All'uopo, abbiamo bisogno della seguente identità:

$$[fX, gY] = fX(gY) - gY(fX) = fX[g]Y + fgXY - gY[f]X - gfYX$$
$$= fX[g]Y - gY[f]X + fg[X, Y].$$

$$\tag{14.1.6}$$

Mediante le (13.4.4) e (14.1.6) troviamo che

$$\nabla_{[fX,gY]} hZ = \nabla_{fX[g]Y} hZ - \nabla_{gY[f]X} hZ + \nabla_{fg[X,Y]} hZ$$
$$= fX[g]\nabla_Y(hZ) - gY[f]\nabla_X(hZ) + fg\nabla_{[X,Y]}(hZ). \tag{14.1.7}$$

© The Author(s), under exclusive license to Springer Nature Switzerland AG 2026

G. Esposito, *Fondamenti Matematici della Teoria Classica dei Campi*, La Matematica per il 3+2, https://doi.org/10.1007/978-3-032-23198-7_14

Possiamo dunque svolgere con pazienza il calcolo desiderato:

$$
\begin{aligned}
R(fX, gY)hZ &= \nabla_{fX}\nabla_{gY}hZ - \nabla_{gY}\nabla_{fX}hZ - \nabla_{[fX,gY]}hZ \\
&= f\nabla_X\{g\nabla_Y(hZ)\} - g\nabla_Y\{f\nabla_X(hZ)\} - fX[g]\nabla_Y(hZ) \\
&\quad + gY[f]\nabla_X(hZ) - fg\nabla_{[X,Y]}hZ \\
&= fX[g]\nabla_Y(hZ) + fg\nabla_X\{Y[h]Z + h\nabla_Y Z\} - gY[f]\nabla_X(hZ) \\
&\quad - gf\nabla_Y\{X[h]Z + h\nabla_X Z\} - fX[g]\nabla_Y(hZ) \\
&\quad + gY[f]\nabla_X(hZ) - fg[X,Y][h]Z - fgh\nabla_{[X,Y]}Z \\
&= fgh\Big(\nabla_X\nabla_Y Z - \nabla_Y\nabla_X Z - \nabla_{[X,Y]}Z\Big) \\
&\quad + fgX[Y[h]]Z + fgY[h]\nabla_X Z - gfY[X[h]]Z - gfX[h]\nabla_Y Z \\
&\quad - fg[X,Y][h]Z + fgX[h]\nabla_Y Z - gfY[h]\nabla_X Z.
\end{aligned}
\tag{14.1.8}
$$

In due coppie di termini ci sono cancellazioni esatte, e quindi

$$
\begin{aligned}
R(fX, gY)hZ &= fghR(X,Y)Z \implies \\
R(fX, gY, hZ) &= fghR(X, Y, Z),
\end{aligned}
\tag{14.1.9}
$$

che esprime appunto la natura tensoriale della curvatura di Riemann. Pertanto, presa una base coordinata per lo spazio tangente, la valutazione di R su una terna di vettori arbitrari può essere sviluppata secondo la relazione

$$
R(X, Y, Z) = \sum_{\lambda,\mu,\nu=1}^{m} X^\lambda Y^\mu Z^\nu R(e_\lambda, e_\mu)e_\nu.
\tag{14.1.10}
$$

Anche per la torsione è istruttivo fare un calcolo analogo, ovvero

$$
\begin{aligned}
T(fX, gY) &= \nabla_{fX}(gY) - \nabla_{gY}(fX) - [fX, gY] \\
&= f\nabla_X(gY) - g\nabla_Y(fX) - fX[g]Y + gY[f]X - fg[X,Y] \\
&= f\{X[g]Y + g\nabla_X Y\} - g\{Y[f]X + f\nabla_Y X\} - fX[g]Y \\
&\quad + gY[f]X - fg[X,Y] \\
&= fg\Big(\nabla_X Y - \nabla_Y X - [X,Y]\Big) + fX[g]Y - gY[f]X \\
&\quad - fX[g]Y + gY[f]X \\
&= fgT(X, Y).
\end{aligned}
\tag{14.1.11}
$$

Quindi, sviluppando X, Y in una base coordinata, si trova

$$
\begin{aligned}
T(X, Y) &= T(\sum_{\mu=1}^{m} X^\mu e_\mu, \sum_{\nu=1}^{m} Y^\nu e_\nu) = \sum_{\mu,\nu=1}^{m} T(X^\mu e_\mu, Y^\nu e_\nu) \\
&= \sum_{\mu,\nu=1}^{m} X^\mu Y^\nu T(e_\mu, e_\nu).
\end{aligned}
\tag{14.1.12}
$$

Notiamo che la torsione (14.1.3) esiste poiché sui campi vettoriali si possono considerare due operazioni: la derivata di Lie e la derivata covariante. Inoltre, l'operatore di curvatura (14.1.5) è ottenibile dalla torsione sostituendo nella (14.1.3), alla terna di campi vettoriali $Y, X, -[X, Y]$, le derivate covarianti lungo di essi.

14.2 Parallelismo rispetto ad una superficie

Il concetto di trasporto parallelo, che abbiamo scoperto nel capitolo precedente, fu uno dei fondamentali contributi originali di Tullio Levi-Civita, dopo che il calcolo differenziale assoluto era stato creato da Gregorio Ricci-Curbastro (Esposito e Dell'Aglio 2019). Può quindi avere valore pedagogico una breve digressione in cui delineiamo come Levi-Civita pervenne a tale concetto.

Levi-Civita rappresenta con y_1, y_2, y_3 le coordinate cartesiane dei punti dello spazio euclideo tridimensionale, riferiti a tre assi ortogonali. Considera poi una porzione di superficie σ e suppone che si sia stabilita una corrispondenza biunivoca fra i punti di σ e le coppie di valori che si possono attribuire a due parametri x^1, x^2 entro un certo aperto C di un piano rappresentativo degli argomenti x^1, x^2. Pertanto i punti di σ e con essi le loro coordinate cartesiane y_ν sono funzioni ben determinate e finite di x^1, x^2 in C, e si può scrivere

$$y_\nu = y_\nu(x^1, x^2), \quad \nu = 1, 2, 3, \tag{14.2.1}$$

ammettendo inoltre che le y_ν siano di classe C^k in C per un valore opportuno di k. Nello spazio euclideo con le coordinate y_ν appena introdotte, una direzione spiccata da un punto generico P si può pensare individuata mediante uno spostamento infinitesimo attribuito a P. Ora supponiamo che P appartenga a σ, e consideriamo le direzioni spiccate da P e tangenti alla superficie. Per individuarle, servono punti P' infinitamente prossimi a P e appartenenti a σ. Dette x^1, x^2 le coordinate superficiali di P, possiamo individuare P' con le coordinate superficiali

$$x^1 + dx^1, \ x^2 + dx^2.$$

Pertanto, ad ogni coppia dx^1, dx^2 corrisponde una ed una sola direzione tangenziale spiccata da P. Viceversa, ad una direzione corrispondono infinite coppie dx^1, dx^2, che differiscono per un fattore di proporzionalità positivo, poiché la lunghezza del segmento PP' che si è scelto a individuare la direzione è a priori arbitraria, purché infinitesima (il punto P' essendo infinitamente vicino a P). Per rendere biunivoca la corrispondenza si assumono, per individuare una direzione, al posto dei differenziali dx^i, le quantità ad essi proporzionali

$$\lambda^i = \frac{dx^i}{ds}, \ i = 1, 2,$$

che non mutano moltiplicando dx^i per un fattore positivo, poiché allora anche ds riscala per lo stesso fattore. Le λ^i sono dette i *parametri della direzione*, e si riducono ai coseni direttori nel caso in cui la superficie σ sia piana e x^1, x^2 rappresentino coordinate cartesiane ortogonali. I parametri della direzione non sono indipendenti, poiché obbediscono alla relazione

$$\sum_{i,k=1}^{2} a_{ik}\, \lambda^i\, \lambda^k = 1,$$

che si ottiene dalla forma (14.2.8) della metrica su σ, e che fa riscontro alla nota identità del piano euclideo.

Levi-Civita indica con R un generico vettore tangente tracciato da P, e con dR l'incremento vettoriale di R durante il trasporto parallelo dal punto P a un punto P_1. Tale dR deve essere perpendicolare ad ogni direzione tangente a σ in P, la quale è determinata da uno spostamento infinitesimo del punto P con associato vettore δP. La condizione di perpendicolarità è l'annullarsi del prodotto scalare (dette dY_ν le componenti di dR e δy_ν quelle di δP):

$$dR \cdot \delta P = 0 \implies \sum_{\nu=1}^{3} dY_\nu\, \delta y_\nu = 0. \tag{14.2.2}$$

Questa è l'equazione simbolica del parallelismo, ma in questa forma non è ancora espressa in modo intrinseco. Per ottenere una forma intrinseca, Levi-Civita (1925) fa uso da un lato della definizione (14.2.1), da cui le componenti di δP sono

$$\delta y_\nu = \sum_{k=1}^{2} \frac{\partial y_\nu}{\partial x^k}\delta x^k, \tag{14.2.3}$$

e dall'altro sa che le Y_ν sono

$$Y_\nu = \sum_{i=1}^{2} \frac{\partial y_\nu}{\partial x^i} R^i. \tag{14.2.4}$$

A questo stadio, Levi-Civita (1925) trova che, posto

$$\tau_k \equiv \sum_{j=1}^{2}\sum_{\nu=1}^{3} \frac{\partial y_\nu}{\partial x_k} d\left(\frac{\partial y_\nu}{\partial x^j} R^j\right), \tag{14.2.5}$$

la (14.2.2) diventa

$$\sum_{k=1}^{2} \tau_k\, \delta x^k = 0 \implies \tau_k = 0, \tag{14.2.6}$$

essendo le δx^k completamente arbitrarie. Dopo opportuni passaggi (Levi-Civita 1925), la (14.2.6) fornisce le equazioni differenziali del parallelismo che sono la desiderata forma intrinseca:

$$dR^i = -\sum_{j,l=1}^{2} \Gamma^i_{jl} R^j \, dx^l, \qquad (14.2.7)$$

ove i Γ^i_{jl} sono i simboli di Christoffel di seconda specie associati alla metrica sulla porzione σ di superficie (qui abbiamo $E^l = dx^l$):

$$\sum_{i,k=1}^{2} a_{ik} E^i \otimes E^k = \sum_{v=1}^{3} dy_v \otimes dy_v. \qquad (14.2.8)$$

14.2.1   Parallelismo su varietà a n dimensioni

Levi-Civita (1917) estese poi la nozione di parallelismo ad una varietà qualunque, gettando le basi per la moderna teoria delle connessioni che noi studieremo nei capitoli 18, 19 e 20 (vedasi postfazione di T. Regge in Levi-Civita (1982)). In tale ambito, si studia una varietà di Riemann $V_n = (M_n, g)$ con metrica

$$g = \sum_{i,k=1}^{n} g_{ik} E^i \otimes E^k, \qquad (14.2.9)$$

e si riguarda V_n come immersa in uno spazio euclideo S_N di dimensione $N \le \frac{n(n+1)}{2}$. Sia C una curva in V_n, di equazioni parametriche $x^i = x^i(s)$, s essendo un parametro reale, un arco contato da un'origine arbitraria. L'ipotesi fondamentale è che, ad ogni punto $P \in C$, corrisponda una direzione (α) appartenente a V_n. Siano inoltre $\xi^i(s)$ i parametri di direzione (vedasi commenti alla fine di tale paragrafo) che definiscono la (α) entro V_n, e siano $\alpha_v(s)$ i coseni direttori che individuano la (α) nello spazio ambiente S_N. Il legame tra coseni direttori e parametri di direzione è fornito dall'equazione

$$\alpha_v = \sum_{l=1}^{n} \frac{\partial y_v}{\partial x^l} \xi^l, \qquad (14.2.10)$$

le y_v essendo coordinate locali su S_N.

Il concetto di parallelismo in forma non intrinseca richiede che, indicata con (f) una generica *direzione fissa* di S_N, l'angolo formato tra le direzioni (f) ed (α) eguagli l'angolo tra le direzioni (f) e (β), $\forall (\beta) \neq (\alpha)$. Siano ora f_v i coseni direttori della direzione (f), tramite i quali il coseno dell'angolo formato dalle direzioni (α) e (f) assume la forma

$$\cos \widehat{(\alpha)(f)} = \sum_{\nu=1}^{N} \alpha_\nu f_\nu. \tag{14.2.11}$$

Se il parametro s varia di ds, tale coseno subisce l'incremento

$$d\left(\sum_{\nu=1}^{N} \alpha_\nu f_\nu\right) = ds \sum_{\nu=1}^{N} \frac{d\alpha_\nu}{ds} f_\nu. \tag{14.2.12}$$

In geometria euclidea, il parallelismo (ordinario) richiede che l'incremento (14.2.12) deve annullarsi per tutte le direzioni (f), da cui segue che α_ν deve essere costante, come funzione di s, per ogni $\nu = 1, 2, \ldots, N$.

In geometria non euclidea, l'angolo fra le direzioni (α) e (f) si mantiene invariato per le direzioni (f) appartenenti a V_n, da cui segue che l'incremento (14.2.12) si annulla solo per le direzioni tangenziali. Tali direzioni sono tutte e sole quelle compatibili con le equazioni che esprimono l'immersione di V_n in S_N:

$$y_\nu = y_\nu(x^1, \ldots, x^n), \quad \nu = 1, \ldots, N, \tag{14.2.13}$$

ovvero tali che

$$\sum_{\nu=1}^{N} \frac{d\alpha_\nu}{ds} \delta y_\nu = 0, \tag{14.2.14}$$

per ogni variazione δy_ν conciliabile con le (14.2.13), dalle quali si trova che

$$\delta y_\nu = \sum_{k=1}^{n} \frac{\partial y_\nu}{\partial x^k} \delta x^k, \tag{14.2.15}$$

le δx^k essendo completamente arbitrarie. Pertanto la (14.2.14) assume la forma

$$\sum_{\nu=1}^{N} \frac{d\alpha_\nu}{ds} \frac{\partial y_\nu}{\partial x^k} = 0. \tag{14.2.16}$$

Questa equazione esprime il *parallelismo delle direzioni* (α) *lungo la curva C*. A questo stadio, si sostituiscono ai coseni direttori α_ν le loro espressioni (14.2.10) in funzione dei parametri di direzione, dalle quali si ottiene

$$\frac{d\alpha_\nu}{ds} = \sum_{l=1}^{n} \frac{\partial y_\nu}{\partial x^l} \frac{d\xi^l}{ds} + \sum_{j,l=1}^{n} \frac{\partial^2 y_\nu}{\partial x^j \partial x^l} \frac{dx^j}{ds} \xi^l. \tag{14.2.17}$$

Tale formula va a sua volta inserita nella (14.2.16), il che rende necessario osservare che, essendo possibile riesprimere la metrica (14.2.9) nella forma

$$g = \sum_{\nu=1}^{N} dy_\nu \otimes dy_\nu \tag{14.2.18}$$

in virtù dell'immersione isometrica locale di V_n in S_N, si ha

$$g_{kl} = \sum_{\nu=1}^{N} \frac{\partial y_\nu}{\partial x^k} \frac{\partial y_\nu}{\partial x^l}, \tag{14.2.19}$$

e dunque un paziente uso della regola di Leibniz conduce alla identità

$$\sum_{\nu=1}^{N} \frac{\partial^2 y_\nu}{\partial x^j \partial x^l} \frac{\partial y_\nu}{\partial x^k} = \frac{1}{2}\left(\frac{\partial g_{kl}}{\partial x^j} + \frac{\partial g_{jk}}{\partial x^l} - \frac{\partial g_{jl}}{\partial x^k} \right) \equiv [jl,k]. \tag{14.2.20}$$

I simboli $[jl,k]$ sono i simboli di Christoffel di prima specie . Dalle (14.2.16), (14.2.17) e (14.2.20) otteniamo

$$\sum_{l=1}^{n} g_{kl} \frac{d\xi^l}{ds} + \sum_{j,l=1}^{n} [jl,k] \frac{dx^j}{ds} \xi^l = 0. \tag{14.2.21}$$

Da ultimo, moltiplicando la (14.2.21) per le componenti controvarianti della metrica g e sommando sugli indici ripetuti, si ottiene

$$\frac{d\xi^i}{ds} + \sum_{j,l=1}^{n} \Gamma^i_{jl} \frac{dx^j}{ds} \xi^l = 0, \tag{14.2.22}$$

ove abbiamo fatto uso dei familiari simboli di Christoffel di seconda specie

$$\Gamma^i_{jl} = \sum_{k=1}^{n} \gamma^{ik} [jl,k]. \tag{14.2.23}$$

La (14.2.22) stabilisce come variano i parametri ξ^i lungo la curva C, se le direzioni da essi individuate si mantengono parallele. Col linguaggio moderno del paragrafo 13.6, le ξ^i sono le componenti di un campo vettoriale lungo la curva C, e le $\frac{dx^j}{ds}$ sono le componenti del vettore tangente a C.

Il concetto di parallelismo permise di comprendere da dove discende il ruolo matematico del tensore di Riemann, in quanto, come vedremo nel paragrafo 14.4, il trasporto parallelo di vettori lungo curve diverse produce alfine elementi diversi dello stesso spazio tangente in un punto.

14.3 Torsione e curvatura in base coordinata

Terminata la nostra digressione sull'originale concepimento del trasporto parallelo, possiamo riprendere il nostro cammino principale. Poiché torsione e curvatura sono tensori, la loro azione su vettori è determinata quando è nota la loro azione su vettori di base. Rispetto alla base coordinata $\{e_\mu\}$ e alla base duale $\{E^\mu = dx^\mu\}$, le componeti di torsione e curvatura sono date da

$$
\begin{aligned}
T^\lambda{}_{\mu\nu} &= \langle E^\lambda, T(e_\mu, e_\nu)\rangle = \langle E^\lambda, \nabla_\mu e_\nu - \nabla_\nu e_\mu\rangle \\
&= \left\langle E^\lambda, \sum_{\rho=1}^{m}\left(\Gamma^\rho{}_{\mu\nu} e_\rho - \Gamma^\rho{}_{\nu\mu} e_\rho\right)\right\rangle \\
&= \sum_{\rho=1}^{m}\langle E^\lambda, e_\rho\rangle \Gamma^\rho{}_{\mu\nu} - \sum_{\rho=1}^{m}\langle E^\lambda, e_\rho\rangle \Gamma^\rho{}_{\nu\mu} \\
&= \Gamma^\lambda{}_{\mu\nu} - \Gamma^\lambda{}_{\nu\mu},
\end{aligned}
\tag{14.3.1}
$$

e

$$
\begin{aligned}
R^\rho{}_{\lambda\mu\nu} &= \langle E^\rho, R(e_\mu, e_\nu)e_\lambda\rangle = \langle E^\rho, \nabla_\mu\nabla_\nu e_\lambda - \nabla_\nu\nabla_\mu e_\lambda\rangle \\
&= \left\langle E^\rho, \nabla_\mu\left(\sum_{\sigma=1}^{m}\Gamma^\sigma{}_{\nu\lambda} e_\sigma\right) - \nabla_\nu\left(\sum_{\sigma=1}^{m}\Gamma^\sigma{}_{\mu\lambda} e_\sigma\right)\right\rangle \\
&= \sum_{\sigma=1}^{m}\langle E^\rho, (\partial_\mu\Gamma^\sigma{}_{\nu\lambda})e_\sigma\rangle + \sum_{\sigma,\xi=1}^{m}\langle E^\rho, \Gamma^\sigma{}_{\nu\lambda}\Gamma^\xi{}_{\mu\sigma} e_\xi\rangle \\
&\quad - \sum_{\sigma=1}^{m}\langle E^\rho, \left(\partial_\nu\Gamma^\sigma{}_{\mu\lambda}\right)e_\sigma\rangle - \sum_{\sigma,\xi=1}^{m}\langle E^\rho, \Gamma^\sigma{}_{\mu\lambda}\Gamma^\xi{}_{\nu\sigma} e_\xi\rangle \\
&= \partial_\mu\Gamma^\rho{}_{\nu\lambda} - \partial_\nu\Gamma^\rho{}_{\mu\lambda} + \sum_{\sigma=1}^{m}\left(\Gamma^\sigma{}_{\nu\lambda}\Gamma^\rho{}_{\mu\sigma} - \Gamma^\sigma{}_{\mu\lambda}\Gamma^\rho{}_{\nu\sigma}\right),
\end{aligned}
\tag{14.3.2}
$$

dove nella (14.3.2) abbiamo fatto uso della proprietà

$$
\nabla_\mu(fX) = e_\mu[f]X + f\nabla_\mu X,
\tag{14.3.3}
$$

dalla quale si ottiene

$$
\begin{aligned}
\nabla_\mu\left(\Gamma^\sigma{}_{\nu\lambda} e_\sigma\right) &= (\partial_\mu\Gamma^\sigma{}_{\nu\lambda})e_\sigma + \Gamma^\sigma{}_{\nu\lambda}\nabla_\mu e_\sigma \\
&= (\partial_\mu\Gamma^\sigma{}_{\nu\lambda})e_\sigma + \Gamma^\sigma{}_{\nu\lambda}\sum_{\xi=1}^{m}\Gamma^\xi{}_{\mu\sigma} e_\xi.
\end{aligned}
\tag{14.3.4}
$$

Da tali formule troviamo che

$$
T^\lambda{}_{\mu\nu} = -T^\lambda{}_{\nu\mu}, \quad R^\rho{}_{\lambda\mu\nu} = -R^\rho{}_{\lambda\nu\mu}.
\tag{14.3.5}
$$

14.4   Significato geometrico della curvatura

Mostriamo ora che il trasporto parallelo non è integrabile, ovvero che, muovendosi lungo due curve diverse γ e γ' per trasportare parallelamente un vettore in p fino al punto r, si ottengono vettori diversi. Sia $V_0 \in T_p(M)$ e trasportiamolo parallelamente lungo la curva $\gamma = pqr$ come in Fig. 14.1.

Poniamo $V_0 = U$, $V_\gamma = V$, $V_{\gamma'} = W$. Si ha allora dalla (14.2.7)

$$V^\mu(q) = U^\mu - \sum_{\rho,\nu=1}^m U^\rho \Gamma^\mu_{\nu\rho}(p)\varepsilon^\nu, \tag{14.4.1}$$

e successivamente

$$V^\mu(r) = V^\mu(q) - \sum_{\rho,\nu=1}^m V^\rho(q)\Gamma^\mu_{\nu\rho}(q)\delta^\nu$$

$$= U^\mu - \sum_{\rho,\nu=1}^m U^\rho \Gamma^\mu_{\nu\rho}\varepsilon^\nu$$

$$- \sum_{\rho,\nu=1}^m \left[U^\rho - \sum_{\lambda,\zeta=1}^m U^\lambda \Gamma^\rho_{\zeta\lambda}\varepsilon^\zeta \right] \left[\Gamma^\mu_{\nu\rho}(p) + \sum_{\sigma=1}^m \partial_\sigma \Gamma^\mu_{\nu\rho}(p)\varepsilon^\sigma \right] \delta^\nu$$

$$= U^\mu - \sum_{\rho,\nu=1}^m U^\rho \Gamma^\mu_{\nu\rho}(p)(\varepsilon^\nu + \delta^\nu)$$

$$- \sum_{\rho,\lambda,\nu=1}^m U^\rho \left[\partial_\lambda \Gamma^\mu_{\nu\rho}(p) - \sum_{\sigma=1}^m \Gamma^\sigma_{\lambda\rho}(p)\Gamma^\mu_{\nu\sigma}(p) \right] \varepsilon^\lambda \delta^\nu$$

$$+ O(\varepsilon^2\delta). \tag{14.4.2}$$

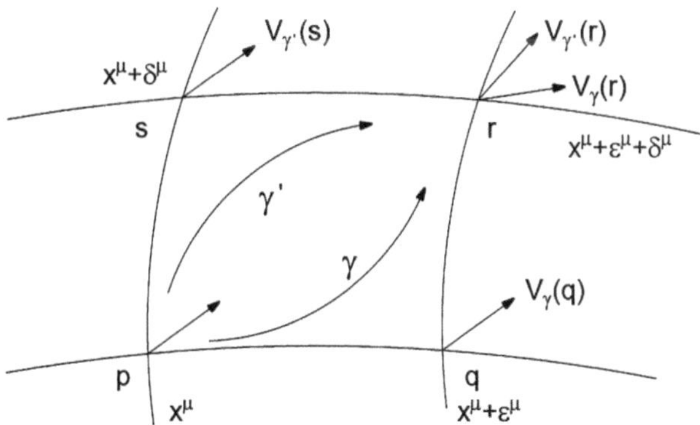

Figura 14.1 Non integrabilità del trasporto parallelo

Con procedura analoga, il trasporto parallelo di U lungo la curva $\gamma' = psr$ come in Fig. 14.1 fornisce un altro vettore $W \in T_r(M)$ avente componenti

$$W^\mu(r) \cong U^\mu - \sum_{\rho,\nu=1}^{m} U^\rho \Gamma^\mu_{\nu\rho}(p)(\delta^\nu + \varepsilon^\nu)$$

$$- \sum_{\rho,\lambda,\nu=1}^{m} U^\rho \left[\partial_\nu \Gamma^\mu_{\lambda\rho}(p) - \sum_{\sigma=1}^{m} \Gamma^\sigma_{\nu\rho}(p) \Gamma^\mu_{\lambda\sigma}(p) \right] \varepsilon^\lambda \delta^\nu$$

$$+ \mathrm{O}(\varepsilon^2\delta). \tag{14.4.3}$$

Dalle (14.4.2) e (14.4.3) ne consegue che

$$W^\mu(r) - V^\mu(r) = \sum_{\rho,\lambda,\nu=1}^{m} U^\rho \left[\partial_\lambda \Gamma^\mu_{\nu\rho}(p) - \partial_\nu \Gamma^\mu_{\lambda\rho}(p) \right.$$

$$+ \sum_{\sigma=1}^{m} \left(\Gamma^\sigma_{\nu\rho}(p)\Gamma^\mu_{\lambda\sigma}(p) - \Gamma^\sigma_{\lambda\rho}(p)\Gamma^\mu_{\nu\sigma}(p) \right) \Bigg] \varepsilon^\lambda \delta^\nu$$

$$= \sum_{\rho,\lambda,\nu=1}^{m} U^\rho R^\mu_{\ \rho\lambda\nu} \varepsilon^\lambda \delta^\nu. \tag{14.4.4}$$

Pertanto il tensore di Riemann rende effettivamente conto della non integrabilità del trasporto parallelo.

14.5 Interpretazione geometrica della torsione

Sia $p \in M$ un punto di coordinate x^μ, e siano

$$X = \sum_{\mu=1}^{m} \varepsilon^\mu e_\mu, \quad Y = \sum_{\mu=1}^{m} \delta^\mu e_\mu$$

vettori infinitesimi in $T_p(M)$. Poiché lo studio di una varietà differenziabile è equivalente a quello del suo spazio tangente, si può osservare che tali vettori definiscono due punti q e s in prossimità di p:

$$q = q(x^\mu + \varepsilon^\mu), \quad s = s(x^\mu + \delta^\mu).$$

Il trasporto parallelo di X lungo la linea ps in Fig. 14.2 fornisce il vettore sr_1 le cui componenti sono

$$\varepsilon^\mu - \sum_{\nu,\lambda=1}^{m} \varepsilon^\lambda \Gamma^\mu_{\nu\lambda} \delta^\nu.$$

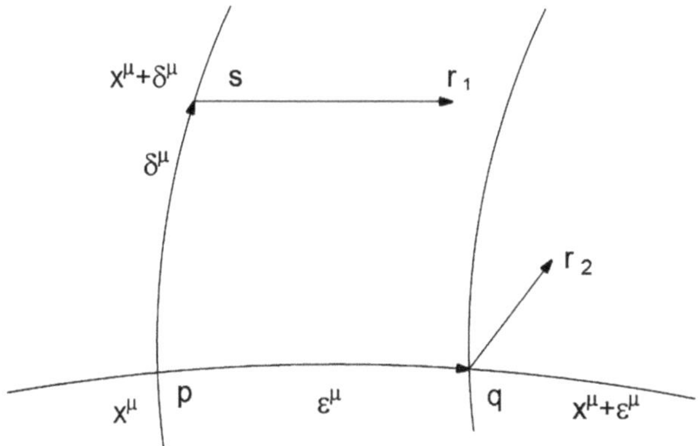

Figura 14.2 Interpretazione geometrica della torsione

Il vettore di spostamento che collega p a r_1 è

$$pr_1 = ps + sr_1, \tag{14.5.1}$$

ed ha componenti

$$\delta^\mu + \varepsilon^\mu - \sum_{\nu,\lambda=1}^{m} \Gamma^\mu_{\nu\lambda} \varepsilon^\lambda \delta^\nu. \tag{14.5.2}$$

Con lo stesso metodo, si considera il vettore

$$pr_2 = pq + qr_2, \tag{14.5.3}$$

che ha le componenti (stavolta si scambiano i ruoli di ε^λ e δ^ν)

$$\varepsilon^\mu + \delta^\mu - \sum_{\nu,\lambda=1}^{m} \Gamma^\mu_{\lambda\nu} \varepsilon^\lambda \delta^\nu. \tag{14.5.4}$$

In generale, i punti r_1 e r_2 sono diversi, e si trova che $r_2 r_1 = pr_2 - pr_1$, con le associate componenti

$$\sum_{\nu,\lambda=1}^{m} (\Gamma^\mu_{\nu\lambda} - \Gamma^\mu_{\lambda\nu}) \varepsilon^\lambda \delta^\nu = \sum_{\lambda,\nu=1}^{m} T^\mu_{\nu\lambda} \varepsilon^\lambda \delta^\nu, \tag{14.5.5}$$

a meno di termini $O(\varepsilon^i \delta^j)$, $(i + j) \geq 3$. Dunque il tensore di torsione misura di quanto non riesce a chiudersi il parallelogramma curvilineo formato dai vettori di spostamento e dai loro trasporti paralleli (Fig. 14.2). Si suol anche dire che il trasporto parallelo in presenza di torsione sostituisce dunque a un parallelogramma curvilineo un pentagono curvilineo (Bompiani 1951, Schouten 1954).

14.6 Tensore di Ricci e la sua traccia

Il tensore di Ricci si ottiene per contrazione dal tensore di Riemann. Esso è un tensore di tipo $(0, 2)$:

$$\mathrm{Ric}(X, Y) = \mathcal{R}(X, Y) = \sum_{\mu=1}^{m} \langle E^{\mu}, R(e_{\mu}, Y)X \rangle. \qquad (14.6.1)$$

Le componenti in base coordinata di tale tensore sono

$$\mathcal{R}_{\mu\nu} = \mathcal{R}(e_{\mu}, e_{\nu}) = \sum_{\lambda=1}^{m} R^{\lambda}{}_{\mu\lambda\nu}. \qquad (14.6.2)$$

Altri autori definiscono il tensore di Ricci contraendo la prima con la quarta componente del tensore di Riemann.

La traccia del tensore di Ricci è

$$\mathcal{R} = \sum_{\mu,\nu=1}^{m} \left(g^{-1}\right)^{\mu\nu} \mathcal{R}_{\mu\nu}. \qquad (14.6.3)$$

14.7 Connessione di Levi-Civita

Se il tensore di torsione $T(X, Y)$ si annulla, la connessione affine ∇ è simmetrica in basi coordinate, ovvero i coefficienti di connessione sono simmetrici:

$$\Gamma^{\lambda}{}_{\mu\nu} = \Gamma^{\lambda}{}_{\nu\mu}.$$

Teorema 14.1 Teorema fondamentale della geometria riemanniana e pseudoriemanniana: su una varietà (M, g), esiste un'unica connessione simmetrica compatibile con la metrica g. Questa prende il nome di *connessione di Levi-Civita*.

Dimostrazione Sia ∇ una connessione affine arbitraria avente coefficienti di connessione

$$\widetilde{\Gamma}^{\rho}{}_{\mu\nu} = \left\{ \begin{matrix} \rho \\ \mu\nu \end{matrix} \right\} + K^{\rho}{}_{\mu\nu}, \qquad (14.7.1)$$

ove $\left\{ \begin{smallmatrix} \rho \\ \mu\nu \end{smallmatrix} \right\}$ sono i simboli di Christoffel di seconda specie, e $K^{\rho}{}_{\mu\nu}$ sono le componenti della *contorsione*:

$$K^{\rho}{}_{\mu\nu} = \frac{1}{2}\left(T_{\nu}{}^{\rho}{}_{\mu} + T_{\mu}{}^{\rho}{}_{\nu} + T^{\rho}{}_{\mu\nu} \right). \qquad (14.7.2)$$

Teniamo ora a mente che, se Ψ è un campo tensoriale di tipo $(1, 2)$, allora

$$\Gamma^{\rho}_{\mu\nu} \equiv \widetilde{\Gamma}^{\rho}_{\mu\nu} + \Psi^{\rho}_{\mu\nu} \qquad (14.7.3)$$

è anch'esso un coefficiente di connessione, ovvero si trasforma in modo inomogeneo come $\widetilde{\Gamma}^{\rho}_{\mu\nu}$. Ma allora, scegliendo

$$\Psi^{\rho}_{\mu\nu} = -K^{\rho}_{\mu\nu}, \qquad (14.7.4)$$

troviamo

$$\Gamma^{\rho}_{\mu\nu} = \widetilde{\Gamma}^{\rho}_{\mu\nu} - K^{\rho}_{\mu\nu} = \left\{ {\rho \atop \mu\nu} \right\}$$

$$= \frac{1}{2} \sum_{\lambda=1}^{m} (g^{-1})^{\rho\lambda} \left(\partial_{\mu} g_{\lambda\nu} + \partial_{\nu} g_{\mu\lambda} - \partial_{\lambda} g_{\mu\nu} \right). \qquad (14.7.5)$$

Questi coefficienti di connessione sono simmetrici per costruzione, e certamente unici una volta assegnata una metrica. Q.E.D.

Esercizio 14.1 Sia $f \in C^{\infty}(M)$. Si dimostri allora che, per una generica connessione affine,

$$\left(\nabla_{\mu} \nabla_{\nu} - \nabla_{\nu} \nabla_{\mu} \right) f = \sum_{\rho=1}^{m} T^{\rho}_{\mu\nu} \nabla_{\rho} f. \qquad (14.7.6)$$

Pertanto, le derivate covarianti di una funzione liscia non commutano se la torsione non si annulla.

Esercizio 14.2 Si usi la formula (13.6.8) per le componenti della derivata covariante di un campo di 1-forma per dimostrare che

$$d\omega = \sum_{\mu,\nu=1}^{m} (\nabla_{\mu}\omega)_{\nu} E^{\mu} \wedge E^{\nu}. \qquad (14.7.7)$$

Esercizio 14.3 Sia ω un campo di 1-forma e sia U il corrispondente campo vettoriale, di componenti

$$U^{\mu} = \sum_{\nu=1}^{m} (g^{-1})^{\mu\nu} \omega_{\nu}. \qquad (14.7.8)$$

Si dimostri che, per ogni campo vettoriale V su M, si ha

$$g(\nabla_X U, V) = \langle \nabla_X \omega, V \rangle. \qquad (14.7.9)$$

14.8   Geodetiche

Le geodetiche definite in modo variazionale rispetto alla connessione di Levi-Civita forniscono un estremo locale della lunghezza di una curva che collega due punti. Parametrizziamo una curva con la distanza s lungo di essa: $x^\mu = x^\mu(s)$. La lunghezza di un cammino γ che collega i punti p e q è (la formula che segue vale nel caso riemanniano; nel prossimo capitolo definiremo la lunghezza d'arco a seconda della segnatura della metrica)

$$I(\gamma) = \int_\gamma \sqrt{\sum_{\mu,\nu=1}^m g_{\mu\nu} \frac{dx^\mu}{ds} \frac{dx^\nu}{ds}} \, ds. \tag{14.8.1}$$

Anziché derivare le equazioni di Eulero-Lagrange dalla (14.8.1), consideriamo un problema lievemente più semplice. Sia

$$F = \frac{1}{2} \sum_{\mu,\nu=1}^m g_{\mu\nu} \frac{dx^\mu}{ds} \frac{dx^\nu}{ds}, \tag{14.8.2}$$

e scriviamo

$$I(\gamma) = \int_\gamma L(F) ds. \tag{14.8.3}$$

Posto $x'^\lambda = \frac{dx^\lambda}{ds}$, le equazioni di Eulero-Lagrange per il problema originario sono

$$\frac{d}{ds}\left(\frac{\partial L}{\partial x'^\lambda} \right) - \frac{\partial L}{\partial x^\lambda} = 0. \tag{14.8.4}$$

Pertanto, $F = \frac{L^2}{2}$ soddisfa

$$\frac{d}{ds}\left(\frac{\partial F}{\partial x'^\lambda} \right) - \frac{\partial F}{\partial x^\lambda} = L\left[\frac{d}{ds}\left(\frac{\partial L}{\partial x'^\lambda} \right) - \frac{\partial L}{\partial x^\lambda} \right]$$
$$+ \frac{\partial L}{\partial x'^\lambda} \frac{dL}{ds} = \frac{\partial L}{\partial x'^\lambda} \frac{dL}{ds} = 0, \tag{14.8.5}$$

poiché, ponendo $L = 1$, la derivata di L rispetto a s si annulla. Ma allora, poiché F soddisfa le equazioni di Eulero-Lagrange, possiamo scrivere che

$$\sum_{\mu=1}^{m} \frac{d}{ds}\left(g_{\lambda\mu}x'^{\mu}\right) - \frac{1}{2}\sum_{\mu,\nu=1}^{m}\frac{\partial g_{\mu\nu}}{\partial x^{\lambda}}x'^{\mu}x'^{\nu}$$

$$= \sum_{\mu,\nu=1}^{m}\frac{\partial g_{\lambda\mu}}{\partial x^{\nu}}x'^{\mu}x'^{\nu} + \sum_{\mu=1}^{m}g_{\lambda\mu}\frac{d^2 x^{\mu}}{ds^2} - \frac{1}{2}\sum_{\mu,\nu=1}^{m}\frac{\partial g_{\mu\nu}}{\partial x^{\lambda}}x'^{\mu}x'^{\nu}$$

$$= \sum_{\mu=1}^{m}g_{\lambda\mu}\frac{d^2 x^{\mu}}{ds^2} + \sum_{\mu,\nu=1}^{m}\frac{1}{2}\left(\frac{\partial g_{\lambda\nu}}{\partial x^{\mu}} + \frac{\partial g_{\mu\lambda}}{\partial x^{\nu}} - \frac{\partial g_{\mu\nu}}{\partial x^{\lambda}}\right)\frac{dx^{\mu}}{ds}\frac{dx^{\nu}}{ds}$$

$$= 0. \tag{14.8.6}$$

Se alfine moltiplichiamo per $\left(g^{-1}\right)^{\rho\lambda}$ e sommiamo su λ, otteniamo l'equazione delle geodetiche (già incontrata):

$$\frac{d^2 x^{\rho}}{ds^2} + \sum_{\mu,\nu=1}^{m}\left\{\begin{matrix}\rho\\\mu\nu\end{matrix}\right\}\frac{dx^{\mu}}{ds}\frac{dx^{\nu}}{ds} = 0. \tag{14.8.7}$$

In particolare, sulla 2-sfera le (14.8.7) assumono la forma

$$\frac{d^2\theta}{ds^2} - \sin(\theta)\cos(\theta)\left(\frac{d\phi}{ds}\right)^2 = 0, \quad \frac{d^2\phi}{ds^2} + 2\cot(\theta)\frac{d\phi}{ds}\frac{d\theta}{ds} = 0, \tag{14.8.8}$$

poiché i coefficienti di connessione non nulli assumono i valori

$$\Gamma^{\theta}_{\phi\phi} = -\sin(\theta)\cos(\theta), \quad \Gamma^{\phi}_{\phi\theta} = \Gamma^{\phi}_{\theta\phi} = \cot(\theta). \tag{14.8.9}$$

Capitolo 15
Geometria riemanniana. III

15.1 Distanza in geometria riemanniana

Sia $\gamma : [0,1] \longrightarrow M$ una curva che appartiene all'insieme Ω_{pq} delle curve regolari a tratti che collegano i punti p e q, ovvero curve regolari in ogni sottointervallo chiuso $[t_i, t_{i+1}]$. Si definisce allora la *lunghezza d'arco riemanniana*

$$\Lambda_R(\gamma) = \sum_{i=1}^{k-1} \int_{t_i}^{t_{i+1}} \sqrt{g(\gamma'(t), \gamma'(t))} \, dt. \qquad (15.1.1)$$

La funzione *distanza riemanniana* è una applicazione

$$d_R : M \times M \longrightarrow [0, \infty[\qquad (15.1.2)$$

definita come l'estremo inferiore di tutte le lunghezze d'arco riemanniane (Esposito 1992):

$$d_R(p, q) \equiv \inf\{\Lambda_R(\gamma) : \gamma \in \Omega_{pq}\}. \qquad (15.1.3)$$

Essa possiede le seguenti proprietà:

(i) Simmetria:

$$d_R(p, q) = d_R(q, p), \ \forall \ p, q \in M. \qquad (15.1.4)$$

(ii) Diseguaglianza triangolare:

$$d_R(p, q) \leq d_R(p, r) + d_R(r, q), \ \forall \ p, q, r \in M. \qquad (15.1.5)$$

(iii) Distanza nulla solo per punti coincidenti:

$$d_R(p, q) = 0 \iff p = q. \qquad (15.1.6)$$

© The Author(s), under exclusive license to Springer Nature Switzerland AG 2026

G. Esposito, *Fondamenti Matematici della Teoria Classica dei Campi*, La Matematica per il 3+2, https://doi.org/10.1007/978-3-032-23198-7_15

(iv) Continuità della funzione distanza: $\forall\, p \in M$, $\forall \varepsilon > 0$, le palle metriche (anche dette palle aperte)

$$B(p,\varepsilon) \equiv \{q \in M \,:\, d_R(p,q) < \varepsilon\}, \qquad (15.1.7)$$

sono una base per la topologia della varietà M.

15.2   Distanza in geometria lorentziana

Sia $\widetilde{\Omega}_{pq}$ l'insieme di tutte le curve $\gamma : [0,1] \longrightarrow M$ con vettore tangente di tipo tempo o luce (ovvero non di tipo spazio, ovvero causali) dirette nel futuro da p a q, ovvero tali che:

$$\gamma(0) = p, \ \gamma(1) = q, \qquad (15.2.1)$$

e che sono regolari negli intervalli chiusi $[t_i, t_{i+1}]$ $\forall i = 0, 1, \ldots, n - 1$. Allora la *lunghezza d'arco lorentziana* è definita dalla sommatoria

$$\Lambda_L(\gamma) \equiv \sum_{i=0}^{n-1} \int_{t_i}^{t_{i+1}} \sqrt{-g(\gamma'(t), \gamma'(t))}\, dt, \qquad (15.2.2)$$

e l'associata funzione *distanza lorentziana* è una applicazione

$$d_L : \ M \times M \longrightarrow \ \mathbb{R} \cup \{\infty\}, \qquad (15.2.3)$$

che vale 0 se q non appartiene al futuro causale di p (ovvero l'insieme di tutti i punti r tali che esiste una curva di tipo tempo o luce diretta nel futuro da p a r), e invece vale

$$d_L(p,q) \equiv \sup\{\Lambda_L(\gamma) : \ \gamma \in \widetilde{\Omega}_{pq}\} \qquad (15.2.4)$$

se q appartiene al futuro causale di p.

15.3   Geodetiche sulla 2-sfera

Ora facciamo un calcolo di geodetiche in geometria riemanniana. Nel caso della 2-sfera, ottenute le equazioni (14.8.8), possiamo porre $\theta = \theta(\phi)$. Allora

$$\frac{d\theta}{ds} = \frac{d\theta}{d\phi}\frac{d\phi}{ds}, \ \frac{d^2\theta}{ds^2} = \frac{d^2\theta}{d\phi^2}\left(\frac{d\phi}{ds}\right)^2 + \frac{d\theta}{d\phi}\frac{d^2\phi}{ds^2}, \qquad (15.3.1)$$

e sostituendo la seconda di tali formule nella prima delle (14.8.8) si trova

$$\left(\frac{d^2\theta}{d\phi^2} - \sin(\theta)\cos(\theta)\right)\left(\frac{d\phi}{ds}\right)^2 + \frac{d\theta}{d\phi}\frac{d^2\phi}{ds^2} = 0. \tag{15.3.2}$$

La (15.3.2), assieme alla seconda delle (14.8.8), fornisce

$$\frac{d^2\theta}{d\phi^2} - 2\cot(\theta)\left(\frac{d\theta}{d\phi}\right)^2 - \sin(\theta)\cos(\theta) = 0. \tag{15.3.3}$$

Questa è una equazione differenziale non lineare a coefficienti variabili, ma basta porre

$$f(\theta(\phi)) \equiv \cot(\theta(\phi)) \tag{15.3.4}$$

per trasformarla nell'equazione lineare a coefficienti costanti

$$\left(\frac{d^2}{d\phi^2} + 1\right)f = 0, \tag{15.3.5}$$

che è risolta da

$$f(\theta(\phi)) = \cot(\theta(\phi)) = A\cos(\phi) + B\sin(\phi), \tag{15.3.6}$$

da cui segue immediatamente l'equazione

$$A\sin(\theta)\cos(\phi) + B\sin(\theta)\sin(\phi) - \cos(\theta) = 0. \tag{15.3.7}$$

Questa equazione corrisponde a un grande cerchio che giace in un piano il cui vettore normale è $(A, B, -1)$.

15.4 Geodetiche con la metrica di Poincaré

Nel semipiano superiore del piano euclideo, ossia l'insieme dei punti di coordinate (x, y) aventi $y > 0$, introduciamo la metrica di Poincaré

$$g = y^{-2}\left(dx \otimes dx + dy \otimes dy\right). \tag{15.4.1}$$

Pertanto, ponendo $x' \equiv \frac{dx}{ds}$, $y' \equiv \frac{dy}{ds}$, le equazioni delle geodetiche sono

$$x'' - \frac{2}{y}x'y' = 0, \tag{15.4.2}$$

$$y'' - \frac{1}{y}\left(x'^2 + 3y'^2\right) = 0. \tag{15.4.3}$$

Nella (15.4.2) dividiamo per x', trovando

$$\frac{x''}{x'} = 2\frac{y'}{y} \implies \frac{d}{ds}\log\left(\frac{x'}{y^2}\right) = 0 \implies \frac{x'}{y^2} = \frac{1}{R} = \text{costante}. \qquad (15.4.4)$$

Scegliamo ora il parametro s così che il vettore (x', y') abbia lunghezza unitaria:

$$\left(\frac{x'}{y}\right)^2 + \left(\frac{y'}{y}\right)^2 = 1 \implies \left(\frac{y}{R}\right)^2 + \left(\frac{y'}{y}\right)^2 = 1. \qquad (15.4.5)$$

Da tale formula, ponendo $y \equiv R\sin(t)$, troviamo

$$ds = \frac{dy}{y\sqrt{1 - \frac{y^2}{R^2}}} = \frac{dt}{\sin(t)}, \qquad (15.4.6)$$

da cui alfine

$$x' = \frac{y^2}{R} = R\sin^2(t), \qquad (15.4.7)$$

$$x = \int x'\, ds = \int R\sin(t)dt = -R\cos(t) + x_0. \qquad (15.4.8)$$

Pertanto stiamo studiando la circonferenza che funge da bordo del cerchio di raggio R centrato in $(x_0, 0)$. Le geodetiche massimamente estese hanno $t \in\,]0, \pi[$, e inoltre hanno lunghezza

$$I = \int_\varepsilon^{\pi-\varepsilon} \frac{ds}{dt}dt = \int_\varepsilon^{\pi-\varepsilon} \frac{dt}{\sin(t)} = -\frac{1}{2}\log\left(\frac{1+\cos(t)}{1-\cos(t)}\right)\bigg|_\varepsilon^{\pi-\varepsilon}, \qquad (15.4.9)$$

che tende all'infinito se ε tende a 0.

15.5 Le coordinate normali geodetiche

Le *coordinate normali geodetiche* sono coordinate locali su una varietà con connessione affine definite mediante la mappa esponenziale (cf. paragrafo 10.1)

$$\exp:\ V \subset T_p(M) \longrightarrow M$$

e mediante un isomorfismo

$$E:\ \mathbb{R}^n \longrightarrow T_p(M)$$

dato da una base qualsivoglia dello spazio tangente nel punto fisso $p \in M$. Se si impone la struttura aggiuntiva di una metrica riemanniana, allora si può richiedere in aggiunta che la base definita da E sia ortonormale, e si parla allora di sistema di coordinate normali di Riemann. Esse esistono su un intorno normale di un punto $p \in M$. Tale concetto viene definito come segue.

Definizione 15.1   Un intorno normale U è un sottoinsieme aperto di M tale che esiste un intorno proprio $\widetilde{U}$ dell'origine in $T_p(M)$, e la mappa esponenziale agisce come un diffeomorfismo tra $\widetilde{U}$ e U. Su un intorno normale U di $p \in M$, la carta (U, φ) ha

$$\varphi \equiv E^{-1} \odot \exp^{-1} : U \longrightarrow \mathbb{R}^n. \tag{15.5.1}$$

Va sottolineato che l'isomorfismo E (e quindi la carta (U, φ)) non è per niente unico.

Definizione 15.2   Un *intorno normale convesso* è un intorno normale di ogni $p \in M$.

Nel caso di connessioni affini simmetriche, l'esistenza di tali intorni, che formano una base per la topologia, è stata dimostrata da Whitehead (1935). Le coordinate normali posseggono quattro fondamentali proprietà che ora descriviamo.

(1) Sia $V \in T_p(M)$ con componenti V^μ in coordinate locali, e sia γ_V la geodetica per la quale

$$\gamma_V(0) = p, \; \gamma_V'(0) = V. \tag{15.5.2}$$

Allora in coordinate normali si ha

$$\gamma_V(t) = (tV^1, \dots, tV^n) \tag{15.5.3}$$

fino a che γ_V si trova in U. Pertanto, i cammini radiali in coordinate normali sono esattamente le geodetiche passanti per p.
(2) Il punto p viene identificato con l'origine.
(3) In coordinate normali di Riemann in p, le componenti della metrica riemanniana sono $g_{\mu\nu}(p) = \delta_{\mu\nu}$.
(4) I simboli di Christoffel di seconda specie si annullano in p, e pertanto

$$R^\rho_{\;\lambda\mu\nu}(p) = \partial_\mu \Gamma^\rho_{\;\nu\lambda}(p) - \partial_\nu \Gamma^\rho_{\;\mu\lambda}(p), \tag{15.5.4}$$

$$\nabla_X T = X[T] = \sum_{\mu=1}^{m} X^\mu \partial_\mu [T], \tag{15.5.5}$$

per ogni campo tensoriale T. Nel caso di segnatura riemanniana della metrica, si ha inoltre

$$\frac{\partial g_{\mu\nu}}{\partial x^\lambda}(p) = 0, \; \forall \lambda, \mu, \nu. \tag{15.5.6}$$

Nell'intorno di $p = (0, \dots, 0)$ si ha poi

$$g_{\mu\nu}(x) = \delta_{\mu\nu} - \frac{1}{3} \sum_{\sigma,\tau=1}^{m} R_{\mu\sigma\nu\tau} x^\sigma x^\tau + O(|x|^3), \qquad (15.5.7)$$

$$\Gamma^\lambda_{\mu\nu}(x) = -\frac{1}{3} \sum_{\tau=1}^{m} \Big(R_{\lambda\nu\mu\tau}(0) + R_{\lambda\mu\nu\tau}(0) \Big) x^\tau + O(|x|^2). \qquad (15.5.8)$$

15.6   Tensori di Riemann e Ricci

Esercizio 15.1   Lo studente calcoli i tensori di Riemann e Ricci per la metrica cosmologica di Friedmann-Lemaitre-Robertson-Walker (posto $c = 1$)

$$g = -dt \otimes dt + a^2(t) \left[\frac{dr \otimes dr}{(1 - kr^2)} + r^2 (d\theta \otimes d\theta + \sin^2(\theta) d\phi \otimes d\phi) \right], \qquad (15.6.1)$$

e per la metrica di Schwarzschild che descrive uno spaziotempo a simmetria sferica (posto anche $G = 1$):

$$g = -\left(1 - \frac{2M}{r} \right) dt \otimes dt + \frac{dr \otimes dr}{\left(1 - \frac{2M}{r} \right)}$$
$$+ r^2 \Big(d\theta \otimes d\theta + \sin^2(\theta) d\phi \otimes d\phi \Big), \qquad (15.6.2)$$

ove $2M \in \,]0, r[$, $\theta \in [0, \pi]$, $\phi \in [0, 2\pi[$.

Come campo tensoriale di tipo $(0, 4)$, il tensore di Riemann ha componenti

$$R_{\rho\lambda\mu\nu} = \sum_{\sigma=1}^{m} g_{\rho\sigma} R^\sigma_{\lambda\mu\nu}, \qquad (15.6.3)$$

che hanno le seguenti proprietà di antisimmetria o simmetria:

$$R_{\rho\lambda\mu\nu} = -R_{\rho\lambda\nu\mu}, \quad R_{\rho\lambda\mu\nu} = -R_{\lambda\rho\mu\nu}, \quad R_{\rho\lambda\mu\nu} = R_{\mu\nu\rho\lambda}. \qquad (15.6.4)$$

Se la torsione T si annulla, il tensore di Ricci è simmetrico, e dunque in componenti

$$\mathcal{R}_{\mu\nu} = \mathcal{R}_{\nu\mu} \text{ se } T = 0. \qquad (15.6.5)$$

La prima identità di Bianchi con connessione di Levi-Civita è

$$R(X, Y)Z + R(Y, Z)X + R(Z, X)Y = 0 \implies$$
$$R_{\rho\lambda\mu\nu} + R_{\rho\mu\nu\lambda} + R_{\rho\nu\lambda\mu} = 0. \qquad (15.6.6)$$

La seconda identità di Bianchi con connessione di Levi-Civita è

$$\left[(\nabla_X R)(Y, Z) + (\nabla_Y R)(Z, X) + (\nabla_Z R)(X, Y)\right]V = 0. \qquad (15.6.7)$$

Da tali identità discende, per contrazione, che il tensore di Einstein, avente componenti controvarianti

$$G^{\mu\nu} = \mathcal{R}^{\mu\nu} - \frac{1}{2}(g^{-1})^{\mu\nu}\mathcal{R}, \qquad (15.6.8)$$

obbedisce all'identità

$$\sum_{\mu=1}^{m}(\nabla_\mu G)^{\mu\nu} = 0. \qquad (15.6.9)$$

Se la varietà M è bidimensionale, le componenti del tensore di Riemann sono (detta K una costante)

$$R_{\rho\lambda\mu\nu} = K(g_{\rho\mu}g_{\lambda\nu} - g_{\rho\nu}g_{\lambda\mu}), \qquad (15.6.10)$$

Dunque il tensore di Ricci è proporzionale alla metrica in tal caso, e la traccia del tensore di Ricci è pari a $2K$. Se la varietà M è m-dimensionale, il tensore di Riemann ha $\frac{m^2(m^2-1)}{12}$ componenti indipendenti.

15.7 Olonomia

Tale concetto sarà studiato più approfonditamente nei capitoli da 18 a 20. Per il momento possiamo dire che, dato $p \in (M, g)$, consideriamo l'insieme dei cammini chiusi in p:

$$\{\gamma(t) : t \in [0, 1],\ \gamma(0) = \gamma(1) = p\}. \qquad (15.7.1)$$

Preso $V \in T_p(M)$, ne facciamo il trasporto parallelo lungo $\gamma(t)$. Dopo un tragitto lungo $\gamma(t)$, approdiamo in un nuovo vettore $X_\gamma \in T_p(M)$. Pertanto, il cammino chiuso $\gamma(t)$ e la connessione ∇ inducono una trasformazione lineare

$$P_\gamma : T_p(M) \longrightarrow T_p(M). \qquad (15.7.2)$$

Per definizione, il *gruppo di olonomia in p* è l'insieme $H(p)$ di tutte le applicazioni nella (15.7.2). Assumiamo che $H(p)$ agisca su $T_p(M)$ dalla destra:

$$P_\gamma X = Xh,\ h \in H(p). \qquad (15.7.3)$$

In componenti, questo si scrive

$$P_\gamma X = \sum_{\mu,\nu=1}^{m} X^\mu h_\mu{}^\nu e_\nu, \qquad (15.7.4)$$

ove gli e_ν sono i vettori di base di $T_p(M)$. Sia $P_{\gamma'} \odot P_\gamma$ il trasporto parallello effettuato dapprima lungo γ e poi lungo γ'. Posto

$$P_\sigma \equiv P_{\gamma'} \odot P_\gamma, \qquad (15.7.5)$$

il cammino chiuso σ che ne risulta è

$$\sigma(t) = \gamma(2t) \text{ se } t \ \in \left[0, \frac{1}{2}\right], \ \gamma'(2t-1) \text{ se } t \ \in \left[\frac{1}{2}, 1\right]. \qquad (15.7.6)$$

Nel gruppo di olonomia, l'elemento unità è la mappa costante $\gamma_p(t) = p$, con $t \in [0, 1]$. L'inversa della trasformazione P_γ è la trasformazione $P_{\gamma^{-1}}$, ove $\gamma^{-1}(t) = \gamma(1-t)$. Il gruppo di olonomia $H(p)$ è contenuto propriamente nel gruppo lineare generale $\mathrm{GL}(m, \mathbb{R})$, e $\mathrm{GL}(m, \mathbb{R})$ è il massimo gruppo di olonomia possibile. In particolare, se (M, g) è parallelizzabile, ovvero se esistono m campi vettoriali linearmente indipendenti ovunque su M, allora $H(p)$ può essere reso banale.

Se la connessione ∇ è compatibile con la metrica, essa preserva la lunghezza dei vettori, ossia

$$g|_p(P_\gamma(X), P_\gamma(X)) = g|_p(X, X), \ X \in T_p(M). \qquad (15.7.7)$$

Pertanto $H(p)$ è sottogruppo di $\mathrm{SO}(m)$ se (M, g) è orientabile e riemanniana, oppure $H(p)$ è sottogruppo di $\mathrm{SO}(m-1, 1)$ se la metrica g ha segnatura lorentziana.

15.8   Olonomia della connessione di Levi-Civita su S^2

Dallo studio delle geodetiche su S^2, già conosciamo i coefficienti di connessione. Consideriamo ora il vettore $e_\theta = \frac{\partial}{\partial\theta}$ in $(\theta_0, 0)$ e facciamone il trasporto parallelo lungo la curva γ di equazioni $\theta = \theta_0$, $\phi \in [0, 2\pi]$. Sia X il vettore e_θ di cui si è fatto il trasporto parallelo lungo γ:

$$X = X^\theta e_\theta + X^\phi e_\phi. \qquad (15.8.1)$$

Dall'equazione per il trasporto parallelo del capitolo 13:

$$\frac{dX^\mu}{dt} + \sum_{\nu,\lambda=1}^{m} \Gamma^\mu{}_{\nu\lambda} \frac{dx^\nu}{dt} X^\lambda = 0, \qquad (15.8.2)$$

abbiamo nel nostro caso

$$\frac{\partial}{\partial\phi}X^\theta - \sin(\theta_0)\cos(\theta_0)X^\phi = 0, \tag{15.8.3}$$

$$\frac{\partial}{\partial\phi}X^\phi + \cot(\theta_0)X^\theta = 0. \tag{15.8.4}$$

Se deriviamo la (15.8.3) rispetto a ϕ e poi usiamo la (15.8.4), troviamo l'equazione differenziale

$$\frac{d^2X^\theta}{d\phi^2} - \sin(\theta_0)\cos(\theta_0)\frac{dX^\phi}{d\phi} = \frac{d^2X^\theta}{d\phi^2} + \cos^2(\theta_0)X^\theta = 0, \tag{15.8.5}$$

la cui soluzione generale è

$$X^\theta = A\cos(C_0\phi) + B\sin(C_0\phi), \quad C_0 = \cos(\theta_0). \tag{15.8.6}$$

Quindi, ponendo $X^\theta(\phi = 0) = 1$, troviamo

$$X^\theta = \cos(C_0\phi), \quad X^\phi = -\frac{\sin(C_0\phi)}{\sin(\theta_0)}. \tag{15.8.7}$$

Dopo il trasporto parallelo lungo la curva γ, perveniamo al campo vettoriale

$$X(\phi = 2\pi) = \cos(2\pi C_0)e_\theta - \frac{\sin(2\pi C_0)}{\sin(\theta_0)}e_\phi. \tag{15.8.8}$$

Ora il vettore originario è ruotato di $\Theta = 2\pi\cos(\theta_0) \in [-2\pi, 2\pi[$, e il gruppo di olonomia in $p \in S^2$ è SO(2). Altri casi notevoli sono

(i) $S^6: H(p) = $ SO(6).
(ii) $S^3 \times S^3: H(p) = $ SO(3) $\times$ SO(3).
(iii) $S^2 \times S^2 \times S^2: H(p) = $ SO(2) $\times$ SO(2) $\times$ SO(2).
(iv) $T^6: H(p)$ è banale poiché il tensore di curvatura di Riemann si annulla in tal caso.

15.9   Isometrie

Sulla varietà (M, g), un diffeomorfismo f da M in M è una *isometria* se preserva la metrica:

$$f^*g_{f(p)} = g_p. \tag{15.9.1}$$

Questo significa richiedere che

$$g(f_*X, f_*Y)|_{f(p)} = g(X, Y)|_p, \quad \forall X, Y \in T_p(M). \tag{15.9.2}$$

Se indichiamo con x^μ le coordinate di p, e con y^α le coordinate di $f(p)$, l'espressione in componenti della (15.9.2) diventa

$$\sum_{\alpha,\beta=1}^{m} \frac{\partial y^\alpha}{\partial x^\mu} \frac{\partial y^\beta}{\partial x^\nu} g_{\alpha\beta}(f(p)) = g_{\mu\nu}(p). \qquad (15.9.3)$$

Le isometrie formano gruppo, e poiché preservano la lunghezza dei vettori, possono essere riguardate come moti rigidi. Ad esempio, in $\mathbb{R}^n$, il gruppo euclideo

$$E^n \equiv \{F : \ x \to Ax + T, \ A \in \mathrm{SO}(n), \ T \in \mathbb{R}^n\} \qquad (15.9.4)$$

è il gruppo delle isometrie.

15.10 Trasformazioni conformi e riscalaggi di Weyl

Sulla varietà (M, g), un diffeomorfismo $f : \ M \longrightarrow M$ è una *trasformazione conforme* se preserva la metrica a meno di un fattore di scala, ovvero

$$f^* g_{f(p)} = e^{2\sigma} g_p, \ \sigma \in C^\infty(M). \qquad (15.10.1)$$

Pertanto deve aversi

$$g(f_* X, f_* Y)|_{f(p)} = e^{2\sigma} g(X, Y)|_p, \ \forall X, Y \in T_p(M), \qquad (15.10.2)$$

la cui espressione in componenti (cf. (15.9.3)) è

$$\sum_{\alpha,\beta=1}^{m} \frac{\partial y^\alpha}{\partial x^\mu} \frac{\partial y^\beta}{\partial x^\nu} g_{\alpha\beta}(f(p)) = e^{2\sigma(p)} g_{\mu\nu}(p). \qquad (15.10.3)$$

Il gruppo conforme $\mathrm{Conf}(M)$ è l'insieme di tutte le trasformazioni conformi su (M, g).

Notiamo subito che le trasformazioni conformi preservano gli angoli. Infatti, detto θ l'angolo fra i vettori X e Y di $T_p(M)$, si ha

$$\cos(\theta) = \frac{g_p(X, Y)}{\sqrt{g_p(X, X) g_p(Y, Y)}}, \qquad (15.10.4)$$

e d'altro canto, detto θ' l'angolo fra $f_* X$ e $f_* Y$, si ha

$$\cos(\theta') = \frac{e^{2\sigma} g_p(X, Y)}{\sqrt{e^{2\sigma} g_p(X, X) e^{2\sigma} g_p(Y, Y)}} = \frac{g_p(X, Y)}{\sqrt{g_p(X, X) g_p(Y, Y)}}$$
$$= \cos(\theta), \qquad (15.10.5)$$

ove, come sappiamo, $g_p(X, Y) = \sum_{\mu,\nu=1}^{m} g_{\mu\nu} X^\mu Y^\nu$.

Date invece due metriche g e h su M, si dice che h è *collegata conformemente* a g se

$$h|_p = e^{2\sigma(p)} g|_p \implies h_{\mu\nu}(p) = e^{2\sigma(p)} g_{\mu\nu}(p). \tag{15.10.6}$$

Pertanto si ottiene una relazione di equivalenza fra metriche su M, e la classe di equivalenza che ne risulta è la struttura conforme. La trasformazione

$$g \longrightarrow e^{2\sigma} g \tag{15.10.7}$$

è un *riscalaggio di Weyl*. L'insieme di tutti i riscalaggi di Weyl di (M, g) viene indicato con Weyl(M).

Ad esempio, se z è una variabile complessa e $w = f(z)$ è una funzione olomorfa di z, allora, posto $z \equiv x + iy$, $w \equiv u(x, y) + iv(x, y)$, l'applicazione $f : (x, y) \longrightarrow (u, v)$ è conforme poiché, usando le condizioni di Cauchy-Riemann

$$u_x = v_y, \ u_y = -v_x, \tag{15.10.8}$$

si trova

$$\begin{aligned}
du \otimes du + dv \otimes dv &= \left(\frac{\partial u}{\partial x} dx + \frac{\partial u}{\partial y} dy \right) \otimes \left(\frac{\partial u}{\partial x} dx + \frac{\partial u}{\partial y} dy \right) \\
&\quad + \left(\frac{\partial v}{\partial x} dx + \frac{\partial v}{\partial y} dy \right) \otimes \left(\frac{\partial v}{\partial x} dx + \frac{\partial v}{\partial y} dy \right) \\
&= \left[\left(\frac{\partial u}{\partial x} \right)^2 + \left(\frac{\partial u}{\partial y} \right)^2 \right] (dx \otimes dx + dy \otimes dy).
\end{aligned} \tag{15.10.9}$$

Capitolo 16
Geometria riemanniana. IV

16.1 Riscalaggi di Weyl per vari tensori

Consideriamo un riscalaggio di Weyl che fa passare dalla metrica g alla metrica $h = e^{2\sigma(p)}g$. Siano D la derivata covariante rispetto a h e ∇ la derivata covariante rispetto a g, e si definisca

$$K(X, Y) \equiv D_X Y - \nabla_X Y. \tag{16.1.1}$$

Sia U il campo vettoriale che corrisponde al campo di 1-forma $d\sigma$:

$$Z[\sigma] = \langle d\sigma, Z \rangle = g(U, Z). \tag{16.1.2}$$

Allora

$$K(X, Y) = X[\sigma]Y + Y[\sigma]X - g(X, Y)U, \tag{16.1.3}$$

e sfruttando le condizioni

$$D_X h = 0, \ \nabla_X g = 0, \ T(X, Y) = 0, \tag{16.1.4}$$

si trova (Nakahara 2003)

$$g(K(X, Y), Z) = X[\sigma]g(Y, Z) + Y[\sigma]g(X, Z) - Z[\sigma]g(X, Y). \tag{16.1.5}$$

Dalla (16.1.3) si ottiene, in componenti,

$$K(e_\mu, e_\nu) = D_\mu e_\nu - \nabla_\mu e_\nu = \sum_{\lambda=1}^{m} \left({}^{(h)}\Gamma^\lambda_{\mu\nu} - \Gamma^\lambda_{\mu\nu} \right) e_\lambda$$

$$= e_\mu[\sigma]e_\nu + e_\nu[\sigma]e_\mu - g(e_\mu, e_\nu) \sum_{\rho,\lambda=1}^{m} (g^{-1})^{\rho\lambda}(\partial_\rho\sigma)e_\lambda, \tag{16.1.6}$$

© The Author(s), under exclusive license to Springer Nature Switzerland AG 2026
G. Esposito, *Fondamenti Matematici della Teoria Classica dei Campi*, La Matematica per
il 3+2, https://doi.org/10.1007/978-3-032-23198-7_16

da cui, a sua volta,

$$^{(h)}\Gamma^{\lambda}_{\mu\nu} = \Gamma^{\lambda}_{\mu\nu} + \delta^{\lambda}_{\nu}\partial_{\mu}\sigma + \delta^{\lambda}_{\mu}\partial_{\nu}\sigma - g_{\mu\nu}\sum_{\rho=1}^{m}(g^{-1})^{\rho\lambda}\partial_{\rho}\sigma. \tag{16.1.7}$$

Si può poi definire il campo tensoriale di tipo $(1, 1)$

$$B \equiv -X[\sigma]U + \nabla_X U + \frac{1}{2}U[\sigma]X, \tag{16.1.8}$$

in termini del quale le componenti del tensore di Riemann sono

$$^{(h)}R^{\rho}_{\lambda\mu\nu} = R^{\rho}_{\lambda\mu\nu} - g_{\nu\lambda}B^{\rho}_{\mu} + g_{\mu\lambda}B^{\rho}_{\nu} + \sum_{\sigma=1}^{m}g_{\sigma\lambda}\left(B^{\sigma}_{\mu}\delta^{\rho}_{\nu} - B^{\sigma}_{\nu}\delta^{\rho}_{\mu}\right), \tag{16.1.9}$$

ove le componenti di

$$B = \sum_{\mu,\rho=1}^{m}B^{\rho}_{\mu}e_{\rho}\otimes E^{\mu} \tag{16.1.10}$$

sono (posto $\sigma_{,\lambda}\equiv\partial_{\lambda}\sigma$)

$$B^{\rho}_{\mu} = -\sigma_{,\mu}\sum_{\lambda=1}^{m}(g^{-1})^{\rho\lambda}\sigma_{,\lambda} + \sum_{\lambda=1}^{m}(g^{-1})^{\rho\lambda}\left(\partial_{\mu}\sigma_{,\lambda} - \sum_{\tau=1}^{m}\Gamma^{\tau}_{\mu\lambda}\sigma_{,\tau}\right)$$
$$+ \frac{1}{2}\sum_{\lambda,\tau=1}^{m}(g^{-1})^{\lambda\tau}\sigma_{,\lambda}\sigma_{,\tau}\delta^{\rho}_{\mu}. \tag{16.1.11}$$

Pertanto, dopo una applicazione diligente di tali formule, si trovano le seguenti relazioni per il tensore di Ricci e per la sua traccia (m essendo la dimensione di M):

$$^{(h)}\mathcal{R}_{\mu\nu} = \mathcal{R}_{\mu\nu} - g_{\mu\nu}\sum_{\lambda=1}^{m}B^{\lambda}_{\lambda} - (m-2)B_{\mu\nu}, \tag{16.1.12}$$

$$^{(h)}\mathcal{R} = e^{-2\sigma}\left[\mathcal{R} - 2(m-1)\sum_{\lambda=1}^{m}B^{\lambda}_{\lambda}\right]. \tag{16.1.13}$$

Se $\forall p \in (M, g)$ esiste una carta (U, φ) contenente p tale che $g_{\mu\nu} = e^{2\sigma}\delta_{\mu\nu}$, allora si dice che (M, g) è *conformemente piatta*.

Esercizio 16.1   Si studi se il tensore avente componenti

$$C_{\rho\lambda\mu\nu} = R_{\rho\lambda\mu\nu} - \frac{1}{(m-2)}\left(\mathcal{R}_{\rho\mu}g_{\lambda\nu} - \mathcal{R}_{\lambda\mu}g_{\rho\nu} + \mathcal{R}_{\lambda\nu}g_{\rho\mu} - \mathcal{R}_{\rho\nu}g_{\lambda\mu}\right)$$
$$+ \frac{\mathcal{R}}{(m-2)(m-1)}\left(g_{\rho\mu}g_{\lambda\nu} - g_{\rho\nu}g_{\lambda\mu}\right) \tag{16.1.14}$$

è indipendente da σ sotto riscalagги di Weyl.

16.2 Esempi di piattezza conforme

Ogni varietà di Riemann bidimensionale (M, g) è conformemente piatta. Se originariamente, in coordinate locali, la metrica si scrive nella forma

$$g = g_{xx} dx \otimes dx + g_{xy}(dx \otimes dy + dy \otimes dx) + g_{yy} dy \otimes dy, \qquad (16.2.1)$$

allora, posto

$$\gamma \equiv g_{xx} g_{yy} - (g_{xy})^2, \qquad (16.2.2)$$

si può riscrivere g nella forma

$$g = \left(\sqrt{g_{xx}} dx + \frac{g_{xy} + i\sqrt{\gamma}}{\sqrt{g_{xx}}} dy \right) \otimes \left(\sqrt{g_{xx}} dx + \frac{g_{xy} - i\sqrt{\gamma}}{\sqrt{g_{xx}}} dy \right). \qquad (16.2.3)$$

Dalla teoria delle equazioni differenziali sappiamo che esiste un fattore integrante λ a valori complessi tale che

$$\lambda \left(\sqrt{g_{xx}} dx + \frac{g_{xy} + i\sqrt{\gamma}}{\sqrt{g_{xx}}} dy \right) = du + i\, dv, \qquad (16.2.4)$$

$$\bar{\lambda} \left(\sqrt{g_{xx}} dx + \frac{g_{xy} - i\sqrt{\gamma}}{\sqrt{g_{xx}}} dy \right) = du - i\, dv, \qquad (16.2.5)$$

da cui alfine

$$g = \frac{1}{|\lambda|^2} (du \otimes du + dv \otimes dv), \qquad (16.2.6)$$

e ponendo $\frac{1}{|\lambda|^2} \equiv e^{2\sigma}$, otteniamo il sistema di coordinate desiderato. Le (u, v) sono dette *coordinate isoterme*.

Sulla 2-sfera con metrica $g = d\theta \otimes d\theta + \sin^2(\theta) d\phi \otimes d\phi$, notando che

$$\frac{d}{d\theta} \log\left| \tan \frac{\theta}{2} \right| = \frac{1}{\sin(\theta)}, \qquad (16.2.7)$$

l'applicazione $f : (\theta, \phi) \longrightarrow (u, v)$ definita da

$$u = \log\left| \tan \frac{\theta}{2} \right|, \; v = \phi, \qquad (16.2.8)$$

fornisce una metrica conformemente piatta, poiché

$$g = \sin^2(\theta)\left(\frac{d\theta \otimes d\theta}{\sin^2(\theta)} + d\phi \otimes d\phi \right) = \sin^2(\theta)(du \otimes du + dv \otimes dv). \qquad (16.2.9)$$

16.3 Campi vettoriali di Killing

Sia (M, g) una varietà di Riemann, e X un campo vettoriale su M. Dato ε infinitesimo, se un campo vettoriale di spostamento εX genera una isometria, si dice che X è un *campo vettoriale di Killing*. Le coordinate x^μ di $p \in M$ cambiano allora per effetto dello spostamento $x^\mu \longrightarrow x^\mu + \varepsilon X^\mu(p)$. Se la applicazione f che compie tale spostamento è una isometria, essa soddisfa la condizione (cf. (15.9.3))

$$\sum_{\rho,\lambda=1}^{m} \frac{\partial}{\partial x^\mu}(x^\rho + \varepsilon X^\rho)\frac{\partial}{\partial x^\nu}(x^\lambda + \varepsilon X^\lambda)g_{\rho\lambda}(x + \varepsilon X) = g_{\mu\nu}(x), \qquad (16.3.1)$$

da cui consegue l'equazione

$$\sum_{\rho=1}^{m}\left[X^\rho \partial_\rho g_{\mu\nu} + (\partial_\mu X^\rho)g_{\rho\nu} + (\partial_\nu X^\rho)g_{\mu\rho}\right] = 0, \qquad (16.3.2)$$

ovvero

$$(L_X g)_{\mu\nu} = 0. \qquad (16.3.3)$$

Detto $\phi_t : M \longrightarrow M$ un gruppo ad un parametro di trasformazioni che genera il campo di Killing X, l'equazione $L_X g = 0$ significa che la geometria locale non cambia nello spostarsi lungo ϕ_t. Dunque i campi vettoriali di Killing rappresentano la direzione di simmetria di una varietà. Detta ∇ la connessione di Levi-Civita, si ha inoltre

$$(L_X g)_{\mu\nu} = 0 \implies (\nabla_\mu X)_\nu + (\nabla_\nu X)_\mu = 0 \implies$$

$$\partial_\mu X_\nu + \partial_\nu X_\mu - 2\sum_{\rho=1}^{m} \Gamma^\rho_{\mu\nu} X_\rho = 0. \qquad (16.3.4)$$

La (16.3.4) si dimostra osservando inizialmente che nella (16.3.2), dalla condizione $\nabla_\rho g = 0$, si ha

$$\partial_\rho g_{\mu\nu} = \sum_{\lambda=1}^{m}\left(\Gamma^\lambda_{\rho\mu}g_{\lambda\nu} + \Gamma^\lambda_{\rho\nu}g_{\mu\lambda}\right), \qquad (16.3.5)$$

e inoltre (posto $\gamma = g^{-1}$)

$$\partial_\mu X^\rho = \sum_{\lambda=1}^{m}\left[(\partial_\mu \gamma^{\lambda\rho})X_\lambda + \gamma^{\lambda\rho}\partial_\mu X_\lambda\right]. \qquad (16.3.6)$$

Nella (16.3.6), sempre dalla condizione $\nabla_\rho g = 0$, si ottiene

$$\partial_\mu \gamma^{\lambda\rho} = \sum_{\sigma=1}^{m}\left(-\Gamma^\lambda_{\mu\sigma}\gamma^{\sigma\rho} - \Gamma^\rho_{\mu\sigma}\gamma^{\lambda\sigma}\right). \qquad (16.3.7)$$

Pertanto si trova

$$(L_X g)_{\mu\nu} = \partial_\mu X_\nu - \sum_{\lambda=1}^{m} \Gamma^\lambda_{\mu\nu} X_\lambda + \partial_\nu X_\mu - \sum_{\lambda=1}^{m} \Gamma^\lambda_{\nu\mu} X_\lambda$$

$$+ \sum_{\lambda,\rho=1}^{m} \left[X^\lambda \Gamma^\rho_{\lambda\nu} g_{\mu\rho} - X^\sigma \Gamma^\rho_{\mu\sigma} g_{\rho\nu} \right.$$

$$\left. + X^\lambda \Gamma^\rho_{\lambda\mu} g_{\rho\nu} - X^\sigma \Gamma^\rho_{\nu\sigma} g_{\mu\rho} \right]$$

$$= (\nabla_\mu X)_\nu + (\nabla_\nu X)_\mu. \tag{16.3.8}$$

Gli *spazi massimamente simmetrici* sono gli spazi col massimo numero di campi vettoriali di Killing linearmente indipendenti, ovvero $\frac{m(m+1)}{2}$. Se X e Y sono campi vettoriali di Killing, valgono le proprietà:

(1) $aX + bY$ è un campo di Killing $\forall\, a, b \in \mathbb{R}$.
(2) La parentesi di Lie $[X, Y]$ è anch'essa un campo di Killing.

Dimostrazione La (1) discende immediatamente dalla linearità della derivata covariante. La (2) discende dalla formula

$$L_{[X,Y]}g = L_X L_Y g - L_Y L_X g = L_X 0 - L_Y 0 = 0, \tag{16.3.9}$$

poiché per ipotesi $L_X g = 0$ e $L_Y g = 0$. Dunque i campi di Killing formano un'algebra di Lie delle operazioni di simmetria sulla varietà (M, g).

Notiamo ora che la (16.3.2) è un caso particolare del calcolo di derivata di Lie di un generico campo tensoriale T di tipo $(0, 2)$, che quindi qui di seguito riportiamo a fini pedagogici (cf. la (6.5.24)). A tal proposito, cominciamo con l'osservare che, dalla (6.5.18), si ottiene la derivata di Lie dei vettori di base $E^\nu = dx^\nu$ dello spazio cotangente nella forma

$$L_X E^\nu = \sum_{\mu-1}^{m} (\partial_\mu X^\nu) E^\mu. \tag{16.3.10}$$

Pertanto troviamo

$$L_X T = L_X \sum_{\mu,\nu=1}^{m} T_{\mu\nu} E^\mu \otimes E^\nu$$

$$= \sum_{\mu,\nu=1}^{m} \left[(L_X T_{\mu\nu}) E^\mu \otimes E^\nu + T_{\mu\nu}(L_X E^\mu) \otimes E^\nu + T_{\mu\nu} E^\mu \otimes L_X E^\nu \right]$$

$$= \sum_{\mu,\nu=1}^{m} \left[X[T_{\mu\nu}] E^\mu \otimes E^\nu + T_{\mu\nu} \sum_{\lambda=1}^{m} (\partial_\lambda X^\mu) E^\lambda \otimes E^\nu \right.$$

$$\left. + T_{\mu\nu} E^\mu \otimes \sum_{\lambda=1}^{m} (\partial_\lambda X^\nu) E^\lambda \right]$$

$$= \sum_{\lambda,\mu,\nu=1}^{m} X^{\lambda} \frac{\partial T_{\mu\nu}}{\partial x^{\lambda}} E^{\mu} \otimes E^{\nu} + \sum_{\rho,\mu,\nu=1}^{m} T_{\rho\nu}(\partial_{\mu} X^{\rho}) E^{\mu} \otimes E^{\nu}$$

$$+ \sum_{\rho,\mu,\nu=1}^{m} T_{\mu\rho}(\partial_{\nu} X^{\rho}) E^{\mu} \otimes E^{\nu}$$

$$= \sum_{\mu,\nu=1}^{m} (L_X T)_{\mu\nu} E^{\mu} \otimes E^{\nu}. \tag{16.3.11}$$

ovvero

$$(L_X T)_{\mu\nu} = \sum_{\lambda=1}^{m} \left[X^{\lambda} \frac{\partial T_{\mu\nu}}{\partial x^{\lambda}} + (\partial_{\mu} X^{\lambda}) T_{\lambda\nu} + (\partial_{\nu} X^{\lambda}) T_{\mu\lambda} \right]. \tag{16.3.12}$$

16.4 Campi di Killing sulla 2-sfera

Su una 2-sfera di raggio unitario, le Eq. (16.3.4) per le componenti di un campo di Killing diventano

$$\frac{\partial X_{\theta}}{\partial \theta} = 0 \implies X_{\theta} = f(\phi), \tag{16.4.1}$$

$$\frac{\partial X_{\phi}}{\partial \phi} = -\sin(\theta)\cos(\theta) f(\phi) \implies$$

$$X_{\phi} = -\sin(\theta)\cos(\theta) \int f(\phi) d\phi + k(\theta), \tag{16.4.2}$$

$$\frac{\partial X_{\phi}}{\partial \theta} + \frac{\partial X_{\theta}}{\partial \phi} - 2\cot(\theta) X_{\phi} = 0. \tag{16.4.3}$$

Osserviamo ora che, posto $F(\phi) \equiv \int f(\phi) d\phi$, la (16.4.2) fornisce

$$\frac{\partial X_{\phi}}{\partial \theta} = (\sin^2(\theta) - \cos^2(\theta)) F(\phi) + \frac{dk}{d\theta}, \tag{16.4.4}$$

mentre dalla (16.4.1) si ottiene

$$\frac{\partial X_{\theta}}{\partial \phi} = \frac{df}{d\phi}. \tag{16.4.5}$$

Dalle (16.4.3)–(16.4.5) perveniamo all'equazione

$$F(\phi)(\sin^2(\theta) - \cos^2(\theta)) + \frac{dk}{d\theta} + \frac{df}{d\phi}$$

$$+ 2\cot\theta(\sin(\theta)\cos(\theta) F(\phi) - k(\theta)) = 0. \tag{16.4.6}$$

Tale equazione si riesprime nella forma

$$\frac{dk}{d\theta} - 2\cot(\theta) k(\theta) = -\frac{df}{d\phi} - F(\phi), \tag{16.4.7}$$

e dunque si risolve per separazione di variabili, ponendo

$$\frac{dk}{d\theta} - 2\cot(\theta)k(\theta) = C, \tag{16.4.8}$$

$$\frac{df}{d\phi} + F(\phi) = -C. \tag{16.4.9}$$

La (16.4.8) implica che

$$\frac{d}{d\theta}\left(\frac{k(\theta)}{\sin^2(\theta)}\right) = \frac{C}{\sin^2(\theta)}, \tag{16.4.10}$$

e tale equazione, detta C_1 una costante d'integrazione, viene risolta da

$$k(\theta) = (C_1 - C\cot(\theta))\sin^2(\theta). \tag{16.4.11}$$

Derivando ora l'equazione (16.4.9) rispetto a ϕ, troviamo che

$$X_\theta(\phi) = f(\phi) = A\sin(\phi) + B\cos(\phi), \tag{16.4.12}$$

$$F(\phi) = \int f(\phi)d\phi = -A\cos(\phi) + B\sin(\phi) - C. \tag{16.4.13}$$

Allora dalla (16.4.2) si trova

$$X_\phi = (A\cos(\phi) - B\sin(\phi))\sin(\theta)\cos(\theta) + C_1\sin^2(\theta). \tag{16.4.14}$$

Finora abbiamo calcolato le componenti del campo di 1-forma associato al campo di Killing. Usando la metrica della 2-sfera, otteniamo alfine il campo di Killing

$$\begin{aligned}
X &= X^\theta\frac{\partial}{\partial\theta} + X^\phi\frac{\partial}{\partial\phi} \\
&= A\left(\sin(\phi)\frac{\partial}{\partial\theta} + \cos(\phi)\cot(\theta)\frac{\partial}{\partial\phi}\right) \\
&\quad + B\left(\cos(\phi)\frac{\partial}{\partial\theta} - \sin(\phi)\cot(\theta)\frac{\partial}{\partial\phi}\right) + C_1\frac{\partial}{\partial\phi}.
\end{aligned} \tag{16.4.15}$$

16.5   Campi di Killing conformi

Sia (M, g) una varietà di Riemann e X un campo vettoriale liscio su M. Se uno spostamento infinitesimo dato da εX^μ genera una trasformazione conforme, si dice che X è un *campo di Killing conforme*. Dunque si richiede che, sotto lo spostamento $x^\mu \to x^\mu + \varepsilon X^\mu$, si abbia (cf. (15.10.3))

$$\sum_{\rho,\lambda=1}^{m} \frac{\partial}{\partial x^\mu}(x^\rho + \varepsilon X^\rho)\frac{\partial}{\partial x^\nu}(x^\lambda + \varepsilon X^\lambda)g_{\rho\lambda}(x + \varepsilon X) = e^{2\sigma}g_{\mu\nu}(x). \tag{16.5.1}$$

Osservando che σ deve essere proporzionale a ε, poniamo

$$\sigma = \frac{\varepsilon\psi}{2}, \tag{16.5.2}$$

ove $\psi \in C^\infty(M)$. Alla luce della (16.5.1), le componenti della derivata di Lie della metrica lungo il campo X devono essere proporzionali alle componenti della metrica, ovvero

$$\begin{aligned}
(L_X g)_{\mu\nu} &= \sum_{\rho=1}^{m}\left[X^\rho \partial_\rho g_{\mu\nu} + (\partial_\mu X^\rho)g_{\rho\nu} + (\partial_\nu X^\rho)g_{\mu\rho}\right] \\
&= \psi g_{\mu\nu},
\end{aligned} \tag{16.5.3}$$

da cui, moltiplicando ambo i membri per le componenti controvarianti della metrica e poi sommando su tutti i valori di μ e ν si trova il valore di ψ, ossia

$$\psi = \frac{1}{m}\left(\sum_{\rho,\mu,\nu=1}^{m} X^\rho \gamma^{\mu\nu}\partial_\rho g_{\mu\nu} + 2\sum_{\mu=1}^{m}\partial_\mu X^\mu\right). \tag{16.5.4}$$

Per i campi di Killing conformi, valgono le seguenti proprietà:

(i) Una combinazione lineare di campi di Killing conformi è ancora un campo di Killing conforme. In formule, se

$$(L_X g)_{\mu\nu} = \varphi g_{\mu\nu}, \quad (L_Y g)_{\mu\nu} = \psi g_{\mu\nu}, \tag{16.5.5}$$

allora

$$(L_{aX+bY}\, g)_{\mu\nu} = (a\varphi + b\psi)g_{\mu\nu}, \quad \forall a,b \in \mathbb{R}. \tag{16.5.6}$$

(ii) Se X e Y sono dei Killing conformi, anche la loro parentesi di Lie lo è, ossia esiste una funzione liscia φ per la quale

$$\left(L_{[X,Y]}g\right)_{\mu\nu} = \left(X[\varphi] - Y[\varphi]\right)g_{\mu\nu}. \tag{16.5.7}$$

Nello spazio euclideo m-dimensionale $(\mathbb{R}^m, \delta)$, con coordinate locali x^μ, il campo vettoriale

$$D \equiv \sum_{\mu=1}^{m} x^\mu \frac{\partial}{\partial x^\mu} \tag{16.5.8}$$

è un campo di Killing conforme. Infatti

$$(L_D \delta)_{\mu\nu} = \sum_{\rho=1}^{m}\left[(\partial_\mu x^\rho)\delta_{\rho\nu} + (\partial_\nu x^\rho)\delta_{\mu\rho}\right] = 2\delta_{\mu\nu}. \tag{16.5.9}$$

16.6 Basi non coordinate

Sappiamo finora che, nella base coordinata, lo spazio tangente $T_p(M)$ è spazzato dai vettori $\{e_\mu = \frac{\partial}{\partial x^\mu}\}$, e lo spazio cotangente dalle 1-forme di base $\{E^\mu = dx^\mu\}$. Se ora si munisce M di una metrica, ci possono essere scelte alternative, ovvero si possono considerare le combinazioni lineari

$$\widehat{e}_a = \sum_{\mu=1}^{m} e_a{}^\mu \frac{\partial}{\partial x^\mu}, \quad \{e_a{}^\mu\} \in \mathrm{GL}(m, \mathbb{R}), \ \det\{e_a{}^\mu\} > 0. \tag{16.6.1}$$

In questa formula $\{\widehat{e}_a\}$ è un *frame*, ossia un sistema di vettori di base ottenuto per rotazione, mediante $\mathrm{GL}(m, \mathbb{R})$, della base originaria $\{e_\mu\}$, con la richiesta che l'orientazione resti preservata. La metrica svolge un ruolo perché si richiede che gli $\{\widehat{e}_a\}$ siano ortonormali rispetto a g:

$$g(\widehat{e}_a, \widehat{e}_b) = \sum_{\mu,\nu=1}^{m} e_a{}^\mu e_b{}^\nu g_{\mu\nu} = \gamma_{ab}, \tag{16.6.2}$$

ove $\gamma_{ab} = \delta_{ab}$ se g ha segnatura riemanniana, mentre $\gamma_{ab} = \eta_{ab}$ se g ha segnatura lorentziana. La (16.6.2) può essere invertita a dare

$$g_{\mu\nu} = \sum_{a,b} e^a{}_\mu e^b{}_\nu \gamma_{ab}. \tag{16.6.3}$$

Si ha inoltre

$$\sum_a e^a{}_\mu \, e_a{}^\nu = \delta_\mu^\nu, \tag{16.6.4}$$

$$\sum_{\mu=1}^{m} e^a{}_\mu \, e_b{}^\mu = \delta^a{}_b. \tag{16.6.5}$$

Poiché un vettore è indipendente dalla base scelta, possiamo scrivere che

$$V = \sum_{\mu=1}^{m} V^\mu e_\mu = \sum_a V^a \widehat{e}_a = \sum_a \sum_{\mu=1}^{m} V^a e_a{}^\mu \, e_\mu, \tag{16.6.6}$$

da cui ricaviamo le componenti di V nelle due basi:

$$V^\mu = \sum_a V^a e_a{}^\mu, \quad V^a = \sum_{\mu=1}^{m} e^a{}_\mu V^\mu. \tag{16.6.7}$$

Nella seconda delle (16.6.7), ispirati dal paragrafo 11.1 e dal ruolo chiave dello spazio tangente $T_p(M)$ nello studio delle varietà differenziabili, si possono contrarre le componenti di frame del campo vettoriale con i simboli di Infeld-van der Waerden. Si ottiene allora, in 4 dimensioni, la descrizione cosiddetta *spinoriale a due componenti* di un campo vettoriale mediante una matrice 2×2 per le sue 4 componenti (Penrose e Rindler 1984, Esposito 1995).

La base duale delle 1-forme viene definita come

$$\widehat{\theta}^{a} = \sum_{\mu=1}^{m} e^{a}_{\ \mu} E^{\mu},\tag{16.6.8}$$

e obbedisce alla condizione

$$\left\langle \widehat{\theta}^{a}, \widehat{e}_{b} \right\rangle = \delta^{a}_{\ b}.\tag{16.6.9}$$

In termini delle 1-forme $\widehat{\theta}^{a}$, la metrica assume la forma

$$g = \sum_{\mu,\nu=1}^{m} g_{\mu\nu} E^{\mu} \otimes E^{\nu} = \sum_{\mu,\nu=1}^{m} \sum_{a,b} e^{a}_{\ \mu} e^{b}_{\ \nu} \gamma_{ab} E^{\mu} \otimes E^{\nu}$$
$$= \sum_{a,b} \gamma_{ab} \widehat{\theta}^{a} \otimes \widehat{\theta}^{b}.\tag{16.6.10}$$

La base $\{\widehat{e}_{a}\}$ di vettori e la base $\{\widehat{\theta}^{a}\}$ di 1-forme sono dette basi non coordinate. In quattro dimensioni, gli $\{\widehat{e}_{a}\}$ sono i vettori di tetrade. L'idea risale a É. Cartan, che concepì per primo il *repère mobile* (Cartan 1946). La scuola tedesca ignorava questo, e chiamò gli e^{μ}_{a} le *vierbeins* (oppure *vielbeins* in più dimensioni). Le parentesi di Lie dei vettori di base non coordinata sono non nulle, poiché si trova

$$[\widehat{e}_{a}, \widehat{e}_{b}]|_{p} = \sum_{c} C_{ab}^{\ \ c} \, \widehat{e}_{c}|_{p},\tag{16.6.11}$$

ove

$$C_{ab}^{\ \ c} = \sum_{\mu,\nu=1}^{m} e^{c}_{\ \nu}\left[e_{a}^{\ \mu} e_{b}^{\ \nu}{}_{,\mu} - e_{b}^{\ \mu} e_{a}^{\ \nu}{}_{,\mu}\right].\tag{16.6.12}$$

Poiché $V^{\mu} = \sum_{a} V^{a} e_{a}^{\ \mu}$, si possono definire le matrici γ di Dirac in spazi curvi al seguente modo:

$$(\gamma^{\mu})^{i}_{\ j} = \sum_{a} e_{a}^{\ \mu} (\gamma^{a})^{i}_{\ j},\tag{16.6.13}$$

avendo denotato con γ^{a} le familiari matrici di Dirac nello spaziotempo di Minkowski.

16.7 Equazioni di struttura di Cartan

I coefficienti di connessione rispetto alla base non coordinata sono definiti mediante la relazione

$$\nabla_a \widehat{e}_b = \nabla_{\widehat{e}_a} \widehat{e}_b = \sum_c \Gamma^c_{ab} \widehat{e}_c. \tag{16.7.1}$$

Tenendo presente la (16.6.1) e le proprietà (13.4.4) e (13.4.5) delle derivate covarianti, la (16.7.1) diventa

$$\sum_{\mu,\nu=1}^m e_a{}^\mu \left(\partial_\mu e_b{}^\nu + \sum_{\rho=1}^m e_b{}^\rho \Gamma^\nu_{\mu\rho} \right) e_\rho = \sum_c \sum_{\rho=1}^m \Gamma^c_{ab} e_c{}^\rho\, e_\rho. \tag{16.7.2}$$

Pertanto si ottiene

$$\begin{aligned}
\Gamma^c_{ab} &= \sum_{\mu,\nu=1}^m e^c{}_\nu e_a{}^\mu \left(\partial_\mu e_b{}^\nu + \sum_{\lambda=1}^m e_b{}^\lambda \Gamma^\nu_{\mu\lambda} \right) \\
&= \sum_{\mu,\nu=1}^m e^c{}_\nu e_a{}^\mu \nabla_\mu e_b{}^\nu.
\end{aligned} \tag{16.7.3}$$

Il tensore di torsione definito nella (14.1.3) ha quindi componenti, nella base non coordinata, espresse da

$$\begin{aligned}
T^a{}_{bc} &= \left\langle \widehat{\theta}^a, T(\widehat{e}_b, \widehat{e}_c) \right\rangle = \left\langle \widehat{\theta}^a, \nabla_b \widehat{e}_c - \nabla_c \widehat{e}_b - [\widehat{e}_b, \widehat{e}_c] \right\rangle \\
&= \Gamma^a_{bc} - \Gamma^a_{cb} - C_{bc}{}^a.
\end{aligned} \tag{16.7.4}$$

Inoltre, il tensore di curvatura di Riemann definito nella (14.1.4) ha le seguenti componenti in base non coordinata:

$$\begin{aligned}
R^a{}_{bcd} &= \left\langle \widehat{\theta}^a, \nabla_c \nabla_d \widehat{e}_b - \nabla_d \nabla_c \widehat{e}_b - \nabla_{[\widehat{e}_c,\widehat{e}_d]} \widehat{e}_b \right\rangle \\
&= \left\langle \widehat{\theta}^a, \nabla_c \left(\sum_f \Gamma^f_{db} \widehat{e}_f \right) - \nabla_d \left(\sum_f \Gamma^f_{cb} \widehat{e}_f \right) - \sum_f C_{cd}{}^f \nabla_f \widehat{e}_b \right\rangle \\
&= \widehat{e}_c[\Gamma^a_{db}] - \widehat{e}_d[\Gamma^a_{cb}] \\
&\quad + \sum_f \left(\Gamma^f_{db} \Gamma^a_{cf} - \Gamma^f_{cb} \Gamma^a_{df} - C_{cd}{}^f\, \Gamma^a_{fb} \right).
\end{aligned} \tag{16.7.5}$$

Definiamo ora una 1-forma a valori matrice $\{\omega^a_b\}$, detta la 1-forma di connessione:

$$\omega^a_b = \sum_c \sum_{\mu=1}^m \Gamma^a_{cb} e^c{}_\mu E^\mu = \sum_c \Gamma^a_{cb} \widehat{\theta}^c. \tag{16.7.6}$$

La 1-forma ω^a_b soddisfa le equazioni di struttura di Cartan

$$d\widehat{\theta}^a + \sum_b \omega^a_b \wedge \widehat{\theta}^b = T^a, \qquad (16.7.7)$$

$$d\omega^a_b + \sum_c \omega^a_c \wedge \omega^c_b = R^a_b, \qquad (16.7.8)$$

ove T^a è la 2-forma di torsione

$$T^a \equiv \sum_{b,c} \frac{1}{2} T^a_{bc} \widehat{\theta}^b \wedge \widehat{\theta}^c, \qquad (16.7.9)$$

e R^a_b è la 2-forma di curvatura

$$R^a_b \equiv \sum_{c,d} \frac{1}{2} R^a_{bcd} \widehat{\theta}^c \wedge \widehat{\theta}^d. \qquad (16.7.10)$$

Per dimostrare la (16.7.7), valutiamone il membro di sinistra sui vettori di base, e usiamo l'identità (10.2.12) e le (16.6.9) e (16.7.6). Dunque troviamo che

$$\begin{aligned}
d\widehat{\theta}^a(\widehat{e}_c, \widehat{e}_d) &+ \sum_b \left[\langle \omega^a_b, \widehat{e}_c \rangle \langle \widehat{\theta}^b, \widehat{e}_d \rangle - \langle \widehat{\theta}^b, \widehat{e}_c \rangle \langle \omega^a_b, \widehat{e}_d \rangle \right] \\
&= \left\{ \widehat{e}_c \left[\langle \widehat{\theta}^a, \widehat{e}_d \rangle \right] - \widehat{e}_d \left[\langle \widehat{\theta}^a, \widehat{e}_c \rangle \right] - \langle \widehat{\theta}^a, [\widehat{e}_c, \widehat{e}_d] \rangle \right\} \\
&\quad + \langle \omega^a_d, \widehat{e}_c \rangle - \langle \omega^a_c, \widehat{e}_d \rangle \\
&= -C_{cd}{}^a + \Gamma^a_{cd} - \Gamma^a_{dc} = T^a_{cd}.
\end{aligned} \qquad (16.7.11)$$

Se ora valutiamo il membro di destra della (16.7.7) su $\widehat{e}_c, \widehat{e}_d$ e usiamo la definizione (16.7.9) della 2-forma di torsione, troviamo

$$\begin{aligned}
\frac{1}{2} \sum_{b,f} T^a_{bf} &\left[\langle \widehat{\theta}^b, \widehat{e}_c \rangle \langle \widehat{\theta}^f, \widehat{e}_d \rangle - \langle \widehat{\theta}^f, \widehat{e}_c \rangle \langle \widehat{\theta}^b, \widehat{e}_d \rangle \right] \\
&= T^a_{cd}.
\end{aligned} \qquad (16.7.12)$$

Dall'accordo delle (16.7.11) e (16.7.12) segue che la (16.7.7) è dimostrata. Analoghe valutazioni permettono di verificare la seconda equazione di struttura di Cartan, ovvero la (16.7.8).

Tenendo a mente le (16.7.7) e (16.7.8), come pure le (6.7.4)–(6.7.6), andiamo ora a dimostrare le identità di Bianchi. Invero, mediante derivata esterna della (16.7.7) si ottiene

$$dT^a = d^2\widehat{\theta}^a + \sum_b \left(d\omega^a_b \wedge \widehat{\theta}^b - d\widehat{\theta}^b \wedge \omega^a_b \right)$$

$$= 0 + \sum_b \left(R^a_b - \sum_c \omega^a_c \wedge \omega^c_b \right) \wedge \widehat{\theta}^b$$

$$- \sum_b \left(T^b - \sum_c \omega^b_c \wedge \widehat{\theta}^c \right) \wedge \omega^a_b$$

$$= \sum_b \left(R^a_b \wedge \widehat{\theta}^b - T^b \wedge \omega^a_b \right)$$

$$+ \sum_{b,c} \left(-\omega^a_c \wedge \omega^c_b \wedge \widehat{\theta}^b + \omega^b_c \wedge \widehat{\theta}^c \wedge \omega^a_b \right)$$

$$= \sum_b \left(-\omega^a_b \wedge T^b + R^a_b \wedge \widehat{\theta}^b \right) - \sum_{b,c} \left(\omega^a_c \wedge \omega^c_b \wedge \widehat{\theta}^b + \omega^b_c \wedge \omega^a_b \wedge \widehat{\theta}^c \right)$$

$$= \sum_b \left(-\omega^a_b \wedge T^b + R^a_b \wedge \widehat{\theta}^b \right)$$

$$+ \sum_{b,c} \left(-\omega^a_c \wedge \omega^c_b \wedge \widehat{\theta}^b + \omega^a_b \wedge \omega^b_c \wedge \widehat{\theta}^c \right), \tag{16.7.13}$$

da cui segue la prima identità di Bianchi:

$$dT^a + \sum_b \omega^a_b \wedge T^b = \sum_b R^a_b \wedge \widehat{\theta}^b. \tag{16.7.14}$$

Inoltre, la derivata esterna della (16.7.8) ci mostra che

$$dR^a_b = d^2\omega^a_b + \sum_c \left(d\omega^a_c \wedge \omega^c_b - d\omega^c_b \wedge \omega^a_c \right)$$

$$= 0 + \sum_c \left(R^a_c - \sum_d \omega^a_d \wedge \omega^d_c \right) \wedge \omega^c_b$$

$$- \sum_c \left(R^c_b - \sum_d \omega^c_d \wedge \omega^d_b \right) \wedge \omega^a_c$$

$$= \sum_c \left(R^a_c \wedge \omega^c_b - \omega^a_c \wedge R^c_b \right)$$

$$+ \sum_{c,d} \left(-\omega^a_d \wedge \omega^d_c \wedge \omega^c_b + \omega^a_c \wedge \omega^c_d \wedge \omega^d_b \right), \tag{16.7.15}$$

da cui segue la seconda identità di Bianchi:

$$dR^a_b + \sum_c \left(\omega^a_c \wedge R^c_b - R^a_c \wedge \omega^c_b \right) = 0. \tag{16.7.16}$$

Capitolo 17
Geometria riemanniana. V

17.1 Connessione di Levi-Civita in base non coordinata

Sia ∇ la connessione di Levi-Civita sulla varietà (M, g), per la quale dunque vale la condizione $\nabla_\mu g = 0$ di compatibilità con la metrica, e la proprietà $T(X, Y) = 0$ di torsione nulla. Dal capitolo precedente conosciamo il legame (16.7.3) tra i coefficienti di connessione $\Gamma^\lambda_{\mu\nu}$ in base coordinata e i coefficienti di connessione Γ^a_{bc} in base non coordinata. Sia (M, g) una varietà riemanniana, e definiamo i *coefficienti di rotazione di Ricci* mediante

$$\Gamma_{abc} \equiv \sum_d \delta_{ad}\, \Gamma^d_{bc}. \tag{17.1.1}$$

Allora la condizione $\nabla_\mu g = 0$ conduce alla successione di passaggi

$$\sum_{\lambda=1}^m e^d_\lambda e^\lambda_c = \delta^d_c \implies \nabla_\mu \delta^d_c = 0 = \sum_{\lambda=1}^m \left[(\nabla_\mu e^d_\lambda) e^\lambda_c + e^d_\lambda \nabla_\mu e^\lambda_c \right]$$

$$\implies \sum_{\lambda=1}^m e^d_\lambda \nabla_\mu e^\lambda_c = - \sum_{\lambda=1}^m e^\lambda_c \nabla_\mu e^d_\lambda$$

$$\implies \Gamma_{abc} = \sum_d \sum_{\lambda,\mu=1}^m \delta_{ad} e^d_\lambda e^\mu_b \nabla_\mu e^\lambda_c$$

$$= - \sum_d \sum_{\lambda,\mu=1}^m \delta_{ad} e^\lambda_c e^\mu_b \nabla_\mu e^d_\lambda. \tag{17.1.2}$$

© The Author(s), under exclusive license to Springer Nature Switzerland AG 2026   191
G. Esposito, *Fondamenti Matematici della Teoria Classica dei Campi*, La Matematica per
il 3+2, https://doi.org/10.1007/978-3-032-23198-7_17

Osserviamo ora che (anche in questo capitolo $\gamma = g^{-1}$)

$$
\sum_{\lambda=1}^{m}\sum_{d} e_c^{\ \lambda}\nabla_\mu\big(\delta_{ad}e^{\ d}_{\lambda}\big) = \sum_{\lambda=1}^{m} e_c^{\ \lambda}\nabla_\mu e_{a\lambda} = \sum_{\lambda,\rho=1}^{m}\gamma^{\lambda\rho}e_{c\rho}\nabla_\mu e_{a\lambda}
$$

$$
= \sum_{\lambda,\rho=1}^{m} e_{c\rho}\nabla_\mu(\gamma^{\lambda\rho}e_{a\lambda}) = \sum_{\rho=1}^{m} e_{c\rho}\nabla_\mu e_a^{\ \rho} = \sum_{\lambda=1}^{m} e_{c\lambda}\nabla_\mu e_a^{\ \lambda}
$$

$$
= \sum_{d}\sum_{\lambda=1}^{m}\delta_{cd}e^{\ d}_{\lambda}\nabla_\mu e_a^{\ \lambda}. \tag{17.1.3}
$$

Dalle (17.1.2) e (17.1.3) troviamo alfine che

$$
\Gamma_{abc} = -\sum_{d}\sum_{\lambda,\mu=1}^{m}\delta_{cd}e^{\ d}_{\lambda}e_b^{\ \mu}\nabla_\mu e_a^{\ \lambda} = -\Gamma_{cba}. \tag{17.1.4}
$$

In termini della 1-forma di connessione $\omega_{ab} = \sum_c \delta_{ac}\omega^c_{\ b}$, la condizione (17.1.4) diventa

$$
\omega_{ab} = -\omega_{ba}. \tag{17.1.5}
$$

La condizione di torsione nulla $T^a = 0$ comporta la simmetria dei coefficienti di connessione, ovvero $\Gamma^\lambda_{\ \mu\nu} = \Gamma^\lambda_{\ \nu\mu}$. Consideriamo ora la relazione di commutazione (16.6.11). Se qui facciamo uso della condizione di torsione nulla, troviamo

$$
\sum_c C_{ab}^{\ \ c}\widehat{e}_c = \nabla_a\widehat{e}_b - \nabla_b\widehat{e}_a = \sum_c\big(\Gamma^c_{\ ab} - \Gamma^c_{\ ba}\big)\widehat{e}_c
$$

$$
\implies C_{ab}^{\ \ c} = \Gamma^c_{\ ab} - \Gamma^c_{\ ba}, \tag{17.1.6}
$$

essendo gli $\widehat{e}_c$ una base. Sostituendo questa relazione nella formula per le componenti della curvatura di Riemann, esprimiamo queste ultime unicamente in termini dei $\Gamma^a_{\ bc}$, ovvero

$$
R^a_{\ bcd} = \widehat{e}_c\big[\Gamma^a_{\ db}\big] - \widehat{e}_d\big[\Gamma^a_{\ cb}\big] + \sum_f\Big(\Gamma^f_{\ db}\Gamma^a_{\ cf} - \Gamma^f_{\ cb}\Gamma^a_{\ df}\Big)
$$

$$
- \sum_f\Big(\Gamma^f_{\ cd} - \Gamma^f_{\ dc}\Big)\Gamma^a_{\ fb}. \tag{17.1.7}
$$

17.2   Esempio di calcolo in base non coordinata

Con riferimento alla metrica (15.6.2) dello spaziotempo di Schwarzschild, se definiamo le 1-forme

$$\widehat{\theta}^0 \equiv \sqrt{1 - \frac{2M}{r}}\, dt, \ \widehat{\theta}^1 \equiv \frac{dr}{\sqrt{1 - \frac{2M}{r}}}, \tag{17.2.1}$$

$$\widehat{\theta}^2 \equiv r\, d\theta, \ \widehat{\theta}^3 \equiv r \sin(\theta)\, d\phi, \tag{17.2.2}$$

ove $r > 2M$, $\theta \in [0, \pi]$, $\phi \in [0, 2\pi[$, troviamo che tale metrica assume la forma

$$g = -\widehat{\theta}^0 \otimes \widehat{\theta}^0 + \sum_{k=1}^{3} \widehat{\theta}^k \otimes \widehat{\theta}^k. \tag{17.2.3}$$

La condizione metrica implica che $\omega^a_{\ a} = 0$, $\forall a = 0, 1, 2, 3$, e la condizione di torsione nulla fornisce le equazioni (posto $f(r) \equiv \sqrt{1 - \frac{2M}{r}}$)

$$d[f(r)dt] + \sum_b \omega^0_{\ b} \wedge \widehat{\theta}^b = 0, \tag{17.2.4}$$

$$d\left[\frac{dr}{f(r)}\right] + \sum_b \omega^1_{\ b} \wedge \widehat{\theta}^b = 0, \tag{17.2.5}$$

$$d(r\, d\theta) + \sum_b \omega^2_{\ b} \wedge \widehat{\theta}^b = 0, \tag{17.2.6}$$

$$d(r \sin(\theta)\, d\phi) + \sum_b \omega^3_{\ b} \wedge \widehat{\theta}^b = 0. \tag{17.2.7}$$

Le componenti non nulle della 1-forma di connessione sono dunque (si rammenti che usiamo qui unità $G = c = 1$)

$$\omega^0_{\ 1} = \omega^1_{\ 0} = \frac{M}{r^2}dt, \tag{17.2.8}$$

$$\omega^2_{\ 1} = -\omega^1_{\ 2} = f(r)d\theta, \tag{17.2.9}$$

$$\omega^3_{\ 1} = -\omega^1_{\ 3} = f(r) \sin(\theta)d\phi, \tag{17.2.10}$$

$$\omega^3_{\ 2} = -\omega^2_{\ 3} = \cos(\theta)d\phi. \tag{17.2.11}$$

Le componenti della 2-forma di curvatura le troviamo dall'equazione di struttura (16.7.8), ovvero (Nakahara 2003)

$$R^0_{\ 1} = R^1_{\ 0} = \frac{2M}{r^3}\widehat{\theta}^0 \wedge \widehat{\theta}^1, \qquad R^0_{\ 2} = R^2_{\ 0} = -\frac{M}{r^3}\widehat{\theta}^0 \wedge \widehat{\theta}^2, \qquad (17.2.12)$$

$$R^0_{\ 3} = R^3_{\ 0} = -\frac{M}{r^3}\widehat{\theta}^0 \wedge \widehat{\theta}^3, \qquad R^1_{\ 2} = -R^2_{\ 1} = -\frac{M}{r^3}\widehat{\theta}^1 \wedge \widehat{\theta}^2, \qquad (17.2.13)$$

$$R^1_{\ 3} = -R^3_{\ 1} = -\frac{M}{r^3}\widehat{\theta}^1 \wedge \widehat{\theta}^3, \qquad R^2_{\ 3} = -R^3_{\ 2} = \frac{2M}{r^3}\widehat{\theta}^2 \wedge \widehat{\theta}^3. \qquad (17.2.14)$$

17.3 Digressione sulle derivate di campi tensoriali

A proposito di derivate covarianti (cf. paragrafo 13.7) di campi tensoriali T di tipo $(0,2)$, di cui la metrica è solo un caso particolare, osserviamo che, facendo uso della (13.6.9), si trova

$$
\begin{aligned}
\nabla_\mu T &= \nabla_\mu \sum_{\alpha,\beta=1}^{m}\left(T_{\alpha\beta} E^\alpha \otimes E^\beta\right) \\
&= \sum_{\alpha,\beta=1}^{m}\left[(\nabla_\mu T_{\alpha\beta})E^\alpha \otimes E^\beta + T_{\alpha\beta}(\nabla_\mu E^\alpha) \otimes E^\beta + T_{\alpha\beta}E^\alpha \otimes \nabla_\mu E^\beta\right] \\
&= \sum_{\alpha,\beta=1}^{m}\left[\frac{\partial T_{\alpha\beta}}{\partial x^\mu}E^\alpha \otimes E^\beta - T_{\alpha\beta}\sum_\lambda \Gamma^\alpha_{\mu\lambda}E^\lambda \otimes E^\beta - T_{\alpha\beta}E^\alpha \otimes \sum_\lambda \Gamma^\beta_{\mu\lambda}E^\lambda\right] \\
&= \sum_{\alpha,\beta=1}^{m}\left[\frac{\partial T_{\alpha\beta}}{\partial x^\mu} - \sum_{\lambda=1}^{m}\left(\Gamma^\lambda_{\mu\alpha}T_{\lambda\beta} + \Gamma^\lambda_{\mu\beta}T_{\alpha\lambda}\right)\right]E^\alpha \otimes E^\beta \\
&= \sum_{\alpha,\beta=1}^{m}(\nabla_\mu T)_{\alpha\beta}E^\alpha \otimes E^\beta. \qquad (17.3.1)
\end{aligned}
$$

Al rischio di ripeterci, le derivate covarianti senza uso di parentesi tonda hanno invece un altro significato (di sovente dimenticato o ignorato in letteratura):

$$\nabla_\mu T_{\alpha\beta} = \nabla_{\frac{\partial}{\partial x^\mu}} T_{\alpha\beta} = \frac{\partial T_{\alpha\beta}}{\partial x^\mu}, \qquad (17.3.2)$$

poiché $T_{\alpha\beta}$ sono i valori assunti dalle componenti di T nel punto di coordinate x^μ, e dunque si deve usare la proprietà $\nabla_X f = X[f]$ già incontrata dalla (13.4.5) in poi.

17.4 Forme di volume

Nel paragrafo 7.5 abbiamo definito l'elemento di volume come una m-forma su una varietà orientabile M a m dimensioni. Se ora M viene munita di una metrica g, esiste un elemento di volume naturale che è invariante per trasformazioni di coordinate. Posto $\Gamma \equiv \det(g_{\mu\nu})$, l'elemento di volume invariante è (abbiamo $E^\mu = dx^\mu$)

$$V_M \equiv \sqrt{|\Gamma|}\,E^1 \wedge E^2 \wedge \ldots \wedge E^m, \tag{17.4.1}$$

le x^μ essendo le coordinate della carta (U, φ). La m-forma è invero invariante per cambiamenti di coordinate. Se y^λ denotano le coordinate in un'altra carta (W, ψ), con $U \cap W \neq \emptyset$, l'elemento di volume invariante è ivi

$$V_M \equiv \sqrt{\left|\det \sum_{\mu,\nu=1}^{m}\left(\frac{\partial x^\mu}{\partial y^\rho}\frac{\partial x^\nu}{\partial y^\lambda}g_{\mu\nu}\right)\right|}\,dy^1 \wedge \ldots \wedge dy^m. \tag{17.4.2}$$

Se x^μ e y^ρ definiscono la stessa orientazione, il $\det\frac{\partial x^\mu}{\partial y^\rho}$ è positivo su $U \cap W$, il che implica l'invarianza di V_M per cambio di coordinate, poiché allora

$$dy^\lambda = \sum_{\mu=1}^{m}\frac{\partial y^\lambda}{\partial x^\mu}E^\mu, \tag{17.4.3}$$

da cui segue che

$$\begin{aligned}
V_M &= \left|\det\left(\frac{\partial x^\mu}{\partial y^\rho}\right)\right|\sqrt{|\Gamma|}\,\det\left(\frac{\partial y^\lambda}{\partial x^\nu}\right)E^1 \wedge E^2 \wedge \ldots \wedge E^m \\
&= \pm\sqrt{|\Gamma|}\,E^1 \wedge E^2 \wedge \ldots \wedge E^m.
\end{aligned} \tag{17.4.4}$$

Nella base (16.6.8) di 1-forme non coordinate, l'elemento di volume invariante si scrive nella forma

$$V_M = |e|E^1 \wedge \ldots \wedge E^m = \widehat{\theta}^1 \wedge \ldots \wedge \widehat{\theta}^m, \tag{17.4.5}$$

ove $e \equiv \det e^a_{\ \mu}$. Grazie a V_M, l'integrale di una funzione liscia su M è

$$\int_M f\,V_M \equiv \int_M f\,\sqrt{|\Gamma|}\,E^1 \wedge E^2 \wedge \ldots \wedge E^m. \tag{17.4.6}$$

17.5 La mappa ⋆ di Hodge

Cominciamo col definire il tensore totalmente antisimmetrico la cui componente $\varepsilon_{\mu_1\ldots\mu_m}$ assume valore 1 se $(\mu_1\ldots\mu_m)$ è una permutazione pari di $(1\ldots m)$, valore

-1 se $(\mu_1\ldots\mu_m)$ è una permutazione dispari di $(1\ldots m)$, e altrimenti vale 0. La forma controvariante di tale tensore ha allora componenti

$$\varepsilon^{\mu_1\ldots\mu_m} = \sum_{\{\nu_1\ldots\nu_m\}} \gamma^{\mu_1\nu_1}\ldots\gamma^{\mu_m\nu_m}\varepsilon_{\nu_1\ldots\nu_m}. \tag{17.5.1}$$

La mappa $\star$ di Hodge, che studieremo più approfonditamente nel capitolo 31, è una applicazione

$$\star:\ \Omega^r(M) \longrightarrow \Omega^{m-r}(M) \tag{17.5.2}$$

la cui azione su un elemento di base di $\Omega^r(M)$ è definita da

$$\star(E^{\mu_1}\wedge\ldots\wedge E^{\mu_r})$$
$$= \frac{\sqrt{|\Gamma|}}{(m-r)!} \sum_{\{\nu\}} \varepsilon^{\mu_1\ldots\mu_r}{}_{\nu_{r+1}\ldots\nu_m} E^{\nu_{r+1}}\wedge\ldots\wedge E^{\nu_m}. \tag{17.5.3}$$

In particolare, $\star 1$ è l'elemento di volume invariante di cui parlavamo poc'anzi:

$$\star 1 = \frac{\sqrt{|\Gamma|}}{m!} \sum_{\{\mu\}} \varepsilon_{\mu_1\ldots\mu_m} E^{\mu_1}\wedge\ldots\wedge E^{\mu_m}$$
$$= \sqrt{|\Gamma|}\, E^1\wedge\ldots\wedge E^m = V_M. \tag{17.5.4}$$

Nello spazio euclideo $\left(\mathbb{R}^3, \sum_{\mu,\nu=1}^3 \delta_{\mu\nu} E^\mu\otimes E^\nu\right)$, queste definizioni forniscono

$$\star E^1 = E^2\wedge E^3,\ \star E^2 = E^3\wedge E^1,\ \star E^3 = E^1\wedge E^2, \tag{17.5.5}$$
$$\star(E^1\wedge E^2) = E^3,\ \star(E^2\wedge E^3) = E^1,\ \star(E^3\wedge E^1) = E^2, \tag{17.5.6}$$
$$\star(E^1\wedge E^2\wedge E^3) = 1, \tag{17.5.7}$$
$$\star f(x) = f(x)E^1\wedge E^2\wedge E^3. \tag{17.5.8}$$

Data una r-forma $\omega \in \Omega^r(M)$:

$$\omega = \sum_{\{\mu\}} \frac{1}{r!}\omega_{\mu_1\ldots\mu_r} E^{\mu_1}\wedge\ldots\wedge E^{\mu_r}, \tag{17.5.9}$$

si ha

$$\star\omega = \frac{\sqrt{|\Gamma|}}{r!(m-r)!} \sum_{\{\mu\}\{\nu\}} \omega_{\mu_1\ldots\mu_r}\varepsilon^{\mu_1\ldots\mu_r}{}_{\nu_{r+1}\ldots\nu_m} E^{\nu_{r+1}}\wedge\ldots\wedge E^{\nu_m}. \tag{17.5.10}$$

Nella base di 1-forme non coordinata (16.6.8), lo $\star$ di Hodge agisce come segue:

$$
\star\left(\widehat{\theta}^{a_1} \wedge \ldots \wedge \widehat{\theta}^{a_r}\right)
$$
$$
= \sum_{\{\beta\}} \frac{1}{(m-r)!} \varepsilon^{a_1 \ldots a_r}{}_{\beta_{r+1} \ldots \beta_m} \widehat{\theta}^{\beta_{r+1}} \wedge \ldots \wedge \widehat{\theta}^{\beta_m}, \tag{17.5.11}
$$

ove il tensore antisimmetrico ε si definisce in analogia a quanto fatto prima, ma con riferimento a permutazioni pari o dispari $(\alpha_1 \ldots \alpha_m)$ di $(1 \ldots m)$. Ad esempio, dato il campo tensoriale di tipo $(0, 2)$ nella (7.2.2), le componenti del suo $\star$ di Hodge sono

$$
(\star F)_{\mu\nu} = \frac{1}{2} \sum_{\rho,\sigma=1}^{m} \varepsilon_{\mu\nu}{}^{\rho\sigma} F_{\rho\sigma}. \tag{17.5.12}
$$

Data inoltre la 3-forma

$$
G = \sum_{\lambda,\mu,\nu=1}^{m} \frac{1}{3!} G_{\lambda\mu\nu} E^{\lambda} \wedge E^{\mu} \wedge E^{\nu}, \tag{17.5.13}
$$

il suo $\star$ di Hodge è una 1-forma avente componenti

$$
(\star G)_{\lambda} = \frac{1}{6} \sum_{\mu,\nu,\rho=1}^{m} \varepsilon_{\lambda}{}^{\mu\nu\rho} G_{\mu\nu\rho}. \tag{17.5.14}
$$

In basi non coordinate, gli indici di ε si alzano con $\left(\delta^{-1}\right)^{ab}$ nel caso riemanniano, e con $\left(\eta^{-1}\right)^{ab}$ nel caso lorentziano. Applicando due volte lo $\star$ di Hodge ad una r-forma ω, si ottiene una forma differenziale proporzionale a ω, ovvero

$$
\star\star\,\omega = h(m,r)\omega, \; h(m,r) = \sigma(-1)^{r(m-r)}, \tag{17.5.15}
$$

ove $\sigma = 1$ se (M, g) è riemanniana, e $\sigma = -1$ se (M, g) è lorentziana.

Una 2-forma F può essere scritta come somma delle sue parti autoduale (F^+) e antiautoduale (F^-), ove F^+ e F^- sono definite, nel caso lorentziano, dalle condizioni

$$
\star F^+ = i F^+, \; \star F^- = -i F^-, \tag{17.5.16}
$$

dalle quali si ricava

$$
F^+ = \frac{1}{2}(F - i \star F), \; F^- = \frac{1}{2}(F + i \star F). \tag{17.5.17}
$$

Nel caso riemanniano, si ha invece

$$
\star F^+ = F^+, \; \star F^- = -F^-. \tag{17.5.18}
$$

Notiamo che nello spaziotempo di Minkowski, in corrispondenza al campo vettoriale U di componenti $(1, 0, 0, 0)$, si hanno (Ward e Wells 1990) le componenti delle 1-forme di campo elettrico ($\mathcal{E}$) e magnetico (B):

$$\mathcal{E}_\mu = \sum_{\lambda=0}^{3} U^\lambda F_{\mu\lambda}, \ \ B_\mu = \sum_{\lambda=0}^{3} U^\lambda (\star F)_{\mu\lambda}. \tag{17.5.19}$$

Da tali formule segue che

$$\sum_{\mu=0}^{3} U^\mu \mathcal{E}_\mu = \sum_{\mu,\lambda=0}^{3} U^\mu U^\lambda F_{\mu\lambda} = F(U, U) = \sum_{\mu,\lambda=0}^{3} U^{(\mu} U^{\lambda)} F_{[\mu\lambda]} = 0, \tag{17.5.20}$$

$$\sum_{\mu=0}^{3} U^\mu B_\mu = \sum_{\mu,\lambda=0}^{3} U^\mu U^\lambda (\star F)_{\mu\lambda} = \star F(U, U) = \sum_{\mu,\lambda=0}^{3} U^{(\mu} U^{\lambda)} (\star F)_{[\mu\lambda]} = 0. \tag{17.5.21}$$

Pertanto le 1-forme $\sum_{\mu=0}^{3} \mathcal{E}_\mu E^\mu$ e $\sum_{\mu=0}^{3} B_\mu E^\mu$ vivono in un iperpiano ortogonale ad U (Ward e Wells 1990). Le componenti $\mathcal{E}_\mu$ della 1-forma di campo elettrico non vanno confuse con i vettori di base E^μ dello spazio cotangente.

Supposte assegnate le r-forme ω e χ come nella (17.5.9), il prodotto esterno $\omega \wedge \star \chi$ è una m-forma

$$\begin{aligned} \omega \wedge \star \chi &= \sum_{\{\mu\}} \frac{1}{r!} \omega_{\mu_1 \ldots \mu_r} \chi^{\mu_1 \ldots \mu_r} \sqrt{|\Gamma|} \, E^1 \wedge \ldots \wedge E^m \\ &= \chi \wedge \star \omega. \end{aligned} \tag{17.5.22}$$

In base non coordinata, esso diventa

$$\omega \wedge \star \chi = \sum_{\{a\}} \frac{1}{r!} \omega_{a_1 \ldots a_r} \chi^{a_1 \ldots a_r} \widehat{\theta}^1 \wedge \ldots \wedge \widehat{\theta}^m, \tag{17.5.23}$$

e basandosi su di esso si può definire il *prodotto interno*

$$\begin{aligned} (\omega, \chi) &\equiv \int_M \omega \wedge \star \chi \\ &= \frac{1}{r!} \int_M \sum_{\{\mu\}} \omega_{\mu_1 \ldots \mu_r} \chi^{\mu_1 \ldots \mu_r} \sqrt{|\Gamma|} \, E^1 \wedge \ldots \wedge E^m \\ &= (\chi, \omega). \end{aligned} \tag{17.5.24}$$

Un'altra applicazione importante è la *mappa aggiunta della derivata esterna*:

$$d^\dagger : \ \Omega^r(M) \longrightarrow \Omega^{r-1}(M), \tag{17.5.25}$$

definita mediante la relazione

$$d^{\dagger} \equiv u(m,r) \star d \star, \; u(m,r) = \rho(-1)^{m(r+1)}, \qquad (17.5.26)$$

ove $\rho = -1$ se (M,g) è riemanniana, $\rho = 1$ se (M,g) è lorentziana. Nel capitolo 31 studieremo più in dettaglio la teoria di Hodge, e arriveremo a dimostrare il teorema di Hodge sulla forma assunta da ogni p-forma liscia sulla varietà (M,g).

17.6   Derivate covarianti a confronto

Nel passare dalla prima alla seconda riga della (17.1.3), abbiamo fatto uso di una proprietà che merita un commento. A tal fine, consideriamo ad esempio la derivata covariante della traccia τ di un campo tensoriale T di tipo $(0,2)$. Con la nostra notazione, si trova

$$\nabla_{\alpha}\tau = \sum_{\lambda,\mu=1}^{m}\left[(\nabla_{\alpha}\gamma^{\lambda\mu})T_{\lambda\mu} + \gamma^{\lambda\mu}\nabla_{\alpha}T_{\lambda\mu}\right] = \sum_{\lambda,\mu=1}^{m}\left[\frac{\partial\gamma^{\lambda\mu}}{\partial x^{\alpha}}T_{\lambda\mu} + \gamma^{\lambda\mu}\frac{\partial T_{\lambda\mu}}{\partial x^{\alpha}}\right].$$

$$(17.6.1)$$

In tale formula, facendo uso della (16.3.7) per riesprimere le derivate parziali di $\gamma^{\lambda\mu}$, otteniamo (rinominando gli indici muti)

$$\nabla_{\alpha}\tau = \sum_{\lambda,\mu=1}^{m}\gamma^{\lambda\mu}\left[\frac{\partial T_{\lambda\mu}}{\partial x^{\alpha}} - \sum_{\beta=1}^{m}\left(\Gamma_{\alpha\lambda}^{\beta}T_{\beta\mu} + \Gamma_{\alpha\mu}^{\beta}T_{\lambda\beta}\right)\right]$$

$$= \sum_{\lambda,\mu=1}^{m}\gamma^{\lambda\mu}(\nabla_{\alpha}T)_{\lambda\mu}. \qquad (17.6.2)$$

D'altro canto, usando la notazione abbreviata che la letteratura attuale preferisce, si può scrivere che (qui omettiamo di scrivere la somma esplicita sugli indici ripetuti, per coerenza con l'uso di tale notazione)

$$\tau_{;\alpha} = (\gamma^{\lambda\mu}T_{\lambda\mu})_{;\alpha} = \gamma^{\lambda\mu}_{;\alpha}T_{\lambda} + \gamma^{\lambda\mu}T_{\lambda\mu;\alpha}, \qquad (17.6.3)$$

che concorda con la nostra (17.6.2) imponendo che $\gamma^{\mu\nu}_{;\alpha} = 0$. Dunque, il semicolon si può usare come sostituto della nostra notazione accurata. I vantaggi pratici si apprezzano per calcoli con derivate covarianti successive di un campo tensoriale, anche se la nostra notazione resta concettualmente più chiara.

Capitolo 18
Fibrati principali e vettoriali. I

18.1 Concetto di spazio fibrato

Le teorie di gauge delle interazioni fondamentali nascono da una opportuna formulazione di richieste di invarianza o covarianza, e dunque rendono necessario coniugare lo studio dello spaziotempo (M, g) con lo studio dell'azione di gruppi di Lie su varietà differenziabili. Su tali varietà si ha una teoria delle connessioni e della curvatura che è poi collegata alla teoria di connessioni e curvatura su (M, g), che viene detto spazio di base. Il collegamento fra la varietà sovrastante e (M, g) è fornito da *fibre* che andremo a definire, congiuntamente ad applicazioni di proiezione dallo spazio sovrastante sullo spazio di base. Si ha pertanto a che fare con varietà differenziabili che, in generale, solo localmente sono varietà prodotto. Le nostre fonti principali sono il materiale in Nakahara (2003), Nacinovich (2015), Vitale (2020).

Uno spazio fibrato è per noi una quintupla

$$(E, M, \pi, F, G), \tag{18.1.1}$$

ove E è lo spazio totale, M lo spazio di base, $\pi : E \longrightarrow M$ una applicazione di proiezione surgettiva di E su M: $\pi(E) = M$, F viene detta fibra e G prende il nome di gruppo di struttura. Considerando un ricoprimento aperto di M mediante una famiglia di insiemi U_i, esistono dei diffeomorfismi

$$\varphi_i : U_i \times F \longrightarrow E, \tag{18.1.2}$$

le cui mappe inverse sono trivializzazioni locali del fibrato. Se U_i e U_j hanno intersezione non vuota, si definisce

$$\varphi_i^{-1} \odot \varphi_j \equiv t_{ij}. \tag{18.1.3}$$

Tali applicazioni $t_{ij} : F \longrightarrow F$ sono dette *funzioni di transizione*. Esse formano gruppo, in quanto (il punto p appartiene all'intersezione degli intorni aperti ove

© The Author(s), under exclusive license to Springer Nature Switzerland AG 2026

G. Esposito, *Fondamenti Matematici della Teoria Classica dei Campi*, La Matematica per il 3+2, https://doi.org/10.1007/978-3-032-23198-7_18

consideriamo la composizione delle funzioni di transizione)

$$t_{ij}(p)t_{jk}(p) = t_{ik}(p), \tag{18.1.4}$$

$$(t_{ij}(p)t_{jk}(p))t_{kl}(p) = t_{ij}(p)(t_{jk}(p)t_{kl}(p)), \tag{18.1.5}$$

$$t_{ii} = \text{elemento identico}, \tag{18.1.6}$$

$$t_{ij}^{-1}(p) = t_{ji}(p). \tag{18.1.7}$$

Dato $u \in E$, si ha $\pi(u) = p \in U_i \cap U_j$. Le mappe inverse φ_i^{-1} e φ_j^{-1} sono entrambe definite su $\pi^{-1}(U_i \cap U_j)$. Assegniamo ad u due diverse trivializzazioni

$$\varphi_i^{-1}(u) = (p, f_i(p)), \;\; \varphi_j^{-1}(u) = (p, f_j(p)), \tag{18.1.8}$$

ove le f_i sono applicazioni da F in F che sono le coordinate di fibra, e ove il legame fra esse viene fornito dalle funzioni di transizione:

$$f_i(p) = t_{ij}(p)f_j(p). \tag{18.1.9}$$

A livello più profondo, *le funzioni di transizione sono una rappresentazione del gruppo di struttura G sulla fibra*. Se le funzioni di transizione possono essere scelte tutte uguali all'identità su F (ossia se esse forniscono una rappresentazione banale del gruppo G), allora

$$f_i(p) = f_j(p), \;\; \forall i, j. \tag{18.1.10}$$

In tale caso particolare, il fibrato ha globalmente la struttura di spazio prodotto $E = M \times F$.

Le *sezioni* del fibrato sono applicazioni

$$\sigma_i : \; U_i \longrightarrow E \tag{18.1.11}$$

tali che la loro composizione con la mappa di proiezione fornisce l'identità sullo spazio di base:

$$\pi \odot \sigma_i = \text{id}|_M. \tag{18.1.12}$$

Posto $F_p \equiv \pi^{-1}(p)$, si ha

$$\sigma_i(p) \in F_p \subset E, \tag{18.1.13}$$

$$\sigma_i(p) = u \in E : \; \pi(u) = p, \tag{18.1.14}$$

$$\varphi_i^{-1}(\sigma_i(p)) = (p, \widetilde{\sigma}_i(p)). \tag{18.1.15}$$

La coordinata di fibra di $\sigma_i(p)$, ovvero la $\widetilde{\sigma}_i(p)$, è un vettore valutato in p se σ_i è un campo vettoriale.

Uno sguardo in avanti   Come vedremo, la derivata covariante può essere definita come derivata di sezioni di un fibrato vettoriale, in cui la fibra è isomorfa ad uno spazio vettoriale. Detto $\Gamma(E)$ lo spazio delle sezioni del fibrato E, esso è un modulo sinistro sull'anello delle funzioni su M. Una volta assegnate le rappresentazioni locali (18.1.15), si definisce la derivata covariante per $\widetilde{\sigma}_i(p)$ e si considera in particolare un fibrato vettoriale E su M. Le $\widetilde{\sigma}_i(p)$ sono allora vettori su M, e sono esempi di spazio totale lo spazio

$$E = T(M) = \bigcup_{p \in M} p \times T_p(M)$$

oppure

$$E = T^*(M) = \bigcup_{p \in M} p \times T_p^*(M).$$

Per definire la derivata di un campo vettoriale occorre una regola di trasporto di un campo originariamente valutato in un certo punto, $V(p) \in T_p(M)$, in un altro punto $\widetilde{V}(q) \in T_q(M)$. Questa regola è il trasporto parallelo che noi abbiamo finora definito e studiato nelle lezioni sulla geometria riemanniana.

Le interazioni fondamentali, inclusa la gravitazione, sono descritte da 1-forme di gauge con la associata 2-forma di curvatura. I campi di materia sono sezioni di fibrati vettoriali (questa è una descrizione geometrica, che non dipende dalle carte su M), mentre i potenziali di gauge e le 2-forme di curvatura sono finora descritti solo localmente. Nei prossimi capitoli cercheremo di capire cosa sono questi concetti da un punto di vista geometrico intrinseco.

18.2   Fibrati principali. I

Un fibrato principale è detto anche G-bundle, ove G è un gruppo di Lie. Si scrive allora $P(M, G)$, ove P è una varietà differenziabile e M è la varietà di base. La fibra del fibrato è proprio il gruppo G. L'applicazione di proiezione associa ad un elemento u di P un punto p di M:

$$\pi : u \in P \longrightarrow p \in M \implies \pi(u) = p. \tag{18.2.1}$$

Indichiamo inoltre con G_p, essendo $F = G$, l'immagine inversa di u tramite π:

$$\pi^{-1}(u) = G_p. \tag{18.2.2}$$

Indicando ancora con U_i gli elementi di un ricoprimento della varietà di base M, abbiamo i diffeomorfismi

$$\varphi_i : U_i \times G \to \pi^{-1}(U_i) \subset P, \tag{18.2.3}$$

le cui mappe inverse forniscono una trivializzazione locale del fibrato, e scriviamo
(cf. (18.1.8))

$$\varphi_i^{-1}(u) = (p, g_i).$$ (18.2.4)

La g_i è la coordinata di fibra. Il gruppo G *agisce sulla fibra sempre a sinistra*, ossia
(cf. (18.1.9))

$$g_i = t_{ij}(p)g_j.$$ (18.2.5)

Le $t_{ij}(p)$ sono le *funzioni di transizione*, e sono a valori nel gruppo di struttura.
Notiamo anche che, mentre π è una applicazione da P a M, il suo pushforward π_*
mappa campi vettoriali su P in campi vettoriali su M.

Abbiamo quindi la quintupla

$$(P, M, \pi, G, F = G),$$ (18.2.6)

col gruppo di struttura che agisce a sinistra sulla fibra. Inoltre esiste una *azione
destra del gruppo sullo spazio totale P* che non dipende dalle trivializzazioni:

$$P \times G \longrightarrow P, \ (u, a) \longrightarrow ua.$$ (18.2.7)

Dalla (18.2.4) possiamo allora scrivere che

$$u = \varphi_i(p, g_i), \ ua = \varphi_i(p, g_i a) = \varphi_i(p, g_i)a.$$ (18.2.8)

L'azione destra del gruppo G è una azione libera e transitiva, ovvero

$$\mathcal{R} : \ (u, a) \longrightarrow \mathcal{R}_a(u) = ua$$ (18.2.9)

è libera e transitiva, ossia, dati u_1, u_2 tali che

$$\pi(u_1) = \pi(u_2) = p,$$ (18.2.10)

allora (azione transitiva)

$$\exists\, a \in G : \ u_2 = u_1\, a = \mathcal{R}_a(u_1)$$ (18.2.11)

e inoltre (azione libera)

$$ua = u \Longrightarrow a = e.$$ (18.2.12)

Nei fibrati vettoriali, dato il punto $p \in U_i \cap U_j$, e la sezione $\sigma_i \in \Gamma(E, M)$, si ha

$$\varphi_i^{-1}(\sigma_i(p)) = (p, \widetilde{\sigma}_i(p)), \ \widetilde{\sigma}_i(p) = t_{ij}(p)\widetilde{\sigma}_j(p),$$ (18.2.13)

ma non si ottiene σ_i in termini di σ_j. Per i fibrati principali, invece, usando l'azione destra del gruppo che non dipende dalla trivializzazione, si ottiene la relazione

$$\sigma_i(p) = \sigma_j(p)t_{ji}(p). \tag{18.2.14}$$

Andiamo ora a dimostrare la (18.2.14). A tal fine, consideriamo $p \in U_i \cap U_j$, e un certo $\overline{u}$ per il quale

$$\varphi_i^{-1}(\overline{u}) = (p, e). \tag{18.2.15}$$

Dette σ_i e σ_j due sezioni definite su $U_i \cap U_j$, si ha, a partire dalla (18.2.15),

$$\begin{aligned}
\varphi_i \odot \varphi_i^{-1}(\overline{u}) = \overline{u} &= \sigma_i(p) = \varphi_i(p, e) = \varphi_j(p, g_j) \\
&= \varphi_j(p, t_{ji}(p)e) = \varphi_j(p, et_{ji}(p)) = \varphi_j(p, e)t_{ji}(p) \\
&= \sigma_j(p)t_{ji}(p),
\end{aligned} \tag{18.2.16}$$

che appunto coincide con la (18.2.14). Q.E.D.

Questa relazione può essere estesa a due qualsivoglia sezioni locali poiché, posto

$$\sigma_i(p) = \sigma_j t_{ji} = \sigma_k t_{ki}, \tag{18.2.17}$$

componendo ambo i membri con la funzione di transizione t_{ik} si trova

$$\sigma_k t_{ki} \odot t_{ik} = \sigma_j t_{ji} \odot t_{ik} \implies \sigma_k = \sigma_j t_{jk}. \tag{18.2.18}$$

18.3 Fibrati principali. II

A costo di introdurre lievi ripetizioni del paragrafo 18.2, possiamo dire quanto segue. Un fibrato principale $P(M, G)$ su M, con gruppo di struttura G, è un fibrato $\zeta = (P, M, \pi, G)$ tale che (Mele e Laudato 2015):

(1) Detti φ_i i diffeomorfismi (18.2.3) che realizzano la trivializzazione locale (18.2.4), ove $u \in \pi^{-1}(U_i)$, $p = \pi(u)$, allora si ha, $\forall h \in G$,

$$\varphi_{i,p}^{-1}(\mathcal{R}_h(u)) = \varphi_{i,p}^{-1}(uh) = \varphi_{i,p}^{-1}(u)h = (p, g_i)h = \mathcal{R}_h(p, g_i). \tag{18.3.1}$$

(2) Il gruppo di Lie G agisce liberamente su P dalla destra, ovvero esiste una funzione liscia $\mathcal{R}_g$ tale che

$$\mathcal{R}_g : P \times G \longrightarrow P, \quad \mathcal{R}_g : (u, g) \longrightarrow \mathcal{R}_g(u) = ug, \tag{18.3.2}$$

e per la quale $\mathcal{R}_g(u) \neq u$ a meno che $g = e$.

(3) M è lo spazio quoziente P/G rispetto all'azione $\mathcal{R}_g$ di G su P, ossia le fibre $\pi^{-1}(p)$, al variare di $p \in M$, sono le orbite di $\mathcal{R}_g$.

L'azione destra del gruppo G su P è indipendente dalla trivializzazione locale. Se $p \in U_i \cap U_j$, allora

$$uh = \varphi_j(p, g_j h) = \varphi_j(p, t_{ji}(p) g_i h) = \varphi_i(p, g_i h), \qquad (18.3.3)$$

dunque la moltiplicazione a destra è definita senza riferimento alla specifica trivializzazione locale, e pertanto vale quanto detto al punto (2) per la funzione liscia $\mathcal{R}_g$. Inoltre, l'azione è anche libera poiché, se $u = \varphi_i(p, g_i)$, si ha

$$\varphi_i(p, g_i h) = \varphi_i(p, g_i)h = uh. \qquad (18.3.4)$$

Quindi, se $uh = u$ per qualche $u \in P$, allora

$$\varphi_i(p, g_i h) = uh = u = \varphi_i(p, g_i). \qquad (18.3.5)$$

Ma l'applicazione φ_i è biunivoca, dunque l'eguaglianza delle immagini tramite φ_i implica che $g_i h = g_i$, ovvero deve aversi $h = e \in G$. Inoltre, l'azione destra di G su $\pi^{-1}(p)$ è transitiva, ossia $\forall u, v$ esiste un elemento $g \in G$ tale che $u = vg$. Questo implica che, se $\pi(u) = p$, possiamo costruire tutta la fibra come

$$\{\mathcal{R}_g \pi^{-1}(p)| \ g \in G\} = \{ug| \ g \in G\}. \qquad (18.3.6)$$

Pertanto le fibre sono diffeomorfe al gruppo di struttura, e scriviamo con notazione abbreviata

$$\pi^{-1}(p) \cong G, \ p \in M. \qquad (18.3.7)$$

Da qui si è indotti a considerare l'altra possibile definizione (Mele e Laudato 2015):

Un fibrato $\zeta = (P, M, \pi, F)$ con gruppo di struttura G è detto un fibrato principale su M con gruppo di struttura G se la fibra F è un gruppo di Lie, e G è il gruppo di Lie dei diffeomorfismi W di F tali che (Marathe e Martucci 1989)

$$W(f_1 f_2) = W(f_1) f_2, \ f_1, f_2 \in F. \qquad (18.3.8)$$

Per approfondimenti di geometria differenziale suggeriamo, in ordine cronologico diretto, la vasta messe di teoria ed esempi in Kobayashi e Nomizu (1963), Spivak (1979), Dubrovin et al. (1988), Donaldson e Kronheimer (1990), Nacinovich (2015), Nacinovich (2019), D'Andrea (2020).

18.4 Esempi

Nel fibrato tangente $T(M)$ definito dopo la (18.1.15), la fibra F è $T_p(M) \cong \mathbb{R}^n$, e il gruppo di struttura è $G = GL(n, \mathbb{R})$. Per ottenere le funzioni di transizione t_{ij} basta considerare due espressioni equivalenti per il vettore tangente in $p \in U_i \cap U_j$, ovvero (usando indici latini racchiusi da parentesi tonde per indicare in quale intorno si svolge il calcolo)

$$X_p = \sum_{\mu=1}^{n} X_{(i)}^{\mu} \frac{\partial}{\partial x_{(i)}^{\mu}} = \sum_{\nu=1}^{n} X_{(j)}^{\nu} \frac{\partial}{\partial x_{(j)}^{\nu}}, \tag{18.4.1}$$

dalle quali si ricava che (cf. Nash e Sen 1983)

$$X_{(i)}^{\mu} = \sum_{\nu=1}^{n} \frac{\partial x_{(i)}^{\mu}}{\partial x_{(j)}^{\nu}} X_{(j)}^{\nu} \implies t_{ij} = \frac{\partial x_{(i)}^{\mu}}{\partial x_{(j)}^{\nu}}, \tag{18.4.2}$$

che è una matrice $n \times n$.

Nel fibrato cotangente $T^*(M)$, la fibra F è $T_p^*(M) \cong \mathbb{R}^n$, e il gruppo di struttura è $G = GL(n, \mathbb{R})$. Per ottenere le funzioni di transizione τ_{ij} basta considerare due espressioni equivalenti per la 1-forma in $p \in U_i \cap U_j$, ovvero

$$\omega_p = \sum_{\mu=1}^{n} \omega_{\mu}^{(i)} E_{(i)}^{\mu} = \sum_{\nu=1}^{n} \omega_{\nu}^{(j)} E_{(j)}^{\nu}, \tag{18.4.3}$$

dalle quali si ottiene

$$\tau_{ij} = \frac{\partial x_{(j)}^{\mu}}{\partial x_{(i)}^{\nu}} = \left(t_{ij}^{-1} \right)^{T}. \tag{18.4.4}$$

Nel fibrato dei *frame*, la fibra F consiste di tutte le basi ordinate di $T_p(M)$, e risulta dunque isomorfa a $GL(n, \mathbb{R})$, poiché sappiamo dalla (16.6.1) che le basi ordinate si ottengono agendo mediante $GL(n, \mathbb{R})$ su una base assegnata. Anche il gruppo G di struttura consiste del gruppo lineare generale $GL(n, \mathbb{R})$, pertanto siamo in presenza di un fibrato principale, e le funzioni di transizione coincidono con le t_{ij} della (18.4.2).

Capitolo 19
Fibrati principali e vettoriali. II

19.1 Ripasso di concetti, e il fibrato delle basi

Nel capitolo 18 abbiamo definito i fibrati principali. Dunque sappiamo che in tale ambito consideriamo uno spazio totale P, uno spazio di base M, una proiezione surgettiva π di P su M, una fibra F che è un gruppo di Lie ed è diffeomorfa al gruppo di struttura G. *Il gruppo G agisce su P con azione destra, e agisce anche mediante l'usuale azione sinistra sulla fibra.* L'azione sinistra dipende dalla trivializzazione locale, mentre le fibre sono le orbite dell'azione destra. Questa azione destra, dati $u \in P$ e $a \in G$, opera come segue:

$$(u, a) \longrightarrow ua \equiv \mathcal{R}_a(u), \tag{19.1.1}$$

ed è libera e transitiva.

L'azione sinistra collega diverse coordinate di fibra tra loro. Usando le mappe di trivializzazione locale, sappiamo che

$$\varphi_i^{-1}(u) = (p, g_i(p)), \ \varphi_j^{-1}(u) = (p, g_j(p)), \tag{19.1.2}$$

e facendo uso delle funzioni di transizione t_{ij}, l'azione sinistra si espleta mediante la relazione

$$g_i(p) = t_{ij}(p)g_j(p). \tag{19.1.3}$$

Le sezioni locali del fibrato sono applicazioni

$$\sigma_i : U_i \subset M \longrightarrow \pi^{-1}(U_i) \subset P. \tag{19.1.4}$$

Abbiamo dimostrato che $\sigma_i(p) = \sigma_j(p)t_{ji}(p)$, da cui deduciamo che, se una sezione è globale su M, allora il fibrato possiede globalmente la struttura di prodotto: $P = M \times G$.

Esempi di fibrati principali sono la fibrazione di Hopf, alla quale dedichiamo il capitolo 22, e il *frame bundle* $F(M)$. Come sappiamo dal paragrafo 18.4, $F(M)$

© The Author(s), under exclusive license to Springer Nature Switzerland AG 2026

G. Esposito, *Fondamenti Matematici della Teoria Classica dei Campi*, La Matematica per il 3+2, https://doi.org/10.1007/978-3-032-23198-7_19

è un fibrato su una varietà M con fibra data da una collezione di basi su M. Tali basi sono i punti della fibra, e sono in corrispondenza biunivoca con gli elementi del gruppo lineare generale $\mathrm{GL}(n,\mathbb{R})$ (cf. capitolo 16). Se consideriamo una particolare base $\overline{f}$ su M, ogni altra base f si ottiene agendo su $\overline{f}$ mediante un elemento $h \in \mathrm{GL}(n,\mathbb{R})$. Quindi $F(M)$ è un fibrato principale su M con fibra $\mathrm{GL}(n,\mathbb{R})$. Una sezione locale opera associando ad un punto p di M una base su M in p:

$$\sigma_i : \ p \in M \longrightarrow \{e_1(p), \ldots, e_n(p)\}. \tag{19.1.5}$$

Se la sezione σ_i è globale, ossia $\sigma_i = \sigma_j \ \forall i, j$ dell'atlante, allora possiamo assegnare su M una base globale, ossia M è parallelizzabile.

19.2   Fibrati vettoriali e fibrati associati

Assegnato un fibrato principale (P, M, π, G), possiamo costruire fibrati vettoriali che diciamo *associati a* P. Per prima cosa, andiamo a definire il concetto di fibrato vettoriale, che finora avevamo solo menzionato.

Definizione 19.1   Un fibrato $\alpha \equiv (E, M, \pi, F, G)$ viene detto *fibrato vettoriale* con fibra tipica F, se F è uno spazio di Banach a dimensione finita e G è il gruppo di Lie dei diffeomorfismi lineari di F (Mele e Laudato 2015). In particolare, se F è uno spazio vettoriale reale e $k = \dim(F)$, $G = \mathrm{GL}(k, \mathbb{R})$, allora α viene detto un fibrato vettoriale di rango k. Questa definizione fa prendere forma compiuta all'idea di avere un fibrato la cui fibra è uno spazio vettoriale.

Sia ora $P(M, G)$ un fibrato principale, e siano ρ l'azione di G su F, ψ l'azione di G sulla varietà prodotto $P \times F$:

$$\psi : \ (u, f) \longrightarrow (ug, \rho(g^{-1})f), \ u \in P, \ f \in F, \ g \in G. \tag{19.2.1}$$

L'azione ψ è libera.

Definizione 19.2   Il *fibrato associato* $E(M, F, \rho, P)$ è una classe di equivalenza i cui elementi $[u, f]$ sono dati dalla identificazione

$$(u, f) \sim (ug, \rho(g^{-1})f). \tag{19.2.2}$$

Pertanto, se consideriamo la proiezione data dalla mappa

$$\mathcal{O} : \ P \times F \longrightarrow E, \tag{19.2.3}$$

otteniamo il diagramma commutativo in Fig. 19.1 (si dicono commutativi tutti i diagrammi che esprimono modi equivalenti per approdare ad una struttura B a partire da una assegnata struttura A), ove la proiezione $\pi_E : \ E \longrightarrow M$ è definita da

$$[u, f] \longrightarrow \pi(u), \tag{19.2.4}$$

Figura 19.1 L'azione delle proiezioni $\pi_1, \pi, \mathcal{O}, \pi_E$

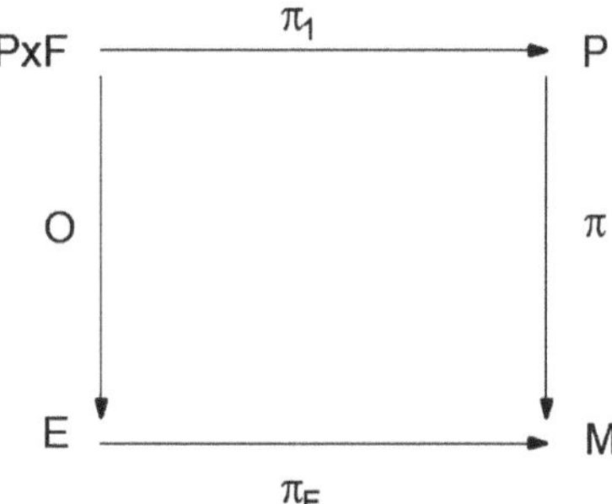

la proiezione $\pi_1 : P \times F \longrightarrow P$ è la proiezione sul primo fattore, ossia è definita da

$$(u, f) \longrightarrow u. \tag{19.2.5}$$

In particolare, se F è uno spazio vettoriale, e ρ è una rappresentazione del gruppo di Lie G, allora possiamo riguardare ρ come una applicazione

$$\rho : G \longrightarrow GL(V), \tag{19.2.6}$$

dove $GL(V)$ consiste di trasformazioni lineari su uno spazio vettoriale V. In generale, la richiesta che ρ sia una rappresentazione del gruppo G comporta che, $\forall g, h \in G$, si abbia

$$\rho(\Phi(g, h)) = \varphi(\rho(g), \rho(h)), \tag{19.2.7}$$

avendo indicato con Φ la legge di composizione per gli elementi del gruppo G, e con φ la legge di composizione tra le immagini degli elementi di G tramite ρ.

Nei fibrati vettoriali associati, la trivializzazione locale viene fornita dalle applicazioni

$$\varphi_i : U_i \times V \longrightarrow \pi_E^{-1}(U_i), \tag{19.2.8}$$

e la funzione di transizione di E è data da $\rho(t_{ij})$, ove t_{ij} è la funzione di transizione di P.

I fibrati associati permettono di studiare le proprietà delle particelle elementari, associate a rappresentazioni unitarie irriducibili del gruppo di Poincaré (Wigner 1939, e cf. capitolo 12). In fisica teorica sono anche di interesse le rappresentazioni unitarie proiettive di un gruppo G, per le quali, detta $\omega(g, h)$ una funzione di fase a valori in $U(1)$, si ha

$$\rho(\Phi(g, h)) = \omega(g, h)\varphi(\rho(g), \rho(h)). \tag{19.2.9}$$

Supposto assegnato un fibrato principale dato dal fibrato $F(M)$ delle basi, sono suoi fibrati associati il fibrato tangente $T(M)$, il fibrato cotangente $T^*(M)$, e il fibrato dei campi tensoriali su M.

Se viene invece assegnato un fibrato E con gruppo di struttura G e fibra F, si costruisce il fibrato principale (P, M, G) sostituendo alla fibra F il gruppo G, e considerando prima

$$\widetilde{P} = \bigcup_i U_i \times G, \tag{19.2.10}$$

e poi definendo

$$P \equiv \widetilde{P} / \sim, \tag{19.2.11}$$

dove stavolta la relazione di equivalenza stabilisce che

$$(p, g_i) \sim (p', g_j) \text{ se } p' = p \text{ e } g_i = t_{ij}(p)g_j. \tag{19.2.12}$$

Se le sezioni sono vettori di Lorentz, allora il gruppo di struttura è il gruppo di Lorentz, e il fibrato principale di interesse è

$$(P, M, G) = (L(M), M, \mathrm{SO}(1, n - 1)),$$

$L(M)$ indicando lo spazio dei *Lorentz frame*.

Se la fibra F ammette una rappresentazione spinoriale del gruppo di Lorentz, si ottengono il fibrato degli spinori di Weyl (W) se

$$F = \mathbb{C}^2 \implies E = (W, M, \pi, \mathbb{C}^2, \mathrm{SL}(2, \mathbb{C})), \tag{19.2.13}$$

oppure il fibrato degli spinori di Dirac (D) se

$$F = \mathbb{C}^4 \implies E = (D, M, \pi, \mathbb{C}^4, \mathrm{SL}(2, \mathbb{C}) \times \overline{\mathrm{SL}(2, \mathbb{C})}). \tag{19.2.14}$$

19.3 Campi vettoriali verticali

Denotando come prima con u un elemento del fibrato principale $P(M, G)$, e con G_q la fibra in $q = \pi(u)$, si definisce spazio verticale lo spazio di tutti i vettori v, appartenenti allo spazio tangente a P in u, e che sono tangenti in u alla fibra G_q. In formule, scriviamo

$$V_u(P) \equiv \left\{ v \in T_u(P) : v \text{ tangente in } u \text{ a } G_q \right\}. \tag{19.3.1}$$

Per costruire lo spazio verticale, consideriamo un elemento A dell'algebra di Lie $\mathcal{L}(G)$, e avvaliamoci dell'azione destra sul fibrato (per dettagli vedasi il paragrafo 19.4) per definire una curva su P passante per u a $t = 0$:

$$\mathcal{R}_{e^{tA}} u = u \, e^{tA}. \tag{19.3.2}$$

La curva in esame è dunque

$$\gamma_u : t \in \mathbb{R} \longrightarrow \gamma_u(t) = u \, e^{tA} \in P. \tag{19.3.3}$$

Poiché $\mathcal{R}_g$ agisce sulla fibra, si osserva che

$$\pi(ug) = \pi(u) \ \forall g \in G \Longrightarrow \pi(ue^{tA}) = \pi(u) = q \in M, \ \forall t \in \mathbb{R}, \tag{19.3.4}$$

e quindi la curva costruita è tutta contenuta nella fibra G_q. Denotiamo con $A_q^{\#} \in T_u(P)$ il vettore tangente alla curva γ_u. Questo è, per costruzione, un vettore verticale. Detta f una arbitraria funzione liscia da P in $\mathbb{R}$, si ha

$$A_q^{\#} f(u) \equiv \frac{d}{dt} \, f(\gamma_u(t))\big|_{t=0} = \frac{d}{dt} \, f(ue^{tA})\big|_{t=0}. \tag{19.3.5}$$

In altri termini, il vettore $A_q^{\#}$ è tangente a P in $u = \pi^{-1}(q)$, dunque appartiene a $V_u(P)$, e in tal modo possiamo, al variare di u, definire un vettore in ogni punto di P, e alfine otteniamo un campo vettoriale che prende il nome di *campo vettoriale fondamentale* generato da $A \in \mathcal{L}(G)$.

19.4 Fondamenti della verticalità

Sia $P(M, G)$ un fibrato principale con spazio totale P, spazio di base M, gruppo di struttura G e proiezione surgettiva π di P su M. Sappiamo che l'azione di G su P definisce una mappa $\mathcal{R}_g : P \to P$ mediante $u \to ug$. Abbiamo allora l'azione associata di G sul fibrato tangente a P:

$$T\mathcal{R}_g : T(P) \to T(P)$$

e la proiezione indotta da π:

$$T\pi : T(P) \to T(M).$$

Pertanto, al fibrato $P(M, G)$ possiamo associare un altro fibrato con spazio totale $T(P)$, spazio di base $T(M)$ e proiezione $T\pi$, e otteniamo una proiezione dall'algebra di Lie dei campi vettoriali su P sull'algebra di Lie dei campi vettoriali su M:

$$\pi_\star : \chi(P) \to \chi(M).$$

Se ζ è un campo vettoriale su P e ξ è un campo vettoriale su M, il loro collegamento mediante proiezione significa che (Krupka 1973)

$$T\pi \odot \zeta(u) = \xi(\pi(u)).$$

In coordinate locali, se ζ è proiettabile su ξ, allora si ha

$$\xi = \sum_k \xi^k \frac{\partial}{\partial x^k}, \ \zeta = \xi + \sum_\mu \zeta^\mu \frac{\partial}{\partial u^\mu}.$$

In questo paragrafo, ci restringiamo a quei campi vettoriali su P che sono proiettabili su $\chi(M)$. Essi definiscono una sottoalgebra di $\chi(P)$ detta la sottoalgebra dei campi vettoriali proiettabili, e indicata con $\chi^\pi(P)$. Tra questi, vi sono quelli *proiettabili su zero*, e questi sono detti verticali. Ovvero, il kernel della mappa $T\pi : T(P) \to T(M)$ in ogni punto $u \in P$ identifica un sottospazio $V_u(P)$ di $T_u(P)$ che è tangente in u alla fibra G_q. Questo sottospazio $V_u(P) \subset T_u(P)$ è detto il sottospazio verticale. L'insieme di campi vettoriali che sono nel kernel di $T\pi$ definisce la sottoalgebra

$$\chi^v(P) = \{X^v \in \chi(P) : \ \pi_\star X^v = 0\} \tag{19.4.1}$$

dei campi vettoriali verticali. In particolare, *essendo il campo vettoriale fondamentale tangente in ogni punto alla fibra G_q di P, quando proiettiamo sullo spazio di base M otteniamo solo il punto di applicazione, e dunque il campo vettoriale fondamentale si proietta sul vettore nullo di $\chi(M)$, ovvero esso è un campo vettoriale verticale.* Detti $X_1, \ldots, X_n$ i generatori infinitesimi dell'azione di G su P, ovvero i campi vettoriali fondamentali corrispondenti ad una base dell'algebra di Lie $\mathcal{L}(G)$, essi sono una base della sottoalgebra dei campi vettoriali verticali.

19.5 Spazio orizzontale di un fibrato principale

Sappiamo che $A_q^\#$ introdotto in 19.3 è un vettore tangente alla fibra G_q, e che al variare di q otteniamo un elemento di $V_u(P)$. Dunque

$$A^\# : \ q \in M \longrightarrow A_q^\# \in V_u(P), \tag{19.5.1}$$

ovvero l'applicazione # opera come segue:

$$\# : \ A \in \mathcal{L}(G) \longrightarrow A^\# \in V_u(P). \tag{19.5.2}$$

L'applicazione # fornisce un isomorfismo di algebre:

$$\left[A^\#, B^\#\right]_{V_u(P)} = [A, B]_{\mathcal{L}(G)}^\#, \tag{19.5.3}$$

ossia $V_u(P)$ è un'algebra di Lie isomorfa all'algebra di Lie del gruppo G.

Per definizione, lo *spazio orizzontale* $H_u(P)$ è il complemento di $V_u(P)$ in $T_u(P)$. Si noti che, a questo stadio, H_u non è univocamente determinato. Ad esempio, scelto nel piano euclideo $\mathbb{R}^2$ il sottospazio vettoriale unidimensionale *asse y*, per descrivere un vettore v di $\mathbb{R}^2$ è possibile scegliere diversi complementi. In altri termini, v è esprimibile in più di un modo come somma di due vettori. Vedremo che $H_u(P)$ viene univocamente determinato solo quando si introduce un nuovo concetto, ossia la connessione, che ora andiamo a definire e studiare.

19.6 Connessione su fibrati principali

Una *connessione* su un fibrato principale $P(M, G)$ è una separazione unica, detta anche *distribuzione* (da non confondere con lo stesso termine usato in analisi funzionale) dello spazio tangente $T_u(P)$ in parte verticale $V_u(P)$ e parte orizzontale $H_u(P)$ tale che:

(i)   Lo spazio tangente viene decomposto in somma diretta dei sottospazi orizzontale e verticale:

$$T_u(P) = H_u(P) \oplus V_u(P). \tag{19.6.1}$$

(ii) Ogni campo vettoriale sul fibrato si decompone in somma delle parti orizzontale e verticale:

$$X : P \longrightarrow T(P), \ X = X^H + X^V. \tag{19.6.2}$$

(iii) Considerati gli associati vettori $X_u^H \in H_u(P)$, si ha

$$H_{ug}(P) = \mathcal{R}_{g*} \, H_u(P), \ \forall u \in P, \ g \in G. \tag{19.6.3}$$

La connessione può anche essere concepita come una 1-forma su P, denotata con ω, a valori nell'algebra di Lie del gruppo G, ovvero $\omega \in \mathcal{L}(G) \otimes T^*(P)$. Essa possiede tre proprietà che la definiscono:

$$\omega(A^{\#}) = A, \tag{19.6.4}$$
$$H_u(P) \equiv \{X_u \in T_u(P) : \ \omega(X_u) = 0\}, \tag{19.6.5}$$
$$\mathcal{R}_g^* \omega = \mathrm{Ad}_{g^{-1}} \omega. \tag{19.6.6}$$

Per verificare la (19.6.6) osserviamo che, assegnato $X_u \in T_u(P)$, si ottiene dalla (5.10.2)

$$\left(\mathcal{R}_g^* \omega_{ug}\right)(X_u) = \omega_{ug}\left(\mathcal{R}_{g*} X_u\right) = g^{-1} \omega_u(X_u) g. \tag{19.6.7}$$

Inoltre, dalla (19.6.5) otteniamo

$$H_{ug}(P) = \{Y_{ug} \in T_{ug}(P) : \ \omega(Y_{ug}) = 0\}, \tag{19.6.8}$$

e d'altro canto, se $X_u \in H_u(P)$, abbiamo

$$\omega(\mathcal{R}_{g*}X_u) = \mathcal{R}_g^*\omega(X_u) = g^{-1}\omega(X_{ug})g = 0$$
$$\Longrightarrow \mathcal{R}_{g*}X_u \in H_{ug}(P). \tag{19.6.9}$$

Dalle (19.6.8) e (19.6.9) troviamo dunque accordo con la (19.6.3).

La 1-forma appena introdotta prende il nome di connessione di Ehresmann, e in coordinate locali

$$\omega \in \mathcal{L}(G) \otimes \Omega^1(P). \tag{19.6.10}$$

Se indichiamo come al solito con σ_i le sezioni locali

$$\sigma_i : \ U_i \longrightarrow \pi^{-1}(U_i), \tag{19.6.11}$$

il loro pullback σ_i^* associa a 1-forme su P delle 1-forme su M, e dunque scriviamo che

$$\sigma_i^* : \ \Omega^1(\pi^{-1}(U_i)) \longrightarrow \Omega^1(U_i). \tag{19.6.12}$$

Questa proprietà ha un ruolo cruciale nella fisica teorica delle interazioni fondamentali.

Definiamo

$$\mathcal{A}_i \equiv \sigma_i^*\omega, \tag{19.6.13}$$

che appartiene a $\mathcal{L}(G) \otimes \Omega^1(U_i)$. Alla 1-forma di Ehresmann associamo sempre una $\mathcal{A}_i$ locale. Viceversa, data $\mathcal{A}_i$ nel prodotto tensore dell'algebra di Lie di G con lo spazio dei campi di 1-forma sull'aperto U_i, possiamo costruire

$$\omega_i \in \mathcal{L}(G) \otimes \Omega^1(\pi^{-1}(U_i)). \tag{19.6.14}$$

Ci proponiamo di dimostrare che

$$\omega_i = g_i^{-1}\pi^*\mathcal{A}_i g_i + g_i^{-1}dg_i, \tag{19.6.15}$$

ovvero che tale ω_i è consistente con la definizione (19.6.13). A tal fine, consideriamo $X_p \in T_p(M), u = \sigma_i(p), (p,e) = \varphi_i(u)$. Dunque otteniamo (tenendo conto del fatto che $g_i = e$ in $\sigma_i(p)$)

$$\begin{aligned}
\sigma_i^*\omega_i(X_p) &= \omega_i\big|_{\sigma_i(p)}(\sigma_{i*}X_p) \\
&= \left(g_i^{-1}\pi^*\mathcal{A}_i g_i\right)\Big|_{\sigma_i(p)}(\sigma_{i*}X_p) + \left(g_i^{-1}dg_i\right)\Big|_{\sigma_i(p)}(\sigma_{i*}X_p) \\
&= \pi^*\mathcal{A}_i(\sigma_{i*}X_p) + dg_i(\sigma_{i*}X_p) \\
&= \mathcal{A}_i(\pi_*\sigma_{i*}X_p) + dg_i(\sigma_{i*}X_p) \\
&= \mathcal{A}_i\big((\pi\sigma_i)_*X_p\big) + dg_i(\sigma_{i*}X_p) \\
&= \mathcal{A}_i(X_p) + 0, \tag{19.6.16}
\end{aligned}$$

ove nel penultimo rigo abbiamo tenuto conto che $(\pi\sigma_i)_*$ eguaglia la mappa identica sull'aperto U_i, e nell'ottenere l'addendo nullo abbiamo osservato che $g_i = e$ lungo la direzione di $\sigma_{i*}X_p$. Alla luce della (19.6.16), la (19.6.13) risulta invero verificata. A questo stadio, dobbiamo verificare ancora che ω_i sia una connessione, ovvero che per essa valgano le (19.6.4) e (19.6.6). A tal fine, cominciamo con l'osservare che

$$
\begin{aligned}
\omega_i(A^\#) &= g_i^{-1}\pi^*\mathcal{A}_i g_i(A^\#) + g_i^{-1}dg_i(A^\#) \\
&= g_i^{-1}\mathcal{A}_i g_i(\pi_*A^\#) + g_i^{-1}dg_i(A^\#) \\
&= 0 + g_i^{-1}(u)g_i(u)\left.\frac{d}{dt}(e^{tA})\right|_{t=0} \\
&= g_i^{-1}(u)g_i(u)A = A,
\end{aligned}
\tag{19.6.17}
$$

dove ci siamo avvalsi del fatto che $A^\#$ è un campo vettoriale verticale per porre a zero $\pi_*A^\#$. Inoltre, troviamo che

$$
\begin{aligned}
\mathcal{R}_h^*\left(g_i^{-1}\pi^*\mathcal{A}_i g_i\right)_{uh}(X) &= \left(g_i^{-1}\pi^*\mathcal{A}_i g_i\right)_{uh}(\mathcal{R}_{h*}X) \\
&= (g_i^{-1})_{uh}\mathcal{A}_i(\pi_*\mathcal{R}_{h*}X)(g_i)_{uh} \\
&= h^{-1}g_i^{-1}\pi^*\mathcal{A}_i g_i h.
\end{aligned}
\tag{19.6.18}
$$

Inoltre, per il secondo termine nella (19.6.15), si ottiene

$$
\mathcal{R}_h^*\left(g_i^{-1}dg_i\right) = (g_ih)^{-1}d(g_ih) = h^{-1}g_i^{-1}dg_ih.
\tag{19.6.19}
$$

Pertanto ω_i è una 1-forma di connessione sullo spazio totale P del fibrato principale. Se cambiamo carte otteniamo un'altra 1-forma ω_j:

$$
\omega_j = g_j^{-1}\pi^*\mathcal{A}_j g_j + g_j^{-1}dg_j.
\tag{19.6.20}
$$

Ma possiamo dire che $\omega_i = \omega_j$ nell'intersezione delle carte? Ovviamente desideriamo proprio questo, il che è garantito se $\mathcal{A}_i$, $\mathcal{A}_j$ sono legate da una trasformazione non omogenea che è proprio la trasformazione di 1-forme di connessione che si incontra nello studio delle teorie di gauge:

$$
\mathcal{A}_j = t_{ij}^{-1}\mathcal{A}_i t_{ij} + t_{ij}^{-1}dt_{ij}.
\tag{19.6.21}
$$

Dopo aver verificato questa proprietà, concludiamo che le 1-forme di gauge e connessioni affini sono le $\mathcal{A}_i$, che rappresentano localmente su M le 1-forme di connessione su fibrati principali con appropriato gruppo di Lie.

Vale inoltre il seguente Lemma:

Dato il vettore $X_p \in T_p(M)$, ove il punto $p \in U_i \cap U_j$, e date le sezioni locali σ_i, σ_j tali che

$$
\sigma_{i*}X_p \in T_{\sigma_i(p)}(P), \quad \sigma_{j*}X_p \in T_{\sigma_j(p)}(P),
\tag{19.6.22}
$$

allora si ha che

$$\sigma_{j*}X_p = \mathcal{R}_{t_{ij}*}(\sigma_{i*}X_p) + \left[(t_{ij}^{-1}dt_{ij})(X_p)\right]^{\#},\qquad(19.6.23)$$

dove il significato del secondo termine nella (19.6.23) è il seguente:

$$t_{ij}:\ p \longrightarrow t_{ij}(p) \in G \implies t_{ij}^{-1}dt_{ij} \in \mathcal{L}(G) \otimes \Omega^1(M).\qquad(19.6.24)$$

Quindi tale espressione, valutata su M al variare di p:

$$(t_{ij}^{-1}dt_{ij})(X) = A \in \mathcal{L}(G) \implies A^{\#} \in V_u(P),\qquad(19.6.25)$$

fornisce un elemento dell'algebra di Lie di G di cui ha senso effettuare l'operazione #, che restituisce un campo verticale su P. Una volta stabilito questo Lemma, possiamo trovare la legge di trasformazione delle $\mathcal{A}_i$.

Capitolo 20
Fibrati principali e vettoriali. III

20.1 Forme di connessione su fibrati principali

Nel capitolo precedente, avevamo a che fare con i seguenti dati geometrici:

Un fibrato principale (P, M, G) sulla varietà M, un campo di 1-forma globale $\omega \in \mathcal{L}(G) \otimes \Omega^1(P)$, e un campo di 1-forma locale $\mathcal{A}_i \in \mathcal{L}(G) \otimes \Omega^1(U_i)$ che si ottiene tramite pullback di ω usando le sezioni locali, ossia $\mathcal{A}_i = \sigma_i^* \omega$. A partire da $\mathcal{A}_i$ si può definire una 1-forma ω_i su $\pi^{-1}(U_i)$ tramite la (19.6.15). Abbiamo poi dimostrato che la ω_i nella (19.6.15) soddisfa la condizione di pullback (19.6.13) e gli assiomi di connessione.

Abbiamo indi affermato che vale la (19.6.21), e ora andiamo a dimostrarlo. A tal fine, si usa il seguente Lemma:

Dato il campo vettoriale $X \in \chi(M)$, assieme a $\sigma_{j*}X$, campo su $\pi^{-1}(U_j)$, e $\sigma_{i*}X$, campo su $\pi^{-1}(U_i)$, nell'intersezione $U_i \cap U_j$ degli aperti vale la (19.6.23). Per ottenere la dimostrazione desiderata, valutiamo ora ω su $\sigma_{j*}X$ e rammentiamo la definizione (5.10.2). Dunque troviamo

$$
\begin{aligned}
\omega(\sigma_{j*}X) &= \omega(\mathcal{R}_{t_{ij}*}(\sigma_{i*}X)) + \omega\left([t_{ij}^{-1}dt_{ij}(X)]^{\#}\right) \\
&\Longrightarrow \sigma_j^*\omega(X) = \mathcal{R}_{t_{ij}}^*\omega(\sigma_{i*}X) + t_{ij}^{-1}dt_{ij}(X) \\
&\Longrightarrow \mathcal{A}_j(X) = t_{ij}^{-1}\sigma_i^*\omega\, t_{ij}(X) + t_{ij}^{-1}dt_{ij}(X) \\
&\qquad\quad = t_{ij}^{-1}\mathcal{A}_i t_{ij}(X) + t_{ij}^{-1}dt_{ij}(X).
\end{aligned}
\tag{20.1.1}
$$

Q.E.D.

G. Esposito, *Fondamenti Matematici della Teoria Classica dei Campi*, La Matematica per il 3+2, https://doi.org/10.1007/978-3-032-23198-7_20

Una volta assegnate $\mathcal{A}_i$ e $\mathcal{A}_j$, possiamo costruire ω_i e ω_j secondo la (19.6.15). Quindi troviamo

$$
\begin{aligned}
\omega_j &= g_j^{-1} \pi^* \left[t_{ij}^{-1} \mathcal{A}_i t_{ij} + t_{ij}^{-1} dt_{ij} \right] g_j + g_j^{-1} dg_j \\
&= g_j^{-1} t_{ij}^{-1} \pi^* \mathcal{A}_i t_{ij} g_j + g_j^{-1} t_{ij}^{-1} (dt_{ij}) g_j + g_j^{-1} dg_j .
\end{aligned}
\tag{20.1.2}
$$

In tale formula ci serve riesprimere $(dt_{ij})g_j$, e lo facciamo attraverso i seguenti passaggi:

$$
\begin{aligned}
g_i &= t_{ij} g_j \implies g_i g_j^{-1} = t_{ij} \\
dg_i &= (dt_{ij}) g_j + t_{ij} dg_j \\
&\implies (dt_{ij}) g_j = dg_i - t_{ij} dg_j = dg_i - g_i g_j^{-1} dg_j \\
&\implies g_i^{-1}(dt_{ij}) g_j + g_j^{-1} dg_j = g_i^{-1} \left[dg_i - g_i g_j^{-1} dg_j \right] + g_j^{-1} dg_j \\
&\qquad\qquad\qquad\qquad\qquad = g_i^{-1} dg_i .
\end{aligned}
\tag{20.1.3}
$$

Dalle (20.1.2) e (20.1.3) si ottiene la desiderata relazione

$$
\omega_j = g_i^{-1} \pi^* \mathcal{A}_i g_i + g_i^{-1} dg_i = \omega_i .
\tag{20.1.4}
$$

20.2   Lift orizzontale

Il lift orizzontale di una curva sullo spazio di base M equivale a introdurre il trasporto parallelo. Per definirlo, consideriamo la curva sullo spazio di base M

$$
\gamma : \ [0, 1] \longrightarrow M,
$$

e sia

$$
\widetilde{\gamma} : \ [0, 1] \longrightarrow P
$$

una curva sullo spazio totale P. Si dice che $\widetilde{\gamma}$ è il *lift orizzontale* di γ se valgono le due seguenti condizioni:

(i) La proiezione del fibrato la trasforma nella curva sullo spazio di base:

$$
\pi \odot \widetilde{\gamma} = \gamma ,
\tag{20.2.1}
$$

(ii) I vettori tangenti a $\widetilde{\gamma}$, ossia $\dot{\widetilde{\gamma}}(t)$, sono orizzontali, e dunque scriviamo

$$
\dot{\widetilde{\gamma}} \in H_{\widetilde{\gamma}(t)} P .
\tag{20.2.2}
$$

Desideriamo ora dimostrare che, per costruzione, $\widetilde{\gamma}$ è specificata in modo univoco dalla scelta della connessione.

Figura 20.1 Lift orizzontale
di una curva sullo spazio di
base

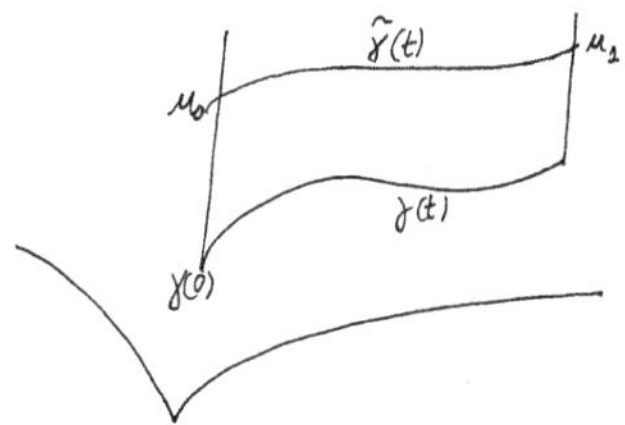

Dimostrazione Sia γ su M contenuta in una sola carta (U_i, ψ), e sia $\sigma_i : U_i \longrightarrow$
$\pi^{-1}(U_i)$ la relativa sezione locale. Siano inoltre u_0 e u_1 (Fig. 20.1) elementi di P,
e supponiamo che $\widetilde{\gamma}$ esista. Poiché valgono le (18.1.12) e (20.2.1), si ha

$$\widetilde{\gamma}(t) = \sigma_i(\gamma(t))\, g_i(\gamma(t)). \tag{20.2.3}$$

Scegliamo $g_i(\gamma(0)) = e$, e quindi

$$\sigma_i(\gamma(0)) = \widetilde{\gamma}(0) = u_0. \tag{20.2.4}$$

La curva $\widetilde{\gamma}_t$ può essere riguardata come una applicazione da M in P:

$$\widetilde{\gamma}_t : \ p \in \gamma(t) \longrightarrow u \in P. \tag{20.2.5}$$

Pertanto, il suo pushforward è l'applicazione

$$\widetilde{\gamma}_{t*} : \ X(\gamma(t)) \longrightarrow \widetilde{X}(\widetilde{\gamma}(t)), \tag{20.2.6}$$

da cui segue che, se X è tangente a $\gamma(t)$ in $\gamma(0)$, allora $\widetilde{X}$ è tangente a $\widetilde{\gamma}(t)$ in
$u_0 = \widetilde{\gamma}(0)$. Se $\omega(\widetilde{X}) = 0$, questo annullamento è condizione necessaria e sufficiente affinché $\widetilde{X}$ sia orizzontale. Tenendo presenti le (5.11.2), (19.6.23) e (20.2.3),
possiamo scrivere che

$$\widetilde{\gamma}_* X = \widetilde{X} = \mathcal{R}_{g_i *}(\sigma_{i*}X) + \left[g_i^{-1} dg_i(X) \right]^{\#}, \tag{20.2.7}$$

e dunque troviamo

$$0 = \omega(\widetilde{X}) = \omega\left(\mathcal{R}_{g_i *}(\sigma_{i*}X) + [g_i^{-1} dg_i(X)]^{\#} \right)$$

$$= g_i^{-1}\omega(\sigma_{i*}X)g_i + g_i^{-1} \left. \frac{d}{dt}g_i(t) \right|_{t=0}. \tag{20.2.8}$$

Agendo mediante g_i da sinistra, questa equazione diventa

$$\omega(\sigma_{i*}X)g_i(t) = - \left. \frac{d}{dt}g_i(t) \right|_{t=0}, \tag{20.2.9}$$

Figura 20.2 Il lift orizzontale di una curva chiusa non
riesce a chiudersi

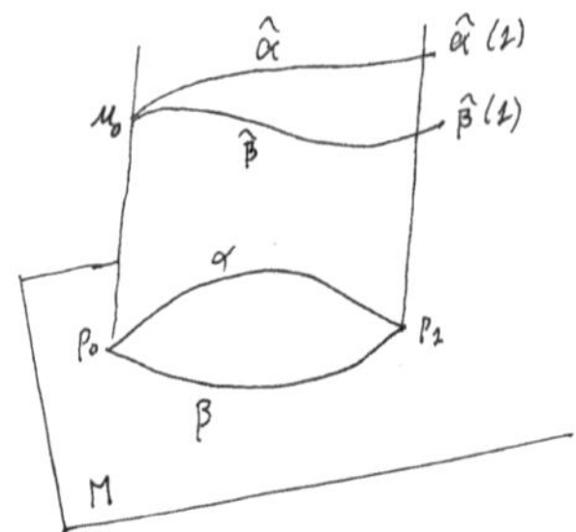

ovvero ancora

$$\mathcal{A}_i(X)g_i(t) = -\frac{d}{dt}g_i(t)\bigg|_{t=0}. \tag{20.2.10}$$

Questa è una equazione differenziale ordinaria per g_i, una volta nota la connessione $\mathcal{A}_i$, con $g_i(0) = e$. La soluzione per $g_i(\gamma(t))$ è l'esponenziale ordinato lungo il cammino che va da $\gamma(0)$ a $\gamma(t)$ (abbiamo $E^\mu = dx^\mu$):

$$g_i(\gamma(t)) = \mathcal{P}\exp\left[-\int_{\gamma(0)}^{\gamma(t)} \sum_\mu \mathcal{A}_{i\mu}(\gamma(t))E^\mu\right], \tag{20.2.11}$$

e in tale formula si ha

$$x^\mu = x^\mu(\gamma(t)), \quad \mathcal{A}_{i\mu} = \sum_\alpha \mathcal{A}_i{}^\alpha{}_\mu\, T_\alpha, \tag{20.2.12}$$

dove T_α sono i generatori dell'algebra di Lie, ovvero la base di $\mathcal{L}(G)$. Alla luce delle (19.6.13), (20.2.3) e (20.2.11), concludiamo che il lift orizzontale $\widetilde{\gamma}$ è univocamente determinato da ω. Q.E.D.

L'applicazione $\rho:\ u_0 = \widetilde{\gamma}(0) \longrightarrow u_1 = \widetilde{\gamma}(1)$ è la mappa di trasporto parallelo. Cosa accade sullo spazio totale P a seguito del lift orizzontale, se γ su M è una curva chiusa, ossia se $\gamma(0) = \gamma(1)$? Ebbene, in generale $\widetilde{\gamma}(0) \neq \widetilde{\gamma}(1)$. Con riferimento alla Fig. 20.2, sia $\gamma = \alpha \cup \beta$ una curva sullo spazio di base M, e sia $\alpha(0) = \beta(0) = p_0$, $\alpha(1) = \beta(1) = p_1$. Possiamo scegliere, per il lift orizzontale, $\widetilde{\alpha}(0) = \widetilde{\beta}(0) = u_0$, ma in generale $\widetilde{\alpha}(1) \neq \widetilde{\beta}(1)$. L'olonomia della connessione è responsabile della differenza tra $\widetilde{\alpha}(1)$ e $\widetilde{\beta}(1)$ (cf. Nacinovich 2015).

20.3   Derivata covariante su fibrati principali

Dal capitolo 6 abbiamo il concetto di derivata esterna: $d:\ \Omega^r(M) \longrightarrow \Omega^{r+1}(M)$, ove le r-forme sono applicazioni

$$\eta:\ T(M) \wedge \ldots \wedge T(M) \longrightarrow \mathbb{R}.$$

Nel caso dei fibrati principali abbiamo bisogno di r-forme a valori vettoriali $\phi \in \Omega^r(P) \otimes V$, ovvero

$$\phi : T(P) \wedge \ldots \wedge T(P) \longrightarrow V, \qquad (20.3.1)$$

ove V è uno spazio vettoriale di dimensione k. L'espressione più generale di ϕ è

$$\phi = \sum_{\alpha=1}^{k} \phi^\alpha \otimes e_\alpha, \qquad (20.3.2)$$

ove $\{e_\alpha\}$ è una base di V, e $\phi^\alpha \in \Omega^r(P)$.

Nel capitolo 19 abbiamo appreso che una connessione ω su un fibrato principale $P(M, G)$ separa lo spazio tangente $T_u(P)$ nella somma diretta $H_u(P) \oplus V_u(P)$, e dunque un vettore $X_u \in T_u(P)$ viene decomposto nella forma (cf. (19.6.2))

$$X_u = X_u^H + X_u^V, \ X_u^H \in H_u(P), \ X_u^V \in V_u(P). \qquad (20.3.3)$$

Definizione 20.1   Siano $\phi \in \Omega^r(P) \otimes V$ e $X_1, \ldots, X_{r+1} \in T_u(P)$. La derivata covariante di ϕ è definita dalla relazione

$$D\phi(X_1, \ldots, X_{r+1}) \equiv d_P\phi(X_1^H, \ldots, X_{r+1}^H), \ d_P\phi = d_P \sum_\alpha \phi^\alpha \otimes e_\alpha, \quad (20.3.4)$$

ovvero si valuta la derivata esterna di ϕ che compete a P sulle parti orizzontali dei campi vettoriali.

20.4   Curvatura su fibrati principali

La 2-forma di curvatura Ω è la derivata covariante della 1-forma di connessione ω:

$$\Omega \equiv D\omega \ \in \Omega^2(P) \otimes \mathcal{L}(G). \qquad (20.4.1)$$

Tale 2-forma di curvatura soddisfa la relazione

$$\mathcal{R}_a^* \Omega = a^{-1} \, \Omega \, a, \ a \in G. \qquad (20.4.2)$$

Per dimostrarlo, facciamo uso dapprima della relazione

$$(\mathcal{R}_{a*} X)^H = \mathcal{R}_{a*}(X^H), \qquad (20.4.3)$$

che vale poiché $\mathcal{R}_{a*}$ preserva i sottospazi orizzontali. Inoltre, la derivata esterna sul fibrato commuta con il pullback di $\mathcal{R}_a$:

$$d_P \, \mathcal{R}_a^* = \mathcal{R}_a^* \, d_P, \qquad (20.4.4)$$

poiché su forme differenziali $df^* = f^*d$. Pertanto, dalla definizione (20.4.1) si ottiene

$$
\begin{aligned}
\mathcal{R}_a^*\Omega(X,Y) &= \Omega(\mathcal{R}_{a*}X, \mathcal{R}_{a*}Y) = d_P\omega((\mathcal{R}_{a*}X)^H, (\mathcal{R}_{a*}Y)^H) \\
&= d_P\omega(\mathcal{R}_{a*}X^H, \mathcal{R}_{a*}Y^H) = \mathcal{R}_a^*d_P\omega(X^H, Y^H) \\
&= d_P\mathcal{R}_a^*\omega(X^H, Y^H) = d_P(a^{-1}\,\omega\,a)(X^H, Y^H) \\
&= a^{-1}d_P\omega(X^H, Y^H)a = a^{-1}\Omega(X,Y)a, \qquad (20.4.5)
\end{aligned}
$$

dove abbiamo osservato che a è un elemento costante e dunque $d_P a = 0$.

Consideriamo ora una p-forma $\zeta = \sum_\alpha \zeta^\alpha \otimes T_\alpha$ a valori in $\mathcal{L}(G)$, e una q-forma $\eta = \sum_\alpha \eta^\alpha \otimes T_\alpha$ anch'essa a valori in $\mathcal{L}(G)$, ove $\zeta^\alpha \in \Omega^p(P)$, $\eta^\alpha \in \Omega^q(P)$, e $\{T_\alpha\}$ è una base di $\mathcal{L}(G)$. Definiamo il *commutatore* di ζ e η mediante la formula

$$
\begin{aligned}
[\zeta, \eta] &= \zeta \wedge \eta - (-1)^{pq}\eta \wedge \zeta \\
&= \sum_{\alpha,\beta}\left[T_\alpha T_\beta \zeta^\alpha \wedge \eta^\beta - (-1)^{pq}T_\beta T_\alpha \eta^\beta \wedge \zeta^\alpha\right] \\
&= \sum_{\alpha,\beta}[T_\alpha, T_\beta] \otimes \zeta^\alpha \wedge \eta^\beta = \sum_{\alpha,\beta,\gamma} f_{\alpha\beta}{}^\gamma T_\gamma \otimes \zeta^\alpha \wedge \eta^\beta. \qquad (20.4.6)
\end{aligned}
$$

In particolare, se poniamo $\eta = \zeta$ nella (20.4.6) nell'ipotesi che p e q siano dispari, otteniamo

$$
[\zeta, \zeta] = 2\zeta \wedge \zeta = \sum_{\alpha,\beta,\gamma} f_{\alpha\beta}{}^\gamma T_\gamma \otimes \zeta^\alpha \wedge \zeta^\beta. \qquad (20.4.7)
$$

Lemma 20.1   Siano $X \in H_u(P)$ e $Y \in V_u(P)$ (qui e a seguire rinunciamo al pedice u per X e Y). Allora $[X, Y] \in H_u(P)$.

Dimostrazione   Sia Y un campo vettoriale generato da $g(t)$, allora abbiamo

$$
L_Y X = [Y, X] = \lim_{t \to 0} \frac{1}{t}(\mathcal{R}_{g(t)*}X - X). \qquad (20.4.8)
$$

Poiché una connessione soddisfa $\mathcal{R}_{g*}H_u(P) = H_{ug}(P)$, il vettore $\mathcal{R}_{g(t)*}X$ è orizzontale, e pertanto lo è anche la parentesi di Lie $[Y, X]$. Q.E.D.

Teorema 20.1   Siano $X, Y \in T_u(P)$. Allora la 2-forma di curvatura Ω e la 1-forma di connessione ω soddisfano l'equazione di struttura di Cartan

$$
\Omega(X, Y) = d_P\omega(X, Y) + [\omega(X), \omega(Y)], \qquad (20.4.9)
$$

che viene anche scritta come

$$
\Omega = d_P\omega + \omega \wedge \omega. \qquad (20.4.10)
$$

Dimostrazione   Possiamo considerare separatamente tre casi, come segue.

(i) Siano $X, Y \in H_u(P)$. Questo implica che $\omega(X) = \omega(Y) = 0$, e dalla definizione (20.4.1) otteniamo allora

$$\Omega(X,Y) = d_P\omega(X^H, Y^H) = d_P\omega(X,Y), \qquad (20.4.11)$$

poiché $X = X^H$ e $Y = Y^H$.

(ii) Sia $X \in H_u(P)$ e $Y \in V_u(P)$. Poiché $Y^H = 0$, abbiamo $\Omega(X,Y) = 0$, e inoltre $\omega(X) = 0$. Pertanto abbiamo bisogno di dimostrare che $d_P\omega(X,Y) = 0$. Dalla identità (10.2.8) otteniamo che

$$\begin{aligned} d_P\omega(X,Y) &= X(\omega(Y)) - Y(\omega(X)) - \omega([X,Y]) \\ &= X(\omega(Y)) - \omega([X,Y]). \end{aligned} \qquad (20.4.12)$$

Inoltre si ha

$$\begin{aligned} Y \in V_u(P) &\Longrightarrow \exists V \in \mathcal{L}(G) : \ Y = V^{\#} \\ &\Longrightarrow \omega(Y) = V \text{ costante} \Longrightarrow X(\omega(Y)) = X[V] = 0. \end{aligned} \qquad (20.4.13)$$

Inoltre dal Lemma 20.1, che assicura che $[X,Y] \in H_u(P)$, troviamo $\omega([X,Y]) = 0$, e quindi dalla (20.4.12) troviamo alfine che $d_P\omega(X,Y) = 0 + 0 = 0$.

(iii) Se invece $X, Y \in V_u(P)$, la 2-forma $\Omega(X,Y) = 0$ in virtù della (20.3.4). Inoltre, avvalendoci ancora della (10.2.8), stavolta troviamo

$$d_P\omega(X,Y) = -\omega([X,Y]). \qquad (20.4.14)$$

Osserviamo ora che X e Y sono chiusi sotto l'azione della parentesi di Lie, ovvero anche $[X,Y] \in V_u(P)$, e pertanto esiste un elemento $A \in \mathcal{L}(G)$ tale che

$$\omega([X,Y]) = A, \qquad (20.4.15)$$

ove A è tale che $A^{\#} = [X,Y]$. Poniamo ora $B^{\#} = X$ e $C^{\#} = Y$, da cui

$$[\omega(X), \omega(Y)] = [B,C] = A, \qquad (20.4.16)$$

poiché $[B,C]^{\#} = [B^{\#}, C^{\#}]$. Abbiamo pertanto dimostrato che

$$0 = d_P\omega(X,Y) + \omega([X,Y]) = d_P\omega(X,Y) + [\omega(X), \omega(Y)]. \qquad (20.4.17)$$

In virtù della linearità e antisimmetria di Ω, questi tre casi sono sufficienti a dimostrare le (20.4.9) e (20.4.10) per tutti i possibili vettori. Al fine di ricavare la (20.4.10) dalla (20.4.9), notiamo che

$$
[\omega,\omega](X,Y) = \sum_{\alpha,\beta}[T_\alpha,T_\beta]\omega^\alpha \wedge \omega^\beta(X,Y)
$$

$$
= \sum_{\alpha,\beta}[T_\alpha,T_\beta]\big[\omega^\alpha(X)\omega^\beta(Y) - \omega^\beta(X)\omega^\alpha(Y)\big]
$$

$$
= [\omega(X),\omega(Y)] - [\omega(Y),\omega(X)] = 2[\omega(X),\omega(Y)]
$$

$$
\implies \Omega(X,Y) = \left(d_P\omega + \frac{1}{2}[\omega,\omega]\right)(X,Y)
$$

$$
= (d_P\omega + \omega \wedge \omega)(X,Y). \tag{20.4.18}
$$

20.5 Significato geometrico della curvatura

Dai capitoli di geometria riemanniana sappiamo che il tensore di curvatura di Riemann esprime la noncommutatività del trasporto parallelo di vettori. Ebbene, esiste una interpretazione simile della curvatura su fibrati principali. Per comprenderlo, mostriamo dapprima che la 2-forma di curvatura $\Omega(X,Y)$ fornisce la componente verticale della parentesi di Lie $[X,Y]$ di vettori orizzontali $X,Y \in H_u(P)$. Invero, segue dalla (10.2.8) e dall'annullarsi di $\omega(X)$ e $\omega(Y)$ che

$$
d_P\omega(X,Y) = -\omega([X,Y]). \tag{20.5.1}
$$

Inoltre, poiché $X^H = X$, $Y^H = Y$, abbiamo

$$
\Omega(X,Y) = d_P\omega(X,Y) + 0 = -\omega([X,Y]). \tag{20.5.2}
$$

Consideriamo un sistema di coordinate $\{x^\mu\}$ su una carta (U,ψ). Siano

$$
V \equiv \frac{\partial}{\partial x^1}, \; W \equiv \frac{\partial}{\partial x^2}. \tag{20.5.3}
$$

Prendiamo un parallelogramma infinitesimo γ i cui spigoli siano

$$
O \equiv \{0,0,\ldots,0\}, \qquad P \equiv \{\varepsilon,0,\ldots,0\},
$$

$$
Q \equiv \{\varepsilon,\delta,0,\ldots,0\}, \quad R \equiv \{0,\delta,0,\ldots,0\}. \tag{20.5.4}
$$

Consideriamo poi il sollevamento orizzontale $\widetilde{\gamma}$ di γ. Siano $X,Y \in T_u(P)$ tali che

$$
\pi_* X = \varepsilon V, \; \pi_* Y = \delta W,
$$

$$
\implies \pi_*([X,Y]^H) = \varepsilon\delta[V,W] = \varepsilon\delta\left[\frac{\partial}{\partial x^1},\frac{\partial}{\partial x^2}\right] = 0. \tag{20.5.5}
$$

Pertanto la parentesi di Lie $[X, Y]$ è un vettore verticale, e scopriamo che il sollevamento orizzontale di una curva chiusa γ non riesce a chiudersi. Questa mancanza di chiusura è causata dal vettore verticale $[X, Y]$ che collega il punto iniziale al punto finale sulla stessa fibra. La curvatura misura la distanza $-A$ data dal membro di destra della (20.5.2), ove $A \in \mathcal{L}(G)$ è tale che $[X, Y] = A^{\#}$.

Poiché la discrepanza tra punto iniziale e punto finale del sollevamento orizzontale di una curva chiusa è semplicemente l'olonomia, ci possiamo aspettare che il gruppo di olonomia sia espresso in termini della curvatura. Infatti un teorema, dovuto a Ambrose e Singer (1958), assicura che, se $P(M, G)$ è un G-fibrato su una varietà connessa M, l'algebra di Lie del gruppo di olonomia Φ_{u_0} di un punto $u_0 \in P$ coincide con la sottoalgebra di $\mathcal{L}(G)$ spazzata da elementi della forma $\Omega_u(X, Y)$, $X, Y \in H_u(P)$, ove $u \in P$ è un punto sullo stesso sollevamento orizzontale di u_0.

20.6 Forma locale della curvatura

La forma locale $\mathcal{F}$ della curvatura Ω è definita da

$$\mathcal{F} \equiv \sigma^* \Omega, \tag{20.6.1}$$

ove σ è una sezione locale definita su una carta dello spazio di base M (si confronti con la (19.6.13)). La 2-forma $\mathcal{F}$ viene espressa mediante il potenziale di gauge secondo la formula

$$\mathcal{F} = d\mathcal{A} + \mathcal{A} \wedge \mathcal{A}, \tag{20.6.2}$$

ove d è la derivata esterna su M. L'azione di $\mathcal{F}$ sui vettori di $T(M)$ è data da

$$\mathcal{F}(X, Y) = d\mathcal{A}(X, Y) + [\mathcal{A}(X), \mathcal{A}(Y)]. \tag{20.6.3}$$

Per dimostrare la (20.6.3) notiamo che $\mathcal{A} = \sigma^* \omega$, che $\sigma^* d_P \omega = d\sigma^* \omega$ e che $\sigma^*(\zeta \wedge \eta) = \sigma^* \zeta \wedge \sigma^* \eta$. Dall'equazione di struttura di Cartan troviamo dunque

$$\mathcal{F} = \sigma^*(d_P \omega + \omega \wedge \omega) = d\sigma^* \omega + \sigma^* \omega \wedge \sigma^* \omega = d\mathcal{A} + \mathcal{A} \wedge \mathcal{A}. \tag{20.6.4}$$

Come passo successivo, troviamo l'espressione in componenti di $\mathcal{F}$ in una carta con coordinate $x^\mu = \varphi(p)$. Sia $\mathcal{A} = \sum_{\mu=1}^m \mathcal{A}_\mu E^\mu$ il potenziale di gauge. Se scriviamo

$$\mathcal{F} = \sum_{\mu, \nu=1}^m \frac{1}{2} \mathcal{F}_{\mu\nu} E^\mu \wedge E^\nu, \tag{20.6.5}$$

un calcolo diretto fornisce

$$\mathcal{F}_{\mu\nu} = \partial_\mu \mathcal{A}_\nu - \partial_\nu \mathcal{A}_\mu + [\mathcal{A}_\mu, \mathcal{A}_\nu]. \tag{20.6.6}$$

La $\mathcal{F}$ è anche detta 2-forma di curvatura ed è identificata con la *field strength* di un campo di Yang-Mills (Yang e Mills 1954, Witten 1978, Atiyah 1979) che si introduce per studiare le interazioni forti. Conveniamo di chiamare con Ω la curvatura e con $\mathcal{F}$ la field strength. Poiché $\mathcal{A}_\mu$ e $\mathcal{F}_{\mu\nu}$ sono funzioni a valori nell'algebra di Lie $\mathcal{L}(G)$, esse possono essere sviluppate in termini della base $\{T_\alpha\}$ di $\mathcal{L}(G)$ come

$$\mathcal{A}_\mu = \sum_\alpha \mathcal{A}_\mu^{\ \alpha}\, T_\alpha, \quad \mathcal{F}_{\mu\nu} = \sum_\alpha \mathcal{F}_{\mu\nu}^{\ \ \alpha}\, T_\alpha. \tag{20.6.7}$$

I vettori di base soddisfano le usuali relazioni di commutazione già usate nella (20.4.6). Otteniamo allora la formula ben nota in letteratura:

$$\mathcal{F}_{\mu\nu}^{\ \ \alpha} = \partial_\mu \mathcal{A}_\nu^{\ \alpha} - \partial_\nu \mathcal{A}_\mu^{\ \alpha} + \sum_{\beta,\gamma} f_{\beta\gamma}^{\ \ \alpha}\, \mathcal{A}_\mu^{\ \beta}\, \mathcal{A}_\nu^{\ \gamma}. \tag{20.6.8}$$

Teorema 20.2. Siano (U_i, ψ_i) e (U_j, ψ_j) carte a intersezione non vuota su M, con rispettive field strength $\mathcal{F}_i$ e $\mathcal{F}_j$. Su $U_i \cap U_j$, si ha la condizione di compatibilità

$$\mathcal{F}_j = t_{ij}^{-1}\, \mathcal{F}_i\, t_{ij}, \tag{20.6.9}$$

ove t_{ij} è la funzione di transizione nella intersezione delle carte.

Dimostrazione   Consideriamo i corrispettivi potenziali di gauge $\mathcal{A}_i$ e $\mathcal{A}_j$, dai quali otteniamo le field strength

$$\mathcal{F}_i = d\mathcal{A}_i + \mathcal{A}_i \wedge \mathcal{A}_i, \quad \mathcal{F}_j = d\mathcal{A}_j + \mathcal{A}_j \wedge \mathcal{A}_j. \tag{20.6.10}$$

Se ora sostituiamo la legge di trasformazione (19.6.21) dei potenziali di gauge nella formula per la field strength $\mathcal{F}_j$, troviamo che

$$\begin{aligned}
\mathcal{F}_j &= \left[-t_{ij}^{-1}dt_{ij} \wedge t_{ij}^{-1}\mathcal{A}_i t_{ij} + t_{ij}^{-1}d\mathcal{A}_i t_{ij} - t_{ij}^{-1}\mathcal{A}_i \wedge dt_{ij} - t_{ij}^{-1}dt_{ij}t_{ij}^{-1} \wedge dt_{ij} \right] \\
&\quad + \left[t_{ij}^{-1}\mathcal{A}_i \wedge \mathcal{A}_i t_{ij} + t_{ij}^{-1}\mathcal{A}_i \wedge dt_{ij} + t_{ij}^{-1}dt_{ij}t_{ij}^{-1} \wedge \mathcal{A}_i t_{ij} + t_{ij}^{-1}dt_{ij} \wedge t_{ij}^{-1}dt_{ij} \right] \\
&= t_{ij}^{-1}(d\mathcal{A}_i + \mathcal{A}_i \wedge \mathcal{A}_i)t_{ij} = t_{ij}^{-1}\, \mathcal{F}_i\, t_{ij},
\end{aligned} \tag{20.6.11}$$

ove si è fatto uso dell'identità $dt_{ij}^{-1} = -t_{ij}^{-1}\, dt_{ij}\, t_{ij}^{-1}$. Q.E.D.

20.7   Identità di Bianchi

Poiché la 1-forma ω e la 2-forma Ω sono a valori nell'algebra di Lie $\mathcal{L}(G)$, le sviluppiamo in termini della base $\{T_\alpha\}$ di $\mathcal{L}(G)$:

$$\omega = \sum_\alpha \omega^\alpha T_\alpha, \quad \Omega = \sum_\alpha \Omega^\alpha T_\alpha. \tag{20.7.1}$$

Allora la (20.4.10) diventa

$$\Omega^{\alpha} = d_P \omega^{\alpha} + \sum_{\beta,\gamma} f_{\beta\gamma}{}^{\alpha}\, \omega^{\beta} \wedge \omega^{\gamma}. \tag{20.7.2}$$

La derivata esterna della (20.7.2) fornisce

$$d_P \Omega^{\alpha} = 0 + \sum_{\beta,\gamma} f_{\beta\gamma}{}^{\alpha}\Big[d_P \omega^{\beta} \wedge \omega^{\gamma} - \omega^{\beta} \wedge d_P \omega^{\gamma}\Big]. \tag{20.7.3}$$

Tenendo presente che $\omega(X) = 0$ per un vettore orizzontale, troviamo

$$\mathcal{D}\Omega(X,Y,Z) = d_P \Omega(X^H, Y^H, Z^H) = 0, \tag{20.7.4}$$

ove $X, Y, Z \in T_u(P)$. Abbiamo dunque dimostrato l'identità di Bianchi (20.7.4). In fisica teorica è utile anche la forma locale dell'identità di Bianchi. Operando con σ^* sulla (20.7.3) troviamo che

$$\sigma^* d_P \Omega = d\,\sigma^* \Omega = d\,\mathcal{F}. \tag{20.7.5}$$

Nel membro di sinistra di tale equazione si ha

$$\sigma^*(d_P \omega \wedge \omega - \omega \wedge d_P \omega) = d\sigma^* \omega \wedge \sigma^* \omega - \sigma^* \omega \wedge d\sigma^* \omega$$
$$= d\mathcal{A} \wedge \mathcal{A} - \mathcal{A} \wedge d\mathcal{A} = \mathcal{F} \wedge \mathcal{A} - \mathcal{A} \wedge \mathcal{F}. \tag{20.7.6}$$

In virtù delle (20.7.5) e (20.7.6) otteniamo

$$\mathcal{D}\mathcal{F} \equiv d\mathcal{F} + \mathcal{A} \wedge \mathcal{F} - \mathcal{F} \wedge \mathcal{A} = d\mathcal{F} + [\mathcal{A}, \mathcal{F}] = 0, \tag{20.7.7}$$

ove l'azione di $\mathcal{D}$ su una p-forma su M a valori in $\mathcal{L}(G)$ è definita da

$$\mathcal{D}\eta \equiv d\eta + [\mathcal{A}, \eta]. \tag{20.7.8}$$

Nel caso particolare dell'elettrodinamica, si ha $G = U(1) \implies \mathcal{D}\mathcal{F} = d\mathcal{F}$.

20.8   Derivata covariante di sezioni

Adesso facciamo uso della Definizione 19.2 di fibrato vettoriale E associato a un fibrato principale (P, M, G). Dunque consideriamo $E(M, F, \rho, P)$, ove, per $u \in P$ e ξ elemento dello spazio vettoriale F, imponiamo la regola di identificazione (19.2.2), qui scritta nella forma

$$u' = ug, \ \xi' = \rho(g^{-1})\xi \implies (u,\xi) \sim (u',\xi'), \tag{20.8.1}$$

ove ρ è la rappresentazione del gruppo G su F, e $[(u, \xi)] \in E$. Su una carta (U_i, φ_i) sullo spazio di base M possiamo definire una sezione locale

$$s_i : \ U_i \longrightarrow \pi_E^{-1}(U_i), \tag{20.8.2}$$

che rappresenta un campo fisico. In coordinate, scriviamo che (qui dobbiamo distinguere tra s_i e σ_i)

$$s_i(p) = [(u, \xi_p)] = [(\sigma_i(p), \xi_i(p))]. \tag{20.8.3}$$

Ci proponiamo di definire la derivata covariante della sezione s_i, e con la nostra notazione la coppia $(\sigma_i(p), \xi_i(p))$ rappresenta $s_i(p)$.

Lungo una curva γ su M, si ha

$$s_i(\gamma(t)) = [(\sigma_i(\gamma(t)), \xi_i(\gamma(t)))]. \tag{20.8.4}$$

Se X è un vettore tangente alla curva γ, la derivata covariante della sezione s_i lungo X viene espressa da

$$\nabla_X s_i(\gamma(t))|_{\gamma(0)} = \left[\left(\sigma_i(0), \ \frac{d}{dt} \xi_i(\gamma(t)) \Big|_{t=0} \right) \right]. \tag{20.8.5}$$

Localmente, il lift di γ è espresso mediante la (20.2.3), dalla quale otteniamo

$$\sigma_i = \widetilde{\gamma} \, g_i^{-1}. \tag{20.8.6}$$

Sostituendo la (20.8.6) nella (20.8.4), otteniamo

$$s_i(\gamma(t)) = \left[(\widetilde{\gamma}(t) g_i^{-1}(t), \xi_i(\gamma(t))) \right] = \left[(\widetilde{\gamma}(t), g_i^{-1} \xi_i(\gamma(t))) \right]. \tag{20.8.7}$$

Notiamo ora che

$$\begin{aligned}
\frac{d}{dt}(g_i^{-1} \xi_i(\gamma(t)))\Big|_{t=0} &= \frac{d}{dt}(g_i^{-1}(t)) \xi_i \Big|_{t=0} + \left(g_i^{-1}(t) \frac{d\xi_i}{dt} \right)_{t=0} \\
&= -g_i^{-1}\left(\frac{d}{dt} g_i \right) g_i^{-1} \xi_i \Big|_{t=0} + g_i^{-1}(0) \frac{d\xi_i}{dt}\Big|_{t=0} \\
&= g_i^{-1}(0) \mathcal{A}_i(X) g_i(0) g_i^{-1}(0) \xi_i(\gamma(0)) + g_i^{-1}(0) \frac{d\xi_i}{dt}\Big|_{t=0},
\end{aligned} \tag{20.8.8}$$

dove nell'ultima riga abbiamo fatto uso della (20.2.10). In virtù delle (20.8.5), (20.8.7) e (20.8.8) troviamo

$$\nabla_X s_i(\gamma(t))|_{\gamma(0)} = \left[\left(\sigma_i(0), \ \mathcal{A}_i(X) \xi_i(\gamma(0)) + \frac{d\xi_i}{dt} \right) \right]. \tag{20.8.9}$$

In particolare, la derivata covariante della sezione s_i lungo il vettore di base e_μ vale dunque

$$\nabla_\mu s_i = \Big[\big(\sigma_i(0), \mathcal{A}_{i\mu}\xi_i + \partial_\mu\xi_i\big)\Big]. \qquad (20.8.10)$$

Se utilizzassimo un'altra trivializzazione, troveremmo

$$s_j = [(\sigma_j(p), t_{ji}\xi_i)] = [(\sigma_j t_{ji}, \xi_i)] = [(\sigma_i, \xi_i)], \qquad (20.8.11)$$

e dunque le derivate covarianti delle sezioni coinciderebbero nell'intersezione delle carte.

Nel caso di connessione affine si ha, omettendo l'indice i,

$$\mathcal{A}_\mu \xi = \sum_{\alpha,\gamma} \mathcal{A}_{\mu\alpha}{}^{\gamma}\xi^\alpha e_\gamma = \sum_{\alpha,\gamma} \Gamma_{\mu\alpha}{}^{\gamma}\xi^\alpha e_\gamma. \qquad (20.8.12)$$

In maggior dettaglio, detta ρ la rappresentazione dell'algebra di Lie di G (con base $\{T_\alpha\}$) sulla fibra F a cui ξ appartiene, si può scrivere che

$$(\mathcal{A}_\mu \xi)^\beta = \sum_{\alpha,\gamma} \mathcal{A}_\mu{}^{\alpha}[\rho(T_\alpha)]^\beta{}_\gamma \xi^\gamma = \sum_\gamma [\mathcal{A}_\mu]^\beta{}_\gamma \xi^\gamma, \qquad (20.8.13)$$

ove $[\mathcal{A}_\mu]^\beta{}_\gamma$ sono i coefficienti di connessione, le Γ nel caso della connessione affine, e la loro forma esplicita dipende dal tipo di rappresentazione, ossia dalla natura di ξ. Ad esempio, se ξ è uno spinore e $\mathcal{A}$ è proprio la connessione affine, allora il gruppo G è il gruppo di Lorentz. In tal caso, la connessione affine prende il nome di connessione di spin.

20.9   Fibrato $U(1)$ sullo spaziotempo

Consideriamo un fibrato principale sullo spaziotempo con gruppo $U(1)$. Sia $\mathcal{A}_j$ la forma di connessione locale nella carta (U_j, φ_j), e $\mathcal{A}_k$ la forma di connessione locale nella carta (U_k, φ_k). Le funzioni di transizione

$$t_{jk} : U_j \cap U_k \longrightarrow U(1) \qquad (20.9.1)$$

sono

$$t_{jk} = e^{i\Lambda(p)}, \quad \Lambda(p) \in \mathbb{R}. \qquad (20.9.2)$$

Pertanto, la (19.6.21) per il fibrato $U(1)$ dell'elettrodinamica assume la forma

$$\mathcal{A}_j(p) = \mathcal{A}_i(p) + i\,d\Lambda(p), \qquad (20.9.3)$$

ovvero, in componenti,

$$(\mathcal{A}_j)_\mu = (\mathcal{A}_i)_\mu + i\,\partial_\mu \Lambda. \qquad (20.9.4)$$

Ponendo poi (Nakahara 2003) $\mathcal{A}_\mu = i A_\mu$, si può riscrivere la (20.9.4) nella forma usualmente adottata dai manuali:

$$(A_j)_\mu = (A_i)_\mu + \partial_\mu \Lambda. \qquad (20.9.5)$$

Nel linguaggio della fisica, diciamo allora che una trasformazione di gauge cambia il potenziale elettromagnetico di una grandezza data dal gradiente di una funzione Λ che sia almeno di classe C^1. A questo stadio, non ci sono altre restrizioni su Λ.

Capitolo 21
Nastro di Möbius

21.1 Come si genera il nastro di Möbius

Il nastro di Möbius viene studiata nella teoria delle superfici immerse nello spazio euclideo tridimensionale, nella teoria delle varietà non orientabili e nella teoria degli spazi fibrati, dunque è rilevante per la nostra presentazione dei fondamenti della teoria classica dei campi.

Considerato il rettangolo $ABA'B'$ in Fig. 21.1, si ottiene il nastro usuale portando a coincidere A col vertice A' e B col vertice B'. In tal caso i lati AB e $A'B'$ vengono congiunti. Il nastro di Möbius è invece attorcigliato: si unisce A a B', B ad A', e M viene su M' se $AM = B'M'$. Si può definire tale nastro come una superficie bidimensionale di classe C^∞ immersa in $\mathbb{R}^3$. Si prende per cerchio medio del nastro (Schwarz 1967) l'insieme Γ definito dalle equazioni

$$x^2 + y^2 = a^2,\ z = 0, \tag{21.1.1}$$

e di equazioni parametriche

$$x = a \cos\varphi,\ y = a \sin\varphi,\ z = 0. \tag{21.1.2}$$

Sia $m(\varphi) = m$ (Fig. 21.2) il punto corrispondente al parametro φ di tale cerchio; si definisce sul nastro una fibra, segmento aperto di lunghezza $l < a$, perpendicolare al cerchio medio, mediante la formula

$$\overrightarrow{M}(\varphi,\rho) = \left(a - \rho \sin\frac{\varphi}{2}\right)\vec{u} + \rho \cos\frac{\varphi}{2}\vec{e}_3, \tag{21.1.3}$$

Figura 21.1 Rettangolo a partire dal quale si può generare il nastro usuale oppure quello di Möbius

G. Esposito, *Fondamenti Matematici della Teoria Classica dei Campi*, La Matematica per il 3+2, https://doi.org/10.1007/978-3-032-23198-7_21

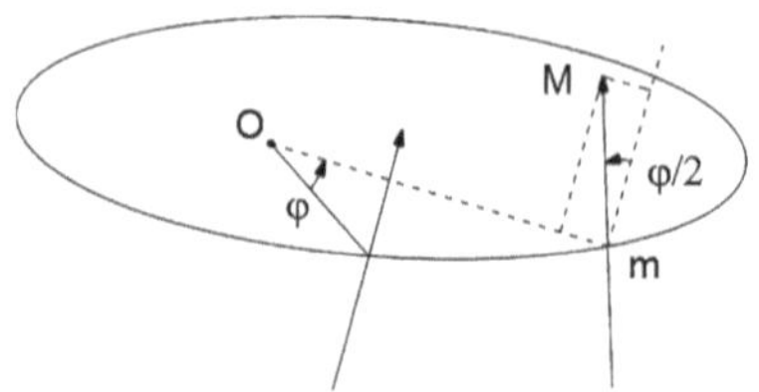

Figura 21.2 I punti m, M, O

ove $\rho \in \,]-l, l[$, $\vec{u}$ è il vettore unitario dell'asse $\overrightarrow{Om}$, mentre $\vec{e}_3$ è il vettore unitario dell'asse z. Nel seguito scriveremo $\overrightarrow{Om} = a\vec{u}$. Quando $\varphi = 0$, il segmento di lunghezza $l < a$ è verticale; quando φ aumenta, esso gira attorno alla tangente al cerchio medio di un angolo pari a $\frac{\varphi}{2}$. Quando m torna alla sua posizione iniziale, con $\varphi = 2\pi$, il segmento è tornato anch'esso alla sua posizione iniziale, ma si è rigirato.

21.2 Rappresentazione parametrica

La rappresentazione parametrica del nastro di Möbius è dunque (Schwarz 1967)

$$x = \left(a - \rho \sin \frac{\varphi}{2}\right) \cos \varphi, \tag{21.2.1}$$

$$y = \left(a - \rho \sin \frac{\varphi}{2}\right) \sin \varphi, \tag{21.2.2}$$

$$z = \rho \cos \frac{\varphi}{2}. \tag{21.2.3}$$

Da queste formule riconosciamo che, sotto le trasformazioni

$$\varphi \longrightarrow \varphi + 2\pi, \ \rho \longrightarrow -\rho, \tag{21.2.4}$$

si ricade nello stesso punto del nastro. Questa è dunque una rappresentazione parametrica impropria (ovvero non è iniettiva); ma, localmente, è una rappresentazione parametrica vera (Schwarz 1967).

Se si fa variare la coppia (φ, ρ) in un rettangolo aperto $\mathcal{A}_{\varphi_0}$ di $\mathbb{R}^2$, definito da

$$\varphi \in \,]\varphi_0 - \pi, \varphi_0 + \pi[, \ \rho \in \,]-l, l[, \tag{21.2.5}$$

le (21.2.1)–(21.2.3) definiscono un omeomorfismo Φ, di classe C^∞, di $\mathcal{A}_{\varphi_0}$ su un aperto del nastro. Basta dimostrare che la applicazione derivata di Φ in qualsivoglia punto di $\mathcal{A}_{\varphi_0}$ sia di rango 2, da cui segue che la rappresentazione parametrica Φ è vera localmente. Invero, dalla (21.1.3) si ottiene

$$\frac{\partial \overrightarrow{M}}{\partial \rho} = -\sin \frac{\varphi}{2}\vec{u} + \cos \frac{\varphi}{2}\vec{e}_3, \tag{21.2.6}$$

da cui segue che tale derivata, diretta lungo il segmento mobile $\vec{M}$, si mantiene non nulla, poiché le sue componenti su due assi rettangolari non si possono annullare simultaneamente. Inoltre si ha

$$\frac{\partial \vec{M}}{\partial \varphi} = \left(a - \rho \sin \frac{\varphi}{2}\right)\frac{d\vec{u}}{d\varphi} - \frac{\rho}{2}\cos\frac{\varphi}{2}\vec{u} - \frac{\rho}{2}\sin\frac{\varphi}{2}\vec{e}_3, \qquad (21.2.7)$$

da cui segue che il vettore $\frac{\partial \vec{M}}{\partial \varphi}$ è perpendicolare a $\frac{\partial \vec{M}}{\partial \rho}$, poiché i vettori $\frac{d\vec{u}}{d\varphi}$, $\vec{u}$ e $\vec{e}_3$ sono a due a due ortogonali. Inoltre, anche per il vettore $\frac{\partial \vec{M}}{\partial \varphi}$ possiamo dire che esso non è mai nullo, poiché le sue componenti su $\vec{u}$ ed $\vec{e}_3$ non sono mai simultaneamente nulle.

Pertanto i vettori $\frac{\partial \vec{M}}{\partial \rho}$ e $\frac{\partial \vec{M}}{\partial \varphi}$ sono indipendenti. Dunque la rappresentazione parametrica Φ è vera, e il nastro di Möbius è una superficie bidimensionale di classe C^{∞} in $\mathbb{R}^3$. Un teorema importante, che non dimostreremo, assicura che il nastro di Möbius non è una varietà orientabile (Schwarz 1967).

Nelle equazioni (21.2.1)–(21.2.3), dopo aver posto

$$u = a - \rho \sin \frac{\varphi}{2}, \; \gamma = \cot \frac{\varphi}{2}, \qquad (21.2.8)$$

si trova che

$$\gamma = \frac{(y+z)}{(a-x)}. \qquad (21.2.9)$$

La sostituzione di tale espressione nel sistema fornisce l'equazione di terzo grado in y

$$h(x,y,z) = y^3 + 2zy^2 + (z^2 + x^2 - a^2)y + 2xz(x-a) = 0. \qquad (21.2.10)$$

La retta $x = a$, $y = -z$ è contenuta nella superficie di livello $h(x,y,z) = 0$, e il gradiente di h valutato su tale retta si annulla. Questa singolarità riflette la non orientabilità del nastro di Möbius (Giovinetti 2023).

21.3   Fibrato per il nastro di Möbius

Sia $\Phi : (\varphi, \rho) \to (x,y,z)$ la mappa che realizza la rappresentazione parametrica (21.2.1)–(21.2.3), e sia E l'insieme dei risultanti punti immagine in $\mathbb{R}^3$. Sia $M = \Gamma$, e sia (U_1, U_2) un ricoprimento di Γ, ove

$$U_1 = \Gamma - (a,0,0), \; U_2 = \Gamma - (-a,0,0). \qquad (21.3.1)$$

Dunque l'intersezione $U_1 \cap U_2 = A \cup B$, avendo posto

$$A = \{(x,y,z) \in \Gamma : y > 0\}, \ \ B = \{(x,y,z) \in \Gamma : y < 0\}. \tag{21.3.2}$$

Sia F un segmento di lunghezza $2l$, e λ_1, λ_2 due diffeomorfismi per i quali (cf. Giovinetti 2023)

$$\lambda_1 : (p,f) \in U_1 \times F \to (\varphi,\rho) \in \,]0,2\pi[\times \,]-l,l[, \tag{21.3.3}$$
$$\lambda_2 : (p,f) \in U_2 \times F \to (\varphi,\rho) \in \,]-\pi,\pi[\times \,]-l,l[. \tag{21.3.4}$$

Questi diffeomorfismi realizzano una parametrizzazione di $U_i \times F$. In particolare, φ può essere l'angolo formato tra l'asse x e la congiungente O a P mentre ρ descrive la separazione di f dal punto medio di F. Definiamo inoltre

$$\phi_i \equiv \Phi_i \odot \lambda_i : U_i \times F \longrightarrow E, \tag{21.3.5}$$

ove

$$\Phi_1 = \Phi\!\left(\varphi \in]0,2\pi[, \ \rho \in]-l,l[\right), \tag{21.3.6}$$

$$\Phi_2 = \Phi\!\left(\varphi \in]-\pi,\pi[, \ \rho \in]-l,l[\right). \tag{21.3.7}$$

Da ultimo, ma non meno importante, definiamo la proiezione π di E su Γ:

$$\pi : (x,y,z) \in E \longrightarrow \left(\frac{ax}{\sqrt{x^2+y^2}}, \frac{ay}{\sqrt{x^2+y^2}}, 0\right) \in \Gamma. \tag{21.3.8}$$

Per costruzione, π è una applicazione surgettiva che proietta dapprima ogni punto del nastro di Möbius sul piano xy, e poi lo proietta sulla circonferenza di raggio a nello stesso piano. Quindi, detto p un punto di M, l'immagine inversa $\pi^{-1}(p)$ è un segmento ortogonale a Γ che ha punto medio sulla stessa. Pertanto $\pi \odot \phi_i(p,f) = p$ per ogni i e per ogni coppia $(p,f) \in U_i \times F$.

Assegnato un punto $p \in U_i$, definiamo $\phi_{i,p}$ come l'applicazione per la quale

$$\phi_{i,p}(f) = \phi(p,f). \tag{21.3.9}$$

La sua inversa associa quindi, a $q \in \pi^{-1}(p) \subset E$, l'unico $f \in F$ per il quale $q = \phi_i(p,f)$. Possiamo ora definire le funzioni di transizione

$$t_{ij}(p) = \phi_{i,p}^{-1} \odot \phi_{j,p}, \tag{21.3.10}$$

che sono applicazioni da F in F. Per costruzione, si trova che

$$t_{21}(p) = I \ \text{se} \ p \in A, \ t_{21}(p) = b \ \text{se} \ p \in B, \tag{21.3.11}$$

la I essendo l'identità, mentre b è la mappa che associa a $f \in F$ il punto su F situato dalla parte opposta rispetto al punto medio del segmento. Dunque $b = b^{-1}$, e t_{21} è simmetrica: $t_{21}(p) = t_{12}(p)$. Le due mappe I e b sono elementi di un gruppo G che agisce a sinistra sulla fibra F.

In definitiva, abbiamo costruito uno spazio fibrato che consiste della quintupla (E, π, M, F, G). Questo è un particolare fibrato vettoriale che prende il nome di fibrato di linea, poiché la fibra F è diffeomorfa all'intervallo $]-l, l[$, che a sua volta è diffeomorfo ad uno spazio vettoriale unidimensionale che consiste dei numeri reali.

Capitolo 22
Fibrazione di Hopf

22.1 Fibrazione di Hopf di S^3 su S^2

I fibrati di Hopf sono fibrati in sfere in quanto lo spazio totale, lo spazio di base e la fibra sono sfere di dimensione opportuna: S^3 spazio fibrato su S^2 con fibra S^1, oppure S^7 spazio fibrato su S^4 con fibra S^3, oppure S^{15} fibrato su S^8 con fibra S^7. In questo capitolo studiamo la prima fibrazione, in cui le fibre sono 1-sfere in S^3, che alfine diventano 1-sfere in $\mathbb{R}^3$ con l'ausilio della proiezione stereografica (Berger 2009, capitolo quarto; Mantovani 2019). Seguendo Lyons (2003), ci riferiremo alle fibre come cerchi.

La fibrazione di Hopf $h : S^3 \longrightarrow S^2$ è l'applicazione definita da (Lyons 2003)

$$h(a,b,c,d) \equiv \left(a^2 + b^2 - c^2 - d^2, 2(ad + bc), 2(bd - ac)\right). \qquad (22.1.1)$$

Si verifica immediatamente che, essendo $a^2 + b^2 + c^2 + d^2 = 1$ per ipotesi,

$$(a^2 + b^2 - c^2 - d^2)^2 + 4(ad + bc)^2 + 4(bd - ac)^2$$
$$= (a^2 + b^2 + c^2 + d^2)^2 = 1, \qquad (22.1.2)$$

e quindi l'immagine di h è invero contenuta in S^2.

Sappiamo bene che una rotazione attorno all'origine in $\mathbb{R}^3$ può essere specificata assegnando un vettore per l'asse di rotazione, ed un angolo di rotazione attorno a quell'asse. Converremo che la rotazione sia antioraria per angoli positivi. La specificazione di una rotazione mediante un vettore che funge da asse e un angolo è lungi dall'essere unica. Ad esempio, la rotazione determinata dal vettore $\vec{v}$ e dall'angolo θ è la stessa della rotazione determinata dalla coppia $(k\vec{v}, \theta + 2n\pi)$, ove $k > 0$ e $n \in Z$. La coppia $(-\vec{v}, -\theta)$ determina anch'essa la stessa rotazione. Cionondimeno, vediamo che quattro numeri reali bastano a specificare una rotazione: tre coordinate per un vettore ed un numero reale per assegnare l'angolo. Questo è molto di meno dei nove elementi di una matrice ortogonale 3×3. È l'approccio in termini di quadruple di numeri reali che risulta essere di utilità pratica.

© The Author(s), under exclusive license to Springer Nature Switzerland AG 2026   239
G. Esposito, *Fondamenti Matematici della Teoria Classica dei Campi*, La Matematica per il 3+2, https://doi.org/10.1007/978-3-032-23198-7_22

22.2 Richiami sui quaternioni

Hamilton tentò per anni di formare un'algebra di rotazioni in $\mathbb{R}^3$ usando terne ordinate di numeri reali, fino a che si rese conto che poteva raggiungere il suo scopo usando invece quaterne. Ecco in sintesi cosa scoprì Hamilton: sia come insieme, sia come spazio vettoriale, l'insieme $\mathcal{H}$ dei quaternioni è identico a $\mathbb{R}^4$. I tre distinti vettori coordinati sono denotati rispettivamente con

$$i = (0,1,0,0), \quad j = (0,0,1,0), \quad k = (0,0,0,1). \tag{22.2.1}$$

Il vettore (a,b,c,d) viene scritto dunque come nella (8.5.11):

$$r = (a,b,c,d) = a + bi + cj + dk. \tag{22.2.2}$$

Se lo riguardiamo come quaternione, diciamo che a è la parte reale, b è la parte i, c è la parte j, d è la parte k. L'insieme $\mathcal{H}$ dei quaternioni è dunque la coppia $(\mathbb{R}^4, \Phi)$, dove Φ è una legge di composizione interna che soddisfa le (8.5.7)–(8.5.10).

Il coniugato di un quaternione $r = (a,b,c,d)$ viene denotato mediante

$$\bar{r} = a - bi - cj - dk, \tag{22.2.3}$$

come nella (8.5.12). La lunghezza o norma di un quaternione, è la sua lunghezza come vettore di $\mathbb{R}^4$:

$$\|r\| = \sqrt{a^2 + b^2 + c^2 + d^2} = \sqrt{r\bar{r}}. \tag{22.2.4}$$

Comunque presi due quaternioni r e s, la norma del loro prodotto è il prodotto delle loro norme:

$$\|rs\| = \|r\| \, \|s\|. \tag{22.2.5}$$

Dunque il prodotto di due quaternioni di lunghezza 1 fornisce ancora un quaternione di lunghezza 1. Dal capitolo 8 sappiamo anche che l'inverso di un quaternione è dato dalla (8.5.15), e che la 3-sfera consiste dei quaternioni di norma 1.

22.3 Quaternioni puri e rotazioni

Ecco come un quaternione r determina una applicazione lineare $R_r : \mathbb{R}^3 \longrightarrow \mathbb{R}^3$. Ad un punto $p = (x, y, z)$ di $\mathbb{R}^3$ associamo un quaternione

$$\hat{p} = 0 + xi + yj + zk. \tag{22.3.1}$$

Poiché la sua parte reale $\mathrm{Re}(\hat{p})$ è nulla, si suol dire che $\hat{p}$ è un quaternione puro. Si trova allora che anche $\mathrm{Re}(r\hat{p}r^{-1}) = 0$, e dunque $r\hat{p}r^{-1}$ è un quaternione puro, da cui segue che

$$\exists (x', y', z') : \ r\hat{p}r^{-1} = x'i + y'j + z'k = \ \text{punto di } \mathbb{R}^3. \tag{22.3.2}$$

Si definisce ora l'applicazione R_r tale che

$$R_r(x, y, z) = r\hat{p}r^{-1} = (x', y', z') = x'i + y'j + z'k. \tag{22.3.3}$$

L'applicazione R_r è lineare, e inoltre $R_{kr} = R_r$, $\forall k$. Per ogni $r \neq 0$, esiste l'inversa

$$(R_r)^{-1} = R_{(r^{-1})}. \tag{22.3.4}$$

Notiamo che, se $r = \pm 1$, R_r è l'applicazione identica su $\mathbb{R}^3$. Se invece $r \neq \pm 1$, R_r è una rotazione attorno all'asse determinato dal vettore (b, c, d), con angolo di rotazione (vedasi poco oltre)

$$\theta = 2\arcsin\sqrt{b^2 + c^2 + d^2}. \tag{22.3.5}$$

L'applicazione R_r ha altre due proprietà:

(i) R_r preserva la norma dei quaternioni puri, ovvero

$$\|R_r(\hat{p})\| = \|\hat{p}\|, \ \forall \hat{p} = xi + yj + zk. \tag{22.3.6}$$

   Questo segue dalla (22.2.5).
(ii) R_r ha autovettore (b, c, d) con autovalore 1.

Quanto all'angolo di rotazione di cui sopra, scegliamo un vettore w perpendicolare all'autovettore (b, c, d). Se almeno uno fra b e c è $\neq 0$, possiamo usare $w = ci - bj$. Se invece $b = c = 0$, possiamo assumere $w = i$. L'angolo di rotazione è l'angolo θ fra i vettori w e $R_r w$:

$$\cos\theta = \frac{w \cdot R_r w}{\|w\|^2} = a^2 - b^2 - c^2 - d^2 = 2a^2 - 1. \tag{22.3.7}$$

Da tale formula, sfruttando l'identità

$$\cos\theta = 2\cos^2\frac{\theta}{2} - 1,$$

troviamo alfine $a = \cos\frac{\theta}{2}$.
   Osserviamo anche come $\forall \ r, s \in S^3$ si abbia

$$R_r \odot R_s = R_{rs}, \tag{22.3.8}$$

da cui segue che la composizione di rotazioni può essere ottenuta mediante moltiplicazione di quaternioni. Dal capitolo 8 sappiamo che S^3 è un gruppo topologico.
D'altronde le rotazioni in $\mathbb{R}^3$, con l'operazione di composizione, formano anch'esse
un gruppo, ovvero SO(3). L'applicazione

$$\varphi : \ S^3 \longrightarrow \mathrm{SO}(3), \ r \longrightarrow R_r = r\,\hat{p}\,r^{-1}, \tag{22.3.9}$$

è un omomorfismo tra gruppi. Per ogni $R \in SO(3)$, $\exists\, r \in S^3 : \ R = R_r = r\,\hat{p}\,r^{-1}$.
Dunque l'applicazione φ è surgettiva, ovvero

$$\varphi(S^3) = \mathrm{SO}(3). \tag{22.3.10}$$

Ogni rotazione R_r ha precisamente due preimmagini in S^3:

$$\varphi^{-1}(R_r) = \{r, -r\}. \tag{22.3.11}$$

22.4 Fibrazione di Hopf tramite quaternioni

Vediamo ora come si può riformulare l'applicazione di Hopf in termini di quaternioni. Per prima cosa, fissiamo un punto distinto $P_0 = (1,0,0)$ su S^2. Un qualsivoglia
altro punto di S^2 andrebbe altrettanto bene, ma con questo le formule risultanti sono
particolarmente semplici. Assegnato $(a,b,c,d) \in S^3$, sia $r = a + bi + cj + dk$
l'associato quaternione di norma 1. Il quaternione r definisce allora una rotazione
R_r di $\mathbb{R}^3$ data da $R_r = r\,\hat{p}\,r^{-1}$. La fibrazione di Hopf mappa questo quaternione
nell'immagine del punto distinto P_0 sotto la rotazione, ovvero

$$r \longrightarrow R_r(P_0) = rP_0 r^{-1} = r(1,0,0)r^{-1} = r(1,0,0)\bar{r}. \tag{22.4.1}$$

Le formule (22.1.1) e (22.4.1) per la fibrazione di Hopf sono equivalenti. Il quaternione unitario r sposta $(1,0,0)$ in P mediante R_r (Fig. 22.1), e d'altronde la
mappa di Hopf porta r in P. Considerato il punto $(1,0,0)$ di S^2, si può verificare
che i punti dell'insieme

$$C \equiv \{(\cos t, \sin t, 0, 0)|\ t \in \mathbb{R}\} = h^{-1}((1,0,0)) \tag{22.4.2}$$

in S^3 corrispondono tutti a $(1,0,0)$ mediante la mappa di Hopf h. Infatti, C è l'insieme di tutti e soli i punti che corrispondono a $(1,0,0)$ mediante h, ovvero C è
l'insieme preimmagine $h^{-1}(1,0,0)$.

Quanto trovato è una proprietà tipica: $\forall P \in S^2$, la preimmagine $h^{-1}(P)$ è un
cerchio in S^3, ed è la fibra di h su P. Studiamo ora la configurazione di tali fibre
in S^3. Usando la proiezione stereografica (paragrafo 3.7), otterremo una decomposizione di $\mathbb{R}^3$ in una unione di cerchi disgiunti e di una linea retta. Ovvero, usando
cerchi disgiunti ed una singola linea retta, si può riempire $\mathbb{R}^3$ in modo tale che

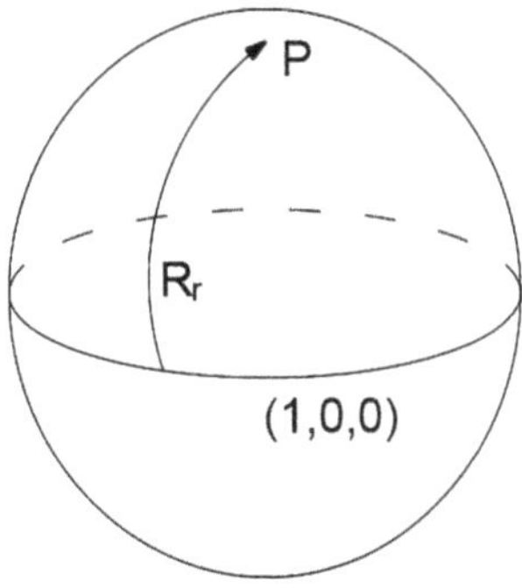

Figura 22.1 Il quaternione unitario porta $(1, 0, 0)$ in P mediante R_r. La mappa di Hopf porta r in P

ogni coppia di cerchi sia collegata, e tale che la retta passi per l'interno di ogni cerchio. È la natura collegata dei cerchi che rende il problema non banale. Se non si richiedesse il collegamento, si potrebbe operare come mostrato in Fig. 22.2. Cominciamo col chiederci come trovare rotazioni che trasportino un dato punto A in un dato punto B. Dati A e B su S^2 che non sono antipodali, l'asse di una qualsivoglia rotazione che trasporta A in B deve passare attraverso il grande cerchio C che divide in due l'arco $\overline{AB}$ (Fig. 22.3). Lungo il grande cerchio C vi sono due assi di rotazione per i quali l'angolo di rotazione viene facilmente calcolato. Quando l'asse di rotazione passa attraverso il punto medio M di $\overline{AB}$, l'angolo di rotazione $\theta = \pi$. Sia questa la rotazione R_1 mostrata in Fig. 22.4. Quando invece l'asse di rotazione è perpendicolare ai vettori $\vec{v} = \vec{OA}$ e $\vec{w} = \vec{OB}$, l'angolo di rotazione è $\pm$ l'angolo fra $\vec{v}$ e $\vec{w}$, ed è dato da $\cos(\theta) = \vec{v} \cdot \vec{w}$. Questa rotazione la chiamiamo R_2 e viene mostrata in Fig. 22.5. Se $h : r \in S^3 \longrightarrow P \in S^2$, allora sappiamo che $R_r : (1, 0, 0) \Longrightarrow P$, e possiamo trovare asse e angolo di rotazione per due rotazioni che mappano $(1, 0, 0)$ in P. Una volta che abbiamo assi e angoli di rotazione per le

Figura 22.2 Un possibile modo di riempire $\mathbb{R}^3$ con cerchi disgiunti e una retta

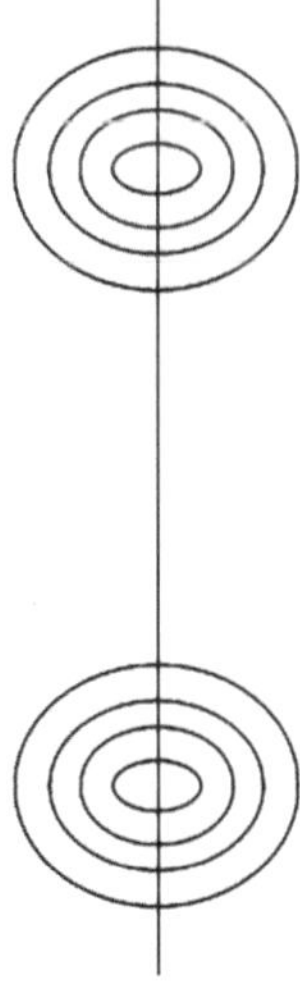

Figura 22.3 L'asse di una qualsivoglia rotazione che porta A in B deve passare attraverso il grande cerchio C che biseca $\overline{AB}$

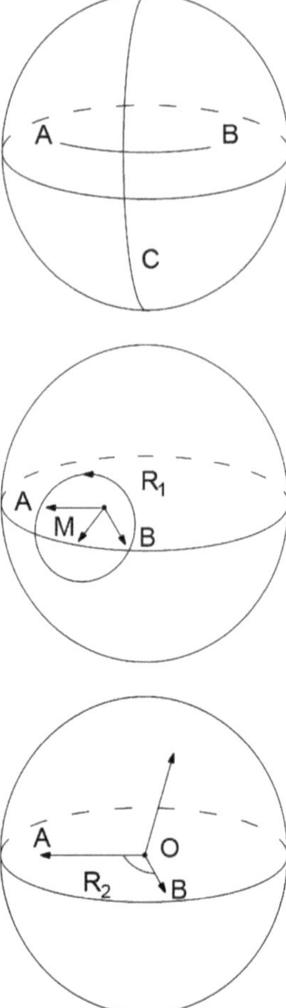

Figura 22.4 La rotazione R_1 che porta A in B

Figura 22.5 La rotazione R_2 che porta A in B

rotazioni R_1 e R_2, possiamo trovare i quaternioni tali che $R_{r_1} = R_1$, $R_{r_2} = R_2$. Per il punto $P = (p_1, p_2, p_3) \in S^2$, si ha

$$R_1 = r_1(p_1, p_2, p_3)r_1^{-1} \implies r_1 = \frac{1}{\sqrt{2(1 + p_1)}}((1 + p_1)i + p_2 j + p_3 k),$$

$$(22.4.3)$$

$$R_2 = r_2(p_1, p_2, p_3)r_2^{-1} \implies r_2 = \sqrt{\frac{(1 + p_1)}{2}}\left(1 - \frac{p_3 j}{(1 + p_1)} + \frac{p_2 k}{(1 + p_1)}\right).$$

$$(22.4.4)$$

La fibra $h^{-1}(P)$ è data come un cerchio in $\mathbb{R}^4$ definito parametricamente da una delle due seguenti formule:

$$h^{-1}(P) = \{r_1 e^{it}\},\ t \in [0, 2\pi], h^{-1}(P) = \{r_2 e^{it}\},\ t \in [0, 2\pi].\qquad (22.4.5)$$

22.5   Geometria delle fibre

Studiamo ora un metodo che consente di visualizzare quel che accade con la fibrazione di Hopf $h : S^3 \longrightarrow S^2$, ovvero mostrare disegni delle fibre. Questo si ottiene sfruttando la proiezione stereografica del paragrafo 3.7. Questa fornisce una mappa di proiezione

$$S^3/(1,0,0,0) \longrightarrow \mathbb{R}^3, \tag{22.5.1}$$

data da

$$(w,x,y,z) \longrightarrow \left(\frac{x}{(1-w)}, \frac{y}{(1-w)}, \frac{z}{(1-w)} \right). \tag{22.5.2}$$

Il punto $(1,0,0,0)$ di S^3 dal quale proiettiamo viene scelto in modo arbitrario, ma rende le formule semplici. Il potere reale della proiezione stereografica è questo: ci *consente di vedere tutta S^3 (tranne un punto) nel familiare spazio tridimensionale* $\mathbb{R}^3$ (Lyons 2003). Questo è rimarchevole perché S^3 è una varietà con curvatura immersa in $\mathbb{R}^4$.

Dall'analisi precedente sappiamo che le fibre della mappa di Hopf sono cerchi in S^3. La proiezione stereografica mappa questi cerchi in cerchi in $\mathbb{R}^3$. Sia s la proiezione stereografica data nelle equazioni (22.5.1) e (22.5.2). Allora

$$s \odot h^{-1}((1,0,0)) = \text{asse } x, \tag{22.5.3}$$

$$s \odot h^{-1}((-1,0,0)) = \text{cerchio di raggio 1 nel piano } (y,z), \tag{22.5.4}$$

e, per ogni altro punto $P = (p_1, p_2, p_3)$ di S^2, la composizine di s con la fibra $h^{-1}(P)$ fornisce un cerchio in $\mathbb{R}^3$ che interseca il piano (y,z) esattamente in due punti A e B (Fig. 22.6) l'uno dentro e l'altro fuori del cerchio unitario nel piano (y,z). Dunque $s \odot h^{-1}(P)$ è collegato al cerchio unitario nel piano (y,z).

Per dimostrare la natura collegata di due cerchi qualsivoglia C e D che sono proiezioni di fibre, esibiamo una applicazione continua iniettiva (Lyons 2003) $\psi :$ $\mathbb{R}^3 \longrightarrow \mathbb{R}^2$ che mappa C nel cerchio unitario nel piano (y,z), e mappa D in qualche

Figura 22.6 Una generica fibra di Hopf proiettata. *A* e *B* denotano le intersezioni della fibra col piano (y,z)

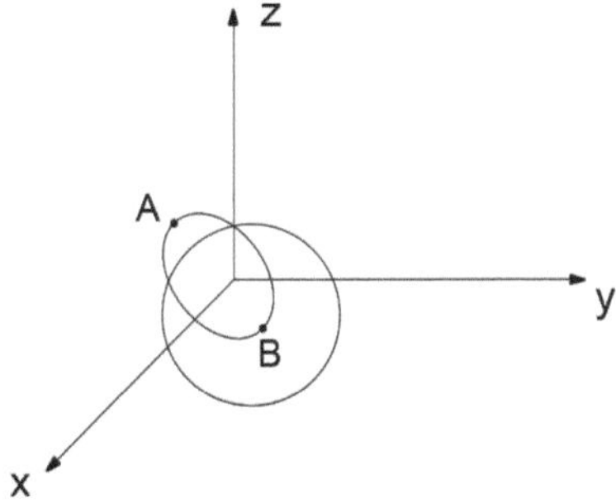

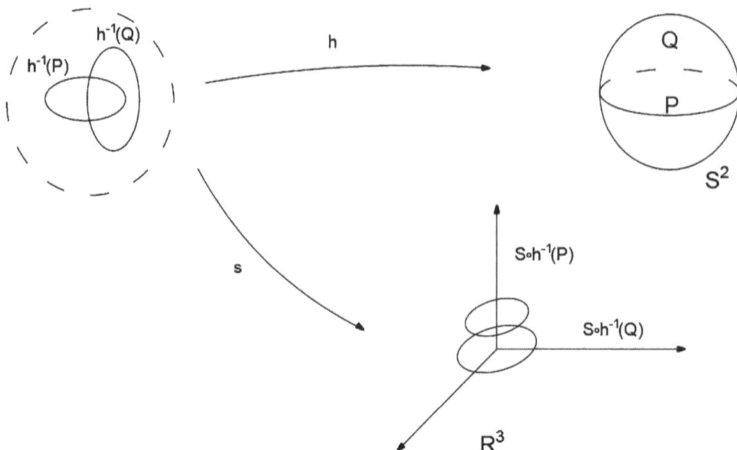

Figura 22.7 Proiezioni stereografiche di fibre di Hopf. Due qualsivoglia fibre proiettate sono cerchi collegati, ad eccezione di $s \odot h^{-1}(1,0,0)$, che è una linea

altra fibra proiettata che è un cerchio. Per costruire ψ, sia $P \in C$, e sia $r = s^{-1}(P)$; definiamo l'applicazione $f : \mathbb{R}^4 \longrightarrow \mathbb{R}^4$ mediante

$$f(x) = k\, r^{-1}\, x, \qquad (22.5.5)$$

che usa la moltiplicazione fra quaternioni. Allora

$$\psi \equiv s \odot f \odot s^{-1}. \qquad (22.5.6)$$

Il disegno pertinente è riportato in Fig. 22.7.

Per lo studio di esempi più avanzati di fibrazioni di Hopf, suggeriamo al lettore l'elenco in Trautman (1984). Per il legame tra equazioni di Maxwell e Yang-Mills e fibrazione di Hopf, vedasi ad esempio i risultati di Trautman (1977).

Capitolo 23
Principi variazionali e simmetrie. I

23.1 Eulero-Lagrange, forma locale

Come il lettore sa dal primo corso di meccanica classica, le equazioni del moto in dinamica classica possono essere formulate in ambito lagrangiano o, invece, hamiltoniano. In questo capitolo ci proponiamo una più estesa analisi, pur mantenendoci ad un livello introduttivo. Il postulato fondamentale su cui ci basiamo richiede che *ogni sistema dinamico isolato si possa studiare mediante un funzionale d'azione, con l'associato principio variazionale*. Per approfondimenti del calcolo delle variazioni, suggeriamo gli ottimi libri di Tonelli (1923), Giusti (1994), Carbone e De Arcangelis (2001), Angrisani et al. (2019), e l'articolo di Mingione (2006). Per quel che concerne la dinamica classica, il lettore apprenderà molto da Pars (1965), Sudarshan e Mukunda (1974), Marmo et al. (1985), José e Saletan (1998), Carinena et al. (2015).

Ammettiamo d'ora innanzi di trattare sistemi fisici per i quali è definita una funzione lagrangiana che sia una funzione liscia sul fibrato tangente dello spazio delle configurazioni: $\mathcal{L} \in \mathcal{F}(TQ)$. In coordinate locali $q, \dot{q}$ possiamo scrivere

$$\mathcal{L}(q, \dot{q}) = T - U, \tag{23.1.1}$$

dove T è l'energia cinetica e U l'energia potenziale. È possibile formulare la dinamica classica a partire da un funzionale d'azione $S[C]$, dove l'applicazione

$$C : I = [t_1, t_2] \subset \mathbb{R} \longrightarrow Q \tag{23.1.2}$$

è un cammino, ovvero una curva, sullo spazio delle configurazioni. In coordinate locali, descriviamo C mediante una n-pla di coordinate $q^i(t)$, e C' mediante una n-pla di coordinate $q'^i(t')$. Tali curve hanno estremi non coincidenti in generale.

Il funzionale d'azione

$$S : C \longrightarrow S[C] = \int_{t_1}^{t_2} \mathcal{L}(q(t), \dot{q}(t), t)\, dt \tag{23.1.3}$$

© The Author(s), under exclusive license to Springer Nature Switzerland AG 2026
G. Esposito, *Fondamenti Matematici della Teoria Classica dei Campi*, La Matematica per il 3+2, https://doi.org/10.1007/978-3-032-23198-7_23

dipende dall'intero cammino, ed è un funzionale che, alla curva C, associa un numero reale, ovvero il valore dell'integrale al membro di destra della (23.1.3). La variazione di S è, per definizione, la differenza

$$\delta S = S[C'] - S[C] = \int_{t'_1}^{t'_2} \mathcal{L}(q',\dot{q}',t)dt - \int_{t_1}^{t_2} \mathcal{L}(q,\dot{q},t)dt. \qquad (23.1.4)$$

Per i prossimi calcoli, ci sarà utile definire anche altri incrementi. Dunque poniamo

$$\Delta t_1 = t'_1 - t_1, \quad \Delta t_2 = t'_2 - t_2, \qquad (23.1.5)$$

$$\delta q(t_a) = q'(t_a) - q(t_a), \quad a = 1, 2 \qquad (23.1.6)$$

e consideriamo anche l'incremento

$$\Delta q(t_a) = q'(t'_a) - q(t_a) = q'(t_a + \Delta t_a) - q(t_a)$$
$$\cong q'(t_a) + \dot{q}'(t_a)\Delta t_a - q(t_a) = \delta q(t_a) + \dot{q}'(t_a)\Delta t_a. \qquad (23.1.7)$$

In tale formula, la derivata temporale di q' può essere riespressa come segue:

$$\dot{q}' = \frac{dq'}{dt} = \frac{d}{dt}(q(t) + \delta q(t)) = \dot{q}(t) + \frac{d}{dt}\delta q(t). \qquad (23.1.8)$$

Tale formula, sostituita nella (23.1.7), fornisce

$$\Delta q(t_a) = \delta q(t_a) + \left(\dot{q}(t_a) + \frac{d}{dt}\delta q(t)\Big|_{t=t_a}\right)\Delta t_a$$
$$\cong \delta q(t_a) + \dot{q}(t_a)\Delta t_a. \qquad (23.1.9)$$

Quindi, assumendo che $t'_1 \le t_1 < t_2 < t'_2$, troviamo

$$\delta S = \int_{t'_1}^{t_1} \mathcal{L}'dt + \int_{t_1}^{t_2} \mathcal{L}'dt + \int_{t_2}^{t'_2} \mathcal{L}'dt - \int_{t_1}^{t_2} \mathcal{L}dt$$

$$= \int_{t_1}^{t_2} (\mathcal{L}' - \mathcal{L})dt + \int_{t_2}^{t'_2} \mathcal{L}'dt - \int_{t_1}^{t'_1} \mathcal{L}'dt$$

$$\cong \int_{t_1}^{t_2} \left[\mathcal{L}(q,\dot{q},t) + \frac{\partial\mathcal{L}}{\partial q}\delta q + \frac{\partial\mathcal{L}}{\partial\dot{q}}\delta\dot{q} - \mathcal{L}(q,\dot{q},t)\right] + \mathcal{L}\Delta t_2 - \mathcal{L}\Delta t_1$$

$$= \int_{t_1}^{t_2} \left[\frac{\partial\mathcal{L}}{\partial q}\delta q + \frac{\partial\mathcal{L}}{\partial\dot{q}}\frac{d}{dt}\delta q\right]dt + \left[\mathcal{L}\Delta t\right]_{t_1}^{t_2}$$

$$= \int_{t_1}^{t_2} \sum_{i=1}^{n}\left[\frac{\partial\mathcal{L}}{\partial q^i}\delta q^i + \frac{d}{dt}\left(\frac{\partial\mathcal{L}}{\partial\dot{q}^i}\delta q^i\right) - \frac{d}{dt}\left(\frac{\partial\mathcal{L}}{\partial\dot{q}^i}\right)\delta q^i\right]dt + \left[\mathcal{L}\Delta t\right]_{t_1}^{t_2}$$

$$
= \int_{t_1}^{t_2} \sum_{i=1}^{n} \left[\frac{\partial \mathcal{L}}{\partial q^i} - \frac{d}{dt} \frac{\partial \mathcal{L}}{\partial \dot{q}^i} \right] \delta q^i \; dt + \left[\sum_{i=1}^{n} \frac{\partial \mathcal{L}}{\partial \dot{q}^i} \delta q^i + \mathcal{L} \Delta t \right]_{t_1}^{t_2}
$$

$$
= \quad " \; " + \left[\sum_{i=1}^{n} \frac{\partial \mathcal{L}}{\partial \dot{q}^i} \left(\Delta q^i - \dot{q}^i \Delta t \right) + \mathcal{L} \Delta t \right]_{t_1}^{t_2}
$$

$$
= \quad " \; " + \left[\sum_{i=1}^{n} \frac{\partial \mathcal{L}}{\partial \dot{q}^i} \Delta q^i(t) + \left(\mathcal{L} - \sum_{i=1}^{n} \frac{\partial \mathcal{L}}{\partial \dot{q}^i} \dot{q}^i \right) \Delta t \right]_{t_1}^{t_2} . \tag{23.1.10}
$$

Se i cammini C e C' hanno gli stessi estremi spaziotemporali, allora $\Delta q(t_a) = 0$, $\Delta t_a = 0$, e la variazione dell'azione si riduce a

$$
\delta S = \int_{t_1}^{t_2} \sum_{i=1}^{n} \left[\frac{\partial \mathcal{L}}{\partial q^i} - \frac{d}{dt} \frac{\partial \mathcal{L}}{\partial \dot{q}^i} \right] \delta q^i(t) \; dt . \tag{23.1.11}
$$

Le derivate funzionali dell'azione rispetto alle q^j sono dunque eguali a

$$
\frac{\delta S}{\delta q^j(\bar{t})} = \int_{t_1}^{t_2} \sum_{i=1}^{n} [\text{Eulero-Lagrange}]_i \frac{\delta q^i(t)}{\delta q^j(\bar{t})} dt
$$

$$
= \int_{t_1}^{t_2} \sum_{i=1}^{n} [\text{Eulero-Lagrange}]_i \delta^i_j \delta(t - \bar{t}) dt . \tag{23.1.12}
$$

Tali derivate funzionali si annullano se e solo se $\Delta q(t_a) = 0$, $\Delta t_a = 0$, e sono soddisfatte le equazioni di Eulero-Lagrange

$$
\frac{d}{dt} \frac{\partial \mathcal{L}}{\partial \dot{q}^i} - \frac{\partial \mathcal{L}}{\partial q^i} = 0 . \tag{23.1.13}
$$

Ne concludiamo che *le traiettorie del moto sono quelle lungo le quali l'azione è stazionaria, e sono soluzioni delle equazioni di Eulero Lagrange*. Questo è il principio d'azione di Hamilton.

Se invece gli estremi sono liberi, il principio variazionale afferma quanto segue (Sudarshan e Mukunda 1974):

La curva C è una traiettoria del moto, ovvero soddisfa le equazioni di Eulero-Lagrange (23.1.13), se e solo se le variazioni dell'azione intorno alle traiettorie producono solo contributi agli estremi:

$$
\delta S = \left[\sum_{i=1}^{n} \frac{\partial \mathcal{L}}{\partial \dot{q}^i} \Delta q^i + \left(\mathcal{L} - \sum_{i=1}^{n} \frac{\partial \mathcal{L}}{\partial \dot{q}^i} \dot{q}^i \right) \Delta t \right]_{t_1}^{t_2} , \tag{23.1.14}
$$

ovvero δS dipende solo dalle variazioni fra t_1 e t_2 di un certo funzionale espresso dal termine in parentesi quadra nella (23.1.14).

23.2 Schwinger-Weiss e Noether

Nella teoria hamiltoniana, si definiscono i momenti canonici

$$p_i \equiv \frac{\partial \mathcal{L}}{\partial \dot{q}^i} \tag{23.2.1}$$

con la associata funzione hamiltoniana

$$\mathcal{H} \equiv \sum_{i=1}^{n} p_i \dot{q}^i - \mathcal{L}. \tag{23.2.2}$$

La variazione (23.1.14) del funzionale d'azione si riscrive allora nella forma adatta al principio di Schwinger e Weiss (Weiss 1938, Sudarshan e Mukunda 1974):

$$\delta S = \left[\sum_{i=1}^{n} p_i \, \Delta q^i - \mathcal{H} \, \Delta t \right]_{t_1}^{t_2}. \tag{23.2.3}$$

Quindi tale principio variazionale ci dice che il funzionale d'azione può variare al più per un termine valutato agli estremi dell'intervallo di integrazione temporale, in cui i momenti canonici e l'hamiltoniana svolgono un ruolo chiave secondo la (23.2.3). L'hamiltoniana $\mathcal{H}$ è proprio l'energia $E_{\mathcal{L}}$ del sistema. Indicando con Γ il campo vettoriale $\frac{d}{dt}$, si trova che

$$L_\Gamma \mathcal{H} = \frac{d}{dt}\mathcal{H} = \sum_{i=1}^{n}(\dot{p}_i \dot{q}^i + p_i \ddot{q}^i) - \frac{d\mathcal{L}}{dt}$$

$$= \sum_{i=1}^{n}(\dot{p}_i \dot{q}^i + p_i \ddot{q}^i) - \frac{\partial \mathcal{L}}{\partial t} - \sum_{i=1}^{n} \frac{\partial \mathcal{L}}{\partial q^i} \dot{q}^i - \sum_{i=1}^{n} \frac{\partial \mathcal{L}}{\partial \dot{q}^i} \ddot{q}^i = -\frac{\partial \mathcal{L}}{\partial t}. \tag{23.2.4}$$

Pertanto, se la lagrangiana non dipende esplicitamente dal tempo, l'hamiltoniana è una costante del moto.

Dal principio di Schwinger-Weiss otteniamo anche il teorema di Noether:

Se la trasformazione dalla curva C alla curva C', espressa dalla relazione

$$q(t) \longrightarrow q'(t) = q(t) + \delta q(t),$$

è una simmetria della dinamica, ovvero $\delta S = 0$ lungo le traiettorie, allora

$$F(t) = \sum_{i=1}^{n} p_i \, \Delta q^i - \mathcal{H} \, \Delta t \tag{23.2.5}$$

è una costante del moto.

La dimostrazione discende immediatamente dalla (23.2.3), dalla quale ricaviamo che

$$\delta S = 0 \implies F(t_2) - F(t_1) = 0 \implies F(t) = \text{costante.} \tag{23.2.6}$$

Se si opera la trasformazione

$$q^i(t) \longrightarrow q'^i(t) = q^i(t) + \delta q^i(t), \tag{23.2.7}$$

questa è un diffeomorfismo infinitesimo a t fissato. Dalla (23.1.7) ricaviamo dunque che $\Delta q^i = \delta q^i$, e pertanto la costante del moto (23.2.5) si riduce a $F(t) = \sum_{i=1}^{n} p_i \delta q^i$. Ad esempio, se le trasformazioni delle q^i sono traslazioni, ovvero

$$q'^j = q^j + \varepsilon^j \implies \delta q^j = \varepsilon^j, \tag{23.2.8}$$

la costante del moto assume la forma $F(t) = \sum_{j=1}^{n} p_j \varepsilon^j$, ove ε^j è un parametro e p_j è la quantità conservata. Quindi il teorema di Noether implica che, se δq^i è una trasformazione infinitesima che è una simmetria per l'azione S, ovvero $\delta S = 0$, allora sotto traslazioni

$$F(t) = \text{costante} = \sum_{i=1}^{n} p_i \delta q^i = \sum_{i=1}^{n} p_i \varepsilon^i = \sum_{i=1}^{n} \varepsilon_i Q^i, \tag{23.2.9}$$

ove

$$Q^i \equiv \sum_{j=1}^{n} \delta^{ij} p_j. \tag{23.2.10}$$

Sotto rotazioni, si trova

$$F(t) = \sum_{k=1}^{n} Q^k \varepsilon_k, \tag{23.2.11}$$

dove stavolta le quantità conservate sono

$$Q^k \equiv \sum_{i,j=1}^{n} \varepsilon^{ki}{}_j \, p_i q^j. \tag{23.2.12}$$

23.3 Forma intrinseca di Eulero-Lagrange

Studiamo ora come si scrivono le equazioni di Eulero-Lagrange in forma intrinseca. Finora sappiamo che, se la lagrangiana non dipende esplicitamente dal tempo, valgono in coordinate locali le equazioni (23.1.13). Ora le moltiplichiamo per dq^i, sommiamo su i e definiamo

$$\theta_{\mathcal{L}} = \sum_{i=1}^{n} \frac{\partial \mathcal{L}}{\partial \dot{q}^i} dq^i. \tag{23.3.1}$$

Questa è la 1-forma di Cartan associata alla lagrangiana. Indicando ancora con Γ il campo vettoriale $\frac{d}{dt}$ usato nella (23.2.4), si trova che

$$L_\Gamma \theta_L = \sum_{i=1}^{n} \left[L_\Gamma \left(\frac{\partial L}{\partial \dot{q}^i} \right) dq^i + \frac{\partial L}{\partial \dot{q}^i} L_\Gamma dq^i \right]. \tag{23.3.2}$$

In questa formula facciamo ora uso delle identità

$$L_\Gamma dq^i = \frac{d}{dt} dq^i = d \, \frac{d}{dt} q^i = d \dot{q}^i, \tag{23.3.3}$$

$$d L = \sum_{i=1}^{n} \left[\frac{\partial L}{\partial q^i} dq^i + \frac{\partial L}{\partial \dot{q}^i} d\dot{q}^i \right], \tag{23.3.4}$$

ottenendo alfine

$$L_\Gamma \theta_L - d L = \sum_{i=1}^{n} \left[L_\Gamma \left(\frac{\partial L}{\partial \dot{q}^i} \right) dq^i - \frac{\partial L}{\partial q^i} dq^i \right]$$

$$= \sum_{i=1}^{n} \left[\frac{d}{dt} \frac{\partial L}{\partial \dot{q}^i} - \frac{\partial L}{\partial q^i} \right] dq^i = 0. \tag{23.3.5}$$

Quindi, in forma intrinseca,

$$L_\Gamma \theta_L - d L = 0. \tag{23.3.6}$$

Ricordiamo ora l'identità (7.4.7), secondo la quale $L_\Gamma = i_\Gamma d + d i_\Gamma$, e definiamo la 2-forma

$$\omega_L = d\theta_L. \tag{23.3.7}$$

Pertanto la (23.3.6) diventa

$$i_\Gamma d\theta_L + d(i_\Gamma \theta_L) - d L = 0 \implies i_\Gamma \omega_L + d(i_\Gamma \theta_L - L) = 0. \tag{23.3.8}$$

Si può ancora elaborare la forma della Eq. (23.3.8), poiché

$$i_\Gamma \theta_L - L = i_\Gamma \left(\sum_{i=1}^{n} \frac{\partial L}{\partial \dot{q}^i} dq^i \right) - L$$

$$= \sum_{i=1}^{n} \frac{\partial L}{\partial \dot{q}^i} \dot{q}^i - L = \sum_{i=1}^{n} p_i \dot{q}^i - L = \mathcal{H} = E_L. \tag{23.3.9}$$

Dalle (23.3.8) e (23.3.9) otteniamo alfine

$$i_\Gamma \omega_L + dE_L = 0. \tag{23.3.10}$$

Si noti che, valutando la funzione energia E_L laddove vale la (23.2.1), stiamo effettuando la trasformata di Legendre. Poiché la 2-forma ω_L è liscia e, per definizione, anche esatta, essa è chiusa. Tra poco studieremo la geometria della coppia (M, ω).

23.4 Geometria di Poisson

Data una varietà liscia M di dimensione *n pari o dispari*, una *parentesi di Poisson* è una applicazione (ai nostri fini, $\mathcal{F}(M) = C^\infty(M)$)

$$\{\,,\,\}: \mathcal{F}(M) \times \mathcal{F}(M) \longrightarrow \mathcal{F}(M) \tag{23.4.1}$$

che ha le seguenti proprietà (Esposito et al. 2004):

$$\{f_1, f_2\} = -\{f_2, f_1\}, \tag{23.4.2}$$
$$\{f_1, \lambda f_2 + \mu f_3\} = \lambda\{f_1, f_2\} + \mu\{f_1, f_3\}, \quad \forall \lambda, \mu \in \mathbb{R}, \tag{23.4.3}$$
$$\{f_1, \{f_2, f_3\}\} = \{\{f_1, f_2\}, f_3\} + \{f_2, \{f_1, f_3\}\}, \tag{23.4.4}$$
$$\{f_1, f_2 f_3\} = \{f_1, f_2\} f_3 + f_2\{f_1, f_3\}, \tag{23.4.5}$$

$\forall f_1, f_2, f_3 \in \mathcal{F}(M)$. La coppia

$$\left(M, \{\,,\,\}\right)$$

è detta *varietà di Poisson*. Le (23.4.2)–(23.4.4) esprimono, rispettivamente, l'antisimmetria, la bilinearità, e l'identità di Jacobi, e sono le proprietà che definiscono una struttura di algebra di Lie su ogni spazio vettoriale. L'identità di Jacobi può anche essere espressa nella forma

$$\{f_1, \{f_2, f_3\}\} + \{f_2, \{f_3, f_1\}\} + \{f_3, \{f_1, f_2\}\} = 0. \tag{23.4.6}$$

La (23.4.6) ha una natura più algoritmica, mentre la (23.4.4) ha il vantaggio di chiarire il legame con la regola di Leibniz per le derivazioni. La (23.4.5) *collega invece due strutture diverse* su $\mathcal{F}(M)$, ovvero la parentesi di Poisson e il prodotto associativo e commutativo di funzioni lisce: $f_1 f_2$.

Osserviamo che si possono definire applicazioni antisimmetriche che obbediscono alle (23.4.2)–(23.4.4) ma non alla (23.4.5). Ad esempio, su uno spazio vettoriale con $\partial_\mu = \frac{\partial}{\partial \xi^\mu}$, la regola (Esposito et al. 2004)

$$[f_1, f_2] \equiv f_1 \partial_\mu f_2 - f_2 \partial_\mu f_1 \tag{23.4.7}$$

soddisfa le (23.4.2)–(23.4.4) ma non la (23.4.5), e dunque non definisce una parentesi di Poisson. Desideriamo inoltre sottolineare che, per costruzione, *la parentesi di Poisson è definibile su qualsivoglia varietà di dimensione pari o dispari*.

Dalle (23.4.2)–(23.4.5) vediamo che ogni parentesi di Poisson determina un campo tensoriale antisimmetrico controvariante. Se $\xi_1, \ldots, \xi_n$ sono funzioni coordinate, tale campo può scriversi nella forma

$$\Lambda \equiv \sum_{j,k=1}^{n} \{\xi_j, \xi_k\} \frac{\partial}{\partial \xi_j} \wedge \frac{\partial}{\partial \xi_k}. \tag{23.4.8}$$

Come esempio di parentesi di Poisson su $\mathbb{R}^3$ si può considerare

$$\{x_i, x_j\} \equiv \sum_{k=1}^{3} \varepsilon_{ij}{}^k \, x_k. \tag{23.4.9}$$

Usando l'hamiltoniana

$$\mathcal{H} \equiv \frac{1}{2} \sum_{k=1}^{3} I_k (x_k)^2, \tag{23.4.10}$$

ove I_1, I_2, I_3 sono i momenti di inerzia di un rotatore rigido, si ottengono allora le equazioni di Hamilton

$$\frac{d}{dt} x_1 = \{x_1, H\} = (I_2 - I_3) x_2 x_3, \tag{23.4.11}$$

$$\frac{d}{dt} x_2 = \{x_2, H\} = (I_3 - I_1) x_3 x_1, \tag{23.4.12}$$

$$\frac{d}{dt} x_3 = \{x_3, H\} = (I_1 - I_2) x_1 x_2. \tag{23.4.13}$$

23.5 Geometria simplettica

Se consideriamo su una varietà M una parentesi di Poisson non degenere, ossia tale che

$$\{\xi^i, \xi^j\} \equiv \Omega^{ij} \tag{23.5.1}$$

sia una matrice invertibile, possiamo definire l'inversa ω_{ij} richiedendo che

$$\sum_{j=1}^{n} \omega_{ij} \Omega^{jk} = \delta_i^k. \tag{23.5.2}$$

Definiamo ora un tensore antisimmetrico di tipo $(0, 2)$

$$\omega \equiv \sum_{i,j=1}^{n} \frac{1}{2} \omega_{ij} \, d\xi^i \wedge d\xi^j, \tag{23.5.3}$$

ossia una 2-forma non degenere, da cui segue che $n = \dim(M) = 2k$ ove k è un numero intero positivo. La forma differenziale in esame è anche chiusa. Si può invero dimostrare che la formula (cf. (23.4.4))

$$\{\xi^i, \{\xi^j, \xi^k\}\} = \{\{\xi^i, \xi^j\}, \xi^k\} + \{\xi^j, \{\xi^i, \xi^k\}\} \tag{23.5.4}$$

equivale a

$$\frac{\partial}{\partial \xi^i}\omega_{jk} + \frac{\partial}{\partial \xi^j}\omega_{ki} + \frac{\partial}{\partial \xi^k}\omega_{ij} = 0 \implies d\omega = 0. \tag{23.5.5}$$

La coppia (M, ω) è allora detta una *varietà simplettica*, e ω è una *forma simplettica*.

La chiusura di ω non implica la sua esattezza. Il Lemma di Poincaré ci assicura che, se $d\omega = 0$ su un aperto di M che è diffeomorfo alla palla aperta

$$\{x \in \mathbb{R}^n : |x|^2 < 1\},$$

allora $\omega = d\theta$ per un qualche potenziale simplettico θ definito su U. Una varietà simplettica tale che $\omega = d\theta$ globalmente è detta una varietà simplettica esatta. Per ogni varietà simplettica, nell'intorno di ogni punto è possibile definire coordinate canoniche

$$(q^1, \ldots, q^n, p_1, \ldots, p_n)$$

per le quali la forma simplettica assume l'espressione

$$\omega = \sum_{i=1}^{n} dq^i \wedge dp_i, \tag{23.5.6}$$

con associate parentesi di Poisson

$$\{q^i, p_j\} = \delta^i_j, \tag{23.5.7}$$

$$\{q^i, q^j\} = 0, \ \{p_i, p_j\} = 0. \tag{23.5.8}$$

La parentesi di Poisson di due qualsivoglia funzioni F e G prende la forma

$$\{F, G\} = \sum_{j=1}^{n}\left(\frac{\partial F}{\partial q^j}\frac{\partial G}{\partial p_j} - \frac{\partial F}{\partial p_j}\frac{\partial G}{\partial q^j}\right), \tag{23.5.9}$$

ed è dunque *il prodotto scalare dei loro gradienti rispetto ad una metrica antisimmetrica*. Inoltre, per ogni funzione liscia f su M, si ha

$$\frac{d}{dt}f = \{f, \mathcal{H}\}, \tag{23.5.10}$$

e le equazioni di Hamilton si scrivono nella forma

$$\frac{d}{dt}q^j = \{q^j, \mathcal{H}\}, \ \frac{d}{dt}p_j = \{p_j, \mathcal{H}\}. \tag{23.5.11}$$

Il campo vettoriale dinamico hamiltoniano è pertanto

$$\frac{d}{dt} = \sum_{j=1}^{n}\left[\{q^j, \mathcal{H}\}\frac{\partial}{\partial q^j} + \{p_j, H\}\frac{\partial}{\partial p_j}\right]. \tag{23.5.12}$$

23.6   Ruolo della matrice hessiana regolare

Le equazioni di Eulero-Lagrange per lagrangiane di punto sono

$$\frac{d}{dt}\frac{\partial \mathcal{L}}{\partial v^i} - \frac{\partial \mathcal{L}}{\partial q^i} = 0, \tag{23.6.1}$$

dove, più correttamente rispetto alle (23.1.13), usiamo coordinate locali posizione e velocità: (q, v) (la scelta $v = \dot{q}$ è una scelta particolare che definisce il formalismo cosiddetto *del secondo ordine*). Similmente al paragrafo 23.3, moltiplichiamo la (23.6.1) per dq^i, sommiamo su i, e teniamo presente che

$$\frac{d}{dt}dq^i = d\,\frac{d}{dt}q^i = dv^i, \tag{23.6.2}$$

$$d\mathcal{L} = \sum_{i=1}^{n}\left(\frac{\partial \mathcal{L}}{\partial q^i}dq^i + \frac{\partial \mathcal{L}}{\partial v^i}dv^i\right). \tag{23.6.3}$$

Pertanto perveniamo all'equazione (cf. (23.3.6))

$$\frac{d}{dt}\left(\sum_{i=1}^{n}\frac{\partial \mathcal{L}}{\partial v^i}dq^i\right) - d\mathcal{L} = 0. \tag{23.6.4}$$

Notiamo inoltre che la (23.6.1) fornisce

$$\sum_{j=1}^{n}\left(\frac{\partial^2 \mathcal{L}}{\partial v^i\,\partial v^j}\frac{dv^j}{dt} + \frac{\partial^2 \mathcal{L}}{\partial v^i\,\partial q^j}\frac{dq^j}{dt}\right) - \frac{\partial \mathcal{L}}{\partial q^i} = 0. \tag{23.6.5}$$

Dunque, al fine di poter esprimere $\frac{dv^j}{dt}$ dalla (23.6.1), occorre che la matrice hessiana

$$H_{ij} = \frac{\partial^2 \mathcal{L}}{\partial v^i\,\partial v^j} \tag{23.6.6}$$

sia non singolare, ovvero

$$\det\frac{\partial^2 \mathcal{L}}{\partial v^i\,\partial v^j} \neq 0. \tag{23.6.7}$$

23.7   Cenno alle simmetrie di Noether

Osserviamo ora che possiamo anche moltiplicare la (23.6.1) per delle $A^i(q)$ e poi porre

$$\delta_A \mathcal{L} \equiv \sum_{i=1}^{n} A^i\frac{\partial \mathcal{L}}{\partial q^i} + \sum_{i,j=1}^{n}\frac{\partial A^i}{\partial q^j}v^j\frac{\partial \mathcal{L}}{\partial v^i}, \tag{23.7.1}$$

da cui segue

$$\frac{d}{dt}\left(\sum_{i=1}^{n} A^i \frac{\partial \mathcal{L}}{\partial v^i}\right) - \delta_A \mathcal{L} = 0. \tag{23.7.2}$$

In particolare, se esiste una funzione f tale che

$$\delta_A \mathcal{L} = \frac{df}{dt}, \tag{23.7.3}$$

otteniamo una versione del teorema di Noether:

$$\frac{d}{dt}\left(\sum_{i=1}^{n} A^i \frac{\partial \mathcal{L}}{\partial v^i} - f\right) = 0. \tag{23.7.4}$$

Pertanto la $\left(\sum_{i=1}^{n} A^i \frac{\partial \mathcal{L}}{\partial v^i} - f\right)$ è una costante del moto. Se invece $A^i = \frac{dq^i}{dt}$, si trova

$$\delta_A \mathcal{L} = \sum_{i=1}^{n}\left(\dot{q}^i \frac{\partial \mathcal{L}}{\partial q^i} + \frac{d\dot{q}^i}{dt}\frac{\partial \mathcal{L}}{\partial \dot{q}^i}\right) = \frac{d}{dt}\mathcal{L}, \tag{23.7.5}$$

da cui segue alfine che

$$\frac{d}{dt}\left(\sum_{i=1}^{n} \dot{q}^i \frac{\partial \mathcal{L}}{\partial \dot{q}^i} - \mathcal{L}\right) = 0, \tag{23.7.6}$$

ovvero il teorema di conservazione dell'energia per lagrangiane indipendenti dal tempo.

N.B.   Ad un livello più profondo, la (23.7.1) esprime la derivata di Lie della lagrangiana lungo il seguente campo vettoriale X sul fibrato tangente $T(Q)$ dello spazio Q delle configurazioni:

$$X = \sum_{i=1}^{n}\left(A^i(q(t))\frac{\partial}{\partial q^i} + \frac{dA^i}{dt}\frac{\partial}{\partial v^i}\right), \tag{23.7.7}$$

ove

$$\frac{dA^i}{dt} = \sum_{j=1}^{n} \frac{\partial A^i}{\partial q^j} v^j. \tag{23.7.8}$$

Le *simmetrie di Noether*, se esistono, sono descritte dai campi vettoriali che generano flussi che lasciano invariata la lagrangiana, ovvero tali che

$$L_X \mathcal{L} = 0 \implies \sum_{i=1}^{n}\left[A^i \frac{\partial \mathcal{L}}{\partial q^i} + \sum_{j=1}^{n} \frac{\partial A^i}{\partial q^j} v^j \frac{\partial \mathcal{L}}{\partial v^i}\right] = 0. \tag{23.7.9}$$

Si cercano dunque le forme di $\mathcal{L}$ che conducono ad una soluzione (Capozziello et al. 1996) per le componenti A^i del campo vettoriale X. Ad esempio, se $\mathcal{L}$ assume la forma

$$\mathcal{L} = \sum_{k=1}^{n} a_k(q)(v^k)^2 + W(q), \qquad (23.7.10)$$

la (23.7.9) diventa

$$\sum_{i=1}^{n} A^i(q)\frac{\partial W}{\partial q^i} + \sum_{i,j=1}^{n} A^i(q)\frac{\partial a_j}{\partial q^i}(v^j)^2 + 2\sum_{i,j=1}^{n} a_i(q)\frac{\partial A^i}{\partial q^j}v^i v^j = 0. \quad (23.7.11)$$

Per opportune scelte di $W(q)$ si possono calcolare le funzioni incognite $A^i(q)$.

Capitolo 24
Principi variazionali e simmetrie. II

24.1 Passaggio ai campi

In questo capitolo, con una trattazione euristica, passiamo dalle lagrangiane di punto
materiale del capitolo 23 a lagrangiane dipendenti da uno o più campi, assieme alle
loro derivate prime. Tali campi potranno essere campi scalari reali o complessi, o
sezioni di fibrati associati. Il funzionale d'azione diventa ora (i nostri sono integrali
di Lebesgue con forma di volume V_M)

$$S \equiv \int_M \mathcal{L} \, V_M. \tag{24.1.1}$$

Supporremo che la lagrangiana dipenda solo dai campi e dalle loro derivate prime
onde poter ottenere un problema di Cauchy per il quale valga un teorema di esistenza e unicità della soluzione. La porzione M di spaziotempo (quel che è realistico
è integrare su regioni magari grandi ma pur sempre finite) quadridimensionale sia
delimitata da due superfici σ_1 e σ_2 di tipo spazio, definite dalle equazioni $t = t_1$ e
$t = t_2$, rispettivamente. Se una superficie è di tipo spazio, detto n il vettore normale
ad essa e g la metrica spaziotemporale, si ha

$$g(n, n) = \sum_{\mu=0}^{3} n_\mu n^\mu < 0, \tag{24.1.2}$$

ovvero la normale è di tipo tempo. I campi φ_α sono supposti tendere a zero se
si riuscisse ad estendere M sino ad arrivare all'infinito spaziale, altrimenti bisogna considerare il loro comportamento sulla frontiera topologica della porzione di
spaziotempo.

Supponiamo ora di passare da un sistema di riferimento $\mathcal{O}$ ad un sistema di riferimento $\mathcal{O}'$ legato ad $\mathcal{O}$ da una trasformazione infinitesima delle coordinate, con
una associata trasformazione infinitesima dei campi (si ricordi che i sistemi di riferimento fanno uso non solo di opportuni assi, ma anche di *regoli rigidi* per misurare

le lunghezze). Pertanto possiamo scrivere le leggi di trasformazione infinitesima

$$x'^{\mu} = x^{\mu} + \delta x^{\mu}, \tag{24.1.3}$$

$$\delta_0 \varphi_\alpha(x) = \varphi'_\alpha(x) - \varphi_\alpha(x), \quad \delta \varphi_\alpha(x) = \varphi'_\alpha(x') - \varphi_\alpha(x). \tag{24.1.4}$$

Il postulato di Schwinger richiede che, in analogia formale alla (23.2.3), la variazione del funzionale d'azione sia espressa da

$$\delta S = F[\sigma_2] - F[\sigma_1], \tag{24.1.5}$$

dove F è un funzionale che andiamo a ricavare.

24.2 Variazione dell'azione

Se si effettuano le trasformazioni (24.1.3) e (24.1.4), l'azione S varia dell'ammontare (per semplificare la notazione, consideriamo temporaneamente il caso di un solo campo)

$$\delta S = \int_M \mathcal{L}(\varphi + \delta_0\varphi, \partial_\mu\varphi + \delta_0\partial_\mu\varphi)d^4x'(x) - \int_M \mathcal{L}(\varphi, \partial_\mu\varphi)d^4x, \tag{24.2.1}$$

ove, denotato con

$$j \equiv \det\frac{\partial x'^{\mu}}{\partial x^{\nu}} \tag{24.2.2}$$

lo jacobiano della trasformazione (24.1.3), si ha

$$d^4x'(x) = j \, d^4x, \tag{24.2.3}$$

e il calcolo approssimato fornisce

$$j \approx 1 + \sum_{\mu=0}^{3} \frac{\partial}{\partial x^{\mu}}\delta x^{\mu} + \mathrm{O}((\delta x)^2). \tag{24.2.4}$$

Pertanto troviamo, lavorando all'ordine lineare in δx e eseguendo la cancellazione esatta degli integrali di $\mathcal{L}d^4x$ di segno opposto,

$$\delta S = \int_M \left(\frac{\partial \mathcal{L}}{\partial \varphi} - \sum_{\mu=0}^{3} \partial_\mu \frac{\partial \mathcal{L}}{\partial(\partial_\mu\varphi)}\right)\delta_0\varphi \, d^4x$$

$$+ \sum_{\mu=0}^{3} \int_M \partial_\mu\left(\frac{\partial \mathcal{L}}{\partial(\partial_\mu\varphi)}\delta_0\varphi + \mathcal{L}\delta x^{\mu}\right)d^4x. \tag{24.2.5}$$

In tale formula, il primo integrando esprime le equazioni di Eulero-Lagrange per il campo φ o la n-pla di campi φ_α, mentre il secondo integrando, definito il termine di corrente avente componenti

$$J^\mu \equiv \frac{\partial \mathcal{L}}{\partial(\partial_\mu \varphi)}\delta_0\varphi + \mathcal{L}\delta x^\mu, \tag{24.2.6}$$

fornisce l'integrale di una divergenza totale che può essere studiato applicando il teorema della divergenza. Da tale teorema deduciamo che

$$\int_M \sum_{\mu=0}^{3} \partial_\mu J^\mu d^4x = \int_{\partial M} \sum_{\mu=0}^{3} J^\mu n_\mu ds = \int_{\sigma_2} \sum_{\mu=0}^{3} J^\mu n_\mu ds - \int_{\sigma_1} \sum_{\mu=0}^{3} J^\mu n_\mu ds. \tag{24.2.7}$$

Pertanto troviamo che, se valgono le equazioni di Eulero-Lagrange, la variazione dell'azione può essere posta nella forma (24.1.5) secondo il postulato di Schwinger.

Nel caso di una n-pla di campi, scriveremo che

$$\delta\varphi_\alpha = \varphi_\alpha'(x') - \varphi_\alpha(x) = \delta_0\varphi_\alpha(x) + \sum_{\nu=0}^{3} \partial_\nu \varphi_\alpha(x)\delta x^\nu, \tag{24.2.8}$$

e le componenti della corrente si ottengono dalle (24.2.6) e (24.2.8).

24.3 Postulati hamiltoniani

In teoria hamiltoniana, si definiscono per la n-pla di campi i momenti coniugati

$$\pi_\alpha^\mu \equiv \frac{\partial \mathcal{L}}{\partial(\partial_\mu \varphi_\alpha)}, \tag{24.3.1}$$

e si *postulano* le parentesi di Poisson fondamentali

$$\{\varphi_\alpha(x), \varphi_\beta(y)\} = 0, \tag{24.3.2}$$

$$\{\pi_\alpha^\mu(x), \pi_\beta^\nu(y)\} = 0, \tag{24.3.3}$$

$$\{\varphi_\alpha(x), \pi_\beta^\mu(y)\} = \delta_{\alpha\beta}\delta^{(4)}(x, y), \tag{24.3.4}$$

da cui si possono ottenere le parentesi di Poisson tra generici funzionali A e B:

$$\{A, B\}_\mu = \int \sum_\alpha \left(\frac{\delta A}{\delta\varphi_\alpha} \frac{\delta B}{\delta\pi_\alpha^\mu} - \frac{\delta A}{\delta\pi_\alpha^\mu} \frac{\delta B}{\delta\varphi_\alpha} \right) d^4x. \tag{24.3.5}$$

Fin qui abbiamo scritto la forma cosiddetta covariante delle equazioni (24.3.1)–(24.3.5), in cui non abbiamo ancora fatto distinzione tra la variabile temporale $x^0 = ct$ e le variabili spaziali x^i, $i = 1, 2, 3$. Un altro postulato fondamentale richiede che, una volta posto dalla (24.2.7)

$$F[\sigma] \equiv \int_\sigma \sum_{\mu=0}^{3} J^\mu n_\mu ds, \qquad (24.3.6)$$

per ogni osservabile $\Omega[\sigma]$ si abbia

$$\delta_0 \Omega[\sigma] = \{\Omega, F\}. \qquad (24.3.7)$$

24.4   Simmetrie e i loro generatori

Sotto traslazioni infinitesime

$$T : \ x^\mu \longrightarrow x'^\mu = x^\mu + \varepsilon^\mu, \qquad (24.4.1)$$

si ha

$$\varphi'_\alpha(x) = \varphi_\alpha(T^{-1}x) = \varphi_\alpha(x - \varepsilon) = \varphi_\alpha(x) - \sum_{\nu=0}^{3} \varepsilon^\nu \partial_\nu \varphi, \qquad (24.4.2)$$

e si può definire un tensore energia impulso (detto anche tensore canonico) avente componenti controvarianti

$$T^{\mu\nu} = \sum_{\lambda=0}^{3} (\eta^{-1})^{\lambda\nu} \left[\frac{\partial \mathcal{L}}{\partial(\partial_\mu \varphi_\alpha)} \partial_\lambda \varphi_\alpha - \delta_\lambda^\mu \mathcal{L} \right], \qquad (24.4.3)$$

mentre il funzionale $F[\sigma]$ della (24.3.6) assume la forma

$$F[\sigma] = - \sum_{\nu,\mu=0}^{3} \int \varepsilon_\nu n_\mu T^{\mu\nu} ds = - \sum_{\nu=0}^{3} \varepsilon_\nu P^\nu[\sigma]. \qquad (24.4.4)$$

Si suol dire allora che $P^\nu[\sigma]$ è il generatore delle traslazioni spaziotemporali.

Sotto trasformazioni di Lorentz, una n-pla di campi si trasforma come segue:

$$\varphi'_\alpha(x') = \sum_\beta \left[\delta_\alpha^\beta + \frac{1}{2} \sum_{\mu,\nu=0}^{3} \varepsilon^{\mu\nu} (I_{\mu\nu})_\alpha^\beta \right] \varphi_\beta(x), \qquad (24.4.5)$$

dove

$$(I_{\mu\nu})^{\alpha}_{\beta} = \delta^{\alpha}_{\mu}\eta_{\nu\beta} - \delta^{\alpha}_{\nu}\eta_{\mu\beta}. \tag{24.4.6}$$

Il funzionale F della (24.3.6) assume allora la forma (questo è un esercizio consigliato agli studenti, cf. De Alfaro 1984, Vitale 2020)

$$F[\sigma] = \frac{1}{2} \sum_{\mu,\nu=0}^{3} \varepsilon^{\mu\nu} J_{\mu\nu}[\sigma], \tag{24.4.7}$$

dove le $J_{\mu\nu}[\sigma]$ sono i generatori delle trasformazioni di Lorentz. In particolare, le $J_{ij}[\sigma]$ generano le rotazioni, e le $J_{0i}[\sigma]$ generano i boost (cf. il paragrafo 12.2). Le variazioni dei campi della n-pla obbediscono, in virtù della (24.3.7), all'equazione

$$\delta_0\varphi_\alpha = \frac{1}{2} \sum_{\mu,\nu=0}^{3} \varepsilon^{\mu\nu} \{\varphi_\alpha, J_{\mu\nu}[\sigma]\}. \tag{24.4.8}$$

24.5 Elettrodinamica nel vuoto in Minkowski

Questo paragrafo è dedicato ad una specifica teoria di campo. Per la teoria di Maxwell nel vuoto in assenza di cariche e correnti, nello spaziotempo (M,η) di Minkowski, consideriamo un funzionale d'azione ottenuto integrando su un insieme $\widetilde{M} \subset M$ la lagrangiana $-\frac{1}{4}\sum_{\mu,\nu=0}^{3} F_{\mu\nu}F^{\mu\nu}$. Poiché vale la (7.2.5), il calcolo ci mostra che

$$\begin{aligned}
\sum_{\mu,\nu=0}^{3} F_{\mu\nu} F^{\mu\nu} = {} & \sum_{\mu,\nu=0}^{3} \Big[(\partial_\mu A_\nu)(\partial^\mu A^\nu) - (\partial_\mu A_\nu)(\partial^\nu A^\mu) \\
& \quad - (\partial_\nu A_\mu)(\partial^\mu A^\nu) + (\partial_\nu A_\mu)(\partial^\nu A^\mu) \Big] \\
= {} & 2 \sum_{\mu,\nu=0}^{3} \Big[(\partial_\mu A_\nu)(\partial^\mu A^\nu) - (\partial_\mu A_\nu)(\partial^\nu A^\mu) \Big].
\end{aligned} \tag{24.5.1}$$

Ora osserviamo che (senza somma su indici ripetuti)

$$\partial_\mu(A_\nu \partial^\mu A^\nu) = (\partial_\mu A_\nu)\partial^\mu A^\nu + A_\nu \partial_\mu \partial^\mu A^\nu, \tag{24.5.2}$$

$$\partial_\mu(A_\nu \partial^\nu A^\mu) = (\partial_\mu A_\nu)\partial^\nu A^\mu + A_\nu \partial_\mu \partial^\nu A^\mu, \tag{24.5.3}$$

e pertanto

$$-\frac{1}{4} \sum_{\mu,\nu=0}^{3} F_{\mu\nu} F^{\mu\nu} = -\frac{1}{2} \sum_{\mu,\nu=0}^{3} A_\nu P^{\nu}_{\mu} A^\mu + \sum_{\mu=0}^{3} \partial_\mu B^\mu, \tag{24.5.4}$$

dove, usando l'operatore d'onda

$$\sum_{\rho,\lambda=0}^{3} (\eta^{-1})^{\rho\lambda}\partial_\lambda\partial_\rho = \sum_{\lambda=0}^{3}\partial_\lambda\partial^\lambda, \qquad (24.5.5)$$

abbiamo definito

$$P_\mu^\nu \equiv -\delta_\mu^\nu\Box + \partial^\nu\partial_\mu, \qquad (24.5.6)$$

$$B^\mu \equiv \frac{1}{2}\sum_{\nu=0}^{3} -A_\nu(\partial^\mu A^\nu - \partial^\nu A^\mu). \qquad (24.5.7)$$

Dunque possiamo alfine definire il funzionale d'azione

$$\begin{aligned}
S &\equiv \int_{\widetilde{M}} -\frac{1}{4}\sum_{\mu,\nu=0}^{3} F_{\mu\nu}F^{\mu\nu}d^4x + \int_{\widetilde{M}}\sum_{\mu=0}^{3}\partial_\mu(-B^\mu)d^4x \\
&= \int_{\widetilde{M}}\sum_{\mu,\nu=0}^{3}\left(-\frac{1}{2}A_\nu P_\mu^\nu A^\mu\right)d^4x \\
&= -\frac{1}{2}(A, PA).
\end{aligned} \qquad (24.5.8)$$

Come già nei paragrafi precedenti, si usa il teorema della divergenza per calcolare

$$\int_{\widetilde{M}}\sum_{\mu=0}^{3}\partial_\mu(-B^\mu)d^4x = \int_{\partial\widetilde{M}}\sum_{\mu=0}^{3}n_\mu(-B^\mu)d^3x, \qquad (24.5.9)$$

le n_μ essendo le componenti della 1-forma $\sum_{\mu=0}^{3}n_\mu E^\mu$ associata al vettore normale alla superficie di tipo spazio $\partial\widetilde{M}$.

L'operatore P_μ^ν non è invertibile. Un modo elegante e profondo di vederlo è mediante la trasformata di Fourier, ovvero costruendo il *simbolo*

$$\sigma(P_{\mu\nu}) \equiv k^2\eta_{\mu\nu} - k_\mu k_\nu = \sigma_{\mu\nu}, \qquad (24.5.10)$$

ove, come al solito,

$$k^2 = \eta(k,k) = \sum_{\mu,\nu=0}^{3} k^\mu\eta_{\mu\nu}k^\nu = \sum_{\nu=0}^{3}k_\nu k^\nu. \qquad (24.5.11)$$

Infatti, cercando per $\sigma_{\mu\nu}$ un inverso

$$\widetilde{\sigma}^{\mu\nu} = a(\eta^{-1})^{\mu\nu} + bk^\mu k^\nu, \qquad (24.5.12)$$

troviamo che dovrebbe aversi

$$\sum_{v=0}^{3} \sigma_{\mu v} \widetilde{\sigma}^{v\lambda} = \delta_{\mu}^{\lambda} = \sum_{v=0}^{3} (k^2 \eta_{\mu v} - k_\mu k_v)(a(\eta^{-1})^{v\lambda} + b k^v k^\lambda)$$
$$= k^2 a \delta_\mu^\lambda + k^2 b k_\mu k^\lambda - a k_\mu k^\lambda - k^2 b k_\mu k^\lambda$$
$$= k^2 a \delta_\mu^\lambda - a k_\mu k^\lambda = \delta_\mu^\lambda. \tag{24.5.13}$$

Dovrebbe allora aversi, simultaneamente, $a = \frac{1}{k^2}$ e $a = 0$, il che è impossibile, da cui segue che l'operatore P_μ^v non è invertibile. Occorre dunque fissare una *condizione supplementare*, più spesso chiamata *condizione di gauge*. La condizione di Lorenz (Lorenz 1867):

$$\sum_{\mu=0}^{3} \partial_\mu A^\mu = 0, \tag{24.5.14}$$

ne è un esempio. Quello che si fa è cercare un funzionale Φ della 1-forma di connessione: $\Phi : A \longrightarrow \Phi(A)$. Se, all'inizio dell'analisi, $\Phi(A) \neq 0$, si richiede che, dopo una trasformazione di gauge:

$$^{(\varepsilon)}A_\mu = A_\mu + \partial_\mu \varepsilon, \tag{24.5.15}$$

il potenziale gauge trasformato sia tale che (Jackson 2001)

$$\Phi(^{(\varepsilon)}A) = 0. \tag{24.5.16}$$

Nel caso in cui $\Phi = \Phi_L(A) = \sum_{\mu=0}^{3} \partial_\mu A^\mu$, la richiesta (24.5.16) conduce a

$$\sum_{\mu=0}^{3} \partial_\mu A^\mu + \sum_{\mu=0}^{3} \partial_\mu \partial^\mu \varepsilon = 0 \implies \Box \varepsilon = -\sum_{\mu=0}^{3} \partial_\mu A^\mu. \tag{24.5.17}$$

Dunque, ε deve essere una funzione di classe almeno C^2 che soddisfa l'equazione lineare inomogenea (24.5.17). La soluzione di tale equazione è somma di due funzioni:

$$\varepsilon = \varepsilon_0 + \varepsilon_1, \tag{24.5.18}$$

ove ε_0 soddisfa l'equazione d'onda scalare

$$\Box \varepsilon_0 = 0, \tag{24.5.19}$$

mentre, detta $U(x, y)$ la *soluzione fondamentale* per il d'Alembertiano:

$$\Box U(x, y) = \delta(x, y), \tag{24.5.20}$$

si ha

$$\varepsilon_1 = \int_{\widetilde{M}} U(x, y)\left(-\sum_{\mu=0}^{3} \partial_\mu A^\mu\right)(y)d^4 y$$

$$= \int_{\widetilde{M}} U(x, y)(-\Phi_L(A))(y)d^4 y. \qquad (24.5.21)$$

La verifica è immediata:

$$\Box\varepsilon = \Box\varepsilon_0 + \Box\varepsilon_1 = 0 + \int_{\widetilde{M}} \delta(x, y)(-1)\Phi_L(A)(y)d^4 y = -\Phi_L(A)(x),$$
$$(24.5.22)$$

che è appunto la (24.5.17).

Si deve dunque trovare l'inverso dell'operatore d'onda $\Box$; tale inverso è un operatore integrale con nucleo dato dalla soluzione fondamentale della (24.5.17). A volte basta un inverso approssimato di $\Box$, fornito dalla cosiddetta *parametrix*. Altre volte serve una soluzione fondamentale con una certa condizione al contorno, detta funzione di Green della (24.5.17) e denotata tramite $G(x, y)$. Ad esempio, usando la funzione di Green ritardata

$$G_R(x - y) = \frac{1}{2\pi}\theta(x^0 - y^0)\delta((x - y)^2), \qquad (24.5.23)$$

le equazioni di Maxwell con termine di corrente J^μ non nullo sono risolte, nella gauge di Lorenz, dal potenziale ritardato (De Alfaro 1984)

$$A^\mu(\vec{x}, x^0) = f^\mu(x) + \frac{1}{4\pi}\int \frac{J^\mu(\vec{y}, x^0 - |\vec{x} - \vec{y}|)}{|\vec{x} - \vec{y}|}d^3 y, \qquad (24.5.24)$$

ove f^μ risolve l'equazione d'onda omogenea $\Box f^\mu = 0$.

Capitolo 25
Sistemi hamiltoniani soggetti a vincoli

25.1 Vincoli primari e secondari

La procedura per definire l'hamiltoniana H come trasformata di Legendre della lagrangiana $\mathcal{L}$ (in questo capitolo non usiamo caratteri calligrafici per H, e per semplicità non studiamo teorie di campo; le nostre fonti principali sono la presentazione in Dirac (1964) e Esposito (1994)):

$$H = H_c = \sum_{i=1}^{n} p_i \dot{q}^i - \mathcal{L}, \tag{25.1.1}$$

entra in crisi quando la matrice hessiana (23.6.6) è singolare. Si trova allora che, in virtù della forma della lagrangiana, esistono delle funzioni

$$\varphi_m^{(1)} : \; T^*(Q) \longrightarrow \mathbb{R} \tag{25.1.2}$$

che si annullano su un certo sottoinsieme dello spazio delle fasi. Dirac ebbe tra l'altro il merito di capire che tali funzioni non sono identicamente nulle, ma si annullano solo su un sottoinsieme $\Sigma_c \subset T^*(Q)$, che qui assumiamo essere una varietà regolare nel senso del capitolo 4, e che viene detta la *varietà vincolare*. Su tutto $T^*(Q)$ si può dunque definire una *hamiltoniana effettiva*

$$\widetilde{H} \equiv H_c + \sum_{m=1}^{K} u_m(q, p)\varphi_m^{(1)}(q, p), \tag{25.1.3}$$

dove le funzioni u_m sono dei moltiplicatori di Lagrange inizialmente incogniti. Per costruzione, tale $\widetilde{H}$ si riduce a H_c sulla varietà regolare Σ_c definita dalle equazioni

$$\varphi_m^{(1)}\big|_{\Sigma_c} = 0. \tag{25.1.4}$$

G. Esposito, *Fondamenti Matematici della Teoria Classica dei Campi*, La Matematica per il 3+2, https://doi.org/10.1007/978-3-032-23198-7_25

La nomenclatura impiegata da Dirac in poi per indicare che valgono le (25.1.4) richiede che i *vincoli primari* $\varphi_m^{(1)}$ siano debolmente nulli:

$$\varphi_m^{(1)}(q, p) \approx 0, \tag{25.1.5}$$

ovvero nulli solamente su Σ_c (dunque il simbolo ≈ 0). Tali relazioni non vanno ovviamente confuse con le equazioni deboli della moderna analisi funzionale.

Notiamo che la procedura di estensione dell'hamiltoniana è ben lungi dall'essere unica. Ad esempio, si potrebbe invece definire

$$\widetilde{H} = H_c + \sum_{m=1}^{K} \sum_{j=1}^{W} u_m(q, p) F_j(\varphi_m^{(1)}(q, p)), \tag{25.1.6}$$

ove le F_j sono tali che

$$F_j\big|_{\Sigma_c} = 0 \ \forall \, j. \tag{25.1.7}$$

Si possono invero concepire numerose F_j siffatte, ad esempio (α denotando un parametro che serve a rendere adimensionali gli argomenti delle funzioni):

$$F_1 = \sin(\alpha \varphi_m^{(1)}), \ \ F_2 = -1 + \exp(\alpha \varphi_m^{(1)}), \ \ F_3 = \log(1 - \alpha \varphi_m^{(1)}),$$

come pure delle arbitrarie potenze positive di $\alpha \varphi_m^{(1)}$. La prescrizione (25.1.3) di Dirac si fa dunque preferire per la sua semplicità, ma certo non per la sua unicità. Dalla hamiltoniana (25.1.3) conseguono le equazioni del moto

$$\frac{d}{dt} q^i = \{q^i, \widetilde{H}\} = \{q^i, H_c\} + \sum_{m=1}^{K} \{q^i, u_m\} \varphi_m^{(1)} + \sum_{m=1}^{K} u_m \{q^i, \varphi_m^{(1)}\}$$

$$\approx \frac{\partial H_c}{\partial p_i} + \sum_{m=1}^{K} u_m(q, p) \frac{\partial}{\partial p_i} \varphi_m^{(1)}, \tag{25.1.8}$$

$$\frac{d}{dt} p_i = \{p_i, \widetilde{H}\} = \{p_i, H_c\} + \sum_{m=1}^{K} \{p_i, u_m\} \varphi_m^{(1)} + \sum_{m=1}^{K} u_m \{p_i, \varphi_m^{(1)}\}$$

$$\approx -\frac{\partial H_c}{\partial q^i} - \sum_{m=1}^{K} u_m(q, p) \frac{\partial}{\partial q^i} \varphi_m^{(1)}, \tag{25.1.9}$$

dove abbiamo sfruttato l'annullarsi debolmente dei vincoli primari nel passare dalla prima riga alla seconda. Dobbiamo ora assicurarci che i vincoli primari siano preservati nel tempo, ovvero che

$$\frac{d}{dt} \varphi_m^{(1)} = \{\varphi_m^{(1)}, \widetilde{H}\}$$

$$\approx \{\varphi_m^{(1)}, H_c\} + \sum_{j=1}^{K} u_j(q, p) \{\varphi_m^{(1)}, \varphi_j^{(1)}\} \approx 0. \tag{25.1.10}$$

A questo stadio, tre sono i casi possibili:

(1) La (25.1.10) è già soddisfatta poiché i vincoli primari $\varphi_m^{(1)}$ sono debolmente nulli.
(2) La (25.1.10) può essere risolta per i moltiplicatori di Lagrange: $u_j = u_j(q, p)$.
(3) La (25.1.10) conduce a *vincoli secondari* $\varphi_j^{(2)}(q, p)$ indipendenti dai moltiplicatori di Lagrange $u_h(q, p)$.

Tale procedura viene ripetuta fino a che tutti i vincoli secondari, e alfine tutti gli $u_j = u_j(q, p)$ sono stati calcolati, così che l'hamiltoniana effettiva $\widetilde{H}$, come funzione delle q e delle p, è completamente nota. L'insieme S_c di tutti i vincoli è allora dato da (noi chiamiamo secondari tutti i vincoli non primari, mentre altri autori (cf. Anderson e Bergmann 1951) distinguono fra secondari, terziari, ..., n-ari):

$$S_c \equiv \left\{ \varphi_m^{(1)}, m = 1, \ldots, K; \ \varphi_l^{(2)}, l = 0, 1, \ldots, M \right\}. \qquad (25.1.11)$$

In linguaggio geometrico, si possono calcolare i vincoli secondari $\varphi_j^{(2)}(q, p)$ definendo su $T^*(Q)$ il campo vettoriale (cf. la (23.5.12))

$$\Gamma \equiv \sum_{i=1}^{n} \left(\frac{\partial H_c}{\partial p_i} + \sum_{j=1}^{K} u_j(q, p) \frac{\partial \varphi_j^{(1)}}{\partial p_i} \right) \frac{\partial}{\partial q^i}$$

$$- \sum_{i=1}^{n} \left(\frac{\partial H_c}{\partial q^i} + \sum_{j=1}^{K} u_j(q, p) \frac{\partial \varphi_j^{(1)}}{\partial q^i} \right) \frac{\partial}{\partial p_i}, \qquad (25.1.12)$$

e poi calcolando la derivata di Lie $L_\Gamma \varphi_m^{(1)}$.

25.2 Vincoli di prima e seconda classe

Esiste tuttavia una ancor più conveniente e fondamentale suddivisione dell'insieme di tutti i vincoli. A tal fine, cominciamo col definire il seguente concetto:

Definizione 25.1 La funzione F su $T^*(Q)$ è una *funzione di prima classe* se (Dirac 1964, Hanson et al. 1976)

$$\{F, \varphi\} \approx 0, \ \forall \varphi \in S_c, \qquad (25.2.1)$$

e l'associato concetto:

Definizione 25.2 La funzione F su $T^*(Q)$ è di *seconda classe* se (Dirac 1964, Hanson et al. 1976)

$$\exists \varphi \in S_c : \ \{F, \varphi\} \not\approx 0. \qquad (25.2.2)$$

Dirac osservò che, mediante opportune combinazioni lineari, un certo numero di vincoli di seconda classe potrebbe esser portato nella prima classe. Dunque converremo di chiamare *vincoli di seconda classe irriducibili* quelli che restano di seconda classe. Indicheremo col simbolo $\varphi_m^{(I)}(q, p)$ i *vincoli di prima classe*, e col simbolo $\varphi_j^{(II)}(q, p)$ i vincoli di seconda classe. L'insieme S_c dei vincoli può anche essere suddiviso come segue:

$$S_c \equiv \left\{\varphi_m^{(I)}, m = 0, 1, \ldots, K'; \ \varphi_l^{(II)}, l = 0, 1, \ldots, M'\right\}, \qquad (25.2.3)$$

ove (cf. (25.1.11)) $K' + M' = K + M$. Inoltre useremo la notazione

$$\varphi_m^{(1,I)}(q, p), \ \varphi_m^{(1,II)}, \ \varphi_m^{(2,I)}(q, p), \ \varphi_m^{(2,II)}(q, p)$$

per i vincoli primari di prima classe, o primari di seconda classe, o secondari di prima classe, o secondari di seconda classe, rispettivamente. L'elettromagnetismo (capitolo 26) e la relatività generale sono teorie di campo con vincoli di prima classe, mentre i vincoli di seconda classe si incontrano ad esempio in teorie con torsione non nulla, o quando si impongono condizioni supplementari (o di gauge-fixing) in teorie con vincoli di prima classe (Hanson et al. 1976).

Dirac dimostrò mediante calcolo diretto che la matrice

$$C_{lm} \equiv \left\{\varphi_l^{(II)}, \varphi_m^{(II)}\right\} \qquad (25.2.4)$$

delle parentesi di Poisson dei vincoli di seconda classe è non singolare:

$$\det C_{lm} \neq 0.$$

Il passo successivo consiste nell'associare, ad ogni funzione $G : T^*(Q) \longrightarrow \mathbb{R}$, una nuova funzione (Hanson et al. 1976)

$$\widetilde{G} \equiv G - \sum_{l,m=1}^{M'} \left\{G, \varphi_l^{(II)}\right\}(C^{-1})_{lm}\varphi_m^{(II)}, \qquad (25.2.5)$$

da cui segue

$$\left\{\widetilde{G}, \varphi_r^{(II)}\right\} \approx 0, \ \forall r \in \{0, 1, \ldots, M'\}, \qquad (25.2.6)$$

ovvero $\widetilde{G}$ ha parentesi di Poisson debolmente nulla con tutti i vincoli di seconda classe, mentre

$$\left\{\widetilde{G}, \varphi_m^{(I)}\right\}$$

può essere debolmente non nulla per qualche $m \in \{0, 1, \ldots, K'\}$. Pertanto, definendo la *parentesi di Dirac* di due qualsivoglia funzioni $F_1, F_2 : T^*(Q) \longrightarrow \mathbb{R}$ come segue:

$$\{F_1, F_2\}^* \equiv \{F_1, F_2\} - \sum_{l,m=1}^{M'} \{F_1, \varphi_l^{(II)}\}(C^{-1})_{lm}\{\varphi_m^{(II)}, F_2\}, \qquad (25.2.7)$$

si trova che

$$\{G, \varphi_n^{(II)}\}^* = \{G, \varphi_n^{(II)}\} - \sum_{l,m=1}^{M'} \{G, \varphi_l^{(II)}\}(C^{-1})_{lm}C_{mn}$$

$$= \{G, \varphi_n^{(II)}\} - \{G, \varphi_n^{(II)}\} = 0, \ \forall G : T^*(Q) \longrightarrow \mathbb{R}. \qquad (25.2.8)$$

Dunque si riconosce che, rispetto alle parentesi di Dirac, i vincoli di seconda classe sono fortemente eguali a zero, e le parentesi di Dirac sono lo strumento necessario per ottenere questo e ridursi a trattare solamente vincoli di prima classe. Ovvero, è indifferente se poniamo a zero i vincoli di seconda classe prima o dopo aver calcolato le parentesi di Dirac in cui essi ricorrono.

25.3 Vari tipi di hamiltoniana estesa

Le hamiltoniane di interesse possono essere essenzialmente di quattro tipi:

(i)   L'hamiltoniana canonica H_c, ovvero la trasformata di Legendre della lagrangiana $\mathcal{L}$. Se vale la condizione (23.6.7), la H_c è la hamiltoniana di interesse, non serve altro.

(ii) L'hamiltoniana effettiva definita nella (25.1.3).

(iii) L'*hamiltoniana totale* H_T, ovvero

$$H_T = \widetilde{H} + \sum_{s=1}^{S} r_s(q, p)\psi_s^{(1, I)}(q, p). \qquad (25.3.1)$$

(iv) L'*hamiltoniana massimamente estesa* H_E, ossia

$$H_E \equiv \widetilde{H} + \sum_{m=1}^{S} \lambda_m(q, p)\varphi_m^{(1, I)}(q, p) + \sum_{j=1}^{K'-S} \mu_j(q, p)\varphi_j^{(2, I)}(q, p)$$

$$= H_T + \sum_{j=1}^{K'-S} \mu_j(q, p)\varphi_j^{(2, I)}(q, p). \qquad (25.3.2)$$

La (25.3.2) ci dice che è possibile aggiungere vincoli secondari alla hamiltoniana, purché essi siano di prima classe. Si può anche considerare uno schema intermedio, in cui si aggiungono solamente vincoli secondari di prima classe alla hamiltoniana canonica, ovvero

$$H_I \equiv H_c + \sum_{j=1}^{K'-S} \mu_j(q,p)\varphi_j^{(2,I)}(q,p). \tag{25.3.3}$$

Se si usa l'hamiltoniana H_E definita nella (25.3.2), le equazioni del moto assumono la forma

$$\frac{d}{dt}q^i \equiv \{q^i, H_E\} \approx \{q^i, \widetilde{H}\} + \sum_{m=1}^{S} \lambda_m(q,p)\{q^i, \varphi_m^{(1,I)}\}$$

$$+ \sum_{j=1}^{K'-S} \mu_j(q,p)\left\{q^i, \varphi_j^{(2,I)}\right\}, \tag{25.3.4}$$

$$\frac{d}{dt}p_i \equiv \{p_i, H_E\} \approx \{p_i, \widetilde{H}\} + \sum_{m=1}^{S} \lambda_m(q,p)\{p_i, \varphi_m^{(1,I)}\}$$

$$+ \sum_{j=1}^{K'-S} \mu_j(q,p)\left\{p_i, \varphi_j^{(2,I)}\right\}. \tag{25.3.5}$$

25.4 Una lagrangiana classica con vincoli

Sia data la lagrangiana (Corichi 1992, Esposito 1994)

$$\mathcal{L} \equiv (q_2 + q_3)\dot{q}_1 + q_4\dot{q}_3 + V(q_2, q_3, q_4), \tag{25.4.1}$$

ove

$$V(q_2, q_3, q_4) \equiv \frac{1}{2}\Big[(q_4)^2 - 2q_2q_3 - (q_3)^2\Big]. \tag{25.4.2}$$

Dalla definizione (23.2.1) dei momenti canonici, e dalla forma (25.4.1) della lagrangiana, troviamo quattro vincoli primari:

$$\varphi_1 \equiv (p_1 - q_2 - q_3) \approx 0, \tag{25.4.3}$$

$$\varphi_2 \equiv p_2 \approx 0, \tag{25.4.4}$$

$$\varphi_3 \equiv (p_3 - q_4) \approx 0, \tag{25.4.5}$$

$$\varphi_4 \equiv p_4 \approx 0. \tag{25.4.6}$$

Pertanto l'hamiltoniana canonica è

$$H_c \equiv \sum_{k=1}^{4} p_k \dot{q}_k - \mathcal{L} = (p_1 - q_2 - q_3)\dot{q}_1 + p_2 \dot{q}_2 + (p_3 - q_4)\dot{q}_3$$

$$+ \, p_4 \dot{q}_4 - V(q_2, q_3, q_4), \tag{25.4.7}$$

mentre l'hamiltoniana effettiva diventa in tal caso

$$\widetilde{H} \equiv H_c + \sum_{k=1}^{4} \Lambda_k \varphi_k = \sum_{k=1}^{4} \lambda_k \varphi_k - V(q_2, q_3, q_4), \tag{25.4.8}$$

ove $\lambda_k \equiv \Lambda_k + \dot{q}_k$.

La preservazione nel tempo dei vincoli primari non conduce stavolta a vincoli secondari, poiché

$$\{\varphi_1, \widetilde{H}\} = -(\lambda_2 + \lambda_3), \ \{\varphi_2, \widetilde{H}\} = \lambda_1 - q_3, \tag{25.4.9}$$

$$\{\varphi_3, \widetilde{H}\} = \lambda_1 - \lambda_4 - q_2 - q_3, \ \{\varphi_4, \widetilde{H}\} = -\lambda_3 + q_4. \tag{25.4.10}$$

L'annullamento di queste parentesi di Poisson fornisce il calcolo dei moltiplicatori di Lagrange, ovvero

$$\lambda_1 = q_3, \ \lambda_2 = -q_4, \ \lambda_3 = q_4, \ \lambda_4 = -q_2. \tag{25.4.11}$$

Le parentesi di Dirac non nulle del modello in esame sono

$$\{q_1, q_2\}^* = \{q_3, q_4\}^* = -\{q_2, q_4\}^* = 1, \tag{25.4.12}$$

$$\{p_3, q_2\}^* = -\{p_k, q_k\}^* = 2, \ k = 1, 3. \tag{25.4.13}$$

25.5 Quantizzazione con vincoli di prima classe

La parte finale di questo capitolo non è oggetto di esame di un corso di teoria classica dei campi, ma d'altronde ci è parso formativo aprire una finestra su come i concetti classici suggeriscono una via per quantizzare le teorie fisiche.

Supponiamo di studiare un sistema fisico regolato dall'equazione d'onda non relativistica di Schrödinger:

$$i\hbar \frac{\partial \psi}{\partial t} = \widehat{H}_T \psi, \tag{25.5.1}$$

ove $\widehat{H}_T$ è l'operatore che corrisponde alla hamiltoniana totale classica H_T della (25.3.1). Per il momento $\widehat{H}_T$ è un operatore non limitato e simmetrico, non si affronta qui il problema di trovare la sua estensione autoaggiunta. A quello stadio, il membro di sinistra della (25.5.1) si scriverebbe come $i\hbar\frac{d}{dt}$ (Maslov e Fedoriuk 1981).

L'idea di Dirac fu di imporre che la versione operatoriale di tutti i vincoli di prima classe, qui scritti come $\widehat{\varphi}_l^{(I)}$, debba annichilare la funzione d'onda:

$$\widehat{\varphi}_l^{(I)}\psi = 0, \quad \forall l = 1,\ldots,K'. \tag{25.5.2}$$

Scriviamo ora tale condizione con indice $l' \neq l$:

$$\widehat{\varphi}_{l'}^{(I)}\psi = 0. \tag{25.5.3}$$

Poi agiamo sulla (25.5.3) con $\widehat{\varphi}_l^{(I)}$, agiamo sulla (25.5.2) con $\widehat{\varphi}_{l'}^{(I)}$, e sottraiamo membro a membro le equazioni risultanti, da cui, usando la notazione familiare per il commutatore in meccanica quantistica, si ottiene

$$\left[\widehat{\varphi}_l^{(I)},\widehat{\varphi}_{l'}^{(I)}\right]\psi = 0. \tag{25.5.4}$$

Nella teoria classica, la controparte sarebbe senz'altro soddisfatta, poiché

$$\left\{\varphi_l^{(I)},\varphi_m^{(I)}\right\} = \sum_{k=1}^{K'} C_{lm}^{k}\varphi_k^{(I)}. \tag{25.5.5}$$

In teoria quantistica, tuttavia, non è a priori ovvio che si possa scrivere

$$\left[\widehat{\varphi}_l^{(I)},\widehat{\varphi}_m^{(I)}\right] = \sum_{k=1}^{K'} C_{lm}^{k}(\hat{q},\hat{p})\widehat{\varphi}_k^{(I)}(\hat{q},\hat{p}). \tag{25.5.6}$$

In altri termini, affinché la (25.5.4) discenda da (25.5.2) e (25.5.3), deve valere anche la condizione aggiuntiva (25.5.6). A questo stadio, il problema è tecnico, non sempre banale: nel calcolo del commutatore (25.5.6), le $C_{lm}^{k}(\hat{q},\hat{p})$ potrebbero non trovarsi tutte alla sinistra degli operatori $\widehat{\varphi}_k^{(I)}(\hat{q},\hat{p})$. Occorrono dunque opportune prescrizioni di ordinamento operatoriale, che possono o meno valere nei casi di interesse.

Inoltre, richiedendo che la funzione d'onda che soddisfa la condizione (25.5.4) e l'equazione di Schrödinger, continui a soddisfare la (25.5.4) dopo un breve intervallo di tempo, Dirac trova che dovrebbe aversi

$$\left[\widehat{\varphi}_l^{(I)},\widehat{H}_T\right]\psi = 0, \tag{25.5.7}$$

che è soddisfatta purché

$$\left[\widehat{\varphi}_l^{(I)},\widehat{H}_T\right] = \sum_{m=1}^{K'} b_{lm}(\hat{q},\hat{p})\widehat{\varphi}_m^{(I)}(\hat{q},\hat{p}). \tag{25.5.8}$$

Anche qui, potrebbe accadere che qualcuna delle $b_{lm}(\hat{q},\hat{p})$ non si trovi alla sinistra di $\widehat{\varphi}_m^{(I)}(\hat{q},\hat{p})$.

25.6 Quantizzazione con vincoli di seconda classe

Nelle sue *Lectures on Quantum Field Theory* (versione dattiloscritta nella ICTP Library), Dirac considera il caso di un sistema con due vincoli di seconda classe:

$$q^l \approx 0, \ p_l \approx 0. \tag{25.6.1}$$

È chiaro perché non li si può imporre come condizione supplementare sulla funzione d'onda: le relazioni

$$\hat{q}^l \psi = 0, \ \hat{p}_l \psi = 0$$

sarebbero inconsistenti con la relazione canonica di commutazione

$$[\hat{q}^l, \hat{p}_l]\psi = i\hbar\psi.$$

Dirac propone quindi di usare le sue parentesi di Poisson, ovvero quelle che noi chiamiamo parentesi di Dirac, per scartare la coppia q^l, p_l, nel senso che

$$\{q^l, p_l\}^* = 0, \ \{q^j, p_k\}^* = \delta^j_k, \ \forall \ j, k \neq l. \tag{25.6.2}$$

Una rappresentazione irriducibile delle parentesi di Dirac è allora fornita da

$$\widehat{Q}^l = 0, \ \widehat{P}_l = 0, \tag{25.6.3}$$

$$\widehat{Q}^j \psi = q^j \psi, \ \forall \ j \neq l, \tag{25.6.4}$$

$$\widehat{P}_k \psi = \frac{\hbar}{i}\frac{\partial \psi}{\partial q^k}, \ \forall \ k \neq l. \tag{25.6.5}$$

Il programma di quantizzazione si può dunque articolare in sette punti:

(1) Si individuano i vincoli di seconda classe irriducibili $\varphi_l^{(II)}$.
(2) Usando le parentesi di Dirac, questi vincoli irriducibili vengono posti fortemente eguali a zero.
(3) Per ogni funzione $f : T^*(Q) \longrightarrow \mathbb{R}$, le equazioni classiche del moto sono

$$\frac{d}{dt}f \approx \{f, H_T\}^*. \tag{25.6.6}$$

(4) Nella teoria quantistica, alle parentesi di Dirac corrispondono i commutatori, mentre i vincoli di seconda classe vengono realizzati come equazioni tra operatori.
(5) Si cerca di ottenere una rappresentazione irriducibile dell'algebra delle parentesi di Dirac.
(6) I restanti vincoli di prima classe diventano condizioni supplementari sulla funzione d'onda:

$$\widehat{\varphi}_k^{(I)}\psi = 0. \tag{25.6.7}$$

(7) Per gli operatori nella (25.6.7) devono essere verificate le relazioni di consistenza (25.5.6) e (25.5.8).

25.7 La via hamiltoniana oppure quella lagrangiana?

Le equazioni di Eulero-Lagrange (23.1.13) hanno natura *implicita*, ovvero esse forniscono una relazione tra le variabili piuttosto che una soluzione diretta per l'accelerazione (si rilegga la (23.6.5) e la discussione che ne segue). Invece, le equazioni del moto di Hamilton (23.5.11) sono *esplicite* in quanto forniscono direttamente la derivata temporale delle coordinate e dei momenti canonici. Dunque la via hamiltoniana viene spesso preferita in ambito fisico, anche perché fornisce un metodo sistematico, come abbiamo appena visto, per tentare di quantizzare una teoria fisica.

D'altro canto, la relatività spinge invece a fondare le teorie fisiche sul principio d'azione e dunque sulla lagrangiana, mentre una teoria hamiltoniana non è mai pienamente relativistica (ovvero non fa uso di tutti i diffeomorfismi spaziotemporali) e tende a non usare appieno l'unificazione di spazio e tempo. Questa dicotomia è uno degli aspetti più profondi delle moderne teorie fisiche. Nel capitolo 32, e poi alla fine del capitolo 34, arriveremo ad apprezzare appieno le potenzialità di un approccio lagrangiano alla teoria dei campi.

Capitolo 26
Vincoli in elettrodinamica classica

26.1 Fotoni con massa in elettrodinamica

Può essere istruttivo studiare dapprima un modello in cui la lagrangiana di Maxwell acquista un termine di massa aggiunto a mano, anche se questo ha *il serio difetto di rompere l'invarianza di gauge della teoria originaria*. Dunque assumiamo che si possa considerare nello spaziotempo di Minkowski la lagrangiana

$$\mathcal{L} = -\frac{1}{4} \sum_{\mu,\nu=0}^{3} F_{\mu\nu} F^{\mu\nu} - \frac{m^2}{2} \sum_{\mu=0}^{3} A_\mu A^\mu, \tag{26.1.1}$$

ove le componenti della 2-forma di campo elettromagnetico le abbiamo già incontrate nella (7.2.6). Adesso, con la convenzione $\mathrm{diag}(-,+,+,+)$ per la metrica dello spaziotempo di Minkowski, si ha (in unità $c = 1$)

$$\sum_{\mu-0}^{3} A_\mu A^\mu = -(A_0)^2 + \sum_{i-1}^{3} (A_i)^2, \ \partial^0 = -\partial_0 = -\frac{\partial}{\partial t},$$

$$F_{ij} = -\sum_{k=1}^{3} \varepsilon_{ijk} B^k, \ F^{0i} = E^i = \partial^0 A^i - \partial^i A^0, \tag{26.1.2}$$

e si definisce una densità di hamiltoniana (ove $\dot{A}^i = \frac{\partial A^i}{\partial t} = -\partial^0 A^i$)

$$\mathcal{H}_0 \equiv \sum_{i=1}^{3} \pi_i \dot{A}^i - \mathcal{L}, \tag{26.1.3}$$

G. Esposito, *Fondamenti Matematici della Teoria Classica dei Campi*, La Matematica per il 3+2, https://doi.org/10.1007/978-3-032-23198-7_26

ove i momenti coniugati sono (qui usiamo la notazione δ per le derivate rispetto a variabili che sono i campi)

$$\pi_i \equiv \frac{\delta \mathcal{L}}{\delta \dot{A}^i} = -E_i, \tag{26.1.4}$$

$$\pi_0 \equiv \frac{\delta \mathcal{L}}{\delta \dot{A}^0} \approx 0. \tag{26.1.5}$$

Dunque l'annullarsi di π_0 è un vincolo primario, e la sua preservazione nel tempo conduce a

$$\dot{\pi}_0 = \{\pi_0, H\} = \mathcal{G} = \sum_{i=1}^{3} \partial_i E^i + m^2 A_0, \tag{26.1.6}$$

ovvero al vincolo secondario dato dalla legge di Gauss. Le parentesi di Poisson a tempi eguali fra le componenti del potenziale elettromagnetico ed i momenti canonici sono

$$\{A^\mu(x), \pi_\nu(y)\}_{x^0=y^0} = \delta^\mu_\nu \, \delta^{(3)}(\overline{x} - \overline{y}), \tag{26.1.7}$$

pertanto troviamo

$$\{\mathcal{G}, \pi_0\}_{x^0=y^0} = m^2 \delta^{(3)}(\overline{x} - \overline{y}), \tag{26.1.8}$$

ovvero π_0 e $\mathcal{G}$ sono vincoli di seconda classe a causa del valore non nullo della massa nella lagrangiana.

L'hamiltoniana effettiva H_1 si ottiene integrando la seguente densità hamiltoniana:

$$\mathcal{H}_1 = \mathcal{H}_0 + \lambda(x)\pi_0(x) + \eta(x)\mathcal{G}(x), \tag{26.1.9}$$

ovvero

$$H_1 = \int \mathcal{H}_1(y) \, d^3 y. \tag{26.1.10}$$

Per preservare nel tempo i vincoli, dobbiamo studiare

$$\dot{\mathcal{G}}(x) = \{\mathcal{G}(x), H_1\}$$

$$= \left\{ \sum_{i=1}^{3} \partial_i E_i + m^2 A_0, \int (\mathcal{H}_0 + \lambda(y)\pi_0(y) + \eta(y)\mathcal{G}(y)) d^3 y \right\}, \tag{26.1.11}$$

ove

$$\left\{ \sum_{i=1}^{3} \partial_i E_i, \int \frac{1}{2} B^2(y) d^3 y \right\} = 0, \tag{26.1.12}$$

e dove inoltre, facendo uso delle (26.1.4) e (26.1.7), otteniamo

$$\left\{ \sum_{i=1}^{3} \partial_i E_i, \int \frac{1}{2} m^2 A^2(y) d^3 y \right\} = \sum_{i=1}^{3} \partial_i \int m^2 A^i(y) \delta^{(3)}(\overline{x} - \overline{y}) d^3 y$$

$$= m^2 \sum_{i=1}^{3} \partial_i A^i(x). \tag{26.1.13}$$

Per completare il calcolo della (26.1.11), ci occorre la parentesi di Poisson

$$m^2 \{A_0(x), H_1\} = m^2 \left\{ A_0(x), \int \lambda(y) \pi_0(y) \, d^3 y \right\}$$

$$= m^2 \lambda(x). \tag{26.1.14}$$

Dalle (26.1.11)–(26.1.14) scopriamo che la preservazione nel tempo della legge di Gauss conduce al calcolo del moltiplicatore di Lagrange $\lambda(x)$, ovvero

$$\dot{G}(x) = m^2 \left(\sum_{i=1}^{3} \partial_i A^i + \lambda(x) \right) = 0 \implies \lambda(x) = - \sum_{i=1}^{3} \partial_i A^i. \tag{26.1.15}$$

Per calcolare l'altro moltiplicatore di Lagrange, la funzione $\eta(x)$, dobbiamo preservare nel tempo il vincolo primario π_0 rispetto alla hamiltoniana effettiva H_1, osservando che si ha

$$\dot{\pi}_0 = \{\pi_0, H_1\} = \{\pi_0, H_0\} + \eta(x) \int \{\pi_0, m^2 A_0\} d^3 y, \tag{26.1.16}$$

$$H_0 = \int \left[\frac{1}{2} (\vec{E} \cdot \vec{E} + \vec{B} \cdot \vec{B}) - A_0 \sum_{i=1}^{3} \partial_i E^i + \frac{m^2}{2} \left(-A_0^2 + \sum_{i=1}^{3} A_i A^i \right) \right] d^3 y, \tag{26.1.17}$$

da cui segue che

$$\dot{\pi}_0 = G(x) - m^2 \eta(x) \approx 0 \implies \eta(x) = \frac{1}{m^2} G(x), \tag{26.1.18}$$

e alfine, dalle (26.1.10) e (26.1.9),

$$H_1 = \int \left[\frac{1}{2} (\vec{E}^2 + \vec{B}^2) + \frac{m^2}{2} \left(-A_0^2 + \sum_{i=1}^{3} A_i A^i \right) + \sum_{i=1}^{3} (-\partial_i A^i) \pi_0 \right.$$

$$\left. + \frac{1}{m^2} (\vec{\nabla} \cdot \vec{E})^2 + A_0 G \right] d^3 y, \tag{26.1.19}$$

avendo noi fatto uso della identità

$$\frac{1}{m^2}G^2 = \frac{1}{m^2}(\vec{\nabla} \cdot \vec{E})^2 + A_0 \vec{\nabla} \cdot \vec{E} + A_0 G, \qquad (26.1.20)$$

dove il termine $A_0 \vec{\nabla} \cdot \vec{E}$ cancella poi un termine di segno opposto proveniente dalla (26.1.17). Si noti che tale formula ha senso solo per massa non nulla, altrimenti divideremmo per zero nell'integrando, una operazione non definita.

26.2   Vincoli per Maxwell con massa nulla

Ponendo a zero dall'inizio il termine di massa per il fotone nella lagrangiana (26.1.1), si trovano i vincoli

$$\pi_0 \approx 0, \; G(x) = \vec{\nabla} \cdot \vec{E} \approx 0, \qquad (26.2.1)$$

ove la G esprime la legge di Gauss nel vuoto in assenza di cariche e correnti. L'hamiltoniana effettiva assume allora la forma

$$H_1 = \int \left[\frac{1}{2}(\vec{E}^2 + \vec{B}^2) - A_0 \vec{\nabla} \cdot \vec{E} + \lambda(y)\pi_0(y) + \eta \vec{\nabla} \cdot \vec{E}\right] d^3 y, \qquad (26.2.2)$$

e la preservazione nel tempo dei vincoli conduce ad equazioni automaticamente soddisfatte sulla varietà vincolare, ovvero

$$\dot{\pi}_0 = G(x) \approx 0, \; \dot{G}(x) = 0. \qquad (26.2.3)$$

Pertanto, nel caso a massa nulla, i moltiplicatori di Lagrange $\lambda(x)$ e $\eta(x)$ restano indeterminati, e i vincoli sono di prima classe, poiché

$$\{\pi_0(x), G(y)\} = 0. \qquad (26.2.4)$$

26.3   Ruolo dei vincoli di prima classe

Desideriamo ora comprendere che relazione esiste fra l'invarianza di gauge dell'elettrodinamica, che cambia le componenti della 1-forma A per l'aggiunta delle corrispondenti componenti del gradiente di una funzione χ, e l'esistenza di vincoli di prima classe nel caso a massa nulla. A tal fine, definiamo i funzionali (anche gli integrali precedenti erano funzionali con misura di Lebesgue $d^3 y$ per integrare su superfici di tipo spazio)

$$P[\sigma] \equiv \int \lambda(y)\pi_0(y)d^3y, \tag{26.3.1}$$

$$G[\sigma] \equiv \int \eta(y)\sum_{i=1}^{3}\partial_i E^i(y)d^3y. \tag{26.3.2}$$

Da tali definizioni si trova che

$$\{P[\sigma], H_1\} = \{G[\sigma], H_1\} = 0, \tag{26.3.3}$$

ovvero $P[\sigma]$ e $G[\sigma]$ sono costanti del moto. Ora ci chiediamo quali simmetrie infinitesime siano generate da queste costanti del moto. Invero, la trasformazione indotta su $A_\mu(x)$ è (Vitale 2020)

$$\begin{aligned}
\delta_{\pi_0} A_\mu(x) = \{A_\mu(x), P[\sigma]\} &= \int \{A_\mu(x), \lambda(y)\pi_0(y)\}d^3y \\
&= \delta_{0\mu}\lambda(x),
\end{aligned} \tag{26.3.4}$$

$$\begin{aligned}
\delta_G A_\mu(x) = \{A_\mu(x), G[\sigma]\} &= \int \left\{A_\mu(x), \sum_{i=1}^{3}\frac{\partial}{\partial y^i}E^i(y)\right\}\eta(y)d^3y \\
&= -\int\left(\sum_{i=1}^{3}\frac{\partial}{\partial y^i}\delta_\mu^i\delta(x-y)\right)\eta(y)d^3y = \sum_{j=1}^{3}(\partial_j\eta(x))\delta_\mu^j,
\end{aligned} \tag{26.3.5}$$

da cui otteniamo

$$\delta A_\mu = (\delta A_0, \delta A_i) = (\lambda(x), \partial_i\eta). \tag{26.3.6}$$

In particolare, se $\lambda(x) = \partial_0\eta$, questa è proprio la trasformazione di gauge del potenziale A_μ con η funzione arbitraria di classe C^1. Possiamo ora calcolare

$$\begin{aligned}
\delta_{\pi_0} F_{\mu\nu} = \delta_{\pi_0}(\partial_\mu A_\nu - \partial_\nu A_\mu) &= \partial_\mu\delta_{\pi_0}A_\nu - \partial_\nu\delta_{\pi_0}A_\mu \\
&= \delta_{0\nu}\partial_\mu\lambda - \delta_{0\mu}\partial_\nu\lambda,
\end{aligned} \tag{26.3.7}$$

$$\delta_G F_{\mu\nu} = \partial_\mu\left(\sum_{i=1}^{3}\partial_i\eta\delta_\nu^i\right) - \partial_\nu\left(\sum_{i=1}^{3}\partial_i\eta\delta_\mu^i\right). \tag{26.3.8}$$

Dunque si distinguono due casi:

(i) $\mu = i, \nu = j$, e quindi

$$\delta_{\pi_0}F_{ij} = 0, \quad \delta_G F_{ij} = (\partial_i\partial_j - \partial_j\partial_i)\eta = 0, \tag{26.3.9}$$

il che coorrisponde alla invarianza di gauge del campo magnetico nel vuoto.

(ii) $\mu = 0, \nu = i$, da cui

$$\delta_{\pi_0} F_{0i} = -\partial_i \lambda, \quad \delta_G F_{0i} = \partial_0 \partial_i \eta = \partial_i \partial_0 \eta, \tag{26.3.10}$$

e pertanto, se $\lambda = \partial_0 \eta$, F_{0i} è invariante sotto l'azione congiunta di $\left(\delta_{\pi_0} + \delta_G\right)$.
Il generatore delle trasformazioni di gauge è il funzionale

$$K[\sigma] = \int \left[(\partial_0 \eta)\pi_0 - \eta \sum_{i=1}^{3} \partial_i \pi^i\right] d^3 x. \tag{26.3.11}$$

I vincoli di prima classe riducono i gradi di libertà di $2J$, dove J è il numero di vincoli. Quindi, per l'elettrodinamica si ha $J = 2$, e i gradi di libertà sono in totale $8 - 4 = 4$. Si ha una riduzione pari a $2J$ poiché i vincoli forniscono le equazioni che definiscono la varietà vincolare, e inoltre generano le simmetrie di gauge. Nel caso di vincoli di seconda classe, la riduzione del numero di gradi di libertà eguaglia solo J, e dunque l'elettrodinamica con fotone con massa ha in totale $8 - 2 = 6$ gradi di libertà.

Per teorie di gauge di Yang-Mills con gruppo di struttura G non abeliano, posto $\dim(G) = k$, si ha la lagrangiana

$$\mathcal{L} = -\frac{1}{4} \sum_{\alpha=1}^{k} \sum_{\mu,\nu=0}^{3} F^{\alpha}_{\mu\nu} F^{\mu\nu}_{\alpha}, \tag{26.3.12}$$

alla quale sono associati k vincoli primari

$$\pi_0^{\alpha} \equiv \frac{\delta \mathcal{L}}{\delta \dot{A}_{\alpha}^0}, \tag{26.3.13}$$

e k vincoli secondari del tipo legge di Gauss:

$$\mathcal{G}^{\alpha} \equiv \dot{\pi}_0^{\alpha}. \tag{26.3.14}$$

Questi vincoli hanno parentesi di Poisson nulle tra loro, e quindi sono vincoli di prima classe che generano le trasformazioni di gauge.

Capitolo 27
Elettrodinamica classica in spazi curvi

27.1 Potenziali di Hertz e Debye in linguaggio vettoriale

Hertz (1889) introdusse un potenziale per il campo di Maxwell mentre studiava i campi di dipolo elettrico; la vera natura di questo potenziale fu compresa solo molto tempo dopo da Laporte e Uhlenbeck (1931). Si tratta di un tensore antisimmetrico di rango 2 (detto anche bivettore) collegato mediante derivate seconde al campo fisico, ovvero da derivate prime al familiare quadripotenziale. Infatti il potenziale scalare si ottiene da (Cohen e Kegeles 1974)

$$\varphi = -\vec{\nabla} \cdot \vec{P}_E,\qquad(27.1.1)$$

mentre il potenziale vettore viene espresso nella forma

$$\vec{A} = \frac{\partial \vec{P}_E}{\partial t} + \vec{\nabla} \wedge \vec{P}_M,\qquad(27.1.2)$$

di modo tale che i campi elettrico e magnetico sono rispettivamente

$$\vec{E} = \vec{\nabla} \wedge \left(-\frac{\partial \vec{P}_M}{\partial t} + \vec{\nabla} \wedge \vec{P}_E \right),\qquad(27.1.3)$$

$$\vec{B} = \vec{\nabla} \wedge \left(\frac{\partial \vec{P}_E}{\partial t} + \vec{\nabla} \wedge \vec{P}_M \right).\qquad(27.1.4)$$

Il *bivettore di Hertz* è la coppia $(\vec{P}_E, \vec{P}_M)$. Tali formule per $\vec{E}$ e $\vec{B}$, assieme alle equazioni di Maxwell nel vuoto in assenza di cariche e correnti (cf. (1.2.1)–(1.2.4)):

$$\vec{\nabla} \wedge \vec{E} + \frac{\partial \vec{B}}{\partial t} = 0, \quad \vec{\nabla} \cdot \vec{B} = 0,\qquad(27.1.5)$$

$$\vec{\nabla} \wedge \vec{B} - \frac{\partial \vec{E}}{\partial t} = 0, \quad \vec{\nabla} \cdot \vec{E} = 0,\qquad(27.1.6)$$

G. Esposito, *Fondamenti Matematici della Teoria Classica dei Campi*, La Matematica per il 3+2, https://doi.org/10.1007/978-3-032-23198-7_27

implicano che

$$\Box \vec{P}_E = 0, \ \Box \vec{P}_M = 0, \tag{27.1.7}$$

ove $\Box \equiv -\frac{\partial^2}{\partial t^2} + \vec{\nabla}^2$ è il familiare operatore d'onda di d'Alembert.

Un nuovo tipo di libertà di gauge, denominata da Nisbet (1955) *trasformazioni di gauge del terzo tipo*, è associata ai potenziali di Hertz. Qui consideriamo trasformazioni di gauge delle sorgenti, ovvero quei termini di gauge che possono apparire come sorgenti nelle equazioni d'onda per i vettori $\vec{P}_E$, $\vec{P}_M$ senza per questo inficiare l'assenza di sorgenti per il campo di Maxwell. Questi risultano essere bivettori della forma

$$\vec{Q}_E = \vec{\nabla} \wedge \vec{G}, \ \vec{Q}_M = -\frac{\partial \vec{G}}{\partial t} - \vec{\nabla}\gamma, \tag{27.1.8}$$

e

$$\vec{R}_E = -\frac{\partial \vec{W}}{\partial t} - \vec{\nabla}\tilde{w}, \ \vec{R}_M = -\vec{\nabla} \wedge \vec{W}, \tag{27.1.9}$$

ove (G, γ) e $(\vec{W}, \tilde{w})$ sono quadrivettori arbitrari. Secondo tale schema, le equazioni d'onda per i potenziali sono modificate e diventano

$$\Box \vec{P}_E = \vec{Q}_E + \vec{R}_E, \ \Box \vec{P}_M = \vec{Q}_M + \vec{R}_M, \tag{27.1.10}$$

mentre le nuove formule per i campi elettrico e magnetico sono

$$\vec{E} = \vec{\nabla} \wedge \left(-\vec{G} - \frac{\partial \vec{P}_M}{\partial t} + \vec{\nabla} \wedge \vec{P}_E \right), \tag{27.1.11}$$

$$\vec{B} = \vec{\nabla} \wedge \left(\vec{W} + \frac{\partial \vec{P}_E}{\partial t} + \vec{\nabla} \wedge \vec{P}_M \right). \tag{27.1.12}$$

La riduzione di Nisbet del bivettore di Hertz a due vettori puramente radiali (i potenziali di Debye (1909)) usa le trasformazioni di gauge appena introdotte. In questa rappresentazione, il potenziale è dato da

$$\vec{P}_E = \vec{e}_r P_E, \ \vec{P}_M = \vec{e}_r P_M, \tag{27.1.13}$$

dove $\vec{e}_r$ è il vettore radiale unitario, e i bivettori di gauge sono ottenuti dalle formule per $\vec{Q}_E, \vec{Q}_M, \vec{R}_E, \vec{R}_M$ ponendo ivi

$$\vec{G} = 0, \ \vec{W} = 0, \ \gamma = 2\frac{P_E}{r}, \ \tilde{w} = 2\frac{P_M}{r}. \tag{27.1.14}$$

Le funzioni P_E e P_M sono i potenziali di Debye, e le equazioni d'onda inomogenee (27.1.10) implicano che P_E e P_M obbediscono all'equazione d'onda (che, nella parte radiale, differisce dall'operatore di d'Alembert su scalari)

$$-\frac{\partial^2 \psi}{\partial t^2} + \frac{\partial^2 \psi}{\partial r^2} + \frac{1}{r^2}\left(\frac{1}{\sin(\theta)}\frac{\partial}{\partial \theta}\sin(\theta)\frac{\partial \psi}{\partial \theta} + \frac{1}{\sin^2(\theta)}\frac{\partial^2 \psi}{\partial \phi^2}\right) = 0. \qquad (27.1.15)$$

Le soluzioni della (27.1.15), che sono della forma

$$\psi = e^{-ikt}rz_l(Kr)Y_l^m(\theta,\phi), \qquad (27.1.16)$$

ove $z_l(kr)$ è una funzione di Bessel sferica e Y_l^m un'armonica sferica, danno luogo ai multipoli elettrici ($P_M = 0$) e magnetici ($P_E = 0$) statici ($k = 0$) e dinamici, quando inseriti nelle formule per $\vec{E}$, $\vec{B}$. Solo il campo di monopolo manca in tale schema, poiché le formule per $\vec{E}$, $\vec{B}$ annichilano la soluzione $l = 0$ dell'equazione d'onda per ψ.

Va sottolineato il ruolo essenziale (Cohen e Kegeles 1974) svolto dai termini di gauge γ e $\tilde{w}$ poiché, se l'operatore di d'Alembert viene calcolato esplicitamente con la scelta di Debye (27.1.13) dei vettori di Hertz, le espressioni risultanti contengono ciascuna tre componenti; è solo mediante l'aggiunta dei termini di gauge specificati al membro di destra delle (27.1.10) che ci si riduce ad avere due componenti di ciascuna equazione eguali ad identità, mentre la terza componente obbedisce all'equazione per $\psi(t,r,\theta,\phi)$. Dunque si ottiene una economia degna di nota usando i potenziali di Debye: il campo di Maxwell libero da sorgenti viene specificato da due funzioni scalari che obbediscono ad una singola equazione d'onda separabile.

Si può osservare che, mediante una opportuna scelta di direzione bivettoriale nello spaziotempo (la direzione rt, oppure la sua direzione duale $\theta\phi$) si è riusciti a diagonalizzare il potenziale di Hertz, ovvero si sono trovate le direzioni principali e i valori del bivettore di Hertz. In tal senso, si può diagonalizzare un qualsivoglia bivettore, con le direzioni principali risultanti che dipendono algebricamente dal bivettore stesso. È notevole che lo schema di Debye mostri che tutti i campi di Maxwell liberi da sorgenti possono essere espressi mediante potenziali bivettoriali di Hertz con le stesse direzioni principali, indipendenti dal campo di Maxwell, e determinate a priori.

Il problema della generalizzazione covariante dello schema di Debye può allora essere visto come la ricerca di una direzione bivettoriale speciale nello spaziotempo, determinata a priori e in modo geometrico, indipendentemente dai dettagli di un qualsivoglia campo di Maxwell particolare (Cohen e Kegeles 1974).

27.2   Forme differenziali per i potenziali di Hertz

Siamo ora interessati all'espressione mediante le forme differenziali, poiché, quando un'equazione è scritta in tale linguaggio, essa è, per costruzione, completamente covariante. Abbiamo allora la 2-forma di Maxwell (qui non ci restringiamo alla base coordinata)

$$F = \sum_{\mu,\nu=0}^{3} \frac{1}{2} F_{\mu\nu}\omega^{\mu} \wedge \omega^{\nu}, \qquad (27.2.1)$$

ove le ω^{μ} sono le 1-forme di base, e abbiamo (cf. capitolo 17) la derivata esterna d, la coderivata $\delta \equiv \star\, d\, \star$, e l'operatore

$$\Delta = d\delta + \delta d, \qquad (27.2.2)$$

che, nello spaziotempo di Minkowski, diventa l'operatore d'onda $\Box$. Le equazioni di Maxwell in assenza di cariche e correnti sono

$$dF = 0, \; d\, \star\, F = 0. \qquad (27.2.3)$$

Sulla seconda delle (27.2.3) agiamo da sinistra con lo $\star$ di Hodge, e dunque riesprimiamo le (27.2.3) nella forma

$$dF = 0, \; \delta F = 0. \qquad (27.2.4)$$

Alle equazioni per il potenziale scalare φ e vettore $\vec{A}$ corrisponde

$$A = \delta P, \qquad (27.2.5)$$

e alle equazioni per campi elettrico e magnetico corrisponde

$$F = d\delta P = -\delta dP \implies (d\delta + \delta d)P = 0 \implies \Delta P = 0, \qquad (27.2.6)$$

che corrisponde alle equazioni d'onda omogenee (27.1.7). Inoltre, le (27.2.4) sono immediatamente soddisfatte poiché

$$dF = dd\delta P = d^{2}\delta P = 0\delta P = 0, \qquad (27.2.7)$$
$$\delta F = \delta(-\delta dP) = -\delta^{2}dP = 0dP = 0, \qquad (27.2.8)$$

poiché

$$\delta^{2} = (\star d\star)(\star d\star) = \star d(\pm 1)d\star = \pm\, \star d^{2}\star = 0. \qquad (27.2.9)$$

Alle formule per $\vec{Q}_{E}$, $\vec{Q}_{M}$, $\vec{R}_{E}$, $\vec{R}_{M}$ corrispondono le 2-forme di gauge

$$Q = dG, \; R = \star dW, \qquad (27.2.10)$$

le G e W essendo 1-forme arbitrarie. Alle equazioni d'onda inomogenee per $\vec{P}_E$, $\vec{P}_M$ corrisponde

$$\Delta P = Q + R = dG + \star dW, \tag{27.2.11}$$

e alle equazioni per $\vec{E}$, $\vec{B}$ espressi come rotori della somma di tre vettori nelle (27.1.11) e (27.1.12) corrisponde

$$F = d\delta P - dG = -\delta dP + \star dW. \tag{27.2.12}$$

Tale 2-forma obbedisce alle equazioni (27.2.4) in virtù della nilpotenza di d e δ: $d^2 = 0, \delta^2 = 0$.

Le equazioni per ΔP e F rappresentano una generalizzazione completamente covariante dello schema dei potenziali di Hertz a tutti gli spaziotempo curvi. La riduzione di Debye di questo formalismo può essere riassunta come segue.

Usiamo il frame ortonormale sferico di Cartan, nel quale

$$\omega^0 = dt, \ \omega^1 = dr, \ \omega^2 = r\, d\theta, \ \omega^3 = r\sin(\theta)d\phi. \tag{27.2.13}$$

Scegliamo poi la 2-forma di Hertz scritta come

$$P = P_E\omega^0 \wedge \omega^1 + P_M\omega^2 \wedge \omega^3, \tag{27.2.14}$$

e selezioniamo 1-forme di gauge

$$G = 2\frac{P_E}{r}\omega^0, \ W = 2\frac{P_M}{r}\omega^0. \tag{27.2.15}$$

Allora l'equazione (27.2.11) dà luogo all'equazione d'onda per $\psi(t, r, \theta, \phi)$ per ciascuno di P_E e P_M, mentre la formula $F = d\delta P - dG$ fornisce i multipoli elettromagnetici noti in letteratura.

Va sottolineato che l'intero schema di Hertz non varrebbe più se la metrica fosse riemanniana anziché pseudoriemanniana, poiché, se lo spaziotempo fosse sostituito da una varietà di Riemann compatta, la teoria di Hodge (vedasi il capitolo 31) assicura che

$$\Delta P = 0 \iff dP = 0, \ \delta P = 0, \tag{27.2.16}$$

e si avrebbe l'assurdo che $A = \delta P = 0$, da cui $F = dA = d0 = 0$, e dunque si annullerebbero sia il campo elettrico che il campo magnetico. L'intera analisi si complica nel caso riemanniano non compatto, che supera le attuali competenze dell'autore. Risultati recenti su questioni collegate sono ottenuti in Sprössig (2010), Vargas (2014).

Nel caso invece di segnatura lorentziana della metrica (cf. Bouas 2011) sappiamo che esistono due campi di 2-forma di interesse fisico per la teoria di Maxwell. La coderivata δ, agendo su P, fornisce il campo di 1-forma A, mentre la derivata esterna d, agendo su A, fornisce la 2-forma di campo elettromagnetico. La A è definita a meno di un $d\alpha$, ove $\alpha = -G$ con la notazione usata in questo paragrafo.

27.3   Tensori per i potenziali di Hertz

Poiché il linguaggio delle forme differenziali è covariante, esiste un unico modo di riesprimere le formule che usano derivata esterna e coderivata nel linguaggio tensoriale. Per prima cosa, le equazioni di Maxwell (27.2.4) diventano (anche qui $\gamma = g^{-1}$)

$$(\nabla_\mu F)_{\nu\lambda} + (\nabla_\nu F)_{\lambda\mu} + (\nabla_\lambda F)_{\mu\nu} = 0, \tag{27.3.1}$$

$$\sum_{\rho,\mu=0}^{3} \gamma^{\mu\rho}(\nabla_\rho F)_{\mu\nu} = 0. \tag{27.3.2}$$

Il bivettore di Hertz è una 2-forma

$$P = \sum_{\mu,\nu=0}^{3} \frac{1}{2} P_{\mu\nu}\omega^\mu \wedge \omega^\nu, \tag{27.3.3}$$

ed esso è collegato al quadripotenziale come segue:

$$A = \delta P \implies A_\mu = -\sum_{\lambda,\rho=0}^{3} \gamma^{\lambda\rho}(\nabla_\rho P)_{\lambda\mu}. \tag{27.3.4}$$

La formula $F = dA = d\delta P$ diventa

$$
\begin{aligned}
F_{\mu\nu} &= -\sum_{\lambda,\rho=0}^{3} \nabla_\mu(\gamma^{\lambda\rho}(\nabla_\rho P)_{\lambda\nu}) + \sum_{\lambda,\rho=0}^{3} \nabla_\nu(\gamma^{\lambda\rho}(\nabla_\rho P)_{\lambda\mu}) \\
&= \sum_{\lambda,\rho=0}^{3} \Big[\nabla_\lambda(\gamma^{\lambda\rho}(\nabla_\rho P)_{\mu\nu}) - \gamma^{\lambda\rho}\nabla_\rho(\nabla_\mu P)_{\lambda\nu} \\
&\quad + \gamma^{\lambda\rho}\nabla_\rho(\nabla_\nu P)_{\lambda\mu} \Big].
\end{aligned}
\tag{27.3.5}
$$

Questa seconda riga implica che la controparte tensoriale delle equazioni d'onda

$$\Box \vec{P}_E = 0, \ \Box \vec{P}_M = 0, \ \Delta P = 0$$

assume la forma

$$
\sum_{\lambda,\rho=0}^{3} \gamma^{\lambda\rho}\Big\{ -\nabla_\lambda(\nabla_\rho P)_{\mu\nu} + \big[(\nabla_\rho\nabla_\mu - \nabla_\mu\nabla_\rho)P\big]_{\lambda\nu}
$$
$$
+ \big[(\nabla_\nu\nabla_\rho - \nabla_\rho\nabla_\nu)P\big]_{\lambda\mu}\Big\} = 0. \tag{27.3.6}
$$

Si noti che i commutatori di derivate covarianti in tale formula sono proporzionali alle componenti del tensore di Riemann. La dimostrazione che $F_{\mu\nu}$ nella (27.3.5) risolve le equazioni di Maxwell (27.3.1) e (27.3.2) richiede un calcolo attento. Per verificare la (27.3.1), scegliamo la prima riga della (27.3.5) per $F_{\mu\nu}$, e usiamo poi la proprietà

$$F_{\mu\nu} = (\nabla_\mu A)_\nu - (\nabla_\nu A)_\mu, \tag{27.3.7}$$

da cui

$$
\begin{aligned}
(\nabla_\mu F)_{\nu\lambda} &+ (\nabla_\nu F)_{\lambda\mu} + (\nabla_\lambda F)_{\mu\nu} \\
&= \left[(\nabla_\mu \nabla_\nu - \nabla_\nu \nabla_\mu) A \right]_\lambda + \left[(\nabla_\lambda \nabla_\mu - \nabla_\mu \nabla_\lambda) A \right]_\nu + \left[(\nabla_\nu \nabla_\lambda - \nabla_\lambda \nabla_\nu) A \right]_\mu \\
&= \sum_{\rho=0}^{3} \left(R^\rho{}_{\lambda\nu\mu} + R^\rho{}_{\nu\mu\lambda} + R^\rho{}_{\mu\lambda\nu} \right) A_\rho \\
&= \sum_{\rho=0}^{3} 3 R^\rho{}_{[\lambda\nu\mu]} A_\rho = 0,
\end{aligned} \tag{27.3.8}
$$

ove nella penultima riga ci si è avvalsi delle identità di Ricci, mentre nell'ultima riga si è fatto uso della simmetria ciclica del tensore di Riemann.

Per verificare la seconda equazione di Maxwell (27.3.2), esprimiamo $F_{\mu\nu}$ dalla seconda e terza riga della (27.3.5) e introduciamo un tensore di tipo $(0,3)$, con componenti

$$B_{\lambda\mu\nu} = (\nabla_\lambda P)_{\mu\nu} - (\nabla_\mu P)_{\lambda\nu} + (\nabla_\nu P)_{\lambda\mu}, \tag{27.3.9}$$

la cui quadridivergenza fornisce $F_{\mu\nu}$, ovvero

$$F_{\mu\nu} = \sum_{\rho,\lambda=0}^{3} \gamma^{\lambda\rho} (\nabla_\rho B)_{\lambda\mu\nu}. \tag{27.3.10}$$

Adesso troviamo che (Cohen e Kegeles 1974)

$$
\begin{aligned}
\sum_{\rho,\mu=0}^{3} \gamma^{\mu\rho} (\nabla_\rho F)_{\mu\nu} &= \sum_{\sigma,\rho,\mu,\lambda=0}^{3} \gamma^{\mu\sigma} \gamma^{\lambda\rho} \nabla_\sigma (\nabla_\rho B)_{\lambda\mu\nu} \\
&= \frac{1}{2} \sum_{\sigma,\rho,\mu,\lambda=0}^{3} \gamma^{\mu\sigma} \gamma^{\lambda\rho} \left[(\nabla_\sigma \nabla_\rho - \nabla_\rho \nabla_\sigma) B \right]_{\lambda\mu\nu} \\
&= \frac{1}{2} \sum_{\sigma,\lambda,\mu=0}^{3} \left(R^\sigma{}_\lambda{}^{\lambda\mu} B_{\sigma\mu\nu} + R^\sigma{}_\mu{}^{\lambda\mu} B_{\lambda\sigma\nu} + R^\sigma{}_\nu{}^{\lambda\mu} B_{\lambda\mu\sigma} \right).
\end{aligned}
$$

$$\tag{27.3.11}$$

Nella penultima riga della (27.3.11) abbiamo sfruttato l'antisimmetria di $B_{\lambda\mu\nu}$, e nell'ultima riga abbiamo adoperato le identità di Ricci. Nell'ultima riga della (27.3.11) i primi due termini si annullano separatamente, poiché il primo fattore è simmetrico e il secondo antisimmetrico in σ, μ (oppure σ, λ per il secondo termine). Il terzo termine è

$$-\frac{1}{2}\sum_{\sigma,\lambda,\mu=0}^{3} R_{\nu\sigma\lambda\mu}B^{\sigma\lambda\mu} = -\frac{1}{2}\sum_{\sigma,\lambda,\mu=0}^{3} R_{\nu[\sigma\lambda\mu]}B^{\sigma\lambda\mu}$$
$$= 0. \tag{27.3.12}$$

Quanto ai termini di gauge, si ha

$$Q = dG \implies Q_{\mu\nu} = (\nabla_\mu G)_\nu - (\nabla_\nu G)_\mu, \tag{27.3.13}$$

$$R = \star dW \implies R_{\mu\nu} = -\sum_{\rho,\lambda=0}^{3} \gamma^{\lambda\rho}(\nabla_\rho W)_{\lambda\mu\nu}, \tag{27.3.14}$$

ove $W_{\lambda\mu\nu} = W_{[\lambda\mu\nu]}$ ma per il resto è arbitrario. L'equazione d'onda (27.3.6) per il potenziale acquista ora un membro di destra RHS dato da

$$RHS = (\nabla_\mu G)_\nu - (\nabla_\nu G)_\mu - \sum_{\rho,\lambda=0}^{3} \gamma^{\lambda\rho}(\nabla_\rho W)_{\lambda\mu\nu}, \tag{27.3.15}$$

e si hanno inoltre le corrispondenze

$$F = d\delta P - dG \longrightarrow$$
$$F_{\mu\nu} = \sum_{\lambda,\rho=0}^{3} \gamma^{\lambda\rho}\Big[\nabla_\nu(\nabla_\rho P)_{\lambda\mu} - \nabla_\mu(\nabla_\rho P)_{\lambda\nu}\Big] + (\nabla_\nu G)_\mu - (\nabla_\mu G)_\nu, \quad (27.3.16)$$
$$F = -\delta dP + \star dW \longrightarrow$$
$$F_{\mu\nu} = \sum_{\lambda,\rho=0}^{3} \gamma^{\lambda\rho}\Big[\nabla_\lambda(\nabla_\rho P)_{\mu\nu} - \nabla_\rho(\nabla_\mu P)_{\lambda\nu} + \nabla_\rho(\nabla_\nu P)_{\lambda\mu} - (\nabla_\rho P)_{\lambda\mu\nu}\Big].$$
$$\tag{27.3.17}$$

La riduzione a due componenti di Debye (1909) si ottiene usando la base in coordinate sferiche per tensori, ove

$$P_{tr} = -P_{rt} = P_E, \quad P_{\theta\phi} = -P_{\phi\theta} = r^2 \sin(\theta) P_M, \tag{27.3.18}$$

mentre tutte le altre componenti si annullano. Per i termini di gauge, si assume

$$G_t = 2\frac{P_E}{r}, \quad W_{r\theta\phi} = 2r^2 \sin(\theta)\frac{P_M}{r}. \tag{27.3.19}$$

Con queste scelte, l'equazione (27.3.16) fornisce l'equazione d'onda per

$$\psi(t, r, \theta, \phi),$$

mentre la (27.3.17) fornisce i campi di multipolo elettromagnetico.

27.4 Lagrangiana di Maxwell in spazi curvi

In una varietà riemanniana o pseudoriemanniana, il calcolo del paragrafo 24.5 per la lagrangiana di Maxwell diventa

$$
\begin{aligned}
\mathcal{L} &= -\frac{1}{4} \sum_{\mu,\nu=0}^{3} ((\nabla_\mu A)_\nu - (\nabla_\nu A)_\mu)((\nabla^\mu A)^\nu - (\nabla^\nu A)^\mu) \\
&= -\frac{1}{2} \sum_{\mu,\nu=0}^{3} \left[(\nabla_\mu A)_\nu (\nabla^\mu A)^\nu - (\nabla_\mu A)_\nu (\nabla^\nu A)^\mu \right] \\
&= -\frac{1}{2} \sum_{\mu,\nu=0}^{3} \left[-A^\nu \nabla_\mu (\nabla^\mu A)_\nu + \nabla_\mu (A_\nu (\nabla^\mu A)^\nu) \right. \\
&\qquad \left. + A_\nu \nabla_\mu (\nabla^\nu A)^\mu - \nabla_\mu (A_\nu (\nabla^\nu A)^\mu) \right] \\
&= -\frac{1}{2} \sum_{\mu,\nu=0}^{3} A^\mu \left(-g_{\mu\nu} \Box + \nabla_\nu \nabla_\mu \right) A^\nu \\
&\quad + \sum_{\mu,\nu=0}^{3} \nabla_\mu \left(-\frac{1}{2} A_\nu (\nabla^\mu A)^\nu + \frac{1}{2} A_\nu (\nabla^\nu A)^\mu \right).
\end{aligned}
\tag{27.4.1}
$$

Dunque, definendo

$$
S^\mu \equiv \frac{1}{2} \sum_{\nu=0}^{3} A_\nu \left((\nabla^\nu A)^\mu - (\nabla^\mu A)^\nu \right),
\tag{27.4.2}
$$

e usando l'identità di Ricci (usiamo carattere calligrafico per il tensore di Ricci, onde evitare confusione con il termine di gauge (27.3.14)):

$$
\begin{aligned}
\sum_{\nu=0}^{3} \left[\nabla_\nu (\nabla_\mu A)^\nu - \nabla_\mu (\nabla_\nu A)^\nu \right] &= -\sum_{\nu,\rho=0}^{3} R_{\nu\mu\rho}{}^{\nu} A^\rho \\
&= \sum_{\nu,\rho=0}^{3} R_{\mu\nu\rho}{}^{\nu} A^\rho = \sum_{\rho=0}^{3} \mathcal{R}_{\mu\rho} A^\rho,
\end{aligned}
\tag{27.4.3}
$$

si trova alfine

$$-\frac{1}{4} \sum_{\mu,\nu=0}^{3} F_{\mu\nu} F^{\mu\nu} = -\frac{1}{2} \sum_{\mu,\nu=0}^{3} A^{\mu} P_{\mu\nu} A^{\nu} + \sum_{\mu=0}^{3} (\nabla_{\mu} S)^{\mu}, \qquad (27.4.4)$$

ove P è l'operatore

$$P_{\mu\nu} \equiv -g_{\mu\nu} \Box + \nabla_{\mu} \nabla_{\nu} + \mathcal{R}_{\mu\nu}. \qquad (27.4.5)$$

Se si impone la condizione di Lorenz come nel paragrafo 24.5, ci si può ridurre a studiare l'operatore

$$\widetilde{P}_{\mu\nu} = -g_{\mu\nu} \Box + \mathcal{R}_{\mu\nu}. \qquad (27.4.6)$$

Capitolo 28
Fondamenti della relatività generale

28.1 Il principio di equivalenza

Sappiamo sin dal primo capitolo che Einstein ha unificato spazio e tempo in un continuo quadridimensionale, la varietà spaziotempo (M, g), ove M è una varietà connessa, di Hausdorff (dati due qualsivoglia punti distinti $p, q \in M$, esistono sempre intorni disgiunti $I(p)$ e $I(q)$: $I(p) \cap I(q) = \emptyset$), $\dim(M) = 4$, e M è di classe C^∞. La g è una forma simmetrica, bilineare, non degenere:

$$g|_p : \ T_p(M) \otimes T_p(M) \longrightarrow \mathbb{R}, \ g(X_p, Y_p) = g(Y_p, X_p), \tag{28.1.1}$$

$$g_{\mu\nu} \equiv g\left(\frac{\partial}{\partial x^\mu}, \frac{\partial}{\partial x^\nu}\right), \ \det g_{\mu\nu} \neq 0, \tag{28.1.2}$$

ed esiste un campo vettoriale di tipo tempo $X : \ M \longrightarrow T(M)$ globalmente definito che rende possibile definire il concetto di *diretto nel futuro*. Ovvero, dato $v \in T_p(M)$ per il quale $g(v, v) < 0$ (v di tipo tempo) oppure $g(v, v) = 0$ (v di tipo luce), esso è *diretto nel futuro* se $g(X_p, v) < 0$, oppure *diretto nel passato* se $g(X_p, v) > 0$. A stretto rigor di termini, lo spaziotempo è una classe d'equivalenza di coppie (M, g) siffatte, due metriche essendo riguardate come equivalenti se esiste un diffeomorfismo che muta l'una nell'altra (Hawking e Ellis 1973).

Inoltre si assume che valga il *principio di equivalenza* in una delle due forme seguenti:

- *Forma debole*: il valore della massa inerziale eguaglia il valore della massa gravitazionale. Questo è stato verificato sperimentalmente con accuratezza crescente: da cinque parti su 10^9 fino a tre parti su 10^{14}.
- *Forma forte*: la gravitazione si accoppia al tensore energia impulso della materia, così che valgono le equazioni di Einstein

$$\mathcal{R}(X, Y) - \frac{1}{2}g(X, Y)\mathcal{R} = \frac{8\pi G}{c^4}T(X, Y)$$

$$\Longrightarrow \mathcal{R}_{\mu\nu} - \frac{1}{2}g_{\mu\nu}\mathcal{R} = \frac{8\pi G}{c^4}T_{\mu\nu}. \tag{28.1.3}$$

G. Esposito, *Fondamenti Matematici della Teoria Classica dei Campi*, La Matematica per il 3+2, https://doi.org/10.1007/978-3-032-23198-7_28

Cerchiamo ora di approfondire la comprensione del principio di equivalenza. Si può dire che esso equivale a fare due affermazioni (Pirani 1965):

(A) Il moto di una particella di prova in un campo gravitazionale è indipendente dalla sua massa e composizione. Pertanto, *la massa inerziale eguaglia la massa gravitazionale passiva*. In ambito newtoniano potremmo dire che, detta m_I la massa inerziale e m_P la massa gravitazionale passiva, allora per due particelle, etichettate 1 e 2, nelle leggi di Newton del moto e della gravitazione rispettivamente, deve aversi

$$(m_I)_1 \frac{d^2}{dt^2}\vec{r}_1 = \vec{F}_1, \ \ \vec{F}_1 = -(m_P)_1\vec{\nabla}\phi, \tag{28.1.4}$$

$$(m_I)_2 \frac{d^2}{dt^2}\vec{r}_2 = \vec{F}_2, \ \ \vec{F}_2 = -(m_P)_2\vec{\nabla}\phi, \tag{28.1.5}$$

ϕ essendo il potenziale gravitazionale newtoniano. Dalla (A) segue che

$$\frac{(m_I)_1}{(m_P)_1} = \frac{(m_I)_2}{(m_P)_2}. \tag{28.1.6}$$

Pertanto esiste una costante K, la stessa per tutte le particelle, tale che

$$m_P = K m_I. \tag{28.1.7}$$

Senza perdita di generalità, si può porre $K = 1$. In relatività generale, la (A) è una legge geodetica del moto, e può essere dedotta, per particelle di prova a simmetria sferica, dalle equazioni di campo di Einstein.

(B) La materia risente dell'azione dei campi gravitazionali ed è essa stessa sorgente di campo gravitazionale. Pertanto *la massa gravitazionale passiva eguaglia la massa gravitazionale attiva*. In ambito newtoniano, sia m_A la massa gravitazionale attiva. Se solo due particelle sono coinvolte, allora

$$\vec{F}_1 = -(m_P)_1\vec{\nabla}\phi_1, \ \ \vec{F}_2 = -(m_P)_2\vec{\nabla}\phi_2, \tag{28.1.8}$$

ove

$$\phi_1 = -\frac{G(m_A)_2}{r_{12}}, \ \ \phi_2 = -\frac{G(m_A)_1}{r_{12}}. \tag{28.1.9}$$

In aggiunta, la legge di azione e reazione richiede che

$$\vec{F}_1 + \vec{F}_2 = 0 \Longrightarrow (m_P)_1(m_A)_2 = (m_P)_2(m_A)_1, \tag{28.1.10}$$

e l'argomento prosegue come fatto per la (28.1.6). Questa equivalenza può essere difficilmente evitata in teorie ove il momento è conservato. In relatività generale l'equivalenza è meno evidente, ed è racchiusa nelle equazioni di Einstein (28.1.3) e nella equazione di conservazione

$$\sum_{\mu=0}^{3}(\nabla_\mu T)^{\lambda\mu} = 0 \qquad (28.1.11)$$

che ne consegue. Si può assumere il punto di vista (Pirani 1965) secondo il quale la relatività generale è costruita dall'enunciato (A) del principio di equivalenza, e dalla relatività speciale. In ogni evento, il principio di equivalenza implica che, in un sistema di riferimento che cade con particelle di prova gravitanti, nessun effetto gravitazionale verrà osservato se le misure sperimentali sono confinate ad una regione sulla quale la variazione del campo gravitazionale è troppo piccola per essere osservata, poiché in un riferimento nel quale una particella è in quiete, le altre non sono accelerate rispetto ad essa.

Tra i riferimenti in caduta libera, quelli che sono *dinamicamente non rotanti* possono essere distinti. In un tale riferimento, le particelle di prova sono in moto rettilineo, secondo la relatività speciale, e se esse sono inizialmente in quiete, permangono in quiete in questo riferimento.

Un sistema di riferimento *non rotante e in caduta libera* è detto un *riferimento inerziale*. La procedura di limite che conduce all'indietro dalla relatività generale alla relatività speciale può essere enunciata in termini di riferimenti inerziali (Pirani 1965):

(C$_1$)   Tutte le leggi della relatività speciale sono valide localmente in un riferimento inerziale. Questo va interpretato matematicamente a significare che lo spaziotempo va costruito montando assieme degli spazi di Minkowski locali. Altrimenti detto:

(C$_2$)   Non esiste alcun esperimento locale che distingue una caduta libera senza rotazione in un campo gravitazionale dal moto uniforme in uno spazio libero da campo gravitazionale, ovvero:

(C$_3$)   Un riferimento accelerato linearmente rispetto ad un riferimento inerziale è localmente identico ad un riferimento in quiete in un campo gravitazionale.

Da un lato, dunque, i fenomeni meccanici sono gli stessi in un laboratorio accelerato come nel campo gravitazionale terrestre (enunciato C$_3$); dall'altro lato, essi sono gli stessi in un laboratorio in quiete nello spazio libero da campi e in un laboratorio in caduta libera (enunciato C$_2$).

La formulazione matematica appropriata per descrivere questa situazione sperimentale è ottenuta generalizzando dalla relatività speciale, come segue. In relatività speciale, col sistema di coordinate adattato ad un riferimento inerziale, l'equazione del moto di una particella libera è

$$\frac{d^2 x^\lambda}{d\tau^2} = 0, \qquad (28.1.12)$$

ove

$$d\tau = \sqrt{\sum_{\nu,\rho=0}^{3} \eta_{\nu\rho} E^{\nu} \otimes E^{\rho}} \qquad (28.1.13)$$

è il tempo proprio sulla linea d'universo della particella. In un sistema di coordinate arbitrario e in un riferimento arbitrario, questa equazione si trasforma in

$$\frac{d^2 x^{\lambda}}{d\tau^2} + \sum_{\nu,\rho=0}^{3} \Gamma^{\lambda}_{\nu\rho} \frac{dx^{\nu}}{d\tau} \frac{dx^{\rho}}{d\tau} = 0, \qquad (28.1.14)$$

ove ora

$$d\tau = \sqrt{\sum_{\nu,\rho=0}^{3} \chi_{\nu\rho} E^{\nu} \otimes E^{\rho}}, \qquad (28.1.15)$$

la χ essendo una metrica piatta ma non minkowskiana, e i coefficienti $\Gamma^{\lambda}_{\nu\rho}$ dei termini inerziali, essendo i simboli di Christoffel di seconda specie:

$$\Gamma^{\lambda}_{\nu\rho} = \frac{1}{2} \sum_{\mu=0}^{3} (\chi^{-1})^{\lambda\mu} \left(\partial_{\nu} \chi_{\mu\rho} + \partial_{\rho} \chi_{\nu\mu} - \partial_{\mu} \chi_{\nu\rho} \right). \qquad (28.1.16)$$

Secondo la relatività generale le forze gravitazionali, come pure le forze inerziali, dovrebbero essere date dai coefficienti $\Gamma^{\lambda}_{\nu\rho}$. Su questa ipotesi, non si può più assumere che lo spaziotempo sia quello di Minkowski della relatività speciale. La più semplice generalizzazione è supporre che sia pseudoriemanniana con $\chi = g$ metrica spaziotemporale, e $\Gamma^{\lambda}_{\nu\rho}$ i simboli di Christoffel di seconda specie che competono a g. L'interpretazione dei $\Gamma^{\lambda}_{\nu\rho}$ come *termini di forza* conduce immediatamente all'identificazione di g col potenziale gravitazionale. Approdiamo pertanto alla relatività generale.

In tale ambito geometrico, basato sul principio di equivalenza, è naturale incorporare il principio di covarianza, l'asserzione che tutti i sistemi di coordinate sono equivalenti, ovvero che la teoria della gravitazione dovrebbe essere invariante sotto un gruppo di trasformazioni generali di coordinate, che soddisfano opportune condizioni di differenziabilità. L'importanza di questo principio è che dirige la nostra attenzione immediatamente verso entità geometriche che si trasformano sotto rappresentazioni di questo gruppo, ossia i tensori. Il tensore più semplice a nostra disposizione è il tensore di curvatura di Riemann, e ora andiamo a esporre le ragioni fisiche della sua importanza.

28.2 Significato fisico del tensore di Riemann

Mediante esperimenti più accurati e costosi, il fisico è in grado di distinguere il campo di accelerazione uniforme in un razzo dal campo gravitazionale non uniforme della Terra. Il concetto fondamentale è che la presenza di un campo gravitazionale genuino, quale distinto da un campo inerziale, viene verificata osservando la variazione del campo, anziché osservare il campo stesso. *Questa variazione è descritta dal tensore di curvatura di Riemann*, che specifica l'accelerazione relativa di particelle libere che sono l'una nell'intorno dell'altra.

Per capirlo, consideriamo congruenze di curve (ossia famiglie di curve tali che, per ogni punto dello spaziotempo (M, g), passa una ed una sola curva), e il concetto di derivata di Lie definito nel paragrafo 6.4. Ogni curva sia etichettata con tre coordinate y^β, $\beta = 1, 2, 3$, e riferita ad un parametro s:

$$x^a = x^a(y^\beta, s). \tag{28.2.1}$$

Un vettore di collegamento è un vettore che collega punti corrispondenti (con egual s) su due curve prossime della congruenza (aventi valori distinti di y^β), come mostrato nella Fig. 28.1. Per le curve in Fig. 28.1, si abbia

$$C : x^a = x^a(y^\beta, s), \quad C' : x^a = x^a(y^\beta + \delta y^\beta, s). \tag{28.2.2}$$

Il vettore di collegamento ha dunque componenti

$$\zeta^a = \delta x^a = \sum_{\beta=1}^{3} \frac{\partial x^a}{\partial y^\beta} \delta y^\beta. \tag{28.2.3}$$

Poiché i vettori di collegamento sono definiti così che essi collegano sempre punti di egual s, possiamo altrettanto bene pensare al vettore di collegamento come definito per ogni particolare valore di s, e poi esteso lungo le curve mediante trasporto di

Figura 28.1 Punti corrispondenti su due curve di una congruenza

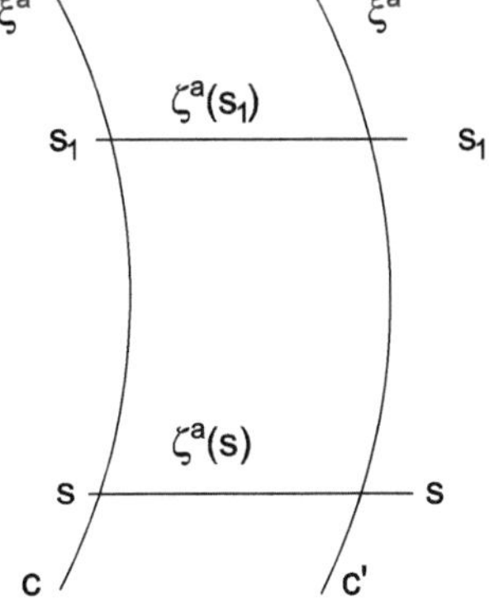

Lie. Pertanto esso soddisfa

$$(L_\xi \zeta)^a = 0. \tag{28.2.4}$$

Consideriamo ora il caso speciale di una congruenza di geodetiche di tipo tempo, ognuna parametrizzata col tempo proprio τ. Andiamo a costruire dei vettori di collegamento che sono ortogonali alle geodetiche della congruenza. L'operatore di proiezione $h^a_{\ b}$ sul 3-spazio ortogonale a v è dato da

$$h^a_{\ b} = \delta^a_{\ b} - v^a v_b \ (\text{ovvero } h = I - v \otimes v), \tag{28.2.5}$$

ed ha le proprietà

$$\sum_{b=0}^{3} h^a_{\ b} v^b = 0, \tag{28.2.6}$$

$$\sum_{b=0}^{3} a^b v_b = 0 \Longleftrightarrow \sum_{b=0}^{3} h^c_{\ b} a^b = a^c, \tag{28.2.7}$$

$$\sum_{b=0}^{3} h^a_{\ b} \, h^b_{\ c} = h^a_{\ c}, \tag{28.2.8}$$

$$\sum_{b=0}^{3} h^b_{\ b} = 3, \ h_{ab} = h_{ba}. \tag{28.2.9}$$

Inoltre, il campo tensoriale

$$\sum_{a,b=0}^{3} h^a_{\ b} \frac{\partial}{\partial x^a} \otimes dx^b$$

ha derivata di Lie nulla lungo v. Infatti, poiché v ha norma 1, si ha

$$\sum_{a=0}^{3} v^a v_{a;b} = \frac{1}{2} \left(\sum_{a=0}^{3} v^a v_a \right)_{;b} = 0, \tag{28.2.10}$$

e poiché v è tangente a geodetiche, abbiamo l'equazione geodetica

$$\sum_{b=0}^{3} v_{a;b} v^b = 0. \tag{28.2.11}$$

Segue allora dalle equazioni

$$(L_\xi \delta)^a_{\ b} = 0, \tag{28.2.12}$$

$$(L_\xi g)_{ab} = \xi_{a;b} + \xi_{b;a}, \tag{28.2.13}$$

che

$$(L_v v)_b = \sum_{c=0}^{3}(L_v g)_{bc} v^c = 2\sum_{c=0}^{3} v^c v_{(b;c)} = 0, \qquad (28.2.14)$$

da cui alfine

$$(L_v h)^a_{\ b} = 0. \qquad (28.2.15)$$

Definiamo ora il vettore di collegamento ortogonale, ovvero la proiezione orto-gonale del vettore di collegamento:

$$\eta^a = \sum_{b=0}^{3} h^a_{\ b}\zeta^b. \qquad (28.2.16)$$

Dall'annullarsi delle seguenti derivate di Lie:

$$(L_\xi \zeta)^a = 0,\ \ (L_v h)^a_{\ b} = 0, \qquad (28.2.17)$$

segue che

$$(L_v \eta)^a = 0, \qquad (28.2.18)$$

e pertanto

$$0 = (L_v L_v \eta)^a = \frac{D}{D\tau}(L_v \eta)^a = \frac{D}{D\tau}\left(\frac{D\eta^a}{D\tau} - \sum_{b=0}^{3} v^a_{\ ;b}\eta^b\right)$$

$$= \frac{D^2\eta^a}{D\tau^2} - \sum_{b,c=0}^{3} v^a_{\ ;bc}\eta^b v^c - \sum_{b=0}^{3} v^a_{\ ;b}\frac{D\eta^b}{D\tau}$$

$$= \frac{D^2\eta^a}{D\tau^2} - \sum_{b,c=0}^{3} v^a_{\ ;bc}\eta^b v^c - \sum_{b,c=0}^{3} v^a_{\ ;b}v^b_{\ ;c}\eta^c$$

$$= \frac{D^2\eta^a}{D\tau^2} - \sum_{b,c=0}^{3} v^a_{\ ;bc}\eta^b v^c + \sum_{b,c=0}^{3} v^a_{\ ;bc}v^b\eta^c - \sum_{b,c=0}^{3} \left(v^a_{\ ;b}v^b\right)_{;c}\eta^c \qquad (28.2.19)$$

dove, nella penultima riga, abbiamo sfruttato l'annullarsi della derivata di Lie di η lungo v. Notiamo ora che

$$\sum_{b,c=0}^{3} \left(v^a_{\ ;b}v^b\right)_{;c}\eta^c = 0 \qquad (28.2.20)$$

poiché la congruenza di curve è geodetica per ipotesi. Pertanto la (28.2.19) diventa

$$\frac{D^2\eta^a}{D\tau^2} + \sum_{b,c=0}^{3} v^a_{;bc}(v^b\eta^c - \eta^b v^c) = \frac{D^2\eta^a}{D\tau^2} + \sum_{b,c,d=0}^{3} R^a_{bcd}v^b\eta^c v^d = 0. \quad (28.2.21)$$

Questa è l'equazione della *deviazione geodetica*.

In sintesi, abbiamo stabilito le corrispondenze:

- campo gravitazionale $\longleftrightarrow$ simboli di Christoffel,
- variazioni del campo gravitazionale $\longleftrightarrow$ tensore di Riemann.

È il tensore di Riemann quello che si trasforma in modo omogeneo sotto trasformazioni di coordinate. Pertanto, *la possibilità di vedere o meno gli effetti del campo gravitazionale dipende dalla scelta del frame coordinato, mentre la comparsa di variazioni del campo gravitazionale è indipendente dal frame coordinato.*

Questo è in accordo esatto col principio di equivalenza. Inoltre, le variazioni nel campo gravitazionale possono essere messe in luce studiando l'accelerazione relativa di particelle di prova l'una nell'intorno dell'altra. Queste accelerazioni sono determinate dal tensore di Riemann attraverso l'equazione della deviazione geodetica.

28.3   Il principio di covarianza generale

Tale principio fu concepito da Einstein, e può essere enunciato in tre forme, che non sono esattamente equivalenti:

A. Tutti i sistemi di coordinate sono egualmente buoni per stabilire le leggi della fisica, e dovrebbero esser messi sullo stesso piano.
B. Le equazioni della fisica dovrebbero avere forma tensoriale.
C. Le equazioni della fisica dovrebbero avere la stessa forma in tutti i sistemi di coordinate.

Quando si usa la forma A, si desidera sottolineare che, sebbene non vi sia una connessione affine integrabile preferita nella teoria, non è possibile distinguere un insieme di sistemi di coordinate inerziali. Questa è, in qualche modo, una affermazione negativa, e non andrebbe eccessivamente enfatizzata. In casi particolari quando abbiamo una varietà spaziotempo che si riferisce ad una situazione fisica definita, ci sono certe coordinate che possono essere preferite ad altre. Ad esempio, quando consideriamo il campo di un corpo sfericamente simmetrico, ci aspettiamo che il campo stesso anche possegga la simmetria sferica, e certamente delle coordinate che sono adattate alla simmetria sferica vanno preferite rispetto ad altri sistemi di coordinate. Ma questo non andrebbe confuso con i contenuti dell'affermazione A, che in realtà dice che *non vi sono sistemi di coordinate inerziali in relatività generale* (Trautman 1965).

Quando si usa la forma B significa che se, in fisica, abbiamo una soluzione di una equazione in un sistema di coordinate e poi trasformiamo questa soluzione in un altro sistema qualsivoglia di coordinate, allora *la soluzione trasformata deve soddisfare l'equazione trasformata*. Le equazioni tensoriali hanno precisamente questa proprietà.

Veniamo ora alla forma C del principio di covarianza generale. Supponiamo che in un certo sistema di coordinate abbiamo una equazione

$$A_1 = 0, \tag{28.3.1}$$

ove A_b sono le componenti di un campo (ad esempio di un campo di 1-forma). Introduciamo poi un campo vettoriale U tale che $U = e_1$, ove $\{e_b\}$ è la base naturale associata alle coordinate. Allora, in qualsivoglia sistema di coordinate, l'equazione (28.3.1) può essere scritta nella forma

$$\sum_{b=0}^{3} U^b A_b = 0. \tag{28.3.2}$$

Questa procedura, tuttavia, coinvolge l'introduzione di un campo vettoriale ausiliario U. Secondo alcuni autori, non bisognerebbe introdurre strutture in aggiunta a quelle già presenti negli assiomi della teoria (ossia spaziotempo, connessione, ...) e in aggiunta a quelle necessarie a descrivere il sistema fisico.

Il problema non banale è capire quali strutture aggiuntive siano strettamente necessarie. Abbiamo già visto nel capitolo 24 che, anche solo nello spaziotempo di Minkowski, le equazioni di Maxwell nel vuoto vanno completate da una condizione supplementare. Vedremo nel capitolo 32 che tutte le teorie di gauge classiche posseggono le associate identità di Ward classiche, le (32.3.2), di cui comprenderemo il significato (e senza uscire dall'ambito della teoria classica dei campi).

28.4 L'azione di Einstein-Hilbert

Quando Einstein pervenne alle sue equazioni di campo (28.1.3) per la gravitazione, egli non sapeva ancora derivarle da un principio variazionale. Fu merito di Hilbert il capire che il membro di sinistra delle (28.1.3) si può ottenere a partire dal funzionale d'azione

$$\frac{c^4}{16\pi G} \int_M \mathcal{R} \sqrt{-\det(g_{\alpha\beta})}\, d^4x. \tag{28.4.1}$$

Adesso andiamo a dimostrare che, sotto variazioni rispetto alla metrica, tale azione fornisce le equazioni (28.1.3). Assumeremo che la connessione sia di Levi-Civita, e dimostreremo dapprima una proposizione.

Proposizione Sia (M, g) una varietà pseudoriemanniana. Sotto la trasformazione

$$g_{\mu\nu} \longrightarrow g_{\mu\nu} + \delta g_{\mu\nu}, \tag{28.4.2}$$

le componenti controvarianti di g, il determinante delle sue componenti covarianti e il tensore di Ricci variano come segue:

$$\delta\gamma^{\mu\nu} = -\sum_{\rho,\lambda=0}^{3} \gamma^{\rho\mu}\gamma^{\lambda\nu}\delta g_{\rho\lambda}, \tag{28.4.3}$$

$$\delta(\det g_{\alpha\beta}) = (\det g_{\alpha\beta})\sum_{\mu,\nu=0}^{3} \gamma^{\mu\nu}\delta g_{\mu\nu}$$

$$\Longrightarrow \delta\sqrt{|\det g_{\alpha\beta}|} = \frac{1}{2}\sqrt{|\det g_{\alpha\beta}|}\sum_{\mu,\nu=0}^{3} \gamma^{\mu\nu}\delta g_{\mu\nu}, \tag{28.4.4}$$

$$\delta\mathcal{R}_{\mu\nu} = \sum_{\rho=0}^{3} \nabla_\rho\delta\Gamma^\rho_{\nu\mu} - \nabla_\nu\sum_{\rho=0}^{3} \delta\Gamma^\rho_{\rho\mu}. \tag{28.4.5}$$

Dimostrazione Per ottenere la (28.4.3), consideriamo l'identità a cui obbediscono le componenti controvarianti della metrica, ovvero

$$\sum_{\lambda=0}^{3} g_{\rho\lambda}\gamma^{\lambda\nu} = \delta_\rho^{\ \nu}. \tag{28.4.6}$$

Da questa, calcolandone la variazione, si ottiene

$$0 = \delta\left(\sum_{\lambda=0}^{3} g_{\rho\lambda}\gamma^{\lambda\nu}\right) = \sum_{\lambda=0}^{3}\left[(\delta g_{\rho\lambda})\gamma^{\lambda\nu} + g_{\rho\lambda}\delta\gamma^{\lambda\nu}\right]. \tag{28.4.7}$$

A questo stadio, moltiplicando per $\gamma^{\mu\rho}$ e poi sommando su ρ, si trova la (28.4.3).
Per dimostrare la (28.4.4) notiamo dapprima l'identità

$$\log\det g_{\mu\nu} = \operatorname{tr}\log g_{\mu\nu}, \tag{28.4.8}$$

che può essere dimostrata diagonalizzando la matrice delle componenti covarianti $g_{\mu\nu}$ della metrica. Nella (28.4.8) la derivata funzionale rispetto a $g_{\mu\nu}$ fornisce

$$\delta|\det g_{\alpha\beta}| = |\det g_{\alpha\beta}|\sum_{\mu,\nu=0}^{3} \gamma^{\mu\nu}\delta g_{\mu\nu}, \tag{28.4.9}$$

da cui segue la (28.4.4).

Per dimostrare la (28.4.5) teniamo presente che, se ∇ e $\widetilde{\nabla}$ sono due connessioni, con coefficienti Γ e $\widetilde{\Gamma}$, sappiamo dai capitoli sulla geometria riemanniana che $\delta\Gamma = \widetilde{\Gamma} - \Gamma$ è un tensore di tipo $(1,2)$. Siano ora $\widetilde{\Gamma}^{\lambda}{}_{\mu\nu}$ i coefficienti associati alla metrica $g + \delta g$, mentre indichiamo con $\Gamma^{\lambda}{}_{\mu\nu}$ i coefficienti associati alla metrica g. Lavorando in coordinate normali, per le quali i coefficienti $\Gamma^{\lambda}{}_{\mu\nu}$ si annullano (ma non si annullano le loro derivate prime!), si trova

$$\delta\mathcal{R}_{\mu\nu} = \sum_{\rho=0}^{3}\left[\partial_{\rho}\delta\Gamma^{\rho}{}_{\nu\mu} - \partial_{\nu}\delta\Gamma^{\rho}{}_{\rho\mu}\right] = \sum_{\rho=0}^{3}\left[\nabla_{\rho}\delta\Gamma^{\rho}{}_{\nu\mu} - \nabla_{\nu}\delta\Gamma^{\rho}{}_{\rho\mu}\right]. \qquad (28.4.10)$$

Poiché ambo i membri di tale equazione sono tensori, l'eguaglianza vale in qualsiasi sistema di coordinate. Q.E.D.

Consideriamo ora l'azione di Einstein-Hilbert (28.4.1) in unità $c = 1$. Il calcolo della variazione dell'integrando fornisce

$$\begin{aligned}
\delta(\mathcal{R}\sqrt{-g}) &= \delta\left[\sum_{\mu,\nu=0}^{3}\gamma^{\mu\nu}\mathcal{R}_{\mu\nu}\sqrt{-g}\right]\\
&= \sum_{\mu,\nu=0}^{3}\left[\delta\gamma^{\mu\nu}\mathcal{R}_{\mu\nu}\sqrt{-g} + \gamma^{\mu\nu}\delta\mathcal{R}_{\mu\nu}\sqrt{-g}\right] + \mathcal{R}\delta(\sqrt{-g})\\
&= -\sum_{\rho,\lambda,\mu,\nu=0}^{3}\gamma^{\mu\rho}\gamma^{\nu\lambda}\delta g_{\rho\lambda}\mathcal{R}_{\mu\nu}\sqrt{-g}\\
&\quad + \sum_{\mu,\nu,\rho=0}^{3}\gamma^{\mu\nu}\left(\nabla_{\rho}\delta\Gamma^{\rho}{}_{\nu\mu} - \nabla_{\nu}\delta\Gamma^{\rho}{}_{\rho\mu}\right)\sqrt{-g}\\
&\quad + \frac{1}{2}\mathcal{R}\sqrt{-g}\sum_{\mu,\nu=0}^{3}\gamma^{\mu\nu}\delta g_{\mu\nu}. \qquad (28.4.11)
\end{aligned}$$

Poiché $\nabla g = 0$, la riga della (28.4.11) che contiene le derivate covarianti delle variazioni dei simboli di Christoffel di seconda specie è una divergenza totale:

$$\begin{aligned}
&\sum_{\mu,\nu,\rho=0}^{3}\left\{\nabla_{\rho}\left[\gamma^{\mu\nu}\delta\Gamma^{\rho}{}_{\nu\mu}\sqrt{-g}\right] - \nabla_{\nu}\left[\gamma^{\mu\nu}\delta\Gamma^{\rho}{}_{\rho\mu}\sqrt{-g}\right]\right\}\\
&= \sum_{\rho,\mu,\nu=0}^{3}\left\{\partial_{\rho}\left[\gamma^{\mu\nu}\delta\Gamma^{\rho}{}_{\mu\nu}\sqrt{-g}\right] - \partial_{\nu}\left[\gamma^{\mu\nu}\delta\Gamma^{\rho}{}_{\rho\mu}\sqrt{-g}\right]\right\}\\
&= T.D. \qquad (28.4.12)
\end{aligned}$$

Pertanto, dai termini restanti nella (28.4.11) si trova

$$\delta S_{EH} = \frac{1}{16\pi G} \sum_{\mu,\nu=0}^{3} \int_M \left(-\mathcal{R}^{\mu\nu} + \frac{1}{2}\mathcal{R}\gamma^{\mu\nu} \right) \delta g_{\mu\nu} \sqrt{-g}\, d^4 x$$

$$+ \int_M T.D.\, d^4 x. \tag{28.4.13}$$

Dalla (28.4.13), richiedendo che δS_{EH} sia al più un termine di superficie (cf. il principio di Schwinger-Weiss del paragrafo 23.2), si trovano le equazioni di Einstein nel vuoto

$$\mathcal{R}_{\mu\nu} - \frac{1}{2}g_{\mu\nu}\mathcal{R} = 0. \tag{28.4.14}$$

La trattazione rigorosa del termine di superficie nel principio d'azione per la relatività generale è stata studiata da molti autori. Qui rimandiamo in particolare al lavoro in York (1986).

Per un campo scalare reale con massa in spazi curvi, si ha l'azione

$$S = -\frac{1}{2} \int_M \left[\sum_{\mu,\nu=0}^{3} \gamma^{\mu\nu}(\nabla_\mu\phi)(\nabla_\nu\phi) + m^2\phi^2 \right] \sqrt{-g}\, d^4 x. \tag{28.4.15}$$

Se si pone

$$\delta S = \frac{1}{2} \int_M \sum_{\mu,\nu=0}^{3} T^{\mu\nu}\delta g_{\mu\nu} \sqrt{-g}\, d^4 x, \tag{28.4.16}$$

si trova il tensore energia impulso avente componenti covarianti

$$T_{\mu\nu} \equiv \frac{2}{\sqrt{-g}}\frac{\delta}{\delta\gamma^{\mu\nu}}S$$

$$= (\nabla_\mu\phi)(\nabla_\nu\phi) - \frac{1}{2}g_{\mu\nu}\sum_{\rho,\lambda=0}^{3}\gamma^{\rho\lambda}(\nabla_\rho\phi)(\nabla_\lambda\phi) - \frac{1}{2}g_{\mu\nu}m^2\phi^2. \tag{28.4.17}$$

Si noti che *la prescrizione di accoppiamento minimale*, secondo cui le derivate parziali ∂_μ vanno sostituite con le derivate covarianti ∇_μ per ottenere le equazioni di campo in spazi curvi, *va adottata già nell'azione*. Se la si applica solo nelle equazioni di Eulero-Lagrange in Minkowski, si ottengono inconsistenze (vedasi il caso Maxwell in Trautman (1965)).

Merita anche attenzione la natura geometrica del termine cinetico nell'integrando (28.4.15), in quanto esso coincide col *primo parametro differenziale* del campo ϕ:

$$\Delta_1\phi = \sum_{\mu,\nu=0}^{3} \gamma^{\mu\nu}(\nabla_\mu\phi)(\nabla_\nu\phi) = g^{-1}(d\phi, d\phi). \tag{28.4.18}$$

La teoria dei parametri differenziali svolse un ruolo importante nei primi anni di vita del calcolo differenziale assoluto (Esposito e Dell'Aglio 2019).

28.5 L'azione di Palatini

La gravitazione differisce dalle altre teorie di gauge, e l'origine di queste differenze può esser fatta risalire all'incollamento del fibrato dei frame lineari, $L(M)$, alla varietà di base. Se la varietà M ha n dimensioni, la forma di incollamento

$$\theta : T(L(M)) \longrightarrow \mathbb{R}^n$$

è definita come segue: se $e = (e_\mu) \in L(M)$ e $u \in T_e(L(M))$, allora $\theta^\mu(u)$ è la μ-ma componente, rispetto ad e, del vettore $T_e\pi(u)$, ottenuto proiettando u sulla base. Se $s : N \longrightarrow L(M)$ è una sezione locale di $L(M) \longrightarrow M$, ovvero un campo di frame su $N \subset M$, allora

$$s^\star \theta^\mu = s^\mu,$$

ove $s^\mu(p)$ è il μ-mo elemento del frame duale a $s(p)$, $p \in N$:

$$\langle s_\nu(p), s^\mu(p) \rangle = \delta^\mu_\nu.$$

Ad esempio, se (x^μ) è un sistema di coordinate locali in N e s è il campo dei frame coordinati associati a (x^μ), allora $s^\mu = dx^\mu$. Se $\omega = (\omega^\mu_\nu)$ è una connessione su $L(M)$, allora la derivata esterna covariante di θ è la 2-forma T di torsione (cf. (16.7.7))

$$T^\mu = d\theta^\mu + \sum_{\nu=0}^{3} \omega^\mu_\nu \wedge \theta^\nu. \tag{28.5.1}$$

Se M ha quattro dimensioni, si definisce

$$\beta_{\mu\nu\rho\sigma} : L(M) \longrightarrow \mathbb{R} \tag{28.5.2}$$

mediante

$$\beta_{0123}(e) \equiv \sqrt{|\det g_{\mu\nu}(e)|}, \quad \beta_{\mu\nu\rho\sigma} = \beta_{[\mu\nu\rho\sigma]}, \tag{28.5.3}$$

e si definiscono anche (cf. Trautman 1980)

$$\beta_{\mu\nu\rho} \equiv \sum_{\sigma=0}^{3} \theta^\sigma \beta_{\mu\nu\rho\sigma}, \quad \beta_{\mu\nu} \equiv \frac{1}{2} \sum_{\rho=0}^{3} \theta^\rho \wedge \beta_{\mu\nu\rho}, \tag{28.5.4}$$

$$\beta_\mu \equiv \frac{1}{2} \sum_{\nu=0}^{3} \theta^\nu \wedge \beta_{\mu\nu}, \quad \beta \equiv \frac{1}{4} \sum_{\mu=0}^{3} \theta^\mu \wedge \beta_\mu. \tag{28.5.5}$$

Al fine di apprezzare le differenze fra la gravitazione, intesa come una teoria basata su una connessione lineare e un tensore metrico, e una teoria su un fibrato principale senza incollamento, consideriamo alcune delle forme invarianti che possono essere costruite in ciascuno dei casi che seguono (Trautman 1980).

(i)   Supponiamo di avere una teoria di gauge su un fibrato $P \longrightarrow M$ con gruppo di struttura $G \subset \mathrm{GL}(4, \mathbb{R})$ basato su una forma di connessione $\omega = (\omega^{\mu}_{\nu})$, senza metrica e senza incollamento. Dalla forma di curvatura (cf. (16.7.8))

$$\Omega^{\mu}_{\nu} = D\omega^{\mu}_{\nu} = d\omega^{\mu}_{\nu} + \sum_{\rho=0}^{3} \omega^{\mu}_{\rho} \wedge \omega^{\rho}_{\nu} \qquad (28.5.6)$$

si costruiscono le forme chiuse

$$\sum_{\mu=0}^{3} \Omega^{\mu}_{\mu}, \ \sum_{\mu,\nu=0}^{3} \Omega^{\mu}_{\nu} \wedge \Omega^{\nu}_{\mu}. \qquad (28.5.7)$$

(ii) Se si aggiunge una metrica g su M, si può allora costruire il duale $^{\star}\Omega^{\mu}$, e la densità di lagrangiana conformemente invariante

$$\star \sum_{\mu,\nu=0}^{3} \Omega^{\mu}_{\nu} \wedge \Omega^{\nu}_{\mu}.$$

(iii) Se viene assegnata una forma di connessione ω su $L(M)$ allora, in aggiunta alla curvatura $\Omega \equiv d\omega + \omega \wedge \omega$, si costruisce la torsione $T \equiv d\theta + \omega \wedge \theta$.

(iv) Se sono assegnate ω su $L(M)$ e g su M, in aggiunta alle forme e invarianti dei casi precedenti, si possono costruire le β delle (28.5.4) e (28.5.5), come pure le seguenti:

La lagrangiana di Einstein-Cartan:

$$\frac{1}{2} \sum_{\mu,\nu=0}^{3} \beta_{\mu\nu} \wedge \Omega^{\mu\nu}.$$

La forma di Eulero

$$\sum_{\mu,\nu,\rho,\sigma=0}^{3} \beta_{\mu\nu\rho\sigma} \Omega^{\mu\nu} \wedge \Omega^{\rho\sigma}.$$

Il quadrato della torsione:

$$\sum_{\mu,\nu=0}^{3} g_{\mu\nu} \star T^{\mu} \wedge T^{\nu}.$$

È chiaro dunque che la gravitazione, vista come teoria basata su g e ω definite su $L(M)$ è più ricca di altre teorie di gauge.

È in questo ambito che si giunge a considerare l'azione di Palatini (Palatini 1919). Si tratta di un funzionale d'azione S per una connessione metrica, ma non necessariamente simmetrica. Coerentemente con la notazione del capitolo 16, scriviamo che (K essendo una costante)

$$S[\omega, \theta] = K \int \sum_{a,b} R_{ab} \wedge \star(\theta^a \wedge \theta^b), \qquad (28.5.8)$$

ove gli indici latini sono indici di Lorentz, e la 1-forma di tetrade e 2-forma di curvatura sono quelle definite in (16.6.8) e (16.7.10), rispettivamente.

Bisogna ora variare l'azione (28.5.8) sia rispetto a ω che rispetto a θ. Pertanto si trova

$$\delta_\theta S = 0 \implies \int \sum_{a,b,c,d} \delta\theta^d \wedge R^{ab}[\omega] \wedge \theta^c \varepsilon_{dabc} = 0. \qquad (28.5.9)$$

In tale equazione, la 3-forma

$$R^{ab}[\omega] \wedge \theta^c$$

è la 3-forma di massa energia. Inoltre si ha

$$K^{-1}\delta_\omega S = \int \sum_{a,b,c,d} \delta R^{ab}[\omega] \wedge \theta^c \wedge \theta^d \varepsilon_{abcd}, \qquad (28.5.10)$$

ove

$$\delta R^{ab} = \delta D\omega^{ab} = D\delta\omega^{ab}. \qquad (28.5.11)$$

Pertanto, usando l'identità

$$D(\delta\omega^{ab}) \wedge \theta^c \wedge \theta^d \varepsilon_{abcd} = D(\delta\omega^{ab} \wedge \theta^c \wedge \theta^d \varepsilon_{abcd}) - 2\delta\omega^{ab} \wedge T^c \wedge \theta^d \varepsilon_{abcd}, \qquad (28.5.12)$$

ove la 2-forma di torsione $T^c = D\theta^c$ dalla (16.7.7), la variazione di S rispetto a ω risulta proporzionale alla somma dell'integrale

$$\delta_1 \equiv \sum_{a,b,c,d} \int D(\delta\omega^{ab} \wedge \theta^c \wedge \theta^d \varepsilon_{abcd}) \qquad (28.5.13)$$

e dell'integrale

$$\delta_2 \equiv -2 \sum_{a,b,c,d} \int \delta\omega^{ab} \wedge T^c \wedge \theta^d \varepsilon_{abcd}. \qquad (28.5.14)$$

Usando il teorema di Stokes, δ_1 diventa l'integrale della somma di termini

$$\sum_{a,b,c,d} \delta\omega^{ab} \wedge \theta^c \wedge \theta^d \varepsilon_{abcd}$$

sulla frontiera topologica, mentre δ_2 si ottiene integrando

$$\sum_{a,b,c,d} \delta\omega^{ab} \wedge T^c \wedge \theta^d \, \varepsilon_{abcd}\,.$$

Pertanto la variazione dell'azione di Palatini rispetto a ω è proporzionale a

$$\sum_{c,d} T^c \wedge \theta^d \, \varepsilon_{abcd}\,,$$

mentre l'integrale di frontiera o si annulla o suggerisce di ridefinire l'azione totale aggiungendo un termine di segno opposto.

Se si usa l'azione di Palatini (28.5.8), si sta riguardando il gruppo di Lorentz come il gruppo di gauge della teoria. Detti τ_{ab} i generatori del gruppo di Lorentz, si ha

$$\omega = \sum_{a,b} \omega^{ab} \tau_{ab}, \quad R = D\omega = \sum_{a,b} R^{ab} \tau_{ab}\,,$$

e, detta $\mathcal{E}$ la 2-forma

$$\mathcal{E} \equiv \sum_{a,b} (\theta^a \wedge \theta^b) \tau_{ab}, \tag{28.5.15}$$

l'integrando nella (28.5.8) è proporzionale a

$$\mathrm{Tr}(R \wedge \star\mathcal{E})\,.$$

Si potrebbe invero aggiungere all'azione di Palatini un integrando proporzionale a (Vitale 2020)

$$\mathrm{Tr}(R \wedge \mathcal{E})\,,$$

perché è invariante di gauge. Tuttavia si tratterebbe di una aggiunta fatta *a mano*, dunque di interesse non primario.

Col gruppo di gauge dato dal gruppo di Lorentz, si hanno le proprietà di trasformazione

$$R \longrightarrow \Lambda R \Lambda^{-1}, \quad R \wedge \star\mathcal{E} \longrightarrow \Lambda(R \wedge \star\mathcal{E})\Lambda^{-1}. \tag{28.5.16}$$

Alla fine del capitolo 32 presenteremo la nostra visione sul ruolo della gravitazione fra le moderne teorie di gauge. Intanto possiamo dire che le tecniche di questo paragrafo si applicano, tra l'altro, a modelli di gravitazione non commutativa, per i quali indichiamo al lettore l'analisi in Di Grezia et al. (2014). Recenti sviluppi sull'azione di Palatini sono stati ottenuti da Chirco et al. (2025).

Fra la sterminata letteratura sulla relatività generale, suggeriamo in particolare gli articoli di Einstein tradotti in italiano in Pantaleo (1955), le lezioni in Trautman (1965), Trautman (1970), Trautman (1980), e poi le monografie di Hawking e Ellis (1973), Stewart (1990), Choquet-Bruhat (2009).

Capitolo 29
Gruppi di Lie a dimensione infinita

29.1   I gruppi di Lie a dimensione infinita

Questo capitolo presenta dapprima, seguendo Glöckner (2006), una breve rassegna dei problemi fondamentali nella teoria dei gruppi di Lie a dimensione infinita. Nella seconda parte si dimostra un importante risultato dovuto a Freifeld (1968): un intorno dell'identità non è ricoperto da sottogruppi ad un parametro quando il gruppo di Lie ha dimensione infinita.

In Glöckner (2006), l'autore presenta una utile rassegna di problemi aperti, che qui riassumiamo (cf. la presentazione in Glöckner e Neeb (2024)) per introdurre gli studenti alle ricerche moderne.

Mentre classi specifiche di gruppi di Lie a dimensione infinita (gruppi di operatori, gruppi di gauge, gruppi dei diffeomorfismi) sono state intensamente studiate e sono ben comprese, molto di meno è noto circa i generici gruppi di Lie a dimensione infinita, e si fa ancora riferimento soprattutto alle lezioni di John Milnor a Les Houches nel 1983 (Milnor 1984). Un possibile elenco minimale di aspetti importanti si può presentare come segue.

(1) Una varietà liscia modellata su uno spazio vettoriale topologico E localmente convesso è uno spazio topologico di Hausdorff M, assieme ad una famiglia di omeomorfismi da sottoinsiemi aperti di M in sottoinsiemi aperti di E, tali che i domini ricoprono M e le mappe di transizione sono lisce. La regolarità di mappe tra varietà è definita come nel caso a dimensione finita, come anche i prodotti di varietà. Un gruppo di Lie è un gruppo, munito di una struttura di varietà liscia e modellato su uno spazio E localmente convesso tale che le operazioni del gruppo sono mappe lisce. I gruppi di Lie modellati su spazi di Banach (Geroch 2013) sono detti gruppi di Banach-Lie. Come a dimensione finita, lo spazio tangente

$$\mathcal{L}(G) = T_1(G) \cong E \tag{29.1.1}$$

G. Esposito, *Fondamenti Matematici della Teoria Classica dei Campi*, La Matematica per il 3+2, https://doi.org/10.1007/978-3-032-23198-7_29

nell'elemento identico di un gruppo di Lie G può esser reso un'algebra di Lie topologica mediante l'identificazione con l'algebra di Lie dei campi vettoriali invarianti a sinistra su G (cf. paragrafo 9.3).

(2) Una volta assegnati un gruppo G di Lie, e un campo vettoriale $X \in \mathcal{L}(G)$, esiste al più un omomorfismo liscio

$$\gamma_X : \mathbb{R} \longrightarrow G \text{ tale che } \gamma_X'(0) = X. \tag{29.1.2}$$

Se γ_X esiste sempre, G è detto possedere una mappa esponenziale, che è definita mediante

$$\exp_G : \mathcal{L}(G) \longrightarrow G, \ \exp_G(X) \equiv \gamma_X(1). \tag{29.1.3}$$

Ci si può chiedere se ogni gruppo di Lie abbia una mappa esponenziale liscia. La questione è ancora ampiamente aperta: non si conosce né se la mappa esponenziale esista sempre né se sia liscia. In assenza di proprietà di completezza dello spazio su cui è modellato un gruppo di Lie, una mappa esponenziale non esiste necessariamente.

(3) Per ogni varietà M liscia e compatta, il gruppo $G = \mathrm{Diff}(M)$ dei diffeomorfismi di classe C^∞ di M può esser reso un gruppo di Lie, con la composizione intesa come la moltiplicazione gruppale, modellato sullo spazio $\chi(M)$ dei campi vettoriali lisci. Esso ha una mappa esponenziale liscia data da

$$\exp_G : \chi(M) \longrightarrow G, \ X \longrightarrow \Phi_X(1,\cdot), \tag{29.1.4}$$

ove $\Phi_X : \mathbb{R} \times M \longrightarrow M$ è il flusso del campo vettoriale X. Già per $M = S^1$, $\exp_G$ non è un diffeomorfismo locale all'origine, come vedremo nei paragrafi successivi (Freifeld 1968).

(4) Molti (ma non tutti) gruppi G di Lie a dimensione infinita sono localmente esponenziali nel senso che $\exp_G$ esiste ed è un diffeomorfismo locale di classe C^∞ in O. Un gruppo G di Lie localmente esponenziale è un gruppo di Lie del tipo Baker-Campbell-Hausdorff (BCH) se la moltiplicazione gruppale è analitica in coordinate esponenziali, ovvero se la funzione

$$(x, y) \longrightarrow x \star y = \exp_G^{-1}\Big(\exp_G(x)\exp_G(y)\Big) \tag{29.1.5}$$

è analitica su qualche intorno aperto dell'origine in $\mathcal{L}(G) \times \mathcal{L}(G)$. Allora $x \star y$ è dato dalla serie BCH.

Ci si potrebbe chiedere: se G è localmente esponenziale, oppure se G è analitico reale o analitico complesso, ne segue che G ha la proprietà BCH? Ebbene, la risposta ad entrambe le domande è negativa.

(5) Un gruppo di Lie G è detto regolare se tutte le equazioni differenziali ordinarie (ODE) di interesse per la teoria di Lie possono essere risolte in G, e se le soluzioni dipendono in modo liscio dai parametri.

(6) Con un linguaggio più accurato, un gruppo G di Lie è regolare se valgono le seguenti proprietà:

(a) Ogni curva liscia $\gamma : [0, 1] \longrightarrow \mathcal{L}(G)$ si presenta come derivata logaritmica sinistra di una curva liscia (necessariamente unica)

$$\eta : \ [0, 1] \longrightarrow G,$$

ovvero

$$\gamma(t) = \eta^{-1}(t)\eta'(t), \ \forall t \in [0, 1], \tag{29.1.6}$$

il prodotto al membro di destra essendo calcolato in $T(G)$.

(b) L'applicazione

$$C^{\infty}([0, 1], \mathcal{L}(G)) \longrightarrow G, \ \gamma \longrightarrow \eta(1) \tag{29.1.7}$$

è liscia, ove lo spazio $C^{\infty}([0, 1], \mathcal{L}(G))$ è munito dell'usuale topologia localmente convessa.

N.B. Ogni gruppo di Lie regolare ha una mappa esponenziale liscia.

(7) Nel caso a dimensione infinita, lo studio dei legami fra G e $\mathcal{L}(G)$ è appena incominciato. Si sa che un gruppo G di Lie connesso è abeliano se e solo se l'algebra di Lie $\mathcal{L}(G)$ è abeliana. Ma per G generico, con $\mathcal{L}(G)$ abeliana, non si può ancora dimostrare che G è commutativo.

(8) Neeb ha dimostrato che un gruppo G di Lie connesso è nilpotente se e solo se l'algebra di Lie $\mathcal{L}(G)$ è nilpotente.

29.2   Concetto di pseudogruppo

Con relazione al materiale studiato nel capitolo 3, gli esperti di geometria direbbero che, per ogni pseudogruppo di omeomorfismi dello spazio euclideo, si può definire la corrispondente categoria di varietà. Ad esempio, lo pseudogruppo completo degli omeomorfismi dà luogo alla teoria delle varietà topologiche, mentre il sottogruppo dei diffeomorfismi lisci dà luogo alla teoria delle varietà C^{∞}.

Ma cosa è uno pseudogruppo? Invero, seguendo Kobayashi e Nomizu (1963), possiamo dire che uno pseudogruppo di trasformazioni su uno spazio topologico S è un insieme Γ di trasformazioni che soddisfano le seguenti proprietà:

(1) Ogni $f \in \Gamma$ è un omeomorfismo di un insieme aperto (detto il dominio $D(f)$ di f) O_1 di S su un altro insieme aperto (detto l'immagine $\mathrm{Im}(f)$ di f) O_2 di S:

$$f : \ O_1 \subset S \longrightarrow O_2 \subset S. \tag{29.2.1}$$

(2) Dato $f \in \Gamma$, la sua restrizione ad O appartiene a Γ per ogni aperto O incluso in $D(f)$.

(3) Se U è una unione di aperti U_i di S, allora f, applicazione di U in un sottoinsieme aperto di S, appartiene a Γ se la sua restrizione a U_i appartiene a Γ per ogni i.

(4) Per ogni aperto U incluso in S, la restrizione della mappa identica ad U appartiene a Γ.

(5) Se f appartiene a Γ, allora anche l'inversa di f appartiene a Γ.

(6) Una volta assegnati in Γ gli omeomorfismi

$$f : U \longrightarrow V, \ f' : U' \longrightarrow V', \ V \cap U' \neq \emptyset, \qquad (29.2.2)$$

allora appartiene a Γ anche l'applicazione composta

$$f' \odot f : \ f^{-1}(V \cap U') \longrightarrow f'(V \cap U'). \qquad (29.2.3)$$

Un esempio di pseudogruppo è l'insieme $\Gamma^r(\mathbb{R}^n)$ di trasformazioni di classe C^r di $\mathbb{R}^n$. Queste sono omeomorfismi f di un aperto di $\mathbb{R}^n$ in un aperto di $\mathbb{R}^n$ tali che f e la sua inversa f^{-1} sono di classe C^r.

29.3 Il teorema di Freifeld

Nel 1895, S. Lie considerò il problema se una trasformazione abbastanza prossima all'identità in un gruppo di Lie possa essere congiunta alla trasformazione identica mediante una famiglia ad un parametro di trasformazioni. Nel 1968 Freifeld dimostrò che questo non è possibile nel caso a dimensione infinita. Per pseudogruppo di Lie, Freifeld intende un insieme di trasformazioni locali, invertibili, analitiche che sono soluzioni di un insieme di equazioni alle derivate parziali. Lie suppose inoltre che questo insieme contenesse sempre la trasformazione identica, che fosse chiuso sotto composizione quando la composizione era definita, e che l'inversa di ogni trasformazione appartenesse ancora all'insieme. Ad esempio, l'insieme delle trasformazioni locali, complesse e analitiche, invertibili su $\mathbb{C}^n$ (ovvero le equazioni di Cauchy-Riemann), l'insieme di tutte le trasformazioni invertibili, locali, analitiche di $\mathbb{R}^n$, S^n, sono pseudogruppi di Lie.

I gruppi infiniti di Lie e Cartan sono gruppi di Lie a dimensione infinita. Lie considerò solo trasformazioni analitiche, mentre Freifeld considerò sia il caso C^∞ che il caso analitico. Lie dimostrò che un intorno dell'identità è ricoperto da sottogruppi ad un parametro quando il gruppo di Lie ha dimensione finita.

In $\mathbb{C}$, siano U e V piccoli intorni aperti dell'origine, e sia l'applicazione $T : U \longrightarrow V$ definita da

$$T(x) = e^{\frac{2\pi i}{n}} x + \alpha x^{n+1}, \qquad (29.3.1)$$

ove $x \in \mathbb{C}, \alpha > 0, n = 1, 2, \dots$.

Teorema 29.1 (Freifeld 1968)   Esiste α tale che, per ogni numero naturale n, la trasformazione (29.3.1) non fa parte di un sottogruppo ad un parametro di trasformazioni locali e di classe C^∞.

N.B.   Quando scriviamo *prossimo all'identità* intendiamo che la trasformazione locale e le sue derivate sono uniformemente prossime all'identità in un piccolo intorno dell'origine.

Nel caso analitico (Sternberg 1961), ove sappiamo che T non giace su un gruppo ad un parametro di trasformazioni che fissano l'origine, abbiamo concluso. Resta da considerare il caso C^∞. Assegnata una trasformazione, possiamo considerare il suo sviluppo formale in serie di Taylor nell'origine. Se T appartiene al gruppo X_t ad un parametro, il suo sviluppo in serie di Taylor formale deve giacere sul gruppo ad un parametro di sviluppi in serie di Taylor formali degli X_t. Da qui in poi, la dimostrazione è quella presentata nel prossimo paragrafo.

Seconda parte della dimostrazione del teorema   Poiché le nostre considerazioni sono state locali, noi possiamo, in un opportuno intorno dell'origine, rendere liscia la trasformazione T in modo C^∞. Questo significa che, fuori dell'intorno, T è l'applicazione lineare

$$T(x) = e^{\frac{2\pi i}{n}} \, x.$$

Vorremmo essere in grado di rendere T prossima all'identità in tutti i punti, quindi dobbiamo poter rendere le derivate di αx^n prossime a zero e farle restare prossime a zero. A tal fine, si prende una funzione di smoothing che è costantemente eguale ad α attorno all'origine, e che è costantemente eguale a 0 fuori di un piccolo intervallo attorno all'origine. A tal fine si può esprimere $\alpha(x)$ come prodotto di una costante per un esponenziale, nella forma

$$\alpha(x) = \alpha \exp\left(\frac{(d-c)}{(x-c)(x-d)} \right), \tag{29.3.2}$$

ove (c, d) è un piccolo intervallo. Con valori piccoli di α e della misura di (c, d), gli esponenziali nelle derivate controlleranno le derivate di x^n. Pertanto possiamo rendere (cf. (29.3.1))

$$T(x) = e^{\frac{2\pi i}{n}} \, x + \alpha(x)x^n \tag{29.3.3}$$

tanto prossimo all'identità quanto desideriamo. In conclusione, per il gruppo dei diffeomorfismi C^∞ globali della retta complessa non ci sono intorni dell'identità che possono essere ricoperti da gruppi ad un parametro, ovvero *la congettura di Lie non vale per il gruppo dei diffeomorfismi di una varietà compatta.*

N.B.   I gruppi di Lie a dimensione infinita di Freifeld non sono modellati su spazi di Banach, e la condizione extra di uniformità, che serve per ottenere l'esistenza di una soluzione locale di una equazione differenziale ordinaria su spazio di Banach, non è soddisfatta perché la sua topologia dipende da tutte le derivate delle funzioni.

29.4 Dimostrazione del teorema di Freifeld

Se si potessero introdurre coordinate canoniche nel gruppo dei diffeomorfismi, si potrebbe fare a meno di tutto l'apparato che richiede l'uso di carte, atlanti et cetera nel parametrizzare il gruppo. Ogni diffeomorfismo potrebbe essere caratterizzato da un campo vettoriale finito, così come i diffeomorfismi infinitesimi prossimi all'identità possono essere caratterizzati da un campo vettoriale infinitesimo. E un campo vettoriale ha, come ben sappiamo, un significato indipendente da carte e atlanti.

Orbene i sottogruppi abeliani ad un parametro del gruppo dei diffeomorfismi non riempiono un intorno dell'identità. Se la varietà M in esame ha almeno due dimensioni, esistono diffeomorfismi di classe C^∞ arbitrariamente prossimi all'identità che non possono essere ottenuti mediante esponenziazione. Qui seguiamo DeWitt e Esposito (2008) nell'ottenere la dimostrazione. Per i nostri scopi, basta confinare l'attenzione al piano euclideo $\mathbb{R}^2$ oppure, in modo equivalente, al piano complesso $\mathbb{C}$. Sia $x \in \mathbb{C}$, e invece di scrivere x come somma:

$$x = \mathrm{Re}(x) + i\,\mathrm{Im}(x),$$

sostituiamo a x e al suo complesso coniugato due variabili indipendenti (x, x^*). Un diffeomorfismo di classe C^∞:

$$\xi : \; \mathbb{C} \longrightarrow \mathbb{C}, \;\; \xi : \; (x, x^*) \longrightarrow \xi(x, x^*) \tag{29.4.1}$$

è allora una funzione a valori complessi biunivoca, di classe C^∞ in x e in x^*, con inversa $x(\xi, \xi^*)$ che è di classe C^∞ sia in ξ che in ξ^*. Sia n un intero positivo, $\alpha \in \mathbb{R}^+$. Supponiamo che ξ abbia la forma analitica (29.3.1):

$$\xi(x, x^*) = e^{\frac{2\pi i}{n}}\, x + \alpha x^{n+1} \tag{29.4.2}$$

in un intorno finito dell'origine (ad esempio in un cerchio di raggio finito), e supponiamo che, all'esterno di tale intorno, ξ cambi in modo liscio a diventare la funzione identica (cf. paragrafo 29.3)

$$\xi(x, x^*) = x.$$

Scegliendo n grande e α piccolo, allora ξ e le sue derivate possono esser resi uniformemente prossimi a quelli dell'identità. Faremo ora vedere che ξ non giace su un sottogruppo ad un parametro di diffeomorfismi $\psi(t) : \; \mathbb{C} \longrightarrow \mathbb{C}$ di classe C^∞ tali che $\psi(0) = I$. A tal fine, procediamo per assurdo e supponiamo invece che $\xi(x, x^*)$ della (29.4.2) giaccia su un tale sottogruppo. Senza perdere di generalità, supponiamo che si abbia

$$\psi(0, x, x^*) = x, \;\; \psi(1, x, x^*) = \xi(x, x^*), \tag{29.4.3}$$

e che inoltre

$$\psi(s, \psi(t, x, x^*), \psi^*(t, x, x^*)) = \psi(t, \psi(s, x, x^*), \psi^*(s, x, x^*))$$
$$= \psi(s + t, x, x^*). \tag{29.4.4}$$

Osserviamo che il diffeomorfismo (29.4.2) lascia inalterata l'origine. Pertanto

$$\psi(0, 0, 0) = 0, \ \psi(1, 0, 0) = 0. \tag{29.4.5}$$

Definiamo

$$z(t) \equiv \psi(t, 0, 0). \tag{29.4.6}$$

La funzione z descrive una curva chiusa passante per l'origine nel piano complesso. Usando le (29.4.4) e (29.4.5), troviamo

$$\xi(z(t), z^*(t)) = \psi(1, z(t), z^*(t)) = \psi(1, \psi(t, 0, 0), \psi^*(t, 0, 0))$$
$$= \psi(t, \psi(1, 0, 0), \psi^*(1, 0, 0)) = \psi(t, 0, 0) = z(t), \tag{29.4.7}$$

il che implica che il diffeomorfismo (29.4.2) lascia fisso ogni punto su questa curva chiusa. Ma l'unica curva chiusa passante attraverso l'origine che la (29.4.2) lascia fissa è la curva degenere che consiste del singolo punto $x = 0$. Quindi, ciascuno dei diffeomorfismi $\psi(t)$ deve lasciare invariata l'origine:

$$\psi(t, 0, 0) = 0, \ \forall t. \tag{29.4.8}$$

Poiché ξ e i $\psi(t)$ sono di classe C^∞, possiamo considerare le loro serie di Taylor formali nell'origine. La serie di Taylor formale per ξ, che è soltanto la (29.4.2), deve giacere sul gruppo ad un parametro di serie di Taylor formali per i $\psi(t)$, che può essere scritto nella forma

$$\psi(t, x, x^*) = \sum_{m,p=0}^{\infty} a_{m,p}(t) x^m x^{*p}. \tag{29.4.9}$$

Inoltre, queste serie di Taylor formali devono soddisfare le (29.4.4). Alla luce delle (29.4.3) e (29.4.8), è evidente che

$$a_{0,0}(t) = 0 \ \forall t,$$
$$a_{1,0}(0) = 1, \ \text{gli altri } a_{m,p}(0) = 0,$$
$$a_{1,0}(1) = e^{\frac{2\pi i}{n}}, \ a_{n+1,0}(1) = \alpha, \ \text{gli altri } a_{m,p}(1) = 0. \tag{29.4.10}$$

Inoltre, inserendo la (29.4.9) nella (29.4.4) con $s = t = \frac{1}{2}$, si trova

$$
e^{\frac{2\pi i}{n}}x + \alpha x^{n+1} = \sum_{m,p=0}^{\infty} a_{m,p}\left(\frac{1}{2}\right)\left[\psi\left(\frac{1}{2},x,x^*\right)\right]^m\left[\psi^*\left(\frac{1}{2},x,x^*\right)\right]^p
$$

$$
= a_{1,0}\left(\frac{1}{2}\right)\left[a_{1,0}\left(\frac{1}{2}\right)x + a_{0,1}\left(\frac{1}{2}\right)x^* + \ldots\right]
$$

$$
+ a_{0,1}\left(\frac{1}{2}\right)\left[a_{1,0}^*\left(\frac{1}{2}\right)x^* + a_{0,1}^*\left(\frac{1}{2}\right)x + \ldots\right] + \ldots \tag{29.4.11}
$$

da cui

$$
e^{\frac{2\pi i}{n}} = \left[a_{1,0}\left(\frac{1}{2}\right)\right]^2 + \left|a_{0,1}\left(\frac{1}{2}\right)\right|^2, \tag{29.4.12}
$$

$$
0 = a_{0,1}\left(\frac{1}{2}\right)\mathrm{Re}\,a_{1,0}\left(\frac{1}{2}\right). \tag{29.4.13}
$$

Supponiamo che $a_{0,1}\left(\frac{1}{2}\right)$ non si annulli. Allora $a_{1,0}\left(\frac{1}{2}\right)$ deve essere puramente immaginario, e il membro di destra della (29.4.12) deve essere un numero reale, il che contraddice il membro di sinistra. Pertanto

$$
a_{0,1}\left(\frac{1}{2}\right) = 0, \; a_{1,0}\left(\frac{1}{2}\right) = e^{\frac{1}{2}\left(\frac{2\pi i}{n} + 2\pi i K\right)}, \tag{29.4.14}
$$

ove K è un intero. Ripetendo questo ragionamento per $s = t = \frac{1}{4}$, $s = t = \frac{1}{8}$, ..., si ottiene, per continuità,

$$
a_{0,1}(t) = 0 \; \forall t, \; a_{1,0}(t) = e^{\beta t}, \; \beta = 2\pi i\left(\frac{1}{n} + K\right). \tag{29.4.15}
$$

Ora possiamo scrivere che

$$
\psi(t,x,x^*) = e^{\beta t}x + \sum_{m+p\geq 2} a_{m,p}(t)x^m x^{*p}. \tag{29.4.16}
$$

L'inserimento di questa serie formale nella (29.4.4) fornisce

$$
a_{m,p}(s+t) = e^{\beta s}a_{m,p}(t) + e^{(m-p)\beta t}a_{m,p}(s), m + p = 2. \tag{29.4.17}
$$

Questa equazione funzionale può essere risolta derivandola rispetto a s e poi ponendo $s = 0$, da cui, indicando col puntino in alto una derivata, si ottiene

$$
\left(\frac{d}{dt} - \beta\right)a_{m,p}(t) = \dot{a}_{m,p}(0)e^{(m-p)\beta t}, \; m + p = 2. \tag{29.4.18}
$$

L'integrale generale di tale equazione differenziale ordinaria è dato dalla somma dell'integrale generale dell'equazione omogenea associata e di un integrale particolare dell'equazione completa. Pertanto si trova

$$a_{m,p}(t) = \frac{\dot{a}_{m,p}(0)}{(m-p-1)\beta}\left[e^{(m-p)\beta t} - e^{\beta t}\right], \; m + p = 2, \qquad (29.4.19)$$

che soddisfa anche l'equazione di partenza (29.4.17). Ora, se n è grande, $a_{m,p}(1)$ deve annullarsi in virtù dell'ultima delle (29.4.10). Ma il membro di destra della (29.4.19) non si annulla in $t = 1$ a meno che $\dot{a}_{m,p}(0) = 0$. Pertanto

$$a_{m,p}(t) = 0 \; \forall t \text{ se } m + p = 2, \qquad (29.4.20)$$

e quindi

$$\psi(t, x, x^*) = e^{\beta t}x + \sum_{m+p\geq 3} a_{m,p}(t)x^m x^{*p}. \qquad (29.4.21)$$

Inserendo questa serie nella (29.4.4) si ottiene

$$a_{m,p}(s + t) = e^{\beta s}a_{m,p}(t) + e^{(m-p)\beta t}a_{m,p}(s), \; m + p = 3, \qquad (29.4.22)$$

che è identica alla (29.4.17) salvo per il fatto che ora $m + p = 3$. La soluzione è identica in forma a quella di prima:

$$a_{m,p}(t) = \frac{\dot{a}_{m,p}(0)}{(m-p-1)\beta}\left[e^{(m-p)\beta t} - e^{\beta t}\right], \; m + p = 3. \qquad (29.4.23)$$

È ora possibile che il fattore $(m - p - 1)$ nel denominatore si annulli, nel qual caso questa soluzione viene sostituita dal suo limite quando $(m - p) \longrightarrow 1$, ovvero

$$a_{m,p}(t) = \dot{a}_{m,p}(0)te^{\beta t}, \; m - p = 1. \qquad (29.4.24)$$

Una volta ancora, confrontando le (29.4.23) e (29.4.24) con la condizione al contorno

$$a_{m,p}(1) = 0, \; m + p = 3,$$

si deve concludere che

$$a_{m,p}(t) = 0 \; \forall t \text{ quando } m + p = 3. \qquad (29.4.25)$$

Proseguendo in tal modo si trova

$$a_{m,p}(t) = 0 \; \forall t \text{ e } \forall m, p : 2 \leq (m + p) \leq n. \qquad (29.4.26)$$

Si giunge alfine al caso $m + p = n + 1$, ove si ottiene

$$a_{n+1,0}(t) = \frac{1}{n\beta}\dot{a}_{n+1,0}(0)e^{\beta t}(e^{n\beta t} - 1). \tag{29.4.27}$$

Questa espressione si annulla in $t = 1$, precisamente dove non vorremmo che si annullasse poiché, stando alla (29.4.10), dovremmo invece avere $a_{n+1,0}(1) = \alpha$. Siamo dunque giunti a una contraddizione, il che completa la dimostrazione. Q.E.D.

Poiché solo un piccolo intorno dell'origine è davvero coinvolto nell'analisi di cui sopra, ne segue che la restrizione a $\mathbb{R}^2$ è inessenziale. Dunque, per ogni varietà differenziabile di dimensione ≥ 2, esistono diffeomorfismi di classe C^∞ arbitrariamente prossimi all'identità che non giacciono su sottogruppi ad un parametro di diffeomorfismi di classe C^∞.

Per studi collegati alla tematica del teorema di Freifeld, indichiamo al lettore i risultati in Kopell (1970), Palis (1974), Grabowski (1984), Grabowski (1988), con ringraziamenti a Alessandro Pinto.

Capitolo 30
Classificazione delle mappe di Möbius

30.1 Trasformazioni lineari frazionarie

In questo capitolo otteniamo dapprima la classificazione delle trasformazioni lineari frazionarie in ellittiche, paraboliche, iperboliche e lossodromiche, che avevamo sfruttato nel paragrafo 11.1 per dimostrare l'omomorfismo $2 - 1$ tra $\mathrm{PSL}(2, \mathbb{C})$ e $\mathrm{SO}^+(3, 1)$. Poi dimostriamo che tutto il gruppo di Poincaré può essere espresso mediante tali trasformazioni.

Una trasformazione lineare frazionaria è un omeomorfismo h del piano complesso esteso $\mathbb{C} \cup \{\infty\}$ tale che

$$h(z) = \frac{(\tilde{\alpha}z + \tilde{\beta})}{(\tilde{\gamma}z + \tilde{\delta})} = \frac{(t\tilde{\alpha}z + t\tilde{\beta})}{(t\tilde{\gamma}z + t\tilde{\delta})} \ \forall t \neq 0. \tag{30.1.1}$$

Poiché tale rapporto è indipendente da t, si può sfruttare questa proprietà per assicurarsi che, alfine, la matrice dei coefficienti abbia determinante eguale ad 1, ovvero, definendo $\alpha \equiv t\tilde{\alpha}, \ldots, \delta \equiv t\tilde{\delta}$:

$$t^2(\tilde{\alpha}\tilde{\delta} - \tilde{\beta}\tilde{\gamma}) = 1 \implies \begin{pmatrix} \alpha & \beta \\ \gamma & \delta \end{pmatrix} \in \mathrm{SL}(2, \mathbb{C}),$$

con associata forma di h:

$$h(z) = \frac{(\alpha z + \beta)}{(\gamma z + \delta)}. \tag{30.1.2}$$

I punti fissi di h risolvono, per definizione, l'equazione

$$h(z) = z \implies \gamma z^2 + (\delta - \alpha)z - \beta = 0, \tag{30.1.3}$$

G. Esposito, *Fondamenti Matematici della Teoria Classica dei Campi*, La Matematica per il 3+2, https://doi.org/10.1007/978-3-032-23198-7_30

che ha le radici

$$z = \frac{(\alpha - \delta) \pm \sqrt{(\alpha + \delta)^2 - 4(\alpha\delta - \beta\gamma)}}{2\gamma}$$

$$= \frac{(\alpha - \delta) \pm \sqrt{(\alpha + \delta)^2 - 4}}{2\gamma}, \tag{30.1.4}$$

ove abbiamo sfruttato la condizione $\mathrm{SL}(2, \mathbb{C})$: $(\alpha\delta - \beta\gamma) = 1$. Pertanto, se

$$(\alpha + \delta)^2 = 4 \Longrightarrow |\alpha + \delta| = 2, \tag{30.1.5}$$

esiste solo un punto fisso $z = \frac{(\alpha - \delta)}{2\gamma}$, e l'applicazione h è detta *parabolica*. Ora un teorema garantisce che ogni trasformazione parabolica h_P può essere alfine riespressa come una trasformazione il cui unico punto fisso è all'infinito, ovvero (Maskit 1988)

$$h_P(z) = z + \beta. \tag{30.1.6}$$

La (30.1.6) è una traslazione in $\mathbb{C} \cup \{\infty\}$, e non è periodica. La matrice rappresentativa in $\mathrm{PSL}(2, \mathbb{C})$ è

$$M_P \equiv \begin{pmatrix} \pm 1 & \beta \\ 0 & \pm 1 \end{pmatrix}. \tag{30.1.7}$$

Se il discriminante $(\alpha + \delta)^2 - 4$ nella (30.1.4) è non nullo, si trovano invece due punti fissi, e il risultante omeomorfismo h può essere espresso come una trasformazione con punti fissi in 0 e all'infinito, ossia

$$h(z) = \frac{\alpha}{\delta}z = kz, \; \alpha\delta = 1. \tag{30.1.8}$$

Pertanto si trova

$$\frac{\alpha}{\delta} = \alpha^2 = k \Longrightarrow \alpha = \sqrt{k} \Longrightarrow$$

$$j = \mathrm{tr}(h) = \alpha + \delta = \alpha + \frac{1}{\alpha} = \sqrt{k} + \frac{1}{\sqrt{k}}. \tag{30.1.9}$$

Ora si possono distinguere tre casi:

(i)   Se $k = |\kappa| > 0$, h è detta *iperbolica*, e per essa

$$h(z) = h_H(z) = |\kappa|z,$$

$$\mathrm{tr}^2(h) - 4 = (\alpha + \delta)^2 - 4 > 0 \Longrightarrow |\alpha + \delta| > 2, \tag{30.1.10}$$

e la corrispondente matrice è

$$M_H \equiv \begin{pmatrix} |\kappa| & 0 \\ 0 & 1 \end{pmatrix} \in \mathrm{GL}(2,\mathbb{C}) \Longrightarrow$$

$$A_H \equiv \begin{pmatrix} \sqrt{|\kappa|} & 0 \\ 0 & \frac{1}{\sqrt{|\kappa|}} \end{pmatrix} \in \mathrm{SL}(2,\mathbb{C}). \tag{30.1.11}$$

La (30.1.10) per $h_H(z)$ è una omotetia del piano, e sotto la sua azione tutte le rette passanti per l'origine restano fissate.

(ii)   Se $k \in \mathbb{C}$ e $|k| = 1$, si può scrivere

$$k = e^{i\varphi} \Longrightarrow j = \sqrt{k} + \frac{1}{\sqrt{k}} = e^{i\frac{\varphi}{2}} + e^{-i\frac{\varphi}{2}} = 2\cos\frac{\varphi}{2}. \tag{30.1.12}$$

La trasformazione h è allora detta *ellittica*, e per essa

$$\mathrm{tr}^2(h) = (\alpha + \delta)^2 < 4 \Longrightarrow |\alpha + \delta| < 2, \tag{30.1.13}$$

$$h(z) = h_E(z) = e^{i\varphi}z, \tag{30.1.14}$$

con matrice risultante

$$M_E \equiv \begin{pmatrix} e^{i\varphi} & 0 \\ 0 & 1 \end{pmatrix} \in \mathrm{GL}(2,\mathbb{C}) \Longrightarrow A_E \equiv \begin{pmatrix} e^{i\frac{\varphi}{2}} & 0 \\ 0 & e^{-i\frac{\varphi}{2}} \end{pmatrix} \in \mathrm{SL}(2,\mathbb{C}).$$

$$\tag{30.1.15}$$

La (30.1.14) può essere periodica purché esista un numero naturale l tale che $\varphi = 2\pi l$. Una rotazione ellittica normale (30.1.14) è una rotazione del piano complesso attorno all'origine, con ampiezza φ, e per essa tutti i cerchi centrati nell'origine restano fissi.

(iii)   Se $k = \rho e^{i\sigma} \in \mathbb{C}$, si trova dalla (30.1.9) che

$$j = \sqrt{k} + \frac{1}{\sqrt{k}} = \left(\sqrt{\rho} + \frac{1}{\sqrt{\rho}}\right)\cos\frac{\sigma}{2} + i\left(\sqrt{\rho} - \frac{1}{\sqrt{\rho}}\right)\sin\frac{\sigma}{2} \in \mathbb{C}, \tag{30.1.16}$$

mentre se $k < 0$ si trova, ancora dalla (30.1.9),

$$j = \frac{1 - |k|}{i\sqrt{|k|}} \in \mathbb{C}. \tag{30.1.17}$$

La trasformazione risultante è detta *lossodromica* (in geometria, la *lossodroma* è la spirale logaritmica che inviluppa i poli e unisce due punti qualsiasi sulla superficie di una sfera), e ha la forma

$$h(z) = h_L(z) = \rho e^{i\sigma}z, \tag{30.1.18}$$

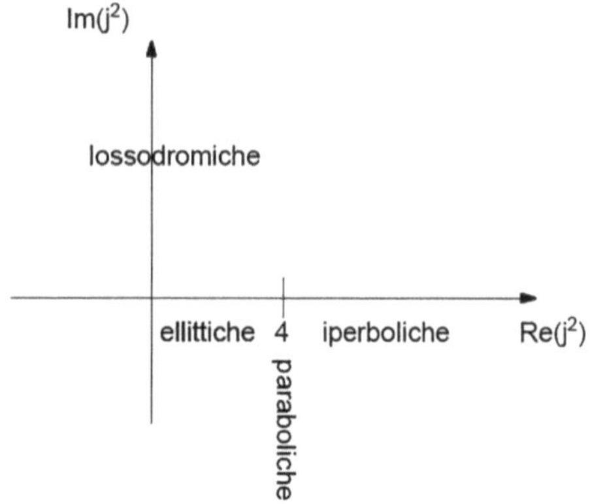

Figura 30.1 Collocazione delle trasformazioni ellittiche, paraboliche, iperboliche e lossodromiche

con associata matrice

$$M_L \equiv \begin{pmatrix} \rho e^{i\sigma} & 0 \\ 0 & 1 \end{pmatrix} \in \mathrm{GL}(2,\mathbb{C}) \Longrightarrow$$

$$A_L \equiv \begin{pmatrix} \sqrt{\rho}\, e^{i\frac{\sigma}{2}} & 0 \\ 0 & \frac{1}{\sqrt{\rho}} e^{-i\frac{\sigma}{2}} \end{pmatrix} \in \mathrm{SL}(2,\mathbb{C}). \tag{30.1.19}$$

Una trasformazione lossodromica si ottiene componendo una trasformazione ellittica e una trasformazione iperbolica, con gli stessi punti fissi. Un autore eminente, Bernard Maskit (1988), afferma che una trasformazione non ellittica con esattamente due punti fissi è lossodromica, e che queste includono le trasformazioni iperboliche. Nella Fig. 30.1 localizziamo le varie famiglie di trasformazioni lineari frazionarie nel piano dei j^2 complessi.

30.2 Relazione col gruppo di Poincaré

Consideriamo due variabili complesse z e w, collegate alle coordinate dello spaziotempo di Minkowski come segue (in questo paragrafo ci basiamo su una idea originale di F. Alessio in Esposito e Alessio (2018)):

$$z = x^0 + i x^1, \; w = x^2 + i x^3. \tag{30.2.1}$$

Agiamo ora su di esse mediante due trasformazioni paraboliche h e h' aventi parametri β e δ rispettivamente, ovvero

$$z' = h_P(z) = z + \beta, \; w' = h_P(w) = w + \delta. \tag{30.2.2}$$

Pertanto, se poniamo

$$\beta = a^0 + i a^1, \; \delta = a^2 + i a^3, \tag{30.2.3}$$

troviamo che

$$z' = x'^0 + i x'^1 = z + \beta = x^0 + i x^1 + a^0 + i a^1, \qquad (30.2.4)$$

$$w' = x'^2 + i x'^3 = w + \delta = x^2 + i x^3 + a^2 + i a^3, \qquad (30.2.5)$$

dalle quali segue che

$$x'^\mu = x^\mu + a^\mu, \ \ \forall \mu = 0, 1, 2, 3. \qquad (30.2.6)$$

Pertanto, esiste un isomorfismo tra due copie del sottogruppo delle trasformazioni paraboliche e le traslazioni in quattro dimensioni. Questo risultato si fonda sul familiare isomorfismo tra il piano complesso $\mathbb{C}$ e il piano euclideo $\mathbb{R}^2$.

Volgiamo ora la nostra attenzione alle rotazioni e ai boost. Dal capitolo 11 sappiamo che una rotazione di angolo ϕ e un boost di rapidità χ attorno ad un asse $\vec{n}$ possono essere effettuate mediante matrici di $SL(2, \mathbb{C})$. Per le rotazioni possiamo scrivere

$$U_{\vec{n}}(\phi) = e^{\frac{i}{2}\vec{\sigma}\cdot\vec{n}\phi} = I_2 \cos\frac{\phi}{2} + i\vec{\sigma}\cdot\vec{n}\sin\frac{\phi}{2}, \qquad (30.2.7)$$

e per i boost abbiamo

$$H_{\vec{n}}(\chi) = e^{\frac{1}{2}\vec{\sigma}\cdot\vec{n}\chi} = I_2 \cosh\frac{\chi}{2} + \vec{\sigma}\cdot\vec{n}\sinh\frac{\chi}{2}. \qquad (30.2.8)$$

Dal calcolo delle tracce di tali matrici troviamo

$$j_U = \mathrm{tr}(U_{\vec{n}}(\phi)) = 2\cos\frac{\phi}{2} \implies j_U^2 \le 4, \qquad (30.2.9)$$

$$j_H = \mathrm{tr}(H_{\vec{n}}(\chi)) = 2\cosh\frac{\chi}{2} \implies j_H^2 \ge 4. \qquad (30.2.10)$$

Si hanno pertanto le corrispondenze

- Rotazioni $\Longleftrightarrow$ Trasformazioni ellittiche.
- Boost $\Longleftrightarrow$ Trasformazioni iperboliche.

Il caso limite in cui, nelle (30.2.9) e (30.2.10), si ha eguaglianza, corrisponde alle trasformazioni paraboliche ($\phi = 2k\pi, k \in Z, \chi = 0$).

Traendo le conclusioni, tutto il gruppo di Poincaré può essere espresso mediante trasformazioni lineari frazionarie. Ecco perché Poincaré, che aveva creato la teoria delle funzioni fuchsiane, era anche lo scienziato più adatto a studiare il gruppo che porta il suo nome. Le funzioni fuchsiane sono una famiglia di funzioni automorfe, quelle uniformi e meromorfe per le quali

$$f(z) = f\left(\frac{(\alpha z + \beta)}{(\gamma z + \delta)}\right).$$

30.3 Natura delle trasformazioni di Möbius

Con riferimento alla (30.1.2), cambiamo notazione, sostituendo le prime quattro lettere dell'alfabeto greco con le prime quattro dell'alfabeto italiano: a, b, c, d. Notiamo poi che, nel caso speciale in cui $c = 0$, $h(z)$ diventa

$$h(z) = \frac{\frac{a}{d}}{\left|\frac{a}{d}\right|}\left|\frac{a}{d}\right|\left(z + \frac{b}{a}\right). \tag{30.3.1}$$

Se invece $c \neq 0$, dalla condizione di appartenenza a $SL(2, \mathbb{C})$ per la matrice dei coefficienti, si trova che

$$b = \frac{(ad - 1)}{c}, \tag{30.3.2}$$

e dunque

$$h(z) = \frac{\frac{a}{c}(cz + d) - \frac{1}{c}}{(cz + d)} = \frac{a}{c} - \frac{1}{c(cz + d)}$$

$$= \frac{a}{c} - \frac{1}{c^2}\frac{1}{\left(z + \frac{d}{c}\right)} = \frac{a}{c} - \frac{1}{|c|^2}\left(\frac{|c|}{c}\right)^2\frac{1}{\left(z + \frac{d}{c}\right)}. \tag{30.3.3}$$

Questa formula ci dice *a vista* che, nel caso con coefficienti tutti non nulli, ogni trasformazione di Möbius si ottiene componendo le seguenti operazioni:

(i)   Traslazione $z \longrightarrow z + \frac{d}{c}$.
(ii) Inversione $z + \frac{d}{c} \longrightarrow \frac{1}{\left(z + \frac{d}{c}\right)}$.
(iii) Rotazione $z \longrightarrow -\left(\frac{|c|}{c}\right)^2 z$.
(iv) Omotetia $z \longrightarrow \frac{1}{|c|^2} z$.
(v)   Traslazione $z \longrightarrow z + \frac{a}{c}$.

Notiamo anche che le trasformazioni di Möbius discendono da *trasformazioni lineari in coordinate omogenee* (cf. capitolo 2). Infatti, consideriamo la trasformazione lineare da coordinate complesse (z_0, z_1) a nuove coordinate complesse

$$\begin{pmatrix} z_0' \\ z_1' \end{pmatrix} = \begin{pmatrix} a & b \\ c & d \end{pmatrix}\begin{pmatrix} z_0 \\ z_1 \end{pmatrix}. \tag{30.3.4}$$

Questa comporta che il rapporto $\frac{z_0}{z_1}$ si trasforma in

$$\frac{z_0'}{z_1'} = \frac{(az_0 + bz_1)}{(cz_0 + dz_1)} = \frac{\left(a\frac{z_0}{z_1} + b\right)}{\left(c\frac{z_0}{z_1} + d\right)}. \tag{30.3.5}$$

Ma allora abbiamo ottenuto proprio una trasformazione di Möbius, in quanto la (30.3.5) ci mostra che, una volta definito $z \equiv \frac{z_0}{z_1}$, si ha

$$z' = \left(\frac{z_0}{z_1}\right)' = \frac{(az+b)}{(cz+d)}. \tag{30.3.6}$$

Capitolo 31
Teorema di Hodge sullo spazio $\Omega^p(M)$

31.1 Operatori su $\Omega^p(V)$

In questo capitolo, seguendo la presentazione in Lusso (2011), dimostriamo il teorema di decomposizione di Hodge sullo spazio delle p-forme su una varietà di Riemann. Nel corso della dimostrazione, studieremo il teorema di Hahn-Banach dimostrato invero in tanti testi, e per il quale abbiamo scelto di basarci sul lavoro di Albanese e Lamboglia (2012).

Sia V uno spazio vettoriale orientato di dimensione n, munito di prodotto scalare. La mappa $\star$ di Hodge è una applicazione dallo spazio delle p-forme nello spazio delle $(n-p)$-forme (cf. paragrafo 17.5):

$$\star : \ \Omega^p(V) \longrightarrow \Omega^{n-p}(V). \tag{31.1.1}$$

Per ogni base ortonormale $e_1, \ldots, e_n$ di V, e per ogni riordinamento di una data base ortonormale, si abbia

$$\star(1) = \pm e_1 \wedge \ldots \wedge e_n, \tag{31.1.2}$$

$$\star(e_1 \wedge \ldots \wedge e_n) = \pm 1, \tag{31.1.3}$$

$$\star(e_1 \wedge \ldots \wedge e_p) = \pm e_{p+1} \wedge \ldots \wedge e_n. \tag{31.1.4}$$

Se debba valere $+1$ o -1 in tali formule dipende dall'orientazione definita su V. La duplice applicazione di $\star$ fornisce

$$\star\star = (-1)^{p(n-p)}. \tag{31.1.5}$$

Sullo spazio $\Omega^p(V)$ possiamo anche definire l'operatore δ di coderivata

$$\delta : \ \Omega^p(V) \longrightarrow \Omega^{p-1}(V), \tag{31.1.6}$$

che dunque associa ad una p-forma una $(p-1)$-forma. Esso è ottenibile da $\star$ e dalla derivata esterna d tramite la relazione

$$\delta \equiv (-1)^{n(p+1)+1} \star d \star . \tag{31.1.7}$$

In particolare, $\delta f = 0$ se f è una 0-forma.

© The Author(s), under exclusive license to Springer Nature Switzerland AG 2026

G. Esposito, *Fondamenti Matematici della Teoria Classica dei Campi*, La Matematica per il 3+2, https://doi.org/10.1007/978-3-032-23198-7_31

31.2   Laplaciano su varietà di Riemann

Il laplaciano fece la sua comparsa in matematica quando venne sviluppata la teoria matematica delle superfici con gli associati parametri differenziali (Esposito e Dell'Aglio 2019), e quando vennero studiate le equazioni ellittiche per i problemi di elettrostatica. Qui invece siamo interessati alla teoria delle forme differenziali su una varietà di Riemann (M, g) compatta, orientata e di dimensione n. Allora il laplaciano, anche detto operatore di Laplace-Beltrami, è per noi il seguente operatore lineare su $\Omega^p(M)$:

$$\Delta \equiv (d + \delta)^2 = d\delta + \delta d. \tag{31.2.1}$$

Tale operatore è simmetrico sullo spazio $\Omega^p(M)$, e per dimostrarlo dobbiamo introdurre altri concetti. Per prima cosa, date le p-forme α e β su $\Omega^p(M)$, si definisce il loro prodotto scalare

$$\langle \alpha, \beta \rangle \equiv \int_M \alpha \wedge \star\beta, \tag{31.2.2}$$

da cui segue, in particolare, la norma di una p-forma:

$$\|\alpha\| \equiv \sqrt{\langle \alpha, \alpha \rangle}. \tag{31.2.3}$$

Si può poi definire un prodotto scalare sulla somma diretta $\oplus_{p=0}^{n}\Omega^p(M)$, imponendo la ortogonalità di tali spazi.

Teorema 31.1   La coderivata δ è l'aggiunto della derivata esterna d sulla somma diretta degli spazi $\Omega^p(M)$, ovvero

$$\langle d\alpha, \beta \rangle = \langle \alpha, \delta\beta \rangle. \tag{31.2.4}$$

Dimostrazione   Essendo gli spazi $\Omega^p(M)$ lineari e ortogonali, basta considerare il caso in cui $\alpha \in \Omega^{p-1}(M)$, $\beta \in \Omega^p(M)$. Consideriamo allora l'identità

$$\begin{aligned}
d(\alpha \wedge \star\beta) &= (d\alpha) \wedge \star\beta + (-1)^{p-1}\alpha \wedge d \star \beta \\
&= d\alpha \wedge \star\beta - \alpha \wedge \star\delta\beta.
\end{aligned} \tag{31.2.5}$$

Pertanto, se ora integriamo su M ambo i membri della (31.2.5), troviamo

$$\int_M d(\alpha \wedge \star\beta) = \langle d\alpha, \beta \rangle - \langle \alpha, \delta\beta \rangle. \tag{31.2.6}$$

D'altronde, il membro di sinistra della (31.2.6) si annulla, poiché, come corollario del teorema di Stokes, discende che, se ω è una $(n-1)$-forma a supporto compatto sulla varietà orientata M a n dimensioni, allora l'integrale di $d\omega$ su M si annulla. Dunque dalla (31.2.6) discende la (31.2.4). Q.E.D.

Teorema 31.2 Il laplaciano è un operatore simmetrico su $\Omega^p(M)$.

Dimostrazione Osserviamo che, usando la (31.2.4), valgono le identità

$$\langle \Delta\alpha, \beta \rangle = \langle d\delta\alpha, \beta \rangle + \langle \delta d\alpha, \beta \rangle = \langle \delta\alpha, \delta\beta \rangle + \langle d\alpha, d\beta \rangle, \tag{31.2.7}$$

$$\langle \alpha, \Delta\beta \rangle = \langle \alpha, d\delta\beta \rangle + \langle \alpha, \delta d\beta \rangle = \langle \delta\alpha, \delta\beta \rangle + \langle d\alpha, d\beta \rangle. \tag{31.2.8}$$

Dalle (31.2.7) e (31.2.8) segue l'asserto:

$$\langle \Delta\alpha, \beta \rangle = \langle \alpha, \Delta\beta \rangle. \tag{31.2.9}$$

Q.E.D.

Teorema 31.3 La forma α è armonica se e solo se è chiusa e cochiusa.

Dimostrazione Se $d\alpha = 0$ e $\delta\alpha = 0$, allora dalla (31.2.1) segue che $\Delta\alpha = 0 + 0 = 0$. Viceversa, poiché

$$\langle \Delta\alpha, \alpha \rangle = \langle d\delta\alpha, \alpha \rangle + \langle \delta d\alpha, \alpha \rangle = \langle \delta\alpha, \delta\alpha \rangle + \langle d\alpha, d\alpha \rangle, \tag{31.2.10}$$

ne segue che l'annullarsi di $\Delta\alpha$ obbliga $\delta\alpha$ e $d\alpha$ ad annullarsi entrambe. Q.E.D.

Pertanto, in particolare, le funzioni armoniche su una varietà riemanniana compatta, connessa, orientata sono le funzioni costanti.

31.3 Soluzioni deboli associate al laplaciano

Sia ω una soluzione ordinaria dell'equazione

$$\Delta\omega = \alpha. \tag{31.3.1}$$

Allora, per ogni $\phi \in \Omega^p(M)$, possiamo prendere il prodotto scalare di ambo i membri della (31.3.1) con ϕ e indi, detto $\Delta^\dagger$ l'aggiunto del laplaciano, osservare che

$$\langle \omega, \Delta^\dagger\phi \rangle = \langle \Delta\omega, \phi \rangle = \langle \alpha, \phi \rangle \tag{31.3.2}$$

per ogni $\phi \in \Omega^p(M)$. Possiamo dunque riguardare una qualunque soluzione della (31.3.1) come un funzionale lineare definito su $\Omega^p(M)$, poiché ω definisce un funzionale limitato e lineare l su $\Omega^p(M)$ attraverso la relazione (Warner 1983)

$$l(\beta) = \langle \omega, \beta \rangle, \ \forall \beta \in \Omega^p(M), \tag{31.3.3}$$

la quale implica a sua volta che, $\forall \phi \in \Omega^p(M)$,

$$l(\Delta^\dagger \phi) = \langle \omega, \Delta^\dagger \phi \rangle = \langle \Delta \omega, \phi \rangle = \langle \alpha, \phi \rangle. \tag{31.3.4}$$

La l è la *soluzione debole* della (31.3.1), ossia un funzionale lineare limitato

$$l : \ \Omega^p(M) \longrightarrow \mathbb{R}, \tag{31.3.5}$$

tale che

$$l(\Delta^\dagger \phi) = \langle \alpha, \phi \rangle, \ \ \forall \phi \in \Omega^p(M). \tag{31.3.6}$$

Ovvero, per ogni $\omega \in \Omega^p(M)$ che è soluzione ordinaria della (31.3.1), si ha una soluzione debole l secondo la (31.3.6). Vale inoltre il viceversa, ovvero il *Teorema di regolarità* (Warner 1983) secondo il quale, data $\alpha \in \Omega^p(M)$, e detta l una soluzione debole della (31.3.1), esiste allora una p-forma $\omega \in \Omega^p(M)$ tale che

$$l(\beta) = \langle \omega, \beta \rangle, \ \ \forall \beta \in \Omega^p(M), \tag{31.3.7}$$

e dunque ω è una soluzione ordinaria della (31.3.1).

31.4   Due lemmi sulle forme lisce

A breve faremo anche uso (senza dimostrarlo) di un importante Lemma secondo il quale, se $\{\alpha_n\}_{n \in N}$ è una successione di p-forme di classe C^∞ su M tali che, per una certa costante $c > 0$, valgono le maggiorazioni

$$\|\alpha_n\| \leq c, \ \ \|\Delta \alpha_n\| \leq c, \tag{31.4.1}$$

allora tale successione ammette una sottosuccessione di Cauchy in $\Omega^p(M)$.

D'ora in poi denoteremo con $H^p(M)$ lo spazio delle p-forme armoniche su M:

$$H^p(M) \equiv \{\omega \in \Omega^p(M) : \ \Delta \omega = 0\} = \mathrm{Ker}(\Delta). \tag{31.4.2}$$

Conveniamo inoltre di indicare con $(H^p)^\perp$ il sottospazio di $\Omega^p(M)$ di tutti gli elementi ortogonali a $H^p(M)$, ovvero

$$(H^p)^\perp \equiv \{\chi \in \Omega^p(M) : \ \langle \chi, \psi \rangle = 0, \ \forall \psi \in H^p(M)\}. \tag{31.4.3}$$

Un importante Lemma garantisce che, $\forall \beta \in (H^p)^\perp$, vale la maggiorazione

$$\|\beta\| \leq c \|\Delta \beta\|. \tag{31.4.4}$$

31.5   Il teorema di decomposizione di Hodge

Teorema 31.4   Per ogni $p = 0, 1, \ldots, n$, lo spazio $H^p(M)$ ha dimensione finita, e lo spazio $\Omega^p(M)$ ammette la seguente decomposizione in somma diretta:

$$\Omega^p(M) = \Delta(\Omega^p) \oplus H^p(M) = d\delta(\Omega^p) \oplus \delta d(\Omega^p) \oplus H^p(M)$$
$$= d(\Omega^{p-1}) \oplus \delta(\Omega^{p+1}) \oplus H^p(M). \tag{31.5.1}$$

Da questo segue che la (31.3.1) ammette soluzione $\omega \in \Omega^p(M)$ se e solo se la p-forma α è ortogonale allo spazio delle p-forme armoniche.

Dimostrazione   Cominciamo con la prima asserzione, e supponiamo per assurdo che lo spazio delle p-forme armoniche abbia dimensione infinita. Si potrebbe allora trovare una successione ortonormale infinita di elementi di H^p, ma in virtù del primo Lemma del paragrafo 31.4 tale successione deve ammettere una sottosuccessione di Cauchy, il che entra in conflitto con l'ortogonalità. Pertanto $\dim(H^p) < \infty$.

Per quel che concerne la somma diretta (31.5.1), ci basta dimostrare che

$$\Omega^p(M) = \Delta\Omega^p \oplus H^p, \tag{31.5.2}$$

dopo di che si usa la definizione (31.2.1) del laplaciano. Orbene, detta $\{\omega_1, \ldots, \omega_l\}$ una base ortonormale di H^p, ogni $\alpha \in \Omega^p(M)$ si può scrivere nella forma

$$\alpha = \beta + \sum_{i=1}^{l} \langle \alpha, \omega_i \rangle \omega_i, \quad \beta \in (H^p)^{\perp}. \tag{31.5.3}$$

Dunque, a questo stadio sappiamo che

$$\Omega^p(M) = (H^p)^{\perp} \oplus H^p(M), \tag{31.5.4}$$

e per dimostrare il teorema di Hodge dobbiamo dimostrare che il complemento ortogonale di $H^p(M)$ coincide con l'immagine di $\Omega^p(M)$ tramite il laplaciano, ovvero

$$(H^p)^{\perp} = \Delta\Omega^p. \tag{31.5.5}$$

A tal fine, andiamo a dimostrare che tali insiemi sono inclusi propriamente l'uno nell'altro, da cui segue la (31.5.5).

Teorema 31.5. Vale l'inclusione

$$\Delta(\Omega^p) \subset (H^p)^{\perp}. \tag{31.5.6}$$

Dimostrazione. Date le p-forme $\omega \in \Omega^p(M)$, $\alpha \in H^p(M)$, si ha

$$\langle \Delta\omega, \alpha \rangle = \langle \omega, \Delta\alpha \rangle = \langle \omega, 0 \rangle = 0. \tag{31.5.7}$$

Dunque la (31.5.6) è verificata. Q.E.D.

Teorema 31.6 Lo spazio $(H^p)^\perp$ è incluso nell'immagine di $\Omega^p(M)$ tramite il laplaciano:

$$(H^p)^\perp \subset \Delta(\Omega^p). \tag{31.5.8}$$

Dimostrazione Fissiamo una forma $\chi \in (H^p)^\perp$, e sia l un operatore lineare su $\Delta(\Omega^p)$, tale che

$$l(\Delta\phi) = \langle \chi, \phi \rangle, \quad \forall \phi \in \Omega^p(M). \tag{31.5.9}$$

Poiché il laplaciano è un operatore lineare, se ϕ_1 e ϕ_2 sono p-forme tali che

$$\Delta\phi_1 = \Delta\phi_2, \tag{31.5.10}$$

ne segue

$$0 = \Delta\phi_1 - \Delta\phi_2 = \Delta(\phi_1 - \phi_2), \tag{31.5.11}$$

e dunque $\phi_1 - \phi_2 \in H^p(M)$, da cui a sua volta

$$\langle \chi, \phi_1 - \phi_2 \rangle = 0. \tag{31.5.12}$$

Notiamo ora che l è un funzionale lineare limitato su $\Delta(\Omega^p)$. Infatti, data $\phi \in \Omega^p(M)$, e detta H la proiezione di $\Omega^p(M)$ su $H^p(M)$, si può definire

$$\psi \equiv \phi - H(\phi), \tag{31.5.13}$$

e tale che

$$\|\psi\| \leq c\|\Delta\psi\|. \tag{31.5.14}$$

Pertanto si trova che

$$\begin{aligned}
|l(\Delta\phi)| &= |l(\Delta\phi - \Delta H(\phi))| = |l(\Delta\psi)| = |\langle \chi, \psi \rangle| \\
&\leq \|\chi\| \, \|\psi\| \leq c\|\chi\| \, \|\Delta\psi\| = c\|\chi\| \, \|\Delta\phi\|.
\end{aligned} \tag{31.5.15}$$

Adesso torna utile invocare un teorema che poi dimostreremo nel paragrafo successivo.

Teorema 31.7 (Hahn-Banach) Se M è il sottospazio di uno spazio vettoriale normato X, e se f è un funzionale lineare limitato su M, tale f può essere esteso ad un funzionale lineare limitato F su X, tale che $\|f\| = \|F\|$.

Nella nostra analisi, il teorema di Hahn-Banach implica che l si estende ad un funzionale lineare limitato su $\Omega^p(M)$, e dunque l è soluzione debole dell'equazione (31.3.1). Ma allora il teorema di regolarità enunciato dopo la (31.3.6) implica che esiste $\omega \in \Omega^p(M)$ tale che valga la (31.3.1), e dunque vale l'inclusione (31.5.8). Dalle inclusioni (31.5.6) e (31.5.8) segue la (31.5.5), e l'asserto è dimostrato. Q.E.D.

31.6 Dimostrazione del teorema di Hahn-Banach

Dato lo spazio vettoriale (normato) V, l'applicazione

$$\psi : V \longrightarrow \mathbb{R}$$

è un *funzionale lineare* se

$$\psi(x + y) = \psi(x) + \psi(y), \ \psi(\alpha x) = \alpha \psi(x), \tag{31.6.1}$$

$\forall x, y \in V$, $\forall \alpha \in \mathbb{R}$. La ψ deve dunque essere una applicazione additiva e omogenea. Si possono riassumere le (31.6.1) in un'unica equazione richiedendo che, $\forall x, y \in V$ e $\forall \alpha, \beta \in \mathbb{R}$, si abbia

$$\psi(\alpha x + \beta y) = \alpha \psi(x) + \beta \psi(y).$$

Se M è un sottospazio dello spazio vettoriale normato X, consideriamo le applicazioni

$$f : M \longrightarrow \mathbb{R}, \ F : X \longrightarrow \mathbb{R},$$

e definiamo le norme

$$\|f\| \equiv \sup\left\{ \frac{|f(x)|}{\|x\|} : x \in M - \{0\} \right\}, \tag{31.6.2}$$

$$\|F\| \equiv \sup\left\{ \frac{|F(x)|}{\|x\|} : x \in X - \{0\} \right\}. \tag{31.6.3}$$

Possiamo ora dimostrare il Teorema 31.7 di Hahn-Banach. A tal fine, cominciamo con l'osservare che, se f avesse norma nulla, l'estensione cercata sarebbe banale, ovvero $F = 0$. Se invece la norma (31.6.2) fosse non nulla, possiamo supporre che $\|f\| = 1$. Preso ora un punto x_0 di X che non appartiene a M, consideriamo lo spazio vettoriale

$$M_1 \equiv \{x + \lambda x_0 : x \in M, \ \lambda \in \mathbb{R}\}. \tag{31.6.4}$$

Sia inoltre

$$f_1(x + \lambda x_0) \equiv f(x) + \lambda \alpha, \ \alpha \in \mathbb{R}. \tag{31.6.5}$$

Tale f_1 è un funzionale lineare sullo spazio vettoriale M_1 che estende f, e per esso definiamo la norma

$$\|f_1\| \equiv \sup\left\{ \frac{|f_1(x)|}{\|x\|} : x \in M_1 \right\}. \tag{31.6.6}$$

Da un lato, possiamo affermare che tale norma di f_1 è ≥ 1, poiché il $\sup f$ in M eguaglia 1.

D'altro canto, possiamo dimostrare che la norma di f_1 è ≤ 1, ovvero che

$$|f(x) + \lambda\alpha| \leq \|x + \lambda x_0\|, \quad \forall x \in M, \ \forall \lambda \in \mathbb{R}. \tag{31.6.7}$$

Sostituendo x con $-\lambda x$ e dividendo ambo i membri della (31.6.7) per $|\lambda|$, si ottiene

$$|f(x) - \alpha| \leq \|x - x_0\|, \quad \forall x \in \mathbb{R}. \tag{31.6.8}$$

Definiamo ora

$$A_x \equiv f(x) - \|x - x_0\|, \ B_x \equiv f(x) + \|x - x_0\|. \tag{31.6.9}$$

Per costruzione, $A_x \leq \alpha \leq B_x$. Affinché un α siffatto esista, gli intervalli $[A_x, B_x]$ devono avere almeno un punto in comune, ovvero se e soltanto se

$$A_x \leq B_y, \quad \forall x, y \ \in M. \tag{31.6.10}$$

Osserviamo ora che, in virtù della linearità di f e del fatto che f ha norma 1, si ha

$$f(x) - f(y) = f(x - y) \leq \|x - y\| \leq \|x - x_0\| + \|y - x_0\|, \tag{31.6.11}$$

da cui segue che

$$A_x \equiv f(x) - \|x - x_0\| \leq f(y) + \|y - x_0\| = B_y. \tag{31.6.12}$$

Abbiamo dunque dimostrato che esiste una estensione di f al sottospazio M_1 che conserva la norma. Sia ora

$$\mathcal{P} \equiv \{(M', s) : \ M \subset M' \subset X, \ s \equiv \text{estensione lineare reale di } f \text{ a } M'\}. \tag{31.6.13}$$

Sull'insieme $\mathcal{P}$ si può definire un ordinamento parziale J stabilendo che

$$(M', s) J (M'', t) \tag{31.6.14}$$

se

$$M' \subset M'', \ t(x) = s(x) \ \forall x \in M'. \tag{31.6.15}$$

Tale definizione verifica invero le proprietà riflessiva, antisimmetrica e transitiva. Inoltre l'insieme $\mathcal{P}$ non è vuoto, poiché contiene (M_1, f_1). Possiamo ora invocare il *principio di massimalità di Hausdorff*, in base al quale ogni insieme parzialmente ordinato e non vuoto contiene un sottoinsieme massimale totalmente ordinato.

Pertanto esiste una sottofamiglia Ω di $\mathcal{P}$ totalmente ordinata, e possiamo definire l'insieme

$$\Phi \equiv \{M' : \ (M', s) \in \Omega\}. \tag{31.6.16}$$

L'insieme Φ è totalmente ordinato per inclusione, e quindi l'insieme

$$\widetilde{M} \equiv \bigcup_i \Phi_i, \ \Phi_i \in \Phi, \tag{31.6.17}$$

che è l'insieme massimale, è un sottospazio di X. Per costruzione,

$$x \in \widetilde{M} \implies \exists M' \in \Phi : \ x \in M'. \tag{31.6.18}$$

Definiamo ora

$$F(x) \equiv s(x), \tag{31.6.19}$$

dove s è l'estensione lineare che compare nella coppia $(M', s) \in \Omega$. La costruzione degli M' fa sì che la definizione di F non dipenda dalla particolare s che si sceglie, purché M' contenga x. La F ora definita è un funzionale lineare di norma 1. Se $\widetilde{M}$ è un sottospazio proprio di X, con lo stesso procedimento usato all'inizio si potrebbe costruire un'ulteriore estensione di F, e questo violerebbe la massimalità di Ω. Quindi

$$\widetilde{M} = X, \tag{31.6.20}$$

il che completa la dimostrazione nel caso reale. Q.E.D.

Capitolo 32
Teorie di campo di tipo I, II e III

32.1 Tabella riassuntiva dei capitoli 18, 19 e 20

Il contenuto dei capitoli 18, 19 e 20 può essere riassunto come qui riportato in tabella:

Concetti Matematici	Concetti Fisici
Fibrato principale (P, M, π, G)	Spazio dei campi di gauge
$\pi^{-1}(x)$, fibra su x	Orbita
Gruppo G di struttura	Gruppo di gauge
Scelta di una sezione $\sigma_i : U_i \longrightarrow \pi^{-1}(U_i)$	Scelta della 1-forma di gauge su M
Cambio di sezione	Trasformazione di gauge
Pullback sulla base di una 1-forma di connessione	Potenziale di gauge
Pullback sulla base di una 2-forma di curvatura	Tensore di campo
Trivializzazione	Coordinate adattate alla fibra

32.2 Spazio delle storie e notazione concisa

Siamo ora interessati allo spazio Φ a infinite dimensioni di tutte le configurazioni di campo φ^i sullo spaziotempo. I campi in esame potrebbero essere campi scalari reali o complessi, il potenziale elettromagnetico, il potenziale di Yang-Mills, la metrica. La controparte delle coordinate locali di una varietà differenziabile sono qui i valori assunti da tali campi in un punto dello spaziotempo. In tale ambito, il funzionale d'azione S è una applicazione

$$S : \Phi \longrightarrow \mathbb{R}, \tag{32.2.1}$$

e le equazioni di Eulero-Lagrange, usualmente scritte nella forma

$$\frac{\delta S}{\delta \varphi^i} = 0, \tag{32.2.2}$$

© The Author(s), under exclusive license to Springer Nature Switzerland AG 2026   337
G. Esposito, *Fondamenti Matematici della Teoria Classica dei Campi*, La Matematica per il 3+2, https://doi.org/10.1007/978-3-032-23198-7_32

vengono riespresse nella forma più concisa

$$S_{,i} = 0. \tag{32.2.3}$$

Gli indici latini di campo contengono informazione sul punto dello spaziotempo dove si effettuano le operazioni di interesse. La scrittura $\delta_i^{j'}$ va intesa allora nella forma

$$\delta_i^{j'} = \delta_i^j \, \delta(x, x'), \tag{32.2.4}$$

e gli indici ripetuti vanno intesi come l'effetto congiunto di somma su indici ripetuti e integrazione. In ambito fisico, questa notazione è dovuta a DeWitt (2003, 2005), ma in ambito matematico c'era già stato importante lavoro sul calcolo differenziale assoluto negli spazi funzionali continui (Conforto 1933).

32.3 Invarianza di gauge dell'azione

Con la notazione di DeWitt, le trasformazioni di gauge infinitesime si scrivono nella forma

$$\delta\varphi^i = Q^i_{\alpha} \delta\xi^\alpha = \int Q^i_{\alpha}(x, x') \delta\xi^\alpha(x') dx', \tag{32.3.1}$$

ove i Q^i_{α} prendono il nome di *generatori delle trasformazioni di gauge infinitesime*. L'invarianza di gauge dell'azione si scrive richiedendo che

$$\delta S = S_{,i} \delta\varphi^i = S_{,i} Q^i_{\alpha} \delta\xi^\alpha = 0$$
$$\Longrightarrow S_{,i} Q^i_{\alpha} = 0 \Longrightarrow S_{,ij} Q^i_{\alpha} + S_{,i} Q^i_{\alpha,j} = 0. \tag{32.3.2}$$

Comincia a esser chiaro che la notazione di DeWitt non aumenta il rigore della trattazione, ma, essendo concisa, permette di individuare più facilmente il legame tra equazioni di campo apparentemente molto diverse, come pure le proprietà di maggiore interesse fisico.

Le Q^i_{α} possono essere riguardate come le componenti di un campo vettoriale Q_α sullo spazio delle storie, ovvero

$$Q_\alpha \equiv Q^i_{\alpha} \frac{\delta}{\delta\varphi^i}, \tag{32.3.3}$$

ove gli indici greci dalla parte iniziale dell'alfabeto hanno natura gruppale. L'invarianza di gauge dell'azione espressa nella (32.3.2) si riesprime dunque nella forma

$$Q_\alpha S = L_{Q_\alpha} S = 0. \tag{32.3.4}$$

Diciamo dunque che *il funzionale d'azione di una teoria di campo è gauge invariante se esistono dei campi vettoriali sullo spazio delle storie che lo lasciano invariato.*

Notiamo anche che, sul mass shell o sottospazio dinamico ove valgono le equazioni di Eulero-Lagrange (32.2.3), la forma finale delle (32.3.2) si riduce a

$$S_{,ij}\, Q^i_{\ \alpha} = 0, \tag{32.3.5}$$

ovvero nelle teorie di gauge l'operatore di derivata funzionale seconda dell'azione non è invertibile (cf. paragrafo 24.5), poiché ammette autovettori non nulli appartenenti all'autovalore nullo.

32.4   Trasformazioni di gauge per l'elettrodinamica

Può essere istruttivo vedere all'opera un primo esempio di cosa diventano le formule di DeWitt in un caso molto noto. Invero, le trasformazioni di gauge per il potenziale elettromagnetico si possono scrivere nella forma

$$^\varepsilon A_\mu = A_\mu + \partial_\mu \varepsilon = A_\mu + \int -\delta_{,\mu}(x, x')\varepsilon(x')dx'. \tag{32.4.1}$$

Dunque, per la teoria di Maxwell, i generatori $Q^i_{\ \alpha}$ della notazione di DeWitt si riducono a

$$Q_\mu(x, x') = -\delta_{,\mu}(x, x'), \tag{32.4.2}$$

ove nella (32.4.1) si è fatto uso del modo in cui vanno intese le derivate di distribuzioni, riottenibile del resto dalla identità

$$(\delta(x, x')c)_{,\mu} = \delta_{,\mu}\varepsilon + \delta\varepsilon_{,\mu}. \tag{32.4.3}$$

32.5   Proprietà dei campi Q_α

Per i campi vettoriali Q_α valgono le seguenti proprietà:

(i)   I campi Q_α sono linearmente indipendenti:

$$Q_\alpha \xi^\alpha = 0 \implies \xi^\alpha = 0 \ \forall \alpha. \tag{32.5.1}$$

(ii)   Le parentesi di Lie dei campi Q_α soddisfano la relazione

$$[Q_\alpha, Q_\beta] = C^\gamma_{\ \alpha\beta} Q_\gamma + S_{,i} T^i_{\ \alpha\beta}. \tag{32.5.2}$$

Le *teorie di tipo I*, tra le quali ricadono anche l'elettrodinamica, le teorie di Yang-Mills e la relatività generale, sono quelle in cui

$$C^{\gamma}_{\alpha\beta,i} = 0, \ T^{i}_{\alpha\beta} = 0. \tag{32.5.3}$$

Si dice allora che le $C^{\gamma}_{\alpha\beta}$ sono delle costanti di struttura, avendo esse derivate funzionali nulle rispetto ai campi, e che l'algebra delle parentesi di Lie dei campi è chiusa poiché non contiene il termine inomogeneo. Si noti che le costanti di struttura possono dipendere dalle coordinate spaziotemporali.

Le *teorie di tipo II* sono quelle per le quali

$$C^{\gamma}_{\alpha\beta,i} \neq 0, \ T^{i}_{\alpha\beta} = 0, \tag{32.5.4}$$

ovvero le $C^{\gamma}_{\alpha\beta}$ non sono costanti, ma il termine inomogeneo è ancora nullo.

Alfine, nelle *teorie di tipo III* si ha

$$C^{\gamma}_{\alpha\beta,i} \neq 0, \ T^{i}_{\alpha\beta} \neq 0, \tag{32.5.5}$$

ovvero per esse le $C^{\gamma}_{\alpha\beta}$ non sono costanti di struttura, e il termine inomogeneo non si annulla.

(iii) Le componenti Q^{i}_{α} dei campi Q_{α} dipendono linearmente dalle variabili di campo φ^{i}, da cui

$$Q^{i}_{\alpha,jk} = 0. \tag{32.5.6}$$

(iv) Le Q^{i}_{α} sono una somma di termini del tipo $\delta(x, x')$ e/o le loro derivate prime, moltiplicati per funzioni locali delle φ^{i} e delle loro derivate prime.

Con riferimento alle sole teorie di tipo I, studiamo ora la forma esplicita della parentesi di Lie dei campi Q_{α}:

$$[Q_{\alpha}, Q_{\beta}] = C^{\gamma}_{\alpha\beta} Q_{\gamma}$$

$$\Longrightarrow Q^{i}_{\alpha} \frac{\delta}{\delta\varphi^{i}} \left(Q^{j}_{\beta} \frac{\delta}{\delta\varphi^{j}} \right) - Q^{i}_{\beta} \frac{\delta}{\delta\varphi^{i}} \left(Q^{j}_{\alpha} \frac{\delta}{\delta\varphi^{j}} \right)$$

$$= \left(Q^{i}_{\alpha} Q^{j}_{\beta,i} - Q^{i}_{\beta} Q^{j}_{\alpha,i} \right) \frac{\delta}{\delta\varphi^{j}} + \left(Q^{i}_{\alpha} Q^{j}_{\beta} - Q^{i}_{\beta} Q^{j}_{\alpha} \right) \frac{\delta^{2}}{\delta\varphi^{i}\delta\varphi^{j}}$$

$$= C^{\gamma}_{\alpha\beta} Q^{j}_{\gamma} \frac{\delta}{\delta\varphi^{j}}. \tag{32.5.7}$$

Poiché questa equazione deve valere identicamente, il coefficiente delle derivate funzionali seconde deve annullarsi, ovvero

$$Q^{i}_{\alpha} Q^{j}_{\beta} - Q^{i}_{\beta} Q^{j}_{\alpha} = 0 \Longrightarrow Q^{i}_{[\alpha} Q^{j}_{\beta]} = 0. \tag{32.5.8}$$

Inoltre, dovendo essere eguali i coefficienti delle derivate funzionali prime nella (32.5.7), si ottiene

$$Q^i_\alpha \, Q^j_{\beta,i} - Q^i_\beta \, Q^j_{\alpha,i} = C^\gamma_{\alpha\beta} \, Q^j_\gamma. \qquad (32.5.9)$$

Agiamo ora con $Q^k_\gamma \frac{\delta}{\delta\varphi^k}$ su ambo i membri della (32.5.9). I termini che coinvolgono solo le Q^i_α e le loro derivate prime conducono a

$$Q^i_{\alpha,j} \, Q^j_{\beta,k} \, Q^k_\gamma - Q^i_{\beta,j} \, Q^j_{\alpha,k} \, Q^k_\gamma$$
$$- \, Q^i_{\gamma,k} \, Q^k_\delta \, C^\delta_{\alpha\beta} = Q^i_\lambda \, C^\lambda_{\delta\gamma} \, C^\delta_{\alpha\beta}. \qquad (32.5.10)$$

Prendendo permutazioni cicliche e sommando le tre equazioni risultanti, si trova

$$Q^i_\lambda \left[C^\lambda_{\delta\gamma} \, C^\delta_{\alpha\beta} + C^\lambda_{\delta\alpha} \, C^\delta_{\beta\gamma} + C^\lambda_{\delta\beta} \, C^\delta_{\gamma\alpha} \right] = 0. \qquad (32.5.11)$$

Dovendo tale equazione valere identicamente, essa equivale ad annullare la somma dei termini C C in parentesi quadra. Inoltre, sommando i termini con le derivate seconde, si trova una somma $\Sigma^i_{\alpha\beta\gamma}$ di tre termini:

$$\Sigma^i_{\alpha\beta\gamma} = Q^i_{\alpha,jk} \left(Q^j_\beta \, Q^k_\gamma - Q^j_\gamma \, Q^k_\beta \right)$$
$$+ \, Q^i_{\beta,jk} \left(Q^j_\gamma \, Q^k_\alpha - Q^j_\alpha \, Q^k_\gamma \right)$$
$$+ \, Q^i_{\gamma,jk} \left(Q^j_\alpha \, Q^k_\beta - Q^j_\beta \, Q^k_\alpha \right). \qquad (32.5.12)$$

Ad esempio, facendo uso, tra l'altro, della (32.5.8), si trova per la prima riga della (32.5.12) che

$$Q^i_{\alpha,jk} \left(Q^j_\beta \, Q^k_\gamma - Q^j_\gamma \, Q^k_\beta \right)$$
$$= Q^i_{\alpha,jk} \, Q^j_\beta \, Q^k_\gamma - Q^i_{\alpha,kj} \, Q^k_\gamma \, Q^j_\beta$$
$$= Q^i_{\alpha,jk} \, Q^j_\beta \, Q^k_\gamma - Q^i_{\alpha,kj} \, Q^k_\beta \, Q^j_\gamma$$
$$= Q^i_{\alpha,jk} \, Q^j_\beta \, Q^k_\gamma - Q^i_{\alpha,jk} \, Q^j_\beta \, Q^k_\gamma = 0, \qquad (32.5.13)$$

e analogamente per gli altri due termini.

32.6   Esempi di costanti di struttura

Per le teorie di Yang-Mills, la formulazione alla DeWitt conduce alle costanti di struttura nella forma (DeWitt 2003, 2005)

$$C^{\gamma''}_{\alpha\beta'} = f^\gamma_{\alpha\beta}\delta(x'', x) \, \delta(x'', x'), \qquad (32.6.1)$$

ove le $f^{\gamma}_{\alpha\beta}$ sono le familiari costanti di struttura della fibra tipica del fibrato principale di Yang-Mills. Dette qui G_{α} le matrici di base per l'algebra di Lie di Yang-Mills, si ha

$$[G_{\alpha}, G_{\beta}] = \sum_{\gamma} f^{\gamma}_{\alpha\beta} G_{\gamma}. \tag{32.6.2}$$

Per la gravitazione, il calcolo fornisce (Niardi 2021)

$$C^{\sigma''}_{\mu\nu'} = \delta^{\sigma}_{\mu}\delta_{,\tau''}(x'', x)\delta^{\tau}_{\nu}\delta(x'', x') - \delta^{\sigma}_{\nu}\delta_{,\tau''}(x'', x')\delta^{\tau}_{\mu}\delta(x'', x). \tag{32.6.3}$$

32.7 Trasformazioni e gruppo di gauge per Yang-Mills

Sono di interesse fisico tre concetti di trasformazione di gauge e due concetti di gruppo di gauge, come segue (DeWitt 2003, 2005).

(i) *Trasformazioni di gauge finite.*
Consideriamo la 1-forma di componenti

$$A_{\mu} = \sum_{\alpha} G_{\alpha} A^{\alpha}_{\mu}. \tag{32.7.1}$$

Per tali componenti, le trasformazioni di gauge finite sono

$$^{D}A_{\mu} = -D_{,\mu}D^{-1} + DA_{\mu}D^{-1}. \tag{32.7.2}$$

(ii) Le *trasformazioni di gauge piccole* sono quelle per le quali, nella (32.7.2), la matrice D si ottiene come

$$D(x) = \exp\left(\sum_{\alpha} G_{\alpha}\xi^{\alpha}(x)\right), \tag{32.7.3}$$

ove le ξ^{α} sono funzioni finite sullo spaziotempo che si annullano all'infinito. Pertanto $D(x)$ tende alla matrice identica I_l all'infinito, ovvero la matrice identica in l dimensioni.

(iii) Le *trasformazioni di gauge grandi* hanno una matrice $D(x)$ che tende a $\pm I_l$ all'infinito.

(iv) Il *gruppo di gauge proprio* è il gruppo di Lie a dimensione infinita con costanti di struttura $C^{\gamma}_{\alpha\beta}$ tali che valga la parentesi di Lie (32.5.2) assieme alle condizioni (32.5.3), con matrici rappresentative come nella (32.7.3).

(v) Il *gruppo di gauge completo* si ottiene aggiungendo al gruppo di gauge proprio tutte le trasformazioni indipendenti dalle variabili di campo, che lasciano invariato il funzionale d'azione e non originano da simmetrie globali.

In altri termini, possiamo dire che il gruppo di gauge proprio consiste delle trasformazioni da Φ in Φ che si ottengono esponenziando le trasformazioni infinitesime (32.3.1). Il gruppo di gauge proprio agisce su Φ, e i suoi elementi sono detti trasformazioni di gauge. Il gruppo di gauge completo consiste del gruppo di gauge proprio assieme alle trasformazioni che non dipendono dai campi e lasciano l'azione S invariata e non traggono origine da simmetrie globali. Le trasformazioni di gauge piccole appartengono al gruppo di gauge proprio. Le trasformazioni di gauge grandi sono quei particolari elementi del gruppo di gauge completo che non appartengono al gruppo di gauge proprio.

Il gruppo di Lie $\widetilde{G}$, con costanti di struttura $f^{\gamma}_{\alpha\beta}$ tali che, per gli elementi di base della sua algebra di Lie, valga la (32.6.2), non va confuso col gruppo di Lie a dimensione infinita che DeWitt chiama gruppo di gauge proprio.

32.8 Struttura dello spazio delle storie

Per teorie di tipo I valgono sia la (32.5.2) che la (32.5.3), e dunque la parentesi di Lie dei campi che lasciano invariata l'azione assume la forma

$$[Q_\alpha, Q_\beta] = C^{\gamma}_{\alpha\beta} Q_\gamma. \tag{32.8.1}$$

Pertanto il gruppo di gauge decompone Φ in sottospazi, detti orbite, ai quali i campi vettoriali Q_α sono tangenti. Dall'indipendenza lineare dei Q_α (vedasi (32.5.1)) inferiamo che ogni orbita è una copia del gruppo di gauge.

Se il gruppo di gauge ha componenti disconnesse, allora anche Φ possiede componenti disconnesse. Lo spazio di base è la varietà i cui punti sono le orbite, ovvero è lo spazio delle orbite. La fisica di interesse si svolge nello spazio delle orbite. Potrebbero tuttavia esistere degli osservabili fisici, dunque invarianti sotto trasformazioni di gauge piccole, che non restano invarianti sotto trasformazioni di gauge grandi.

A costo di lievi ripetizioni, possiamo anche dire che, detto G il gruppo di gauge proprio, lo spazio quoziente Φ/G è lo spazio di base del fibrato principale

$$\Phi \longrightarrow \Phi/G.$$

Figura 32.1 Illustrazione dell'orbita di gauge contenente A_μ e indicante l'effetto di agire su A_μ mediante la trasformazione di gauge

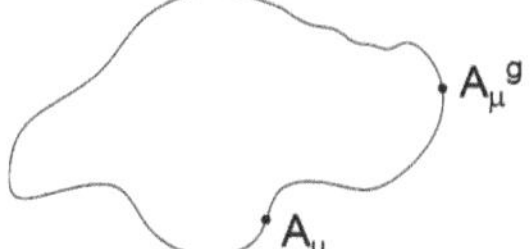

32.9 Metrica naturale sullo spazio delle storie

Poiché il gruppo di gauge proprio è un gruppo di Lie possiamo dire che esso, come varietà differenziabile, ammette una metrica invariante Γ riemanniana o pseudorie-manniana. Tale metrica può essere estesa in una infinità di modi ad una metrica[1] γ gauge invariante su Φ. Se si richiede che γ sia una $\delta(x, x')$ moltiplicata per un coefficiente che non coinvolge le derivate spaziotemporali dei campi, essa diventa unica per Yang-Mills, e appartiene ad una famiglia ad un parametro per la gravita-zione, come ora andiamo a vedere. L'invarianza di gauge di γ significa che i campi vettoriali Q_α sono campi di Killing per γ, ovvero

$$L_{Q_\alpha} \gamma = 0. \tag{32.9.1}$$

L'elemento di linea al quadrato per una teoria di Yang-Mills si scrive nella forma

$$ds^2 = \int d^n x \int d^n x' \gamma^{\mu\ \nu'}_{\alpha\beta'} dA^\alpha_{\ \mu} dA^{\beta'}_{\ \nu'}, \tag{32.9.2}$$

ove, una volta introdotta la metrica di Cartan

$$h_{\alpha\beta} = -\sum_{\sigma,\rho} f^\sigma_{\ \alpha\rho} f^\rho_{\ \sigma\beta}, \tag{32.9.3}$$

le componenti della metrica gauge invariante sono

$$\gamma^{\mu\ \nu'}_{\alpha\beta'} = \sqrt{-g} h_{\alpha\beta} (g^{-1})^{\mu\nu} \delta(x, x'). \tag{32.9.4}$$

La metrica (32.9.4) per Yang-Mills, essendo indipendente dalle componenti della 1-forma di connessione e globalmente valida, munisce lo spazio Φ delle storie della struttura di geometria riemanniana piatta in tutti i punti.

 Per la gravitazione, l'elemento di linea al quadrato sullo spazio i cui elementi sono metriche per lo spaziotempo assume la forma

$$ds^2 = \int d^n x \int d^n x' \gamma^{\mu\nu\sigma'\tau'} dg_{\mu\nu} dg_{\sigma'\tau'}, \tag{32.9.5}$$

ove stavolta le componenti della metrica γ sono

$$\gamma^{\mu\nu\sigma'\tau'} = \frac{\sqrt{-g}}{2} \Big((g^{-1})^{\mu\sigma} (g^{-1})^{\nu\tau} + (g^{-1})^{\mu\tau} (g^{-1})^{\nu\sigma} + L (g^{-1})^{\mu\nu} (g^{-1})^{\sigma\tau} \Big) \delta(x, x'). \tag{32.9.6}$$

---

[1] Volendo qui preservare la notazione di DeWitt, scriviamo γ che non va confusa con l'inverso della metrica g come fatto invece in tutti i capitoli precedenti.

Detto $G^{\mu\nu\sigma\tau}$ il termine in parentesi tonda nella (32.9.6), l'inversa di γ si calcola imponendo, per G, la condizione

$$\sum_{\nu,\rho=1}^{n} G_{\lambda\mu\nu\rho}G^{\nu\rho\sigma\tau} = \frac{1}{2}\left(\delta_\lambda^\sigma\delta_\mu^\tau + \delta_\lambda^\tau\delta_\mu^\sigma\right), \qquad (32.9.7)$$

n essendo la dimensione dello spaziotempo. La (32.9.7) viene dunque soddisfatta dagli infiniti valori di L tali che

$$L \neq -\frac{2}{n}. \qquad (32.9.8)$$

L'elemento di linea al quadrato (32.9.5) per la teoria di Einstein munisce lo spazio Φ delle storie della struttura di geometria curva, e ci sono singolarità di curvatura. Inoltre, non tutte le coppie di punti sullo spazio delle storie possono essere collegate da geodetiche, quale che sia il valore scelto per il parametro L (DeWitt 2005).

32.10 Connessione naturale sullo spazio delle storie

Un vettore V in $\varphi \in \Phi$ è orizzontale in Φ se è perpendicolare, sotto l'azione della metrica gauge invariante γ, alla fibra passante per φ. Dunque V è perpendicolare ai campi Q_α in φ. Dalla (32.9.1) sappiamo che i campi vettoriali Q_α sono campi di Killing sullo spazio delle storie, e al contempo essi sono campi verticali perché generano le fibre.

Definiamo ora l'operatore differenziale

$$\mathcal{F}_{\alpha\beta} \equiv -Q^i_{\ \alpha}\gamma_{ij}Q^j_{\ \beta}. \qquad (32.10.1)$$

Questo è un operatore differenziale formalmente autoaggiunto del secondo ordine. L'indipendenza lineare dei campi Q_α implica che $\mathcal{F}_{\alpha\beta}$ è non singolare in tutti i punti di Φ, eccettuati i punti ove si hanno singolarità di curvatura. In tutti i punti in cui $\mathcal{F}_{\alpha\beta}$ è invertibile, si può considerare la sua funzione di Green $G^{\alpha\beta}$:

$$\mathcal{F}_{\alpha\beta}G^{\beta\gamma} = -\delta_\alpha^{\ \gamma}. \qquad (32.10.2)$$

Si può ora introdurre un nuovo ingrediente della costruzione teorica, ovvero (DeWitt 2005)

$$\omega^\alpha_{\ i} \equiv \gamma_{ij}Q^j_{\ \beta}G^{\beta\alpha}. \qquad (32.10.3)$$

Questa $\omega^\alpha_{\ i}$ è non locale, ed è un membro della famiglia di forme di connessione naturali su Φ. Essa prende valori nell'algebra di Lie del gruppo di gauge.

Notiamo che

$$Q^i{}_\alpha \omega_i{}^\beta = Q^i{}_\alpha \gamma_{ij} Q^j{}_\gamma G^{\gamma\beta} = -\mathcal{F}_{\alpha\gamma} G^{\gamma\beta} = \delta^\beta_\alpha. \tag{32.10.4}$$

La (32.10.4) costituisce, in teoria dei campi, la controparte della relazione di pairing (5.6.3). Possiamo ora definire un operatore di proiezione orizzontale:

$$\Pi^i{}_j \equiv \delta^i{}_j - Q^i{}_\alpha \omega^\alpha{}_j. \tag{32.10.5}$$

Tale proiettore annichila da destra le componenti della forma di connessione non locale, e da sinistra le componenti dei campi di Killing per γ che generano le fibre. Infatti

$$\begin{aligned}
\omega^\alpha_i \Pi^i{}_j &= \omega^\alpha_i \left(\delta^i{}_j - Q^i{}_\beta \omega^\beta{}_j \right) \\
&= \omega^\alpha_j - \omega^\alpha_i Q^i{}_\beta \omega^\beta{}_j = \omega^\alpha_j - \delta^\alpha_\beta \omega^\beta{}_j \\
&= \omega^\alpha_j - \omega^\alpha_j = 0, \tag{32.10.6}
\end{aligned}$$

$$\begin{aligned}
\Pi^i{}_j Q^j{}_\alpha &= \left(\delta^i{}_j - Q^i{}_\beta \omega^\beta{}_j \right) Q^j{}_\alpha \\
&= Q^i{}_\alpha - Q^i{}_\beta \omega^\beta_j Q^j{}_\alpha = Q^i{}_\alpha - Q^i{}_\beta \delta^\beta_\alpha \\
&= Q^i{}_\alpha - Q^i{}_\alpha = 0. \tag{32.10.7}
\end{aligned}$$

La (32.10.7), mostrando che i campi Q_α vengono proiettati su zero, indica la loro natura verticale (paragrafo 19.4). Un vettore orizzontale si può ottenere da un qualsivoglia vettore mediante applicazione dell'operatore di proiezione orizzontale.

Sarebbe desiderabile esprimere il presente capitolo allo stesso livello di rigore dei capitoli 18, 19 e 20. Comunque, il materiale del capitolo 29 e del presente capitolo spinge l'autore a ritenere che lo studio dei gruppi di Lie a dimensione infinita e dello spazio delle storie possono condurre a una visione profonda dei campi fisici fondamentali. Ulteriori osservazioni sono presentate nel paragrafo 34.1.

Capitolo 33
Esercizi con calcoli originali

33.1 Proprietà metriche dello spazio proiettivo reale

Lo spazio proiettivo reale $\mathbb{R}P_n$ incontrato nel capitolo 2 si può ottenere dalla n-sfera S_n identificando i punti diametralmente opposti. Ovvero, se nello spazio euclideo E_{n+1}, con coordinate $y_0, \ldots, y_n$, si considera la n-sfera

$$\sum_{h=0}^{n} (y_h)^2 = 1, \tag{33.1.1}$$

allora $\mathbb{R}P_n$ si ottiene identificando i punti di S_n che sono equivalenti sotto l'azione del gruppo discreto definito dalla involuzione (Vranceanu 1965)

$$y_i \sim -y_i, \; i = 0, 1, \ldots, n, \tag{33.1.2}$$

ove $\sim$ denota l'identificazione dei punti diametralmente opposti.

Inoltre, $\mathbb{R}P_n$ è definito come varietà differenziabile da $n+1$ intorni

$$V, V^1, \ldots, V^n.$$

Se indichiamo con $x^1, \ldots, x^n$ le coordinate di V e con $x'^1, \ldots, x'^n$ le coordinate di V^1, la trasformazione di coordinate nell'intersezione $V \cap V^1$ è data dalle formule (Vranceanu 1960)

$$x'^1 = \frac{1}{x^1}, \ldots, x'^i = \frac{x^i}{x^1}, \; i = 2, \ldots, n, \tag{33.1.3}$$

mentre la trasformazione di coordinate da V a V^α, con $\alpha > 1$ consiste di formule del tipo (33.1.3) dove il ruolo di x^1 viene svolto invece dalla variabile x^α. Mediante proiezione della n-sfera su un piano tangente, si ottiene per $\mathbb{R}P_n$ la metrica naturale (Vranceanu 1960, ma qui scriviamo $E^i = dx^i$)

$$\psi = \frac{\sum_{i=1}^{n} (E^i)^2}{(1 + r^2)} - \frac{\left(\sum_{i=1}^{n} x^i E^i \right)^2}{(1 + r^2)^2}, \tag{33.1.4}$$

ove si è posto $r^2 = \sum_{i=1}^{n} (x^i)^2$.

© The Author(s), under exclusive license to Springer Nature Switzerland AG 2026

G. Esposito, *Fondamenti Matematici della Teoria Classica dei Campi*, La Matematica per il 3+2, https://doi.org/10.1007/978-3-032-23198-7_33

La metrica (33.1.4) è a simmetria sferica nell'intorno V, ovvero possiede come gruppo di stabilità dell'origine il gruppo ortogonale, e resta invariante negli altri intorni (Vranceanu 1963). La formula (33.1.4) rispetta un teorema di Weyl, stando al quale i soli invarianti di un sistema di vettori rispetto al gruppo ortogonale sono dati dalle lunghezze e dai prodotti scalari di tali vettori. Nel nostro caso i vettori sono x^i e E^i, dunque i soli invarianti sono

$$\rho = 1 + r^2, \ \sum_{i=1}^{n}(E^i)^2, \ \sum_{i=1}^{n} x^i E^i.$$

Si può dimostrare un teorema di unicità, ovvero che *la sola metrica* a simmetria sferica nell'intorno V, che rimane la stessa negli altri intorni V^α, è la metrica naturale (33.1.4) (Vranceanu 1960, 1963).

Un teorema di Mannoury (1898) stabilisce inoltre che $\mathbb{R}P_n$, definito mediante $n+1$ coordinate proiettive omogenee $y_0, \ldots, y_n$, si può considerare come un luogo geometrico in uno spazio euclideo E avente $(n+1)(n+2)/2$ dimensioni. L'immersione di Mannoury è definita dalle formule (Hodge 1959, Vranceanu 1963)

$$X_h = (y_h)^2, \ X_{hk} = \sqrt{2}\,y_h y_k, \ h = 0, \ldots, n; \ k > h, \qquad (33.1.5)$$

dove le $n+1$ coordinate reali y_h soddisfano l'equazione (33.1.1) della n-sfera.

Invero si riconosce subito che a due punti opposti della n-sfera (33.1.1) di coordinate y_h e $-y_h$, ovvero ad un punto dello spazio proiettivo $\mathbb{R}P_n$, corrispondono gli stessi valori di X_h e X_{hk}. Viceversa, ad un punto (X_h, X_{hk}) del luogo geometrico M di equazioni (33.1.5) e (33.1.1), corrispondono due sistemi di valori y_h e $-y_h$, ossia un solo punto di $\mathbb{R}P_n$. Infatti, se (X_h, X_{hk}) è un punto del luogo geometrico (33.1.5) e (33.1.1), almeno una delle X_h deve essere diversa da zero e positiva. Ad esempio, sia $X_n \neq 0$. Allora, le formule inverse delle (33.1.5) e (33.1.1) sono

$$y_n = \pm\sqrt{X_n}, \ y_i = \frac{X_{in}}{\pm\sqrt{2X_n}}, \qquad (33.1.6)$$

e quindi otteniamo solamente due soluzioni y_h e $-y_h$. Si può osservare inoltre che, a qualunque sistema di differenziali dX_h, dX_{hk} corrisponde un sistema di differenziali $dy_1, \ldots, dy_n$ dato dalle formule

$$dy_n = \frac{dX_n}{\pm 2\sqrt{X_n}}, \ dy_i = \frac{dX_{in}}{\pm\sqrt{2}\sqrt{X_n}} - \frac{X_{in}(dX_n)}{\pm 2\sqrt{2}\sqrt{X_n}}. \qquad (33.1.7)$$

Si suol dire allora che l'immersione di Mannoury è regolare. Abbiamo trovato quindi che ad un punto di $\mathbb{R}P_n$ corrisponde un solo punto del luogo avente equazioni (33.1.5) e (33.1.1) e inversamente, inoltre, la corrispondenza è regolare. In altri termini, le (33.1.5) e (33.1.1) realizzano una corrispondenza biunivoca regolare tra i punti dello spazio proiettivo reale $\mathbb{R}P_n$ e il luogo geometrico M dello spazio euclideo $E(X_h, X_{hk})$. Possiamo riconoscere che M è un luogo geometrico algebrico definito dalle equazioni quadratiche

$$2X_h X_k = (X_{hk})^2 \tag{33.1.8}$$

e dall'equazione lineare

$$\sum_{h=0}^{n} X_h = 1, \tag{33.1.9}$$

ove $X_h > 0$, $\forall h = 0, \ldots, n$.

In geometria proiettiva, l'immersione di Mannoury è di interesse in quanto conduce alla metrica naturale (33.1.4) di $\mathbb{R}P_n$ dopo aver posto $x_h = \frac{y_h}{y_0}$. Nello studio dell'immersione isometrica di geometrie a simmetria sferica in spazi proiettivi, è anche di interesse riconoscere che, una volta definite le (33.1.5), si può considerare la metrica (sia $n = 4$ d'ora in poi)

$$\begin{aligned}
g_E &= \sum_{h=0}^{4} (dX_h)^2 + \sum_{h=0}^{4} \sum_{k>h} (dX_{hk})^2 \\
&= \sum_{h=0}^{4} g_{hh}(dy_h)^2 + \sum_{h=0}^{4} \sum_{k \neq h} g_{hk} dy_h \, dy_k,
\end{aligned} \tag{33.1.10}$$

ove

$$g_{hh} = 4(y_h)^2 + 2 \sum_{k \neq h} (y_k)^2, \quad h = 0, \ldots, 4, \tag{33.1.11}$$

$$g_{hk} = 2 y_h y_k, \quad h = 0, \ldots, 4; \ k \neq h. \tag{33.1.12}$$

La formula (33.1.11) per le componenti diagonali della metrica può essere ulteriormente semplificata sfruttando la condizione (33.1.1) di appartenenza alla n-sfera con $n = 4$, da cui

$$g_{hh} = 2(1 + (y_h)^2), \quad h = 0, \ldots, 4. \tag{33.1.13}$$

Detta ora Ω una metrica riemanniana o pseudoriemanniana a simmetria sferica:

$$\Omega = \sum_{\mu,\nu=1}^{4} \Omega_{\mu\nu} E^\mu \otimes E^\nu, \tag{33.1.14}$$

ove

$$\begin{aligned}
x^1 &= t \in \mathbb{R} \cup \{-\infty, \infty\}, \quad & x^2 &= r \geq 0, \\
x^3 &= \theta \in [0, \pi], \quad & x^4 &= \phi \in [0, 2\pi[, \tag{33.1.15} \\
\Omega_{\mu\nu} &= \operatorname{diag}(\Omega_{11}, \Omega_{22}, \Omega_{33}, \Omega_{44}), \tag{33.1.16}
\end{aligned}$$

le equazioni per realizzare (se esiste) l'immersione isometrica locale nello spazio euclideo a 15 dimensioni di Mannoury sono, $\forall \mu = 1, 2, 3, 4$:

$$\Omega_{\mu\mu} = \sum_{h=0}^{4} 2(1 + (y_h)^2)\left(\frac{\partial y_h}{\partial x^\mu}\right)^2 + \sum_{h=0}^{4}\sum_{k \neq h} 2 y_h y_k \frac{\partial y_h}{\partial x^\mu} \frac{\partial y_k}{\partial x^\mu}$$

$$= \sum_{h=0}^{4} 2(1 + (y_h)^2)\left(\frac{\partial y_h}{\partial x^\mu}\right)^2 + \sum_{h=0}^{4}\sum_{k \neq h} \frac{1}{2} \frac{\partial}{\partial x^\mu}(y_h)^2 \frac{\partial}{\partial x^\mu}(y_k)^2. \quad (33.1.17)$$

Dovendo essere sempre rispettata la condizione di appartenenza alla 4-sfera, se una almeno delle y_h è una funzione crescente della coordinata x^μ, allora almeno una y_k deve essere una funzione decrescente di x^μ. Dunque, la somma doppia al membro di destra della (33.1.17) può essere negativa per almeno un valore di μ, ovvero possono esserci soluzioni al problema di cercare geometrie pseudoriemanniane (in cui, come sappiamo, la metrica non è definita positiva) immergibili isometricamente nello spazio $E(X_h, X_{hk})$ di Mannoury. Per trovarle, *se esistono*, bisogna risolvere il sistema non lineare di equazioni (33.1.17) per almeno una metrica Ω a simmetria sferica nota in natura (cf. gli esempi studiati da Bini e Esposito (2025)).

33.2   Punti all'infinito

In geometria proiettiva, si intende per *assoluto* l'insieme di tutti i punti all'infinito dello spazio. Qui ci proponiamo di mostrare con un calcolo originale come si possa, usando un metodo proiettivo, portare al finito un punto all'infinito in una varietà differenziabile avente quattro dimensioni. A tal fine, assumiamo che esistano (usando coordinate adimensionali) coordinate locali t, r, θ, ϕ tali che (prescindendo da ogni conoscenza di soluzioni esatte in relatività generale)

$$t \in \mathbb{R} \cup \{-\infty, \infty\}, \ r \in \mathbb{R}^+ \cup \{\infty\}, \ \theta \in [0, \pi], \ \phi \in [0, 2\pi[. \quad (33.2.1)$$

Introduciamo poi la notazione

$$x^1 = t, \ x^2 = r, \ x^3 = \theta, \ x^4 = \phi, \quad (33.2.2)$$

e sia y^0, y^1, y^2, y^3, y^4 una quintupla di coordinate proiettive omogenee tali che

$$x^\mu = \frac{y^\mu}{y^0}, \ \forall \mu = 1, 2, 3, 4. \quad (33.2.3)$$

Le y^λ siano soggette alle trasformazioni lineari (le proiettività del capitolo 2)

$$y'^\nu = \sum_{\lambda=0}^{4} A^\nu_{\ \lambda} y^\lambda, \ \forall \nu = 0, 1, 2, 3, 4, \quad (33.2.4)$$

la A essendo una matrice di GL(5, $\mathbb{R}$). Tali trasformazioni delle coordinate proiettive omogenee inducono le seguenti trasformazioni delle coordinate proiettive non omogenee nella varietà differenziabile a quattro dimensioni:

$$x'^\mu = \frac{\sum_{\lambda=0}^4 A^\mu{}_\lambda y^\lambda}{\sum_{\nu=0}^4 A^0{}_\nu y^\nu}, \quad \forall \mu = 1, 2, 3, 4. \tag{33.2.5}$$

Pertanto, dividendo numeratore e denominatore della (33.2.5) per y^0, troviamo alfine

$$x'^\mu = \frac{\left(A^\mu{}_0 + A^\mu{}_1 t + A^\mu{}_2 r + A^\mu{}_3 \theta + A^\mu{}_4 \phi\right)}{\left(A^0{}_0 + A^0{}_1 t + A^0{}_2 r + A^0{}_3 \theta + A^0{}_4 \phi\right)}. \tag{33.2.6}$$

Da tale formula riconosciamo che, variando θ e ϕ in intervalli di misura finita, essi non influenzano i valori dei limiti di x'^μ quando $t \to \pm\infty$ oppure quando $r \to \infty$. Pertanto valgono le formule generali (intenderemo sempre che t *tende a* $\pm\infty$ *mentre r viene fissato, e che r tende a* ∞ *mentre t viene fissato*)

$$\lim_{t\to\pm\infty} t' = \frac{A^1{}_1}{A^0{}_1}, \quad \lim_{r\to\infty} r' = \frac{A^2{}_2}{A^0{}_2}. \tag{33.2.7}$$

Ne segue che, senza sprecare le potenzialità della tecnica proiettiva, possiamo assumere per la matrice A la forma particolare (Bini e Esposito 2025)

$$A = \begin{pmatrix} 1 & A^0{}_1 & A^0{}_2 & 0 & 0 \\ 0 & 1 & 0 & 0 & 0 \\ 0 & 0 & 1 & 0 & 0 \\ 0 & 0 & 0 & 1 & 0 \\ 0 & 0 & 0 & 0 & 1 \end{pmatrix}. \tag{33.2.8}$$

Da questa otteniamo

$$\frac{t'}{t} = \frac{r'}{r} = \frac{\theta'}{\theta} = \frac{\phi'}{\phi} = \left(1 + A^0{}_1 t + A^0{}_2 r\right)^{-1}, \tag{33.2.9}$$

assieme ai limiti

$$\lim_{t\to\pm\infty} t' = \frac{1}{A^0{}_1} = t'_\infty, \quad \lim_{r\to\infty} t' = 0, \tag{33.2.10}$$

$$\lim_{r\to\infty} r' = \frac{1}{A^0{}_2} = r'_\infty, \quad \lim_{t\to\pm\infty} r' = 0, \tag{33.2.11}$$

$$\lim_{t\to\pm\infty} \theta' = 0 = \lim_{r\to\infty} \theta', \tag{33.2.12}$$

$$\lim_{t\to\pm\infty} \phi' = 0 = \lim_{r\to\infty} \phi'. \tag{33.2.13}$$

Possiamo dunque definire i primi due concetti di infinito:

(1) L'infinito di tipo tempo proiettivo, ovvero il punto di coordinate

$$\left(t' = \frac{1}{A^0_{\ 1}} = t'_\infty, r' = 0, \theta' = 0, \phi' = 0\right). \tag{33.2.14}$$

A seconda del segno di $A^0_{\ 1}$, possiamo distinguere tra infinito futuro e infinito passato di tipo tempo.

(2) L'infinito di tipo spazio proiettivo, che consiste del punto di coordinate

$$\left(t' = 0, r' = \frac{1}{A^0_{\ 2}} = r'_\infty, \theta' = 0, \phi' = 0\right). \tag{33.2.15}$$

Vanno invece esclusi dalla varietà gli zeri del denominatore, ovvero i punti (r, t) per i quali

$$1 + A^0_{\ 1}t + A^0_{\ 2}r = 0. \tag{33.2.16}$$

Tale equazione viene risolta da

$$t = -t'_\infty\left(1 + \frac{r}{r'_\infty}\right). \tag{33.2.17}$$

Risulta inoltre di interesse studiare il caso in cui la proiettività preserva la 2-sfera sulla quale θ e ϕ sono coordinate angolari, ovvero

$$\theta' = \theta, \ \phi' = \phi \implies A^0_{\ 1}t + A^0_{\ 2}r = 0 \implies t = -\frac{A^0_{\ 2}}{A^0_{\ 1}}r = -t'_\infty\frac{r}{r'_\infty}. \tag{33.2.18}$$

Inoltre allora si ha $t' = t$, $r' = r$, e dunque le coordinate dei punti all'infinito sono del terzo tipo:

(3) Prodotto di una semiretta che parte dall'origine nel primo o quarto quadrante, per una 2-sfera:

$$\left(t' = t = -t'_\infty\frac{r}{r'_\infty}, r' = r, \theta' = \theta, \phi' = \phi\right). \tag{33.2.19}$$

In altri termini, possiamo dire che l'infinito ha punti che giacciono nei prodotti $\rho_1 \times S^2$ e $\rho_2 \times S^2$, ove, nel piano con ascisse r' e ordinate t', il valore negativo di t'_∞ genera la semiretta ρ_1 che parte dall'origine e giace nel primo quadrante, mentre il valore positivo di t'_∞ genera la semiretta ρ_2 che parte dall'origine e giace nel quarto quadrante. Questa costruzione originale sembra essere la controparte proiettiva dell'infinito futuro (o passato) di tipo luce in relatività generale (Stewart 1990). Per lo sviluppo di tale programma di ricerca, rimandiamo al lavoro di Bini e Esposito (2025).

Da ultimo, ma non per ultimo, osserviamo che le (33.2.3) sono parte delle equazioni che definiscono un diffeomorfismo locale tra una varietà a simmetria sferica e S^4. Invero, dal paragrafo 33.1 sappiamo che $\mathbb{R}P_4$ si può ottenere identificando i punti diametralmente opposti di S^4. Dunque le sue coordinate proiettive omogenee $y^0, \ldots, y^4$ devono obbedire all'equazione (33.1.1) con $n = 4$, e siamo indotti a considerare le equazioni (33.2.3) riscritte nella forma (in questo ambito, la posizione in alto o in basso degli indici greci risulta ininfluente)

$$y^\mu = x^\mu y^0, \ \forall \mu = 1, 2, 3, 4, \tag{33.2.20}$$

assieme alla (33.1.1) riscritta dunque nella forma

$$y^0 = \frac{1}{\sqrt{1 + \sum_{\mu=1}^{4} (x^\mu)^2}}. \tag{33.2.21}$$

La (33.2.20) è semplice ma anche concettualmente interessante, in quanto le coordinate della geometria proiettiva hanno in generale un significato diverso dalle coordinate locali o globali della geometria differenziale (D'Andrea 2020). Le (33.2.20) e (33.2.21) forniscono un diffeomorfismo locale tra una varietà pseudoriemanniana a quattro dimensioni a simmetria sferica e S^4, in quanto la matrice jacobiana di tali equazioni ha la forma

$$\frac{\partial y^\mu}{\partial x_\nu} = \delta^{\mu\nu} \, y^0 - x^\mu x^\nu (y^0)^3, \ \forall \mu, \nu = 1, \ldots, 4, \tag{33.2.22}$$

$$\frac{\partial y^0}{\partial x_\nu} = -x^\nu (y^0)^3. \tag{33.2.23}$$

Pertanto, in $x^\mu = 0$ la matrice jacobiana si riduce a

$$\left. \frac{\partial y^\mu}{\partial x_\nu} \right|_0 = \mathrm{diag}(1, 1, 1, 1), \tag{33.2.24}$$

$$\left. \frac{\partial y^0}{\partial x_\nu} \right|_0 = 0, \tag{33.2.25}$$

e troviamo che tale matrice ha, in 0, rango 4, in quanto la sottomatrice (33.2.24) ha determinante non nullo. Essendo le nostre varietà di classe C^k con $k \geq 1$, il criterio di diffeomorfismo locale nel paragrafo 1.8 di Nacinovich (2015) risulta soddisfatto.

33.3 Reazione radiativa classica

L'elettrodinamica classica, oltre a non bastare per descrivere adeguatamente le interazioni tra radiazione e materia, sembra condurre a equazioni del moto inconsistenti per cariche accelerate che irraggiano. Questo è un sistema dinamico sul quale l'autore e lo studente Paolo Di Meo hanno sviluppato il calcolo originale che ora presentiamo.

In elettrodinamica classica, la potenza istantanea totale $P(t)$ irraggiata da una carica q che possiede una accelerazione $\vec{a}$ vale, se la sua velocità è piccola rispetto a quella della luce,

$$P(t) = \frac{2}{3}\frac{q^2}{c^3}\vec{a}\cdot\vec{a}. \tag{33.3.1}$$

Seguendo Jackson (2001) facciamo ora l'ipotesi, per rispettare il principio di conservazione dell'energia, che il lavoro eseguito dalla forza di reazione radiativa nell'intervallo temporale fra t_1 e t_2 sia eguale all'opposto dell'energia irraggiata in tale intervallo. Osserviamo ora che, dalla regola di Leibniz per derivazioni, si ha

$$\frac{d}{dt}(\vec{a}\cdot\vec{v}) = \frac{d\vec{a}}{dt}\cdot\vec{v} + \vec{a}\cdot\vec{a}. \tag{33.3.2}$$

Pertanto, nella formula per la potenza $P(t)$, possiamo riesprimere

$$\vec{a}\cdot\vec{a} = \frac{d}{dt}(\vec{a}\cdot\vec{v}) - \frac{d\vec{a}}{dt}\cdot\vec{v}. \tag{33.3.3}$$

Da questa relazione, perveniamo alla ben nota formula per il lavoro svolto dalla forza di reazione di radiazione:

$$\begin{aligned}
\int_{t_1}^{t_2} \vec{F}_{\text{rad}}\cdot\vec{v}\,dt &= -\frac{2}{3}\frac{q^2}{c^3}\int_{t_1}^{t_2}\vec{a}\cdot\vec{a}\,dt \\
&= -\frac{2}{3}\frac{q^2}{c^3}\left[(\vec{a}\cdot\vec{v})\Big|_{t_1}^{t_2} - \int_{t_1}^{t_2}\frac{d\vec{a}}{dt}\cdot\vec{v}\,dt\right] \\
&= \frac{2}{3}\frac{q^2}{c^3}\int_{t_1}^{t_2}\frac{d\vec{a}}{dt}\cdot\vec{v}\,dt,
\end{aligned} \tag{33.3.4}$$

facendo l'ipotesi che il prodotto scalare dei vettori accelerazione e velocità si annulli agli estremi dell'intervallo temporale.

Come ben noto, deve dunque annullarsi l'integrale definito

$$\int_{t_1}^{t_2}\left(\vec{F}_{\text{rad}} - \frac{2}{3}\frac{q^2}{c^3}\frac{d\vec{a}}{dt}\right)\cdot\vec{v}\,dt = 0. \tag{33.3.5}$$

Per soddisfare tale condizione, una volta definito il tempo

$$\tau \equiv \frac{2}{3}\frac{q^2}{mc^3}, \tag{33.3.6}$$

è sufficiente richiedere l'annullarsi dell'integrando, dal quale si ottiene una forza di reazione radiativa proporzionale alla derivata temporale prima dell'accelerazione, ovvero

$$\vec{F}_{\text{rad}} = m\tau\frac{d\vec{a}}{dt}. \tag{33.3.7}$$

D'ora innanzi, possiamo lavorare in coordinate cartesiane ortogonali, e studiare per semplicità una qualsivoglia componente dell'equazione vettoriale

$$m\vec{a} = \vec{F}_{\text{ext}} + \vec{F}_{\text{rad}}, \tag{33.3.8}$$

da cui (omettendo i pedici per le componenti)

$$a - \tau\dot{a} = \frac{F}{m} \implies a - \frac{\tau}{2a}\frac{d}{dt}a^2 = \frac{F}{m}$$
$$\implies a^2 - \frac{\tau}{2}\frac{d}{dt}a^2 = a\frac{F}{m} \implies \left(1 - \frac{\tau}{2}\frac{d}{dt}\right)a^2 = a\frac{F}{m}. \tag{33.3.9}$$

In altri termini, si perviene ad una equazione differenziale non lineare nella quale il membro di sinistra esibisce un operatore differenziale del primo ordine agente sul quadrato di una componente dell'accelerazione, mentre il membro di destra dipende dal prodotto aF. Tale equazione suggerisce di cercare soluzioni esatte nella forma

$$a^2 = \chi u, \tag{33.3.10}$$

ove u risolve l'equazione differenziale del primo ordine

$$\left(1 - \frac{\tau}{2}\frac{d}{dt}\right)u = 0 \implies u(t) = u_0\exp\left(\frac{2}{\tau}(t - t_0)\right). \tag{33.3.11}$$

D'altronde, inserendo il prodotto (33.3.10) nella (33.3.9), possiamo ottenere una equazione differenziale per la radice quadrata della funzione incognita χ. Infatti

$$a^2 - \frac{\tau}{2}\frac{d}{dt}a^2 = \chi u - \frac{\tau}{2}\frac{d}{dt}(\chi u) = \chi\left(u - \frac{\tau}{2}\frac{du}{dt}\right) - \frac{\tau}{2}u\frac{d\chi}{dt}$$
$$= -\frac{\tau}{2}u\frac{d\chi}{dt} = \sqrt{\chi u}\frac{F}{m}$$
$$\implies \frac{1}{\sqrt{\chi}}\frac{d\chi}{dt} = -\frac{2}{\tau}\frac{1}{\sqrt{u}}\frac{F(t)}{m}$$
$$\implies 2\frac{d}{dt}\sqrt{\chi} = -\frac{2}{\tau}\frac{1}{\sqrt{u_0}}\exp\left(-\frac{(t - t_0)}{\tau}\right)\frac{F(t)}{m},$$
$$\sqrt{\chi} - \sqrt{\chi_0} = -\frac{1}{\tau}\frac{1}{\sqrt{u_0}}\int_{t_0}^{t}\exp\left(-\frac{(T - t_0)}{\tau}\right)\frac{F(T)}{m}dT. \tag{33.3.12}$$

Alfine, riusciamo ad esprimere il quadrato di ogni componente dell'accelerazione nella forma

$$a^2 = \chi u$$
$$= \left(\sqrt{\chi_0} - \frac{1}{\tau}\frac{1}{\sqrt{u_0}}\int_{t_0}^{t}\exp\left(-\frac{(T - t_0)}{\tau}\right)\frac{F(T)}{m}dT\right)^2 u_0\exp\left(\frac{2(t - t_0)}{\tau}\right)$$
$$= A(t). \tag{33.3.13}$$

Notiamo dunque che, diversamente dalla soluzione approssimata di Jackson (2001), *si possono evitare preaccelerazioni per forza esterna nulla purché si ponga* $\chi_0 = 0$. La legge oraria del moto per ogni componente cartesiana $s(t)$ del vettore posizione della carica assume la forma

$$s(t) = s(t_0) + v_0(t - t_0) + \int_{t_0}^{t} \left(\int_{t_0}^{\tilde{\tau}} \sqrt{A(T)}\, dT \right) d\tilde{\tau}. \qquad (33.3.14)$$

Capitolo 34
Epilogo

34.1 Analisi critica

Ora che il lettore ha appreso i vari concetti di campo in matematica e in fisica, e i
primi elementi della moderna teoria classica dei campi, sorge spontanea la doman-
da su quali possano essere gli sviluppi delle tematiche sinora svolte. Tali sviluppi
sono invero molteplici, e ogni autore può offrire una selezione stimolante ma lungi
dall'essere esaustiva. Qui a seguire offro, a mia discrezione, alcuni spunti (denotati
con S) per riflessione critica e ricerca.

(S1) La maggioranza dei fisici preferisce la formulazione hamiltoniana delle teorie
di campo, perché quando si passa a considerare la quantizzazione l'unitarietà
viene garantita dall'inizio. Inoltre, i metodi hamiltoniani forniscono prescrizioni sistematiche e molto utili nei calcoli. Tuttavia, solo la formulazione
lagrangiana concorda appieno con le teorie relativistiche. Ad esempio, il prodotto dei diffeomorfismi sulla retta reale per i diffeomorfismi sulle superfici
di tipo spazio che fogliettano uno spaziotempo globalmente iperbolico è un
sottoinsieme proprio del gruppo completo dei diffeomorfismi spaziotemporali. Inoltre, le parentesi di Poisson a tempi uguali dei metodi hamiltoniani
vanno in verso opposto all'unificazione di spazio e tempo operata da Einstein. L'approccio globale, non hamiltoniano, alla teoria dei campi quantistici,
quale operato da DeWitt (2003), richiede d'altronde un notevole sforzo per
reimparare i concetti di base, che solo i fisici ancora in formazione possono
affrontare.

(S2) Le teorie di gauge delle interazioni fondamentali hanno condotto, alla fine
del ventesimo secolo (Donaldson 1983, Gompf 1985), alla scoperta di infinite
strutture differenziabili su $\mathbb{R}^4$. Dal punto di vista fisico, resta da capire quali
di queste vadano usate per studiare le moderne teorie di campo (cf. Duston
2010).

(S3) La teoria dei gruppi di Lie a dimensione infinita, sui quali abbiamo aperto una
finestra nel capitolo 29, deve essere ancora in larga parte costruita. In fisica
della gravitazione, ad esempio, si può ancora imparare molto anche solo dal

     357
G. Esposito, *Fondamenti Matematici della Teoria Classica dei Campi*, La Matematica per
il 3+2, https://doi.org/10.1007/978-3-032-23198-7_34

gruppo dei diffeomorfismi di uno spaziotempo asintoticamente piatto (Alessio e Esposito 2018, Esposito e Alessio 2018, Alessio e Arzano 2019, Bellino e Esposito 2021, Mirzaiyan e Esposito 2023).

(S4) In fisica abbiamo bisogno di predizioni calcolabili, ma queste discendono da schemi avanzati ma non esatti. Ad esempio, sappiamo studiare bene gli spettri atomici con la meccanica quantistica ordinaria che si basa sull'equazione di Schrödinger che possiede invarianza solo sotto il gruppo di Galilei, ma la teoria relativistica richiederebbe la conoscenza della teoria spettrale per operatori pseudodifferenziali. Le equazioni di Maxwell nei mezzi materiali sono molto più complicate delle equazioni iperboliche della teoria elettromagnetica nel vuoto. I moti planetari in relatività generale sono calcolabili se si fa una approssimazione rozza sul tensore energia-impulso dei pianeti, altrimenti bisogna rassegnarsi a studiare equazioni esatte ma intrattabili: un sistema accoppiato di equazioni espresse da operatori pseudo-differenziali in spazi curvi. Si può allora ricorrere agli sviluppi in multipoli, ma questi non sono nuovi campi fisici fondamentali. Essi rappresentano solo un ausilio tecnico. In particolare, potrebbe darsi che la relatività generale sia una approssimazione calcolabile di una teoria esatta ma incalcolabile. Qui abbiamo in mente il fatto che, a dimensione infinita, non è definita l'operazione di contrazione su tensori (Geroch 2013). Dunque esistono ancora il tensore di Riemann e la metrica, ma non esistono né il tensore di Ricci né la traccia di questo né le contrazioni di Riemann con se stesso. Dunque in tale ambito esteso, non calcolabile, non esistono le sorgenti di divergenze ultraviolette della teoria con spaziotempo a dimensione finita, ma non sappiamo ancora come passare in modo matematicamente consistente dal caso a dimensione infinita alla teoria di Einstein nella forma a noi nota oggi.

34.2   Limiti della teoria classica

Quando in Fisica si impone una condizione supplementare per ottenere un operatore invertibile sui campi, ad esempio la condizione di Lorenz in elettrodinamica:

$$\Phi_L(A) = \sum_{\mu=0}^{3} \nabla^\mu A_\mu = \tau, \tag{34.2.1}$$

oppure la condizione di de Donder per la gravitazione:

$$\Phi_\mu(h) = \sum_{\nu=0}^{3} \nabla^\nu \left(h_{\mu\nu} - \frac{1}{2} g_{\mu\nu} \mathrm{tr}(h) \right) = \tau_\mu, \tag{34.2.2}$$

ove $h_{\mu\nu}$ sono le componenti delle perturbazioni della metrica g, si ha a che fare con funzionali i quali, ai campi fisici, fanno corrispondere una o più equazioni denotabili, col linguaggio conciso del capitolo 32, nella forma P^α, gli α essendo indici di algebra di Lie. A livello classico si può osservare ad esempio che l'azione di Maxwell in Minkowski fornisce l'operatore non invertibile (24.5.6), mentre un termine aggiuntivo nell'azione quale la metà del quadrato della gauge di Lorenz fornirebbe un contributo $-\partial_\mu \partial_\nu$ a tale operatore, in virtù dell'identità

$$(\Phi_L(A))^2 = \sum_{\mu,\nu=0}^{3} \left[\partial^\mu (A_\mu \partial^\nu A_\nu) - A_\mu \partial^\mu \partial^\nu A_\nu \right]. \qquad (34.2.3)$$

L'operatore risultante su A^ν sarebbe allora $U_{\mu\nu} = -\eta_{\mu\nu}\Box$, che invece è invertibile. Più in generale, è invertibile l'operatore (qui $\rho \in \mathbb{R} - \{0\}$)

$$U_{\mu\nu} = -\eta_{\mu\nu}\Box + \left(1 - \frac{1}{\rho}\right)\partial_\mu \partial_\nu, \qquad (34.2.4)$$

in quanto il suo simbolo è la matrice

$$\sigma_{\mu\nu} = \eta_{\mu\nu}k^2 - \left(1 - \frac{1}{\rho}\right)k_\mu k_\nu, \qquad (34.2.5)$$

avente inversa

$$\Sigma^{\nu\lambda} = \frac{1}{k^2}\eta^{\nu\lambda} + (\rho - 1)\frac{k^\nu k^\lambda}{k^4}. \qquad (34.2.6)$$

L'espressione del termine aggiuntivo *arbitrario* nell'azione (il nostro P^α viene suggerito dal gauge-fixing classico) è pertanto del tipo $\frac{1}{2}P^\alpha \omega_{\alpha\beta'} P^{\beta'}$. Inoltre, dalla identità

$$\delta P^\alpha = P^\alpha_{,i}\delta\varphi^i = P^\alpha_{,i}Q^i_\beta \delta\xi^\beta = \widehat{F}^\alpha_{\ \beta}\delta\xi^\beta \qquad (34.2.7)$$

scopriamo che deve esistere un operatore definito come segue:

$$\widehat{F}^\alpha_{\ \beta}[\varphi] \equiv P^\alpha_{,i}[\varphi]Q^i_{\ \beta}[\varphi]. \qquad (34.2.8)$$

Tale operatore deve agire su campi χ_α e ψ^β, in generale indipendenti tra loro. Pertanto siamo indotti ad assumere che si possa costruire il funzionale d'azione

$$\widetilde{S}[\varphi, \chi, \psi] = S[\varphi] + \frac{1}{2}P^\alpha[\varphi]\omega_{\alpha\beta'}P^{\beta'}[\varphi] + \chi_\alpha \widehat{F}^\alpha_{\ \beta'}[\varphi]\psi^{\beta'}. \qquad (34.2.9)$$

Il termine quadratico nei funzionali P^α rompe l'invarianza di gauge dell'azione classica, mentre la somma dei tre termini nella (34.2.9) possiede una nuova simmetria sotto le trasformazioni infinitesime di Becchi-Rouet-Stora-Tyutin (d'ora innanzi BRST). Con la notazione di DeWitt del capitolo 32, le *trasformazioni BRST* si scrivono nella forma (d'ora innanzi omettiamo l'apice sul secondo indice greco)

$$\delta\varphi^i = Q^i{}_\alpha[\varphi]\psi^\alpha\delta\lambda, \tag{34.2.10}$$

$$\delta\chi_\alpha = \omega_{\alpha\beta}P^\beta[\varphi]\delta\lambda, \tag{34.2.11}$$

$$\delta\psi^\alpha = -\frac{1}{2}C^\alpha{}_{\beta\gamma}\psi^\beta\psi^\gamma\delta\lambda, \tag{34.2.12}$$

ove $\delta\lambda$ è una costante che commuta con φ^i ed anticommuta con χ_α e ψ^α. $Q^i{}_\alpha[\varphi]$ sono i generatori delle trasformazioni di gauge infinitesime (qui scriviamo δ_G per evitare confusione con il δ usato per BRST nelle Eqs. (34.2.10)–(34.2.12), e denotiamo mediante $\delta_G\xi^\alpha$ un insieme di parametri gruppali linearmente indipendenti):

$$\delta_G\varphi^i = Q^i{}_\alpha[\varphi]\delta_G\xi^\alpha. \tag{34.2.13}$$

Tali $Q^i{}_\alpha$ sono ristretti dall'identità gruppale (32.5.9)

$$Q^i{}_{\alpha,j}[\varphi]Q^j{}_\beta[\varphi] - Q^i{}_{\beta,j}[\varphi]Q^j{}_\alpha[\varphi] = Q^i{}_\gamma[\varphi]C^\gamma{}_{\alpha\beta}, \tag{34.2.14}$$

nella quale $C^\alpha{}_{\beta\gamma}$ sono le costanti di struttura dell'algebra di Lie del gruppo di gauge (cf. (32.6.1) e (32.6.3)). Per teorie locali, le $Q^i{}_\alpha$ sono combinazioni lineari della δ di Dirac e delle sue derivate. L'operatore di ghost viene scoperto grazie alla (34.2.7), che ci indica come i funzionali P^α usati per fissare le condizioni supplementari variano sotto trasformazioni di gauge. Le radici classiche di questa affermazione si possono comprendere osservando ad esempio che, dopo una trasformazione di gauge della 1-forma di potenziale A, il funzionale Φ_L della gauge di Lorenz varia della quantità (detta ε una funzione di classe C^2 nella trasformazione di gauge delle componenti di A)

$$\Phi_L(A) - \Phi_L(A + \nabla\varepsilon) = -\Box\varepsilon. \tag{34.2.15}$$

Similmente, il funzionale (34.2.2) per la gauge di de Donder varia sotto diffeomorfismi infinitesimi secondo la relazione

$$\Phi_\mu(h) - \Phi_\mu(h + L_X g) = -\frac{1}{2}\sum_{\nu=0}^{3}(g_{\mu\nu}\Box + \mathcal{R}_{\mu\nu})X^\nu. \tag{34.2.16}$$

Gli operatori differenziali del secondo ordine in tali formule sono due diverse applicazioni dello stesso concetto espresso dalla (34.2.8).

Dimostrazione della invarianza BRST Per prima cosa osserviamo che, in virtù delle (34.2.10)–(34.2.12), la variazione BRST infinitesima di $\widetilde{S}[\varphi, \chi, \psi]$ assume la forma

$$\delta\widetilde{S}[\varphi, \chi, \psi] = S_{,i}[\varphi]Q^i_{\ \alpha}[\varphi]\psi^\alpha\delta\lambda + \frac{1}{2}P^\alpha_{,i}[\varphi]Q^i_{\ \gamma}[\varphi]\omega_{\alpha\beta}P^\beta[\varphi]\psi^\gamma\delta\lambda$$

$$+ \frac{1}{2}P^\beta[\varphi]\omega_{\beta\alpha}P^\alpha_{,i}[\varphi]Q^i_{\ \gamma}[\varphi]\psi^\gamma\delta\lambda + \omega_{\alpha\beta}P^\beta[\varphi]\delta\lambda P^\alpha_{,i}[\varphi]Q^i_{\ \gamma}[\varphi]\psi^\gamma$$

$$+ \chi_\alpha P^\alpha_{,ij}[\varphi]Q^j_{\ \gamma}[\varphi]\psi^\gamma\delta\lambda Q^i_{\ \beta}[\varphi]\psi^\beta$$

$$+ \chi_\alpha P^\alpha_{,i}[\varphi]Q^i_{\ \beta,j}[\varphi]Q^j_{\ \gamma}[\varphi]\psi^\gamma\delta\lambda\psi^\beta$$

$$- \frac{1}{2}\chi_\alpha P^\alpha_{,i}[\varphi]Q^i_{\ \beta}[\varphi]C^\beta_{\ \gamma\delta}\psi^\gamma\psi^\delta\delta\lambda. \tag{34.2.17}$$

Dall'invarianza di gauge dell'azione classica si ha che

$$S_{,i}[\varphi]Q^i_{\ \gamma}[\varphi] = 0,$$

poiché

$$\delta_G S = S_{,i}[\varphi]\delta_G\varphi^i = S_{,i}[\varphi]Q^i_{\ \alpha}[\varphi]\delta_G\xi^\alpha = 0.$$

Inoltre, la somma del secondo, terzo e quarto termine al membro di destra della (34.2.17) si annulla anch'essa, poiché $(\delta\lambda)\psi^\alpha = -\psi^\alpha(\delta\lambda)$, e sfruttando la natura simmetrica di $\omega_{\alpha\beta}$. Il quinto termine al membro di destra della (34.2.17) si riduce a

$$-\chi_\alpha P^\alpha_{,ij}[\varphi]Q^j_{\ (\gamma}[\varphi]Q^i_{\ \beta)}[\varphi]\psi^{[\gamma}\psi^{\beta]}\delta\lambda$$

e pertanto si annulla anch'esso. Da ultimo, usando l'identità (34.2.14) per esprimere $Q^i_{\ \beta}[\varphi]C^\beta_{\ \gamma\delta}$, la somma del sesto e settimo termine al membro di destra della (34.2.17) è data da

$$\chi_\alpha P^\alpha_{,i}[\varphi]Q^i_{\ \beta,j}[\varphi]Q^j_{\ \gamma}[\varphi]\psi^\beta\psi^\gamma\delta\lambda - \frac{1}{2}\chi_\alpha P^\alpha_{,i}[\varphi]Q^i_{\ \gamma,j}[\varphi]Q^j_{\ \delta}[\varphi]\psi^\gamma\psi^\delta\delta\lambda$$

$$+ \frac{1}{2}\chi_\alpha P^\alpha_{,i}[\varphi]Q^i_{\ \gamma,j}[\varphi]Q^j_{\ \beta}[\varphi]\psi^\beta\psi^\gamma\delta\lambda$$

che viene scoperta annullarsi dopo aver rinominato gli indici e sfruttando l'identità $\psi^\beta\psi^\gamma = -\psi^\gamma\psi^\beta$. Q.E.D.

Dunque i calcoli di questo paragrafo mostrano che le trasformazioni BRST coinvolgono anche campi anticommutanti, e pertanto la simmetria BRST non è classica (cf. Henneaux 1988). Concettualmente, ne emerge un quadro che porta ad una conclusione importante, ovvero:

(1) La relatività ci induce a fondare la teoria classica dei campi sul principio d'azione.
(2) Il principio di gauge ci fa costruire un funzionale d'azione S gauge invariante.
(3) Ne segue che l'operatore $S_{,ij}$ sui campi non è invertibile.
(4) Tale difetto si può correggere imponendo una condizione supplementare o di *gauge fixing*. Si incorpora nell'azione un contributo aggiuntivo (suggerito dal gauge-fixing classico) mediante il termine $\frac{1}{2} P^\alpha \omega_{\alpha\beta'} P^{\beta'}$, per rispettare il ruolo guida del principio d'azione.
(5) L'azione completa diventa allora quella scritta nella (34.2.9), che non è più gauge invariante. Essa possiede una nuova simmetria, la BRST, ma questa è quantistica, poiché conduce a campi anticommutanti.
(6) Per curare i limiti delle teorie di gauge, occorre dunque la teoria quantistica dei campi, e a ben guardare *è la relatività che ci guida verso la teoria quantistica dei campi*, con la sua enfasi sul principio d'azione. In questo punto cruciale cediamo dunque il testimone ai corsi di teoria quantistica dei campi.

Sul versante dei concetti e applicazioni della geometria, i suoi rami algebrico, differenziale e metrico continueranno a permeare la ricerca in fisica teorica e fisica matematica. Invece di tentare una poco formativa rassegna di decine di pagine, menzioniamo qui solo due temi coerenti con gli esempi sinora svolti. Ovvero, lo studio della struttura asintotica dello spaziotempo potrebbe ricevere nuovo impulso dalla teoria delle superfici algebriche, come suggerito dal fatto che la controparte proiettiva dell'infinito di tipo luce è una superficie algebrica (Bini e Esposito 2025, Esposito 2026). Inoltre, resta da capire se i risultati classici sulla geometria proiettiva differenziale delle superfici (Fubini e Cech 1926, Ferapontov 2000) potrebbero essere applicati o alla fisica teorica dei buchi neri oppure alla cosiddetta gravitazione quantistica euclidea (Esposito et al 1997). In quest'ultimo ambito, si ha a che fare con metriche riemanniane in senso stretto, e dunque i risultati matematici del ventesimo secolo potrebbero essere impiegati. La tematica è finora inesplorata.

Riferimenti bibliografici

Albanese, A., Lamboglia, S.: Teorema di Hahn-Banach (2012)

Alessio, F., Esposito, G.: On the structure and applications of the Bondi-Metzner-Sachs group. Int. J. Geom. Methods Mod. Phys. **15**, 1830002 (2018). Erratum ibid. **16**, 1992003

Alessio, F., Arzano, M.: Note on the symplectic structure of asymptotically flat gravity and BMS symmetries. Phys. Rev. D **100**, 044028 (2019)

Ambrose, W., Singer, I.M.: On homogeneous Riemannian manifolds. Duke Math. J. **25**, 647–669 (1958)

Ambrosio, L., Mantegazza, C., Ricci, F.: Complementi di Matematica. Scuola Normale Superiore, Pisa (2023)

Anderson, J.L., Bergmann, P.G.: Constraints in covariant field theories. Phys. Rev. **83**, 1018–1025 (1951)

Andreotti, A.: Lectures on Algebraic Geometry, a cura di M. Manetti e S. Pirozzi (2011) (1978)

Angrisani, F., Ascione, G., Leone, C., Mantegazza, C.: Appunti di Calcolo delle Variazioni (2019). copyright: Carlo Mantegazza

Atiyah, M.F.: Geometry of Yang-Mills Fields. Lezioni Fermiane. Accademia Nazionale dei Lincei e Scuola Normale Superiore), Pisa (1979)

Balachandran, A.P., Jo, S.G., Marmo, G.: Group Theory and Hopf Algebras. World Scientific, Singapore (2010)

Beem, J.K., Ehrlich, P.E.: Global Lorentzian Geometry. Dekker, New York (1981)

Bellino, V.F., Esposito, G.: Fractional linear maps in general relativity and quantum mechanics. Int. J. Geom. Methods Mod. Phys. **18**, 2150157 (2021). Erratum ibid. **18**, 2192003

Beltrametti, M.C., Carletti, E., Gallarati, D., Bragadin, G.M.: Letture su Curve, Superfici e Varietà Proiettive Speciali. Introduzione alla Geometria Algebrica. Bollati Boringhieri, Torino (2003)

Berger, M.: Geometry I. Springer, Berlin (2009)

Bertini, E.: Introduzione alla Geometria Proiettiva degli Iperspazi. Con appendice sulle curve algebriche e loro singolarità. Enrico Spoerri, Pisa (1907)

Bini, D., Esposito, G.: On the local isometric embedding of trapped surfaces into three-dimensional Riemannian manifolds. Class. Quantum Grav. **35**, 195003 (2018)

Bini, D., Esposito, G.: Projective path to points at infinity in spherically symmetric spacetimes. Int. J. Geom. Methods Mod. Phys. **22**, 2550283 (2025)

Bompiani, E.: Significato del tensore di torsione di una connessione affine. Boll. Un. Mat. Ital. **6**, 273–276 (1951)

Bongiorno, F.: Esercizi di Analisi Matematica II. Masson, Padova (1992)

Bouas, J.D.: Hertz Potentials and Differential Geometry. Ph. D. Thesis, Texas A & M University (2011)

Cafiero, F.: Misura e Integrazione. Cremonese, Roma (1959)

G. Esposito, *Fondamenti Matematici della Teoria Classica dei Campi*, La Matematica per il 3+2, https://doi.org/10.1007/978-3-032-23198-7

Capozziello, S., de Ritis, R., Rubano, C., Scudellaro, P.: Noether symmetries in cosmology. Riv. Nuovo Cim. **19**(4), 1–114 (1996)

Carbone, L., De Arcangelis, R.: Unbounded Functionals in the Calculus of Variations. CRC Press, New York (2001)

Carbone, L., De Arcangelis, R.: Analisi Funzionale (2022). appunti del corso

Carinena, J.F., Ibort, A., Marmo, G., Morandi, G.: Geometry from Dynamics, Classical and Quantum. Springer, Berlin (2015)

Cartan, É.: Leçons sur la Géométrie des Espaces de Riemann. Gauthier-Villars, Paris (1946)

Casalbuoni, R.: Majorana and the infinite component wave equations. Pos (ems2006) **004**, 1–15 (2006)

Castelnuovo, G.: Lezioni di Geometria Analitica, 9 edn. Dante Alighieri, Napoli (1938)

Chevalley, C.: Fundamental Concepts of Algebra. Academic Press, London (1956)

Chern, S.S.: Complex Manifolds Without Potential Theory. Springer, Berlin (1979)

Chirco, G., Lamberti, A., Vacchiano, L., Vitale, P.: Gravity model from (A)dS Yang-Mills theory. Phys. Rev. D **112**, 064061 (2025)

Choquet-Bruhat, Y.: General Relativity and the Einstein Equations. Oxford University Press, Oxford (2009)

Ciaglia, F.M., Ibort, A., Marmo, G.: Schwinger's picture of quantum mechanics I: groupoids. Int. J. Geom. Methods Mod. Phys. **16**, 1950119 (2019a)

Ciaglia, F.M., Ibort, A., Marmo, G.: Schwinger's picture of quantum mechanics II: algebras and observables. Int. J. Geom. Methods Mod. Phys. **16**, 1950136 (2019b)

Ciaglia, F.M., Di Cosmo, F., Ibort, A., Marmo, G., Schiavone, L., Zampini, A.: Causality in Schwinger's picture of quantum mechanics. Entropy **24**, 75 (2022)

Ciliberto, C.: An Undergraduate Primer in Algebraic Geometry. Springer, Berlin (2021)

Cohen, J.M., Kegeles, L.S.: Electromagnetic fields in curved spaces: a constructive procedure. Phys. Rev. D **10**, 1070–1084 (1974)

Colombo, M.: Flows of Non-Smooth Vector Fields and Degenerate Elliptic Equations. Edizioni della Scuola Normale, Pisa (2017)

Conforto, F.: Sopra il calcolo differenziale assoluto negli spazi funzionali continui. Ann. Sc. N. Sup. Cl. Sc. Ser. 2 **2**, 309–324 (1933)

Connes, A.: Noncommutative Geometry. Academic Press, New York (1994)

Corichi, A.: Comment on: Hamiltonian formulation of a theory with constraints [U. Kulshreshta, J. Math. Phys. 33, 633 (1992). J. Math. Phys. **33**, 4066–4067 (1992)

Curzio, M., Longobardi, P., Maj, M.: Lezioni di Algebra. Liguori, Napoli (2014)

D'Andrea, F.: Varietà Differenziabili. Esculapio, Bologna (2020)

De Alfaro, V.: Introduzione alla Teoria dei Campi. Cooperativa Libraria Universitaria, Torino (1984)

Debye, P.: Der Lichtdruck auf Kugeln von beliebigem Material. Ann. Phys. (leipz.) **30**, 57–136 (1909)

Del Pezzo, P.: Principi di Geometria Projettiva. Lorenzo Alvano, Napoli (1920)

DeWitt, B.S.: The Global Approach to Quantum Field Theory. Oxford University Press, Oxford (2003)

DeWitt, B.S.: The space of gauge fields: its structure and geometry. In: 't Hooft, G. (ed.) 50 Years of Yang-Mills Theory, pp. 15–32. World Scientific, Singapore (2005)

DeWitt, B.S., Esposito, G.: An introduction to quantum gravity. Int. J. Geom. Methods Mod. Phys. **5**, 101–156 (2008)

Di Grezia, E., Esposito, G., Vitale, P.: Self-dual road to noncommutative gravity with twist: A new analysis. Phys. Rev. D **89**, 064039 (2014). Erratum ibid. **90**, 129901(E)

Dirac, P.A.M.: Lectures on Quantum Mechanics. Belfer Graduate School of Science. Yeshiva University, New York (1964)

Donaldson, S.K.: An application of gauge theory to four-dimensional topology. J. Diff. Geom. **18**, 279–315 (1983)

Donaldson, S.K., Kronheimer, P.B.: The Geometry of Four-Manifolds. Oxford University Press, Oxford (1990)

Dubrovin, B.A., Novikov, S.P., Fomenko, A.T.: Geometria Contemporanea, Vols. 1, 2, 3. Editori Riuniti, Roma (1988)

Duston, C.L.: Exotic smoothness in four dimensions and Euclidean quantum gravity (2010). arXiv:0911.4068 [gr-qc]

Einstein, A.: On a heuristic point of view about the creation and conversion of light. In: Ter Haar, D. (ed.) The Old Quantum Theory. Pergamon Press, Glasgow (1905)

Enriques, F.: Conferenze di geometria: fondamenti di una geometria iperspaziale, a.a. 1894–95. Bologna (1895)

Enriques, F.: Lezioni di Geometria Proiettiva. Zanichelli, Bologna (1898)

Enriques, F., Chisini, O.: Lezioni sulla Teoria Geometrica delle Equazioni e delle Funzioni Algebriche. Zanichelli, Bologna (1915)

Enriques, F.: Le Superficie Algebriche. Zanichelli, Bologna (1949)

Ercoli Finzi, A., Morosi, C.: Maxwell's equations and Clifford algebra: vector formulation. Nota I Atti Acc. Naz. Lincei Cl. Sc. Fis. Mat. Nat. Rendiconti Ser. 8 **59**, 421–429 (1975a)

Ercoli Finzi, A., Morosi, C.: Maxwell's equations and Clifford algebra: space-time formulation. Nota Ii Atti Acc. Naz. Lincei Cl. Sc. Fis. Mat. Nat. Rendiconti Ser. 8 **59**, 775–782 (1975b)

Esposito, G.: Mathematical structures of space-time. Fortschr. Phys. **40**, 1–30 (1992)

Esposito, G.: Quantum Gravity, Quantum Cosmology and Lorentzian Geometries. Lecture Notes in Physics, new Series m: Monographs, vol. m12. Springer, Berlin (1994). Second Corrected and Enlarged Edition

Esposito, G.: Complex General Relativity. Fundamental Theories of Physics, vol. 69. Kluwer, Dordrecht (1995)

Esposito, G., Kamenshchik, A.Y., Pollifrone, G.: Euclidean Quantum Gravity on Manifolds with Boundary. Fundamental Theories of Physics, vol. 85. Kluwer, Dordrecht (1997)

Esposito, G.: Dirac Operators and Spectral Geometry. Lecture Notes in Physics, vol. 12. Cambridge University Press, Cambridge (1998)

Esposito, G., Marmo, G., Sudarshan, G.: From Classical to Quantum Mechanics. Cambridge University Press, Cambridge (2004)

Esposito, F.: Sfere e gruppi topologici. Ithaca: Viaggi nella Scienza, vol. X., pp. 113–118 (2017a)

Esposito, G.: From Ordinary to Partial Differential Equations. Springer Unitext, vol. 106. Springer Nature, Cham (2017b)

Esposito, G., Alessio, F.: From parabolic to loxodromic BMS transformations. Gen Relativ Gravit **50**, 141 (2018)

Esposito, G., Dell'Aglio, L.: Le Lezioni sulla Teoria delle Superficie nell'Opera di Ricci-Curbastro. UMI, Bologna (2019)

Esposito, G., Fionda, V.: A geometric framework for interstellar discourse on fundamental physical structures. Int. J. Geom. Methods Mod. Phys. **21**, 2450190 (2024)

Esposito, G.: Le lezioni di geometria superiore di Nicolò Spampinato. Matematica, Cultura e Società **11**, 97–107 (2026)

Ferapontov, E.V.: Integrable systems in projective differential geometry. Kyushu J. Math. **54**, 183–215 (2000)

Fermi, E.: Elettrodinamica. Hoepli, Milano (1925). 2006

Freifeld, C.: One-parameter subgroups do not fill a neighborhood of the identity in an infinite-dimensional Lie (pseudo-)group. In: DeWitt, C.M., Wheeler, J.A. (eds.) Battelle Rencontres, pp. 538–543. W.A. Benjamin, New York (1968)

Fubini, G., Cech, E.: Geometria Proiettiva Differenziale. Zanichelli, Bologna (1926)

Gallot, S., Hulin, D., Lafontaine, J.: Riemannian Geometry. Springer, Berlin (1987)

Gelfand, I.M., Naimark, M.A.: On the imbedding of normed rings into the ring of operators in Hilbert space. Math. Sbornik **54**, 197–217 (1943)

Geroch, R.: Infinite-Dimensional Manifolds. Minkowski Institute Press, Montreal (2013)

Gilkey, P.B.: The spectral geometry of a Riemannian manifold. J. Diff. Geom. **10**, 601–618 (1975)

Gilkey, P.B.: Invariance Theory, the Heat Equation and the Atiyah-Singer Index Theorem. CRC Press, Boca Raton (1995)

Ginsparg, P.: Applied conformal field theory, 1988 Les Houches Lectures (1991). hep-th/9108028

Giovinetti, F.: Appunti di teoria classica dei campi (2023). lezioni 7 e 21

Giusti, E.: Metodi Diretti nel Calcolo delle Variazioni. Unione Matematica Italiana, Bologna (1994)

Glöckner, H.: Fundamental problems in the theory of infinite-dimensional Lie groups. J. Geom. Sym. Phys. **5**, 24–35 (2006)

Glöckner, H., Neeb, K.H.: Infinite-Dimensional Lie Groups; General Theory and Main Examples. Springer, Berlin (2024)

Gompf, R.: An infinite set of exotic $\mathbb{R}^4$'s. J. Diff. Geom. **21**, 283–300 (1985)

Grabowski, J.: Groups of diffeomorphisms and Lie theory. Rend. Circ. Mat. Palermo Suppl. Ser. Ii **3**, 141–147 (1984)

Grabowski, J.: Free subgroups of diffeomorphism groups. Fund. Math. **131**, 103–121 (1988)

Hanson, A., Regge, T., Teitelboim, C.: Constrained Hamiltonian Systems. contributi del Centro Linceo Interdisciplinare di Scienze Matematiche e loro Applicazioni, vol. 22. Accademia Nazionale dei Lincei, Roma (1976)

Hawking, S.W., Ellis, G.F.R.: The Large Scale Structure of Space-Time. Cambridge University Press, Cambridge (1973)

Henneaux, M.: Classical Foundations of BRST Symmetry. Bibliopolis, Napoli (1988)

Hertz, H.: Die Kräfte electrischer Schwingungen, behandelt nach der Maxwellschen Theorie. Ann. Phys. (leipz.) **36**, 1–22 (1889)

Hodge, W.V.D.: The Theory and Applications of Harmonic Integrals. Cambridge University Press, Cambridge (1959). second printing of second edition

Jackson, J.D.: Elettrodinamica Classica. Zanichelli, Bologna (2001)

José, J.V., Saletan, E.J.: Classical Dynamics. Cambridge University Press, Cambridge (1998)

Katok, S.: Fuchsian Groups. University of Chicago Press, Chicago (1992)

Kobayashi, S., Nomizu, K.: Foundations of Differential Geometry, Vols. 1, 2. Wiley, New York (1963)

Kopell, N.: Commuting diffeomorphisms. Proc. Symp. Pure Math. Amer. Math. Soc. **14**, 165–184 (1970)

Koszul, J.L., Zou, Y.M.: Introduction to Symplectic Geometry. Springer, Berlin (2019)

Krupka, D.: Some geometric aspects of variational problems in fibred manifolds. Folia Fac. Sci. Nat. Univ. Purk. Brunensis Phys. **14**, 1–67 (1973). arXiv: math-ph/0110005

Kupriyanov, V.G., Kurkov, M.A., Vitale, P.: Lie-Poisson gauge theories and k-Minkowski electrodynamics. JHEP **200**(2023), 11 (2023)

Landau, L.D., Lifshitz, E.M.: Course of Theoretical Physics, Vol. 2: The Classical Theory of Fields. Pergamon Press, Oxford (1975)

Landi, G., Marmo, G.: Algebraic differential calculus for gauge theories. Nucl. Phys. B. Proc. Suppl. **18**(1), 171–206 (1990)

Laporte, O., Uhlenbeck, G.E.: Applications of spinor analysis to the Maxwell and Dirac equations. Phys. Rev. **37**, 1380–1397 (1931)

Levi-Civita, T.: Nozione di parallelismo in una varietà qualunque e conseguente specificazione geometrica della curvatura riemanniana. Rend. Circ. Mat. Palermo **42**, 173–204 (1917)

Levi-Civita, T.: Lezioni di Calcolo Differenziale Assoluto. Alberto Stock Editore, Roma (1925)

Levi-Civita, T.: Fondamenti di Meccanica Relativistica. Zanichelli, Bologna (1982). redatti da Enrico Persico, postfazione di Tullio Regge

Lewicka, M., Han, Q.: Isometric immersions and applications (2023). arXiv:2310.02566 [math.DG]

Lie, S.: Abhandlungen der Sächs. Gesellschaft der Wissenschaften. Math.-phys. Kl. **21**, 43–46 (1895)

Lizzi, F.: The structure of spacetime and noncommutative geometry (2008). arXiv:0811.0268 [hep-th]

Lorenz, L.: On the identity of the vibrations of light with electrical currents. Phil. Mag. **34**, 287–301 (1867)

Lusso, L.E.: Forme Differenziali e Teorema di Hodge. Tesi di Laurea Magistrale in Matematica. Università degli Studi di Cagliari (2011)

Lyons, D.W.: An elementary introduction to the Hopf fibration. Math. Mag. **76**, 87–98 (2003)

Majorana, E.: Teoria relativistica di particelle con momento intrinseco arbitrario. Nuovo Cimento **9**, 335–344 (1932)

Manetti, M.: Corso Introduttivo alla Geometria Algebrica. Scuola Normale Superiore, Pisa (1998)

Mannoury, G.: Surfaces-images. Nieuw Archief Voor Wiskd. Ser. 2 **4**, 112–129 (1898)

Mantovani, C.: Costruzione e Unicità dei Fibrati di Hopf. Tesi di Laurea in Matematica. Università Alma Mater Studiorum di Bologna (2019)

Marathe, K.B., Martucci, G.: The geometry of gauge fields. J. Geom. Phys. **6**, 1–106 (1989)

Marmo, G., Saletan, E.J., Simoni, A., Vitale, B.: Dynamical Systems. A Differential Geometric Approach to Symmetry and Reduction. Wiley, New York (1985)

Maskit, B.: Kleinian Groups. Springer, Berlin (1988)

Maslov, V.P., Fedoriuk, M.V.: Semiclassical Approximation in Quantum Mechanics. Reidel, Dordrecht (1981)

Maxwell, J.C.: A Treatise on Electricity and Magnetism. Oxford University Press, Oxford (1881). ristampato nel 1954 da (New York, Dover)

Mele, F.M., Laudato, M.: Notes on Classical Field Theory, a.a. 2014–2015 (2015). note del corso tenuto da G. Marmo

Milnor, J.: Remarks on infinite-dimensional Lie groups. In: DeWitt, B.S., Stora, R. (eds.) Relativity, Groups and Topology II, pp. 1007–1057. Amsterdam, North-Holland (1984)

Mingione, G.: Regularity of minima: an invitation to the dark side of the calculus of variations. Appl. Math. **51**, 355–426 (2006)

Miranda, C.: Problemi di Esistenza in Analisi Funzionale. Scuola Normale Superiore, Pisa (1949)

Miranda, R.: Algebraic Curves and Riemann Surfaces. AMS Graduate Studies in Mathematics. Universities Press, Hyderabad (2010)

Mirzaiyan, Z., Esposito, G.: On the nature of Bondi-Metzner-Sachs transformations. Symmetry **15**, 947 (2023)

Nacinovich, M.: Elementi di Geometria Analitica. Liguori Editore, Napoli (1996)

Nacinovich, M.: Lezioni di Geometria Differenziale, a.a. 2014/2015 (2015)

Nacinovich, M.: Lezioni sui Fibrati, a.a. 2018/2019 (2019)

Nakahara, M.: Geometry and Topology for Physicists. IOP, Bristol (2003)

Nash, C., Sen, S.: Topology and Geometry for Physicists. Academic Press, London (1983)

Niardi, R.: Gauge field theories and propagators in curved spacetime. Int. J. Geom. Methods Mod. Phys. **21**, 2130001 (2021)

Nisbet, A.: Hertzian electromagnetic potentials and associated gauge transformations. Proc. R. Soc. A **231**, 250–263 (1955)

Northrop, T.G.: The Adiabatic Motion of Charged Particles. Tracts on Physics and Astronomy, vol. 21. Interscience, New York (1963)

Palatini, A.: Deduzione invariantiva delle equazioni gravitazionali dal principio di Hamilton. Rend. Circ. Mat. Palermo **43**, 203–212 (1919)

Palis, J.: Vector fields generate few diffeomorphisms. Bull. Amer. Math. Soc. **80**, 503–505 (1974)

Panofsky, W.K.H., Phillips, M.: Classical Electricity and Magnetism, 2 edn. Dover, New York (2005)

Pantaleo, M.: Cinquant'anni di Relatività. Giunti, Firenze (1955)

Pars, L.A.: A Treatise on Analytical Dynamics. Heinemann), London (1965)

Penrose, R., Rindler, W.: Spinors and Space-Time. Vol. I. Two-Spinor Calculus and Relativistic Fields. Cambridge University Press, Cambridge (1984)

Penrose, R., Rindler, W.: Spinors and Space-Time. Vol. II. Spinor and Twistor Methods in Space-Time Geometry. Cambridge University Press, Cambridge (1986)

Pirani, F.A.E.: Introduction to gravitational radiation theory. In: Deser, S., Ford, K.W. (eds.) 1964 Brandeis Lectures on General Relativity, pp. 249–373. Prentice Hall, London (1965)

Prodi, G.: Lezioni di Analisi Matematica, Parte II. Editrice Tecnico Scientifica, Pisa (1974)

Qualls, J.D.: Lectures on conformal field theory (2015). arXiv:1511.04074 [hep-th]

Regge, T.: Relatività. In: Romano, R. (ed.) Enciclopedia, Vol. 11, pp. 820–889. Giulio Einaudi Editore, Torino (1980)

Ricci-Curbastro, G.: Di alcune applicazioni del calcolo differenziale assoluto alla teoria delle forme differenziali quadratiche binarie e dei sistemi a due variabili. Atti Istituto Veneto, Ser. Vii **4**, 1336–1364 (1893)

Riemann, B.: Über die Hypothesen, welche der Geometrie zu Grunde liegen. Mémoires de la Societé des Sciences de Gottingen, vol. XIII. (1867)

Romano, A.: Introduzione alla Meccanica Classica. Maggioli Editore, Rimini (2019)

Rovelli, C.: Quantum Gravity. Cambridge University Press, Cambridge (2004)

Scheck, F.: Classical Field Theory. Springer, Berlin (2018)

Schouten, J.A.: Ricci-Calculus. An introduction to tensor analysis and its geometrical applications. Springer, Berlin (1954)

Schwarz, L.: Cours d'Analyse. Hermann, Paris (1967)

Schwinger, J.: Classical Electrodynamics. CRC Press, New York (1998)

Scorza, G.: Gruppi Astratti. Cremonese, Roma (1942)

Sernesi, E.: Geometria 1, 2 edn. Boringhieri, Torino (2000)

Severi, F.: Lezioni di Geometria Algebrica. Angelo Draghi, Padova (1908)

Severi, F.: Geometria Proiettiva. Vallecchi, Firenze (1926a)

Severi, F.: Trattato di Geometria Algebrica. Volume I, Parte I. Geometria delle Serie Lineari. Zanichelli, Bologna (1926b)

Severi, F.: Conferenze di Geometria Algebrica. Stabilimento Tipolitografico del Genio Civile, Roma (1927)

Severi, F.: Fondamenti di Geometria Algebrica. CEDAM, Padova (1948)

Severi, F.: Geometria dei Sistemi Algebrici Sopra Una Superficie e Sopra Una Varietà Algebrica. Cremonese, Roma (1959)

Solimeno, S., Crosignani, B., Di Porto, P.: Guiding, Diffraction, and Confinement of Optical Radiation. Academic Press, London (1986)

Sommerfeld, A.: Lectures on Theoretical Physics, Vol. III: Electrodynamics. Academic Press, London (1964)

Spampinato, N.: Elementi di Geometria Proiettiva. Raffaele Pironti), Napoli (1946)

Spampinato, N.: Lezioni di Geometria Superiore. Vol. IV. Fondamenti di Geometria Moderna in un'Algebra Doppia. Raffaele Pironti, Napoli (1949)

Spampinato, N.: Lezioni di Geometria Superiore. Vol. I. Nozioni Introduttive, 4 edn. Raffaele Pironti, Napoli (1950)

Spivak, M.: A Comprehensive Introduction to Differential Geometry, Vols. 1, 2, 3, 4, 5. Publish or Perish, Wilmington (1979)

Sprössig, W.: On Helmholtz decompositions and their generalizations - An overview. Math Methods Appl Sci **33**, 374–383 (2010)

Sternberg, S.: Infinite Lie groups and the formal aspects of dynamical systems. J. Math. Mech. **10**, 451–474 (1961)

Stewart, J.: Advanced General Relativity. Cambridge University Press, Cambridge (1990)

Stratton, J.: Teoria dell'Elettromagnetismo. Einaudi, Torino (1952)

Stroffolini, R.: Lezioni di Elettrodinamica. Bibliopolis, Napoli (2001)

Sudarshan, E.C.G., Mukunda, N.: Classical Dynamics: a Modern Perspective. Wiley, New York (1974)

Tonelli, L.: Fondamenti di Calcolo delle Variazioni, Vols. 1, 2. Zanichelli, Bologna (1923)

Trautman, A.: Foundations and current problems of general relativity. In: Deser, S., Ford, K.W. (eds.) 1964 Brandeis Lectures on General Relativity, pp. 1–248. Prentice Hall, London (1965)

Trautman, A.: Fibre bundles associated with space-time. Rep. Math. Phys. **1**, 29–62 (1970)

Trautman, A.: Solutions of the Maxwell and Yang-Mills equations associated with Hopf fibrings. Intern. J. Theor. Phys. **16**, 561–565 (1977)

Trautman, A.: Fiber bundles, gauge fields, and gravitation. In: Held, A. (ed.) General Relativity and Gravitation, Vol. 1, pp. 287–308. Plenum Press, New York (1980)

Trautman, A.: Differential Geometry for Physicists. Bibliopolis, Napoli (1984)

Vargas, J.G.: Helmholtz-Hodge theorems: unification of integration and decomposition perspectives (2014). arXiv:1405.2375 [math-GM]

Vitale, P.: Corso di Teoria Classica dei Campi, a.a. 2020–2021 (2020). appunti

Vranceanu, G.: Sopra una caratterizzazione delle metriche naturali degli spazi sferici e proiettivi. Bollettino Dell'unione Matematica Italiana Ser. 3 **15**, 357–361 (1960)

Vranceanu, G.: Varietà differenziabili e immersioni degli spazi proiettivi. Seminario Mat. E Fis. Di Milano **33**, 87–101 (1963)

Vranceanu, G.: Sopra gli spazi proiettivi e lenticolari. Ann. Mat. Pura Appl. **70**, 235–248 (1965)

Wald, R.M.: General Relativity. University of Chicago Press, Chicago (1984)

Ward, R.S., Wells, R.O.: Twistor Geometry and Field Theory. Cambridge University Press, Cambridge (1990)

Warner, F.W.: Foundations of Differentiable Manifolds and Lie Groups. Springer, Berlin (1983)

Weiss, P.: On the Hamilton-Jacobi theory and quantization of a dynamical continuum. Proc. R. Soc. Lond. **A169**, 102–119 (1938)

Weyl, H.: The Theory of Groups and Quantum Mechanics. Dover, New York (1950)

Whitehead, J.H.C.: On the covering of a complete space by the geodesics through a point. Ann Math **36**, 679–704 (1935)

Whitney, H.: Differentiable manifolds. Ann Math **37**, 645–680 (1936)

Wigner, E.P.: On unitary representations of the inhomogeneous Lorentz group. Ann Math **40**, 149–204 (1939)

Witten, E.: An interpretation of classical Yang-Mills theory. Phys. Lett. B. **77**, 394–398 (1978)

Witten, E.: Duality, spacetime and quantum mechanics. Phys. Today, 28–33 (May 1997)

Yang, C.N., Mills, R.L.: Isotopic spin conservation and a generalized gauge invariance. Phys. Rev. **95**, 631 (1954)

York, J.W.: Boundary terms in the action principles of general relativity. Found Phys **16**, 249–257 (1986)

Zangwill, A.: Modern Electrodynamics. Cambridge University Press, Cambridge (2012)

Indice analitico